나를 나답게
만드는 것들

KB123843

나를 나답게 만드는 것들

—
2020년 12월 23일 초판 1쇄 발행
2024년 5월 14일 초판 13쇄 발행
—
지은이 빌 설리번
옮긴이 김성훈
펴낸이 김관영
—
책임편집 유형일
마케팅지원 배진경, 임혜솔, 송지유, 장민정
—
펴낸곳 (주)로크미디어
출판등록 2003년 3월 24일
주소 서울시 마포구 마포대로 45 일진빌딩 6층
전화 번호 02-3273-5135
팩스 번호 02-3273-5134
편집 02-6356-5188
홈페이지 http://rokmedia.com
이메일 rokmedia@empas.com
—
ISBN 979-11-354-9240-2 (03470)
책값은 표지 뒷면에 적혀 있습니다.
—
• 브론스테인은 로크미디어의 과학도서 브랜드입니다.
• 잘못 만들어진 책은 구입하신 서점에서 교환해 드립니다.

나를 나답게
만드는 것들

유전자, 세균,
그리고
나를 나답게 만드는
특이한 힘들에 관하여

빌 설리번 지음 · 김성훈 옮김

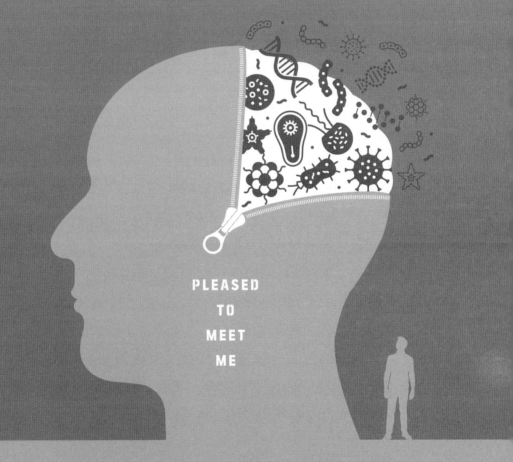

PLEASED

TO

MEET

ME

BRONSTEIN

저자 소개

빌 설리번

윌리엄 빌 설리번 주니어는 인디애나폴리스의 인디애나의과대학 교수이다. 펜실베이니아대학교에서 세포생물학과 분자생물학 박사 학위를 받았다. 그는 미국 굴지의 제약사 일라이 릴리 앤드 컴퍼니에서 2년 동안 일했으나 청바지와 티셔츠를 입고 일하기 위해 학계로 돌아왔다. 지금은 인디애나의과대학 미생물학과에서 유전학, 전염병을 연구하고 있다. 그는 수십 편의 과학논문을 발표했다. 학생들 사이에서 '재미있는 티셔츠 가이'라는 별명으로 알려진 빌은 강의를 통해 여러 편의 교육상을 받았다. 빌은 〈사이언티픽 아메리칸〉, CNN 헬스Health, 'IFLScience!', 네이키드 사이언티스트The Naked Scientists, 젠 콘Gen Con 등에 소개된 바 있다. 그는 저술 활동, 발표, 인터뷰 등을 통해 과학을 누구나 쉽게 접근하고 즐길 수 있는 대상으로 만들기 위해 노력하고 있다. 그의 첫 저서 《나를 나답게 만드는 것들》은 인간이라는 존재를 형성하고, 취향, 습관, 성향, 신념, 천성을 좌지우지하는 놀라운 생물학적 힘을 최신 과학 연구로 밝혀내어 우리 자신이라는 존재가 어떻게 형성되는지 재미있게 알려주고 있다.

김성훈

치과 의사의 길을 걷다가 번역의 길로 방향을 튼 엉뚱한 번역가. 중학생 시절부터 과학에 대해 궁금증이 생길 때마다 틈틈이 적어 온 과학 노트가 지금까지도 보물 1호이며, 번역으로 과학의 매력을 더 많은 사람과 나누기를 꿈꾼다. 현재 바른번역 소속 번역가로 활동하고 있다.《단위, 세상을 보는 13가지 방법》,《아인슈타인의 주사위와 슈뢰딩거의 고양이》,《세상을 움직이는 수학개념 100》 등을 우리말로 옮겼으며,《늙어감의 기술》로 제36회 한국과학기술도서상 번역상을 받았다.

내 아이 콜린과 소피아에게 이 책을 바친다.
나는 너희들 안에서 내 모습을 많이 본다.
적어도 너희들은 엄마한테서 좋은 면을 물려받았구나.

진정한 나와 만나다

사람들은 정말 이상하기 그지없는 일들을 한다. 그렇지 않은가?

아마도 당신은 자신이 정상이라 생각할 것이다. 하지만 세상 어딘가에는 당신을 정말 괴짜라 생각할 사람들이 있다. 우리의 식생활에서 습관, 신념에 이르기까지 사람들은 놀라울 정도로 다양하다. 어떻게 그럴까? 어떤 사람은 이국적인 음식과 질 좋은 와인을 즐긴다. 어떤 사람은 그저 평범한 햄버거 한 쪽과 시원한 맥주 한 병이면 만족한다. 어떤 사람은 채식주의를 고집하는 반면, 어떤 사람은 방울다다기양배추가 방귀 맛이 난다고 한다. 어떤 사람은 평생 날씬한 몸매를 유지한다. 반면 어떤 사람은 치즈케이크 생각만 해도 벌써 허벅지 살이 굵어지는 것 같다고 말한다. 어떤 사람은 밖으로 나돌기를 좋아하고, 어떤 사람은 집에만 있기를 좋아한다.

총체적으로 보면 우리의 습관은 다양하다. 어떤 사람은 유니폼을 입고 얼굴에 물감을 칠하고 스포츠 경기에 홈팀을 응원하러 간다. 어떤 사람은 스타트렉Startrek 팬 모임에 보그Borg족의 코스프레를 하고 나온다. 어떤 사람은 번화가에서 화끈한 밤을 보내며 노는 것이 삶의 목적인 듯 살고, 어떤 사람은 미술관에서 밤을 보내기 좋아한다. 어떤 사람은 세계여행을 좋아하고, 어떤 사람은 세계 각국의 갖가지 물건을 수입해서 파는 월드마켓World Market에 쇼핑하러 가는 작은 모험조차 망설인다. 어떤 사람은 유행이라는 유행을 다 따라 하지만, 어떤 사람은 남들이 입지 않는 촌스러운 옷들만 골라서 입는다.

그럼 우리의 행동 습성은 어떤가? 어떤 사람은 알코올과 마약에 전혀 끌리지 않는 반면, 어떤 사람은 그 유혹에서 좀처럼 벗어나지 못한다. 어떤 사람은 항상 정직하게 사는데, 어떤 사람은 거짓말하고, 사기치고, 물건을 훔치고도 아무런 양심의 가책을 느끼지 않는다. 어떤 사람은 색맹인데, 어떤 사람은 하얀색만 보고 싶어 한다. 어떤 사람은 파리 한 마리 죽이지 못할 정도로 마음이 여린데, 어떤 사람은 걸핏하면 얼굴이 빨개지며 핏대를 세운다. 어떤 사람은 전쟁을 위해 싸우고, 어떤 사람은 평화를 위해 싸운다.

연애 성향도 마찬가지다. 어떤 사람은 자신의 파트너에게 충실한 반면, 어떤 사람은 충실한 척만 한다. 어떤 사람은 외모와 돈에 목숨을 거는 반면, 어떤 사람은 내면의 아름다움에 더 투자한다. 어떤 사람은 평생토록 사랑할 영혼의 단짝을 원하는 반면, 어떤 사람은 그것을 종신형처럼 끔찍하게 여긴다. 어떤 사람은 기념일을 잘 기억하는데, 어떤 사람은 늘 까먹는다.

우리의 천성은 어떨까? 어떤 사람은 친절한데, 어떤 사람은 심술궂다. 어떤 사람은 끝도 없이 에너지가 넘치는데, 어떤 사람은 게을러 보인다. 어떤 사람은 겁이 없는데, 어떤 사람은 자기 그림자만 봐도 놀란다. 어떤 사람의 눈에는 항상 물이 반이나 남은 잔이 보이지만, 어떤 사람은 물이 반이나 빈 잔이 보인다.

　대부분의 사람은 이 모든 양극단의 중간 어디쯤에 속한다. 우리는 모두 평범한 사람이지만, 삶을 살아가는 모습을 보면 어쩜 이렇게 다양한지! 그럼에도 나는 우리에게 한 가지 공통점이 있다고 생각한다. 각자가 이리도 다른 이유를 이해하고 싶은 욕망이다.

*

　시대를 거치며 수많은 철학자, 신학자, 자기계발 지도자가 사람의 행동에서 보이는 미스터리를 풀기 위해 뛰어들었지만, 절반의 성공으로 끝날 때가 많았다. 하지만 우리가 어째서 지금의 우리이고, 어째서 지금처럼 행동하고 있는지, 그 이유에 관한 실용적 해답이 예기치 않던 곳에서 나오고 있다. 바로 연구소다.

　과학자들은 근래 들어 우리에 대해 굉장히 많은 것을 알아냈다. 모든 사람이 알아야 할 깊숙하고 어두운 비밀들이 밝혀지고 있다. 자신의 진정한 자아에 대해 잘 알수록 인생의 여정을 헤쳐가기가 더 쉬워진다. 그리고 사람들을 움직이는 것이 무엇인지 앎으로써 자기와 닮은 구석이 없는 사람도 더 잘 이해할 것이다.

　우리는 모두 자기가 자신의 북소리를 따라, 자기만의 방식대로 산다고 생각하고 싶어 한다. 하지만 과학은 이 북소리의 리듬이 맨눈에 보이지 않는 타악기 연주자에 의해 만들어지고 있음을 밝혀냈다. 우리는 자기가 북을 울리고 있다고 믿으며 인생을 살고 있지만, 이것은 착각에 불과하다는 충격적인 증거들이 나오고 있다. 사실은 우리의 모든 행동을 조화롭게 운용하는 숨겨진 힘이 존재한다.

이 점을 잘 이해할 수 있도록 내 개인적인 기벽 하나를 말하겠다. 나는 브로콜리 같은 채소를 싫어한다. 씁쓸한 맛 때문에 항상 브로콜리를 싫어했다. 브로콜리를 요리할 때 나는 냄새만 맡아도 숨이 막힌다. 하지만 아내는 브로콜리를 정말 많이 먹는다. 그것도 맛있어서! 우리의 차이는 대체 무엇일까? 우리 아이들이 아기 때 브로콜리에 반응한 모습을 보면 그 단서를 알 수 있다. 우리 아들은 브로콜리를 잘 먹었지만, 딸은 마치 우리가 독이라도 먹이려는 것처럼 반응했다. 우리는 아이들에게 브로콜리를 좋아하라거나 싫어하라고 가르친 적이 없다. 그냥 그렇게 타고난 것이다. 이런 행동이 우리의 DNA에 새겨져 있다는 암시다(이런 일이 어떻게 일어나는지는 2장에서 자세히 알아보겠다).

잠시 그 의미를 되씹어보자. 우리가 무엇을 좋아할지 말지를 결정하는 권한은 DNA 속 유전자에 있다. 그럼 나는 죄가 없다! 내가 브로콜리를 싫어하는 것은 내 잘못이 아니다. 나는 브로콜리를 싫어하는 것에 더 이상 죄책감을 느낄 필요가 없다. 내가 갖고 있는 유전자는 내가 선택한 것이 아니기 때문이다.

개인의 입맛같이 기본적인 것조차 통제할 수 없다면, 우리의 통제를 벗어난 것은 또 무엇이 있을까? 이 책에서 나는 유전자가 우리의 행동에 얼마나 기여하고 있는지에 관한 탐구를 시작한다. 뒤에서 보겠지만, DNA는 눈 색깔이나 손을 갖고 태어나는지 여부 같은 신체적 특성에 그치지 않고 훨씬 많은 것을 관장한다. 유전자는 우리가 살면서 무엇을 할지, 얼마나 빨리 화를 낼지, 알코올을 갈망할지,

얼마나 많이 먹을지, 무엇에 마음을 뺏길지, 아무 문제없는 완벽한 비행기에서 뛰어내리기를 좋아할지 등에도 영향을 미친다.

DNA는 한 유기체를 만드는 데 필요한 지시사항을 담고 있어 '생명의 청사진'으로 불린다. 사람을 만들 때 DNA는 생물학적으로 초라한 벽돌에 해당하는 것들을 조작한다. 하지만 어떤 사람은 그 결과로 거대한 대저택을 물려받고, 어떤 사람은 여기저기 손 볼 것이 많은 허름한 집을 물려받는다. 그리고 어떤 사람은 스타워즈에 등장하는 죽음의 별 '데스스타Death Star'의 청사진을 이용해 만들어진 것처럼 보인다.

하지만 분명 우리는 그냥 유전자 꾸러미에 불과한 존재가 아니다. 그렇지 않은가? 예를 들어 당신의 가족과 친척은 많은 DNA를 당신과 공유한다. 하지만 당신은 그들과 깜짝 놀랄 정도로 다르다. 심지어 유전자를 100퍼센트 공유하기 때문에 사실상 유전적 복제품이나 마찬가지인 일란성 쌍둥이조차 외모와 행동에서 차이를 보일 때가 많다. 집 리모델링 텔레비전 쇼 〈프로퍼티 브라더스Property Brothers〉는 일란성 쌍둥이가 진행하는데, 이 둘도 완전히 똑같지는 않다. 한 사람이 다른 사람보다 0.5센티미터 정도 크다. 그리고 한 사람은 패션에 집착하고 정장 입기를 좋아하지만, 다른 한 사람은 캐주얼하게 입는다. 한 사람은 머리를 짜서 사업 계획 세우기를 좋아하지만, 다른 한 사람은 직접 망치를 들고 현장에 나가는 쪽을 좋아한다. 한 사람은 의식적이고 체계적으로 식생활에 접근하는 반면, 다른 한 사람은 깐깐하게 따지지 않고 편하게 먹는다. 이런 차이는 집이라는 뼈대를 올리는 것이 유전자지만, 그 집을 꾸미는 것은 다른 존재임을 암시한다. 이 책에서 우리는 유전자의 작동 방식에 영향을 미치는 환경 요인에 대해 살펴보고, 환경에 의해 생기는 DNA 변화가 어떻게 미래세대로 전달되는지도 살펴볼 것이다. 외부 환경과 유전자의 상호작용을 연구하는 이 새로운 학문 분야를 후성유전학epigenetics이라고 한다.

후성유전학은 우리의 행동에 막대한 영향을 미칠 수 있다. 놀랍게도 우리가 태어나기도 전부터 우리의 DNA에 영향을 미친다. 예를 들어 니코틴이나 다른 약물에 노출되면 장차 아빠가 될 사람의 정자에 들어 있는 유전자에 화학적 변경이 일어난다. 산모가 임신 기간 동안에 하는 행동도 아기의 DNA에 평생 이어지는 변화를 유도할 수 있다. 후성유전학은 비만, 우울증, 불안, 지적 능력 등에서 다양한 역할을 할 수 있다. 과학자들은 스트레스, 학대, 가난, 방치 등이 희생자의 DNA에 흉터를 남겨, 여러 세대에 걸쳐 행동에 부정적 영향을 미친다는 사실을 밝혀내고 있다. 후성유전학에서의 이런 놀라운 발견이 우리의 행동을 지휘하는 또 하나의 숨겨진 힘을 구성한다. 이것도 우리가 전혀 통제할 수 없는 부분이다.

우리 유전자 말고도 근래 들어 과학자들은 미생물 침입자들이 우리 몸에 엄청난 유전자의 보고를 들여오고 있다는 사실을 인정하고 있다. 이런 유전자들도 마찬가지로 우리의 행동을 빚어내는 데 기여하고 있을 가능성이 높다. 미생물군유전체microbiome에 대해 들어본 적이 있는가? 이제 미생물군유전체에 관한 모든 것을 알아보려고 하니 정신 바짝 차리기 바란다. 우리 위장관 속에 처음 몰래 들어와 자리 잡는 미생물은 엄마에게서 온 것들이다. 그리고 나이가 들면서 음식, 애완동물, 다른 사람들로부터 더 많은 미생물을 들여온다. 우리 위장관 속에 우글거리는 수조 마리의 미생물들이 우리의 음식에 대한 갈망, 기분, 성격, 그리고 그 외 많은 것에 영향을 미칠 수 있음이 새로운 연구를 통해 드러나고 있다. 일례로 과학자들은 평소에 활기가 넘치던 생쥐의 장내 세균을 우울증을 앓는 사람으로부터 채취한 미생물로 대체해 그 쥐를 우울증에 빠지게 만들 수 있다. 뒤에서 많은 사람이 즐기고 있는 서구식 식단이 장내세균의 구성을 어떻게 급격히 변화시키는지 살펴볼 것이다. 그래서 어떤 사람들은 이런 장내세균의 변화가 부유한 국가에서 흔히 보이는 알레르기, 우울증, 과민성대장 증후군 등의 건강 문제에서 기여 요소로 작용하고 있다고 추측한다.

고양이에 의해 전파되는 흔한 기생충이(내가 우리 실험실에서 연구하고 있는 기생충이다) 당신의 뇌를 장악해 인지능력을 떨어뜨리고 중독, 분노장애, 신경증에 걸리기 쉽게 만들 가능성도 25퍼센트나 된다.

우리는 이 작은 미생물들이 자신의 이득을 위해 우리의 행동에 영향을 미치고 있음을 보여주는 새로운 증거들에 대해 이야기하려고 한다. 우리가 과연 자신의 행동을 완전히 통제하고 있는 게 맞는지 다시 한 번 의문이 들 것이다.

*

지난 25년 동안 생명과학 분야를 연구하면서 나는 생명의 진정한 작동방식을 독특한 관점으로 보게 됐다. 우리의 행동을 뒷받침하고 있는 숨은 힘에 대해 연구하다 보니 우리가 자신에 대해 알고 있다고 생각하는 것들이 거의 모두 틀렸다고 확신하게 됐다. 그로 인해 우리는 혹독한 대가를 치르고 있다. 우리의 잘못된 자아감sense of self이 우리의 개인적, 직업적, 사회적 삶을 망가뜨리고 있다. 우리가 인간의 행동에 대해 집단적으로 오해하는 바람에 발전이 지연되고, 교육, 정신건강, 사법체계, 전 세계 정치에도 부정적인 영향을 미치고 있다. 이런 숨겨진 힘을 세상에 드러낸다면 우리의 행동에 대해 중요하고도 새로운 통찰을 얻을 뿐만 아니라 우리가 감히 엄두도 내보지 못할 일을 저지르는 사람들에 대해서도 더 잘 이해하게 될 것이다.

이어지는 장에서는 우리가 자신의 행동에 대해 얼마나 많은, 아니 더 정확히는 얼마나 적은 통제력을 갖고 있는지 자세히 살펴볼 것이다. 이런 것을 앎으로써 우리는 자신을 더 잘 이해하고, 나아가 더 행복하고 건강한 세상을 만드는 쪽으로 우리의 행동을 변화시킬 힘을 갖게 된다. 비만, 우울증, 중독을 보이지 않게 뒷받침하는 생물학적 이유를 검토하고, 그런 지식이 어떻게 이런 상황을 개선할 가능성을 열어주는지 알아볼 것이다. 그리고 일부 사람이 사람도 죽일 정도의 공격성을 보이는 진짜 이유를 알고, 이런 끔찍한 일을 막을 수 있는 잠재적 방법도 알게 될 것이다. 그리고 우리는 사랑과 끌림에 대해 과학이 가르쳐주는 내용들을 탐구하고, 이런 것을 교훈 삼아 인간관계를 증진할 방법도 알아볼 것이다. 마지막으로 우리의 정치적 견해 차이를 비롯해 신념의 심리학에 대해서도 자세히 파고들 것이다. 그 과정에서 부디 우리가 통찰력 넘치는 이성보다 맹목적 신념을 바탕으로 행동하는 이유를 이해할 수 있게 되기를 바란다.

　이 모든 것을 어서 빨리 들려주고 싶어 견딜 수가 없다! 하지만 터무니없을 정도로 다양하게 펼쳐지는 인간의 행동에 대해 깊숙이 파고들기 전에 무대 뒤에서 작동하며 우리에게 생기를 불어넣고 있는 숨겨진 힘을 먼저 이해할 필요가 있다. 그럼 우리의 창조주를 만나는 것으로 여정을 시작해보자.

1

나의 창조주와 만나다

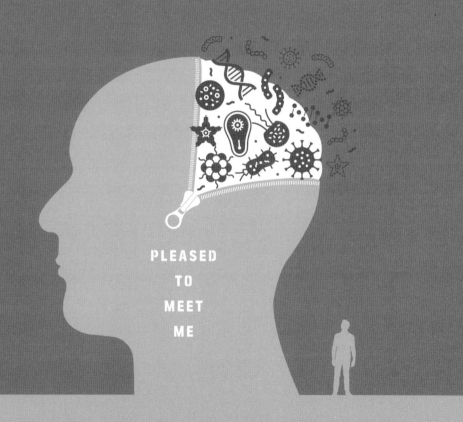

PLEASED
TO
MEET
ME

66

창조주를 만나기가 쉬운 일은 아니군.

99

로이 베티, 영화 <블레이드 러너>에서

기억에 남은 가장 어린 학창시절
을 생각하면서 옛날 친구와 학교 친구 들의 밝고 앳된 얼굴들을 떠
올려보자. 어서 빨리 잉크를 묻히고 싶은 텅 빈 종이처럼 미래는 아
직 쓰이지 않았고, 가능성은 무한해 보였다. 그때는 "네가 원하는 것
은 무엇이든 될 수 있어!" 같은 상투적이고 낙관적인 문구가 일상적
인 가치관이었다.

　이제 햇살처럼 눈부시던 그 어린 얼굴의 이미지를 염두에 두면
서 그 친구들이 이제 어떤 사람이 되었는지 생각해보자. 그 오랜 친
구들 중에는 자기가 좋아하는 일을 하면서 눈부신 경력을 쌓은 사
람도 있을 것이다. 하지만 어떤 친구는 자신의 하찮은 직업을 싫어
하고, 어떤 친구는 당최 어떤 일자리에도 얌전히 붙어 있지 못할 사
람처럼 보인다. 대부분은 대학에 진학했지만, 어떤 친구는 고등학교
도 간신히 마무리했다. 어떤 친구는 고등학교 시절의 첫사랑을 아직
사랑하고 있지만, 어떤 친구는 마치 칫솔 바꾸듯 심심하면 배우자를
바꾼다. 어떤 친구는 성별이 같은 사람과 결혼했다. 어떤 친구는 아
직 자기 고향에 살고 있지만, 어떤 친구는 과감히 먼 곳으로 떠났고,
어떤 친구는 집도 없이 노숙으로 살아간다. 어떤 친구는 아직도 빨

래판 같은 복근을 유지하고 있지만, 어떤 친구는 늘어질 대로 늘어진 뱃살이 허리를 두르고 있다. 어떤 친구는 자식을 위해서라면 물 쓰듯 돈을 쓰는 헬리콥터 부모지만, 어떤 친구는 자기 자녀를 방치하거나 학대한다. 어떤 친구는 항상 쾌활하고 행복하지만, 어떤 친구는 우울증의 대명사 같은 삶을 산다. 그리고 어떤 친구는 알코올이나 마약에 중독되었고, 어떤 친구는 소아성애자가 되었고, 심지어 정치인이 된 친구도 있다. 그중에는 감옥에 들어간 친구도 있을 것이다.

왜 모두 그렇게 다른 사람이 되었을까? 우리 또래들은 같은 시간, 같은 장소에서 같은 사람들과 함께 자랐는데 하는 행동을 보면 오히려 비슷한 구석을 찾기 힘들다. 아주 어린 시절부터 일부 친구한테서는 특이한 기벽의 조짐이 보이기도 했다. 꼬마 찰리는 본드 흡입을 좋아했다. 케이트는 학교에 가기 전부터 사탕을 슬쩍하고 다녔다. 어린 시절의 카메룬은 전통적인 남성다움의 개념을 따르지 않았다. 그리고 도널드는 자기 말고는 아무도 신경 쓰지 않는 아이였다. 그리고 뭔가 사람을 오싹하게 만드는 것이 있는 캐리는 하여간 어딘가 정상이 아니었다.

성공한 또래를 보면서 우리는 그런 친구들이 진취성, 결단력, 강한 직업윤리를 가졌을 것이라 가정하는 경우가 많다. 그와 마찬가지로 우리는 성공하지 못한 친구들을 보면 마음이 나약하고, 자제력이 없고, 게으르다고 비판하기 바쁘다. 우리는 인생사가 퓰리처 상 수상자처럼 펼쳐지는 사람이라면 칭찬 받을 자격이 있다고 생각한다. 반면 인생사가 냄비 받침대로나 어울릴 싸구려 문고판처럼 펼쳐지

나를 나답게 만드는 것들

는 사람이면 비난 받아 마땅하다고 생각한다. 어느 쪽이든 대부분의 사람은 그 사람의 성공 여부가 온전히 그 사람의 책임이라 믿는다.

　내가 어릴 때만 해도 나는 내 운명의 주인이 바로 나라는 생각을 품고 살았다. 하지만 생물학에 대해 배워갈수록 이런 지나치게 단순한 개념은 더 이상 울림을 주지 못했다. 과식을 예로 들어보자. 비만인 사람을 보면 왜 이렇게 자제력이 없느냐고 비난하며 비웃는 사람이 많다. 하지만 그런 말 속에는 유용한 내용이 전혀 담겨 있지 않다. 그렇지 않은가? 대체 왜 어떤 사람은 자제력이 없는가? 우울증이 있는 사람도 마찬가지다. 잘 모르는 사람들은 이런 문제를 무시해버린다. "어른답게 그런 문제는 훌훌 털고 일어나야지!" 이런 말 역시 전혀 도움이 되지 않는다. 우울증이 있는 사람이 그것을 훌훌 털지 못하는 이유란 뭔가? 살인범을 보면서 "그들의 영혼은 순수한 악 그 자체야"라고 말할 때도 그 근거는 마찬가지로 빈약하다. 그들은 왜 폭력을 휘두르고픈 동기를 느꼈을까? 우리의 행동을 진정으로 이해하고 싶다면 이런 문제들을 더 깊이 파고들어 보아야 한다.

　컴퓨터에서 프로그램을 여는 데 시간이 오래 걸려도 우리는 컴퓨터가 게을러서 그렇다고 생각하지 않는다. 차에 시동이 안 걸린다고 차더러 왜 이렇게 결단력이 없냐고 고함지르지 않는다. 비행기 엔진이 고장 나서 비상 착륙을 하는 경우에도 비행기가 나쁜 맘을 품었다고 생각하지 않는다. 물론 우리는 이런 것들보다 훨씬 복잡한 기계다. 하지만 우리도 기계인 것은 맞다. 드라마 〈스타트렉: 넥스트 제너레이션Star Trek: The Next Generation〉에서 선장 장 뤽 피카드Jean-Luc Picard 가 사람처럼 생긴 안드로이드 데이터Data에 대해 이렇게 말했다. "데이터가 기계라는 사실에 어색한 느낌이 들면 우리도 종류만 다를 뿐 역시 기계라는 점을 기억해. 우리는 전기화학적 기계에 해당하지."

이 훌륭한 선장과 오늘날의 생물학자들이 인간을 비하하려고 이런 말을 한 것은 아니다. 인간으로 존재한다는 것의 진정한 의미를 밝히려고 한 말이다. 우리의 생물학적 기계가 어떻게 작동하는지 이해하면, 우리는 그 행동을 이해하고, 필요하면 고칠 수도 있는 입장에 서게 된다. 하지만 우리는 드라마 〈엉터리 슈퍼맨The Great American Hero〉에서 초능력을 발휘하게 해주는 빨간 옷을 외계인에게 받고도 그 사용설명서를 잃어버려 헤매는 랄프 힝클리Ralph Hinkley와 비슷한 처지다. 우리도 사용설명서를 갖고 있었다면 우리의 행동을 훨씬 쉽게 이해했을 것이다. 그런데 1952년에 과학자 알프레드 허시Alfred Hershey와 마사 체이스Martha Chase가 그것을 발견했다.

유기체의 구축에 필요한 지령을 담은 물질을 찾기 위해 허시와 체이스는 그들이 찾을 수 있는 가장 단순한 형태의 생명체를 들여다 보았다. 세균을 감염시키는, 파지phage라는 일종의 바이러스였다. 단백질과 DNA로만 이루어진 파지 바이러스는 세균 세포 표면에 내려앉은 초소형 아폴로 달착륙선처럼 생겼다. 허시와 체이스는 방사성 원자를 이용해 파지의 구성 요소 각각에 별도로 표지를 붙였다. DNA에는 방사성 인을 이용해 표지를 붙이고, 단백질은 방사성 황을 이용했다(DNA에는 황 원자가 없고, 단백질에는 인 원자가 없다). 이 각각의 방사성 원자를 추적함으로써 이들은 파지가 세균을 감염시키기 전과 후에 파지의 DNA와 단백질이 어디에 있었는지 알아낼 수 있었다.

나를 나답게 만드는 것들

결국 파지의 DNA는 세균 내부로 주입되는 반면, 파지의 단백질 껍질은 세균 표면에 그대로 남는다는 것이 밝혀졌다. 일단 세균 내부로 들어간 파지 DNA는 파지가 너무 많아져서 세균이 터질 때까지 계속 더 많은 파지를 만들도록 지시한다. 이 우아한 실험을 통해 DNA에 아기 파지를 구축하는 데 필요한 지령이 모두 담겨 있다는 것이 입증됐다(이 점에 있어서는 파지의 아기뿐만 아니라 다른 모든 아기들도 마찬가지다).

DNA는 나선형 계단과 비슷한 이중나선 형태를 하고 있다. 여기서 각 계단은 핵산이라고 하는 생화학물질 한 쌍으로 이루어져 있다(DNA는 네 종류의 핵산으로 이루어져 있으며 각각 A, T, C, G로 표시한다). 이런 구조 덕분에 DNA가 유전자gene라는 유전의 단위를 어떻게 담고 다니는지 쉽게 이해할 수 있다. 꼬여 있는 나선형 계단을 풀면 사다리처럼 보인다. 각각의 가로대를 구성하고 있는 두 개의 핵산은 지퍼를 내리는 것처럼 분리될 수 있다. DNA의 지퍼가 내려가면 그 암호가 노출되면서 전령 RNAmessenger RNA, mRNA라는 운반분자로 '전사transcription' 되어 단백질을 만들어낸다. DNA가 공사장 현장 감독이라면 단백질은 건설 노동자처럼 작동하면서 세포와 조직에 구조와 기능을 공급한다.

허시와 체이스의 연구는 DNA에 한 유기체의 정확한 복제품, 즉 클론을 구축하는 데 필요한 유전자가 담겨 있음을 암시했다. 이 이론은 1996년에 현실이 되었다. 복제양 돌리Dolly가 탄생한 것이다. 돌리는 성체 세포로부터 만들어진 최초의 포유류 클론이다. 돌리는 DNA를 제거한 난자에 성체 양에서 채취한 DNA를 집어넣은 다음 그 난자를 대리모 양의 자궁에 이식해 만들어졌다. 돌리라는 이름은 풍만한 가슴으로 유명한 가수 돌리 파튼^{Dolly Parton}의 이름을 딴 것이다. 돌리를 만드는 데 사용된 성체 세포의 DNA가 전구체 양의 유방에서 채취한 것이었기 때문이다(내가 지어낸 말이 아니다!) 그와 똑같은 기술을 이용해 최초의 복제 원숭이가 2018년에 탄생했다.

2003년에 인간 게놈 프로젝트^{Human Genome Project}에서 인간의 DNA를 구성하고 있는 핵산 30억 개의 염기서열 분석을 마무리했다. 이것은 막대한 양의 정보다. 우리 세포 단 하나에서 뽑아낸 DNA라도 펼치면 길이가 2미터나 된다. 퀸사이즈 침대 크기와 맞먹는다. DNA 염기서열을 1초에 한 글자씩 읽는다면 모두 읽는 데 거의 백 년이 걸릴 것이다. 우리의 게놈은 엄마로부터 23개, 아빠로부터 23개 물려받은 46개의 염색체에 흩어져 있는 21,000개의 유전자를 담고 있다.

DNA는 영겁의 세월 동안 고되게 일하며 다양한 환경에 적응한 서로 다른 종류의 온갖 생명체들을 창조했다. 생명은 적어도 35억 년 동안 이곳에 존재해왔다. 그리고 이제 그 수많은 창조물 중 하나가 마침내 대장을 만나러 오라는 연락을 받았다. 우리는 이 지구에서 자신의 창조주를 처음으로 만난 종이다.

─────────── 당신이 원하는 것은 무엇이든 될 수 없는 이유

DNA의 언어를 읽는 법을 배운 우리는 이제 자신의 역사책을 다시

　　　　　　　　　　나를 나답게 만드는 것들

써야 하는 상황이 됐다. 지구에 넘쳐나는 다양한 생명체들은 모두 한꺼번에 짠하고 만들어진 것이 아니다. 생명은 DNA를 담은 단순한 단세포에서 시작해 수십 억 년의 세월 동안 진화해왔다. 생명체들은 자원을 차지하기 위해 경쟁하기 시작했고, 자신의 환경에서 번성할 수 있는 특성을 갖춘 생명체들은 계주경주에서 배턴을 넘겨주듯 자신의 DNA를 새로운 세대로 넘겨줄 수 있었다. 경쟁에서 실패한 생명체들은 죽어나가거나 다른 곳으로 물러났고 새로운 환경에서 생존하는 데 적합한 다른 진화의 궤적을 따라갔다.

저명한 생물학자 리처드 도킨스Richard Dawkins는 유전자를 '이기적인' 복제자로 묘사했다. 생물학계의 고든 게코Gordon Gekko(영화 〈월스트리트〉에서 마이클 더글러스가 연기한 등장인물로 권력욕과 탐욕으로 가득한 월가의 인물—옮긴이)인 셈이다. 도킨스는 유기체를 이기적인 유전자가 구축한 '생존기계'라고 말했다. 유기체의 근본적 목적은 자신의 DNA를 보호해 다음 세대로 확실히 전달하는 것이기 때문이다. 소설가 새뮤얼 버틀러Samuel Butler는 실제로 한 세기 전에 그와 비슷한 말을 했다. "암탉은 계란이 또 다른 계란을 만들기 위해 만든 수단에 불과하다."

다른 화려한 부가기능이 덧붙여져 있기는 하지만, 우리도 본질적으로는 다르지 않다. 진화심리학evolutionary psychology을 연구하는 과학자들은 우리의 행동이, 사실상 거의 모두가, 어떤 식으로든 짝을 찾아 자신의 유전자를 퍼뜨리겠다는 한결 같은 욕망에서 비롯된다고 주장한다. 이런 렌즈로 바라보면 수많은 인간의 어리석은 행동이 눈에 들어온다. 인간이 우월의식, 탐욕, 권력에 끌리는 것은 우리 유전자 풀의 저면에 깔려 있는, 거부하기 힘든 흐름일 뿐이다.

사람들 사이의 차이는 DNA 염기서열의 차이에서 생긴다. DNA가 몸뚱이를 만들어낸다는 것은 많은 사람이 인정하지만, 대부분은 유전자가 지능, 행복, 공격성 등 더 복잡한 특성에도 영향을 미치고 있음을 깨닫지 못한다.

일부 경우에는 유전자가 우리 몸에 미치는 영향이 아주 단순하다. 때로는 돌연변이나 변이라고 하는 단일 유전자의 변화만으로도 확연히 예측 가능한 변화가 생긴다. 낫세포 빈혈병^{sickle cell anemia}(겸상 적혈구 빈혈증)이 그런 경우다. 낫세포 빈혈병은 적혈구의 형태가 기형이 될 때 발생한다. 이것은 헤모글로빈을 만드는 유전자에 돌연변이가 일어나 생긴다. 헤모글로빈은 적혈구에서 산소를 운반하는 단백질이다. 헤모글로빈 유전자에 이런 돌연변이를 안고 태어난 사람은 낫세포 빈혈병이 생긴다. 여기에 대해서는 왈가왈부할 것이 없다.

반면 성격과 행동 등에 영향을 미치는 좀 더 복잡한 특성들은 조화롭게 작동하는 서로 다른 수많은 유전자로부터 생긴다. 이런 네트워크 안에서 단일 유전자에 변이가 일어난다고 해서 그 생명체에서 항상 알아볼 수 있는 변화가 일어나는 것은 아니다. 대부분의 유전적 변이는 어떤 성향이 생길 수 있음을 말해줄 뿐 확실한 결과를 말해주지 않음을 염두에 두어야 하는 이유다.

우리 유전자를 젠가 타워를 쌓아올린 블록이라 생각해보자. 블록을 잘못 뽑으면 타워 전체가 무너져 내린다. 하지만 어떤 블록은 뽑아내도 타워가 멀쩡히 서 있다. 다른 블록들이 타워 구조물을 지탱해주는 한 게임을 계속 이어갈 수 있다. 마찬가지로 한 유전자에 돌연변이가 생겼다고 우리 몸에 반드시 재앙이 닥치는 것은 아니

　나를 나답게 만드는 것들

다. 몸이 무너질지 여부는 돌연변이를 일으킨 유전자를 뒷받침하는 다른 유전자들에 달려 있다. 모든 유전자 변이가 꼭 해로운 것은 아니라는 점도 염두에 두어야 한다. 영화 〈엑스맨〉처럼 가끔은 돌연변이 유전자가 초능력을 부여해주기도 한다!

조심스러운 면은 있지만, 유전자는 우리가 어떤 존재가 될 수 있고, 어떤 존재가 될 수 없는지에 대한 소중한 통찰을 제공한다. 내가 되고 싶은 존재는 이렇다. 나는 록밴드 저니Journey의 보컬리스트 스티브 페리처럼 노래하고 싶다. 그리고 키가 지금보다 더 컸으면 좋겠다. 내가 지나갈 때마다 여자들이 내 매력에 홀딱 반할 야생마 같은 남자가 된다면 아주 기분 좋은 변화가 찾아올 것이다. 알베르트 아인슈타인보다 더 똑똑한 사람이 되어도 멋질 것 같다. 그래픽노블 《Flash Gordon》의 호크맨처럼 날개를 달고 하늘을 날아다니면 완전 멋질 것 같다. 하지만 아무리 노력한다고 해도 내가 날개 달린 키 큰 매력남이 되어 스톡홀름으로 날아가 노벨상을 받으면서 수락연설의 피날레로 저니의 명곡 'Don't Stop Believin'(믿음을 멈추지 마)'을 부르는 일은 절대 없을 것이다. 상상은 즐겁지만, 현실을 인정해야 한다. 우리가 되고 싶은 대로 다 될 수는 없다. 우리가 엄마 배 속에서 수정될 때 물려받은 유전자는 포커판에서 손에 쥔 카드패와 비슷하다. 결국 자기 손에 쥔 카드를 가지고 최선의 게임을 펼쳐 보이는 수밖에 없다.

레이디 가가가 공언했듯이 우리는 "태어날 때부터 이렇게 생겨 먹었다Born this way." 유전자 수준에서 시작된 어떤 한계에 갇혀 있는 것이다. 그리고 뒤에서 곧 보겠지만, DNA는 우리를 평생 옭아매고 있는 사슬의 한 고리에 불과하다.

환경이 유전자에 미치는 영향

과학자들이 복제양 돌리를 만들 때 사용한 것과 같은 기술을 이용해 당신과 똑같은 복제인간을 만들었다고 상상해보자. 난자의 DNA를 제거하고 그 대신 당신의 DNA를 삽입한 다음 새로운 당신을 대리모의 배 속에 이식할 수 있다. 그럼 40주 후에 대리모는 당신의 아기 시절과 똑같이 생긴 아기를 낳을 것이다. 그리고 아기는 무럭무럭 자라면서 단계마다 당신을 판박이처럼 빼닮은 모습을 할 것이다. 하지만 여기서의 핵심 질문은 이것이다. 이 복제인간의 행동이 당신과 어디까지 닮게 될까?

인간 게놈의 염기서열을 분석한 것은 우리의 기능을 이해하는 데 있어 거대한 도약이었지만, 이것은 대략적인 밑그림만 그려줄 뿐이다. 염기서열을 줄거리가 정해져 있는 일반 소설처럼 읽어 내려갈 수는 없다. 그보다는 선택에 따라 다른 이야기가 펼쳐지는 선택형 모험 이야기 책Choose Your Own Advendture book에 더 가깝다. 당신의 DNA 속에는 당신의 잠재적 버전이 아주 많이 들어 있다. 당신이 거울에서 보는 사람은 그 많은 버전 중에서 당신이 수정된 후로 노출되었던 독특한 상황들로 빚어진 한 사람일 뿐이다.

당신의 DNA에 들어 있는 변이가 얼마나 중요해질지는 당신의 환경이 좌우한다. 내가 만약 5만 년 전에 태어났다면 오래 살지

　　　　　　　　　나를 나답게 만드는 것들

못했을 것이다. 나는 야영을 싫어하고, 감자칩 봉지도 간신히 열 정도로 상체 힘이 약하며 눈까지 근시라서 수렵채집인으로서의 능력이 딱할 정도였을 것이고 사자, 호랑이, 곰의 쉬운 먹잇감이 되었을 것이다. 자연선택은 여러 시대에 걸쳐 유전자 풀에서 시력이 나쁜 사람들을 퇴출시켜왔다. 하지만 안경이 발명되면서 나 같은 사람도 다시 게임에 참여할 수 있게 되었다.

환경은 당신 유전자의 정확도에 직접적인 영향을 미칠 수 있다. 뜨거운 햇빛에 살이 새까맣게 타거나, 핵연료 폐기물 통에 빠지거나 하면 무작위 유전자 돌연변이가 생길 수 있다. 방사선이나 일부 화학물질을 돌연변이 유발원^{mutagen}이라 부르는 이유는 DNA에 손상을 일으킬 수 있기 때문이다. 이런 손상이 일어나면 세포들이 미쳐 날뛸 수 있다. 암이 생기는 것이다. 잠재적 돌연변이 유발원의 숫자는 테일러 스위프트의 앨범 판매량에 버금갈 정도로 많다. 하지만 사람들에게 친숙한 것들을 들어보자면 자외선, 담배, 알코올, 석면, 석탄, 자동차 배기가스, 공기오염, 가공육 등이 있다. 노출의 정도와 유전적 성향이 함께 작용해 당신의 세포가 어느 정도의 DNA 손상을 입게 될지 결정한다.

환경이 DNA에 손상을 가함으로써 유전자 기능에 변화를 일으킬 수 있음은 분명하지만, 환경이 유전자의 작동방식에 영향을 미치는 방법이 이것만 있는 것은 아니다. 다음에 나올 부분을 이해하기 위해 유전자를 피아노 건반으로 생각해보자. 당신이 이 건반들을 무작위로 두드린다면 공포영화의 으스스한 음악 같은 소리가 날 것이다. 아름다운 음악이 만들어지려면 올바른 타이밍에 적절한 건반을 눌러야 한다. 당신의 유전자도 그렇게 작동해야 한다. 만약 모든 유전자가 한꺼번에 작동한다면 당신은 공포영화 하면 떠오르는 프레디 크루거 Freddy Krueger 같은 모습이 될 것이다.

당신 몸속의 모든 세포는 똑같은 21,000개의 유전자를 갖고 있다. 그럼 어째서 어떤 세포는 뇌 세포가 되고, 어떤 세포는 엉덩이 세포가 되는 것일까? 뇌 세포에서는 뇌 세포 유전자만 스위치가 켜진다(발현된다). 뇌 세포의 DNA에도 엉덩이 세포의 유전자가 그대로 존재한다. 다만 발현되지 않을 뿐이다. 전사인자 transcription factor라는 단백질은 유전자의 시작 부위에 자리 잡은 촉진자 promoter라는 DNA 염기서열에 부착함으로써 유전자 발현 여부를 통제한다. 전사인자는 유전자가 켜질지, 꺼질지를 통제하면서 각각 활성자 activator와 억제자 repressor로 작동한다. 당신이 배아 embryo였을 때는 몸속 어느 유형의 세포라도 될 수 있는 잠재력을 지닌 줄기세포 stem cell로 이루어져 있었다. 그 세포에 들어 있는 전사인자가 배아 줄기세포의 대략적인 운명을 좌우한 것이다. 뇌로 발달한 줄기세포에는 뇌 유전자를 활성화하는 전사인자가 존재하고 있었다. 그리고 엉덩이로 발달한 줄기세포에는 엉덩이 유전자를 활성화하는 전사인자가 존재하고 있었다.

호르몬을 비롯한 여러 가지 것이 전사인자의 활성에 영향을 미친다. 내분비계에서 만들어지는 호르몬들은 발달, 성욕, 기분, 대사 등 여러 가지를 조절한다. 그런데 환경 속에는 내분비교란물질 endocrine disruptor로 작용할 수 있는 물질이 많다. 이런 물질은 호르몬의 작용을 흉내 내기 때문에 그에 따라 유전자 발현이 교란된다. 그 결과 내분비교란물질은 발달, 생식, 신경, 면역 부분에서 결함을 유발

나를 나답게 만드는 것들

할 수 있다. 내분비교란물질에 해당하는 것으로는 일부 의약품, 일부 살충제, 플라스틱에 사용되는 비스페놀 A[BPA] 등이 있다. 돌연변이 유발물질과 마찬가지로 내분비교란물질도 그 양에 따라 유전자 활성에 미치는 영향이 달라진다. 이런 물질이 얼마나 많아야 문제가 되는지에 대한 결론은 아직 나오지 않았지만, 내분비교란물질은 없는 곳이 없기 때문에 아주 중요한 연구 대상이다(임산부, 수유모, 아동이 사용하는 여러 가지 물품에도 들어 있다). 더군다나 내분비교란물질의 부정적인 영향은 여러 세대에 걸쳐 아이들에게 영향을 미칠 수 있다. 2018년의 한 연구에서는 엄마가 내분비교란물질인 디에틸스틸베스트롤[diethylstilbestrol]에 노출되었더니 그 여성의 손자에게서 주의력결핍과잉행동장애[attention deficit/hyperactivity disorder, ADHD] 발생 위험이 증가했다고 보고했다.

전사인자는 유전자 활동 조절에서 핵심 역할을 하지만, 단독으로 작동하지는 않는다. 과학자들이 DNA를 더 자세히 연구하자 이것이 균질한 분자가 아니라는 점이 분명해졌다. DNA의 일부 구간은 촘촘하게 말려 있는 반면, 어떤 구간은 느슨하게 열려 있다. 치밀하게 말려 있는 DNA 속 유전자들은 열린 구간의 유전자들보다 덜 발현된다. 세포는 DNA 속 유전자에 대한 전사인자의 접근을 두 가지 주요 경로를 통해 조절할 수 있다. 첫째는 DNA 메틸화[DNA methylation]다. 이것은 메틸기[methyl group]라는 작은 화학물질이 유전자를 구성하는 뉴클레오티드[nucleotide]에 직접 부착할 때 일어난다. 메틸기가 유전자 여기저기에 흩뿌려져 있으면 누군가가 한 문장에서 일부 글자를 가리고 있는 경우와 마찬가지로 유전자를 읽기가 더 어려워진다. 그래서 메틸화된 유전자는 침묵하는 쪽으로 기운다. 두 번째 메커니즘은 히스톤histone이라는 단백질 군과 관련 있다. 히스톤 단백질은 DNA를 실처럼 감아놓는 실패 역할을 한다. 히스톤 단백질은 자기와 얽힌 유전자 발현에 영향을 미치는 여러 화학적 변형이 잘 일어난다. 전사인자와 함께 작동하면 이런 과정이 유전자 발현에 엄청난 유연성을 부여해주기 때문에 유전자 활성의 조절이 그냥 켜지고 꺼지는 수준을 넘어 대단히 미세하게 이루어질 수 있다. 유전자 발현은 단순한 똑딱이 스위치가 아니라 불빛의 밝기 조절이 가능한 조광 스위치로 생각해야 옳다.

DNA 염기서열 자체를 변화시키지 않으면서 유전자 발현에 영향을 미치는 과정을 '후성유전학'이라고 한다. '유전자를 넘어'라는 의미다. 후성유전적 변형epigenetic modification(후성유전적 표지epigenetic mark라고도 한다)이 가능한 덕분에 환경이 유전자에게 문자메시지를 보내서 당신의 작동방식뿐만 아니라 아이와 손자에서의 작동방식까지 바꿀 수 있다. 유명한 식물학자 루터 버뱅크Luther Burbank는 이렇게 말했다. "유전이란 환경이 저장된 것일 뿐이다." 당신이 환경에서 접하는 물리적 물질이 DNA에 후성유전적 변화를 일으켜 당신 몸의 유전자 중 어느 것이 발현될지를 바꾸어놓을 수 있다. 이것은 당신과 당신의 자식에게 큰 이점으로 작용할 수 있다. 유전자 발현 양상을 빠르게 바꾸어 환경 조건의 변화에 신속하게 적응할 수 있기 때문이다.

그런데 놀랍게도 물리적 물질뿐만 아니라 아동 학대, 왕따, 중독, 스트레스 등의 행동도 후성유전학을 통해 유전자 발현을 변화시킬 수 있다. 인생의 부정적 사건이 우리 DNA에 흉터를 남길 수 있고,

나를 나답게 만드는 것들

일부 경우에는 이런 흉터가 자식에게 전달될 수도 있다. 뒤에 나올 장에서 이런 몇 가지 사례를 살펴보겠지만, 여기서 후성유전학이 우리의 행동에 얼마나 중요한지 보여주는 사례를 한 가지 확인하고 가자. 낮은 사회경제적 지위가 성인기의 질병 증가와 연관 있다는 것은 잘 밝혀져 있다. 가난한 환경에서 자란 아동은 성인이 되어서 건강이 좋지 않을 가능성이 훨씬 높다. 이것은 여러 가지 환경적 이유 때문일 수 있지만, 출발점에서부터의 차이도 대단히 중요하게 작용할 수 있다. 2012년의 한 연구에서 캐나다 맥길대학교의 유전학자 모셰 스지프Moshe Szyf는 어린 시절에 경제적으로 어려움을 겪었던 성인이 어린 시절에 잘 살았던 성인과 비교했을 때 서로 다른 유전자군이 메틸화되어 있다는 것을 보여주었다. 지위가 낮게 태어난 원숭이와 지위가 높게 태어난 원숭이를 비교했을 때도 유사한 DNA 메틸화의 차이가 발견됐다.

이런 연구들이나 뒤에서 논의할 여러 많은 연구들은 우리의 DNA에 아동기나 아직 엄마 배 속에 있을 때 받은 후성유전적 표지가 선행 장착되어 있음을 암시한다. 엄마 배 속에 있을 때 후성유전적 표지를 받는 것을 태아 프로그래밍fetal programming이라고 한다. 그렇다면 우리는 유전자가 판단한 우리의 사회적 지위에 따라 행동하도록 미리 프로그래밍된 상태에서 태어난다는 말인가? 어른이 되면 건강이 나빠지고 행동에 문제가 생기는 가족의 악순환을 가난한 어린 시절에 다르게 메틸화되는 유전자로 설명할 수 있을까? 아직은 이 도발적 질문에 대한 답을 모르지만, 이런 연구들은 혜택에서 소외된 아동들이 부정적인 사회적 조건으로 고통 받을 뿐 아니라, 부정적인 생물학적 결과로도 고통 받는다는 사실을 암시한다.

어린 시절에 히스톤 단백질에 덧붙여진 후성유전적 표지도 우리의 행동에 영향을 미칠 수 있다. 후성유전학은 직업 선택도 좌우할 수 있다. 특히나 우리가 펜실베이니아대학교의 생물학자 셸리 버거Shelley Berger의 실험실에 사는 개미였다면 더욱 그랬을 것이다. 개미 무리의 구성원들은 전문적인 과제를 수행한다. 몸집이 큰 개미는 무리를 지키는 병정개미 역할을 하는 반면, 몸집이 작은 개미는 무리를 위해 먹이를 수집하는 일꾼개미 역할을 한다. 얼핏 몸집 큰 개미들은 군대에 입대해서 병정개미가 되었고, 몸집 작은 개미들은 전문가들로부터 먹이 구하는 법을 배워서 일꾼개미가 되었을 것이라 생각하기 쉽지만, 그런 식으로 작동하는 것이 아니다.

이런 것은 배워서 하는 행동이 아니기 때문에, 버거와 동료들은 후성유전적 메커니즘이 개미의 삶에서 많은 것들을 좌우한다는 가설을 세웠다. 이 가설을 검증하기 위해 그녀는 아기 개미의 뇌에 약물을 넣었다. DNA와 상호작용하는 히스톤 단백질을 변화시키는 약이었다. 우선 가장 놀라운 점은 아기 개미의 뇌에 무언가를 주입하는 것이 가능하다는 사실이다. 두 번째로 놀라운 점은 히스톤 단백질을 변화시킴으로써 개미의 행동을 새로 프로그래밍해 병정개미를 일꾼개미로 바꿀 수 있었다는 것이다(약물이 들어간 일꾼개미는 일반적인 경우보다 더 열심히 먹이를 구하러 다녔다). 바꿔 말하면 이 후성유전적 약물이 유전자를 바꾸지 않고도 병정개미의 운명을 바꾸었다는 말이다.

후성유전학 연구는 유전자와 환경 사이에서 일어나는 긴밀한 상

나를 나답게 만드는 것들

호작용을 강조하고 있으며, 유전자가 곧 운명이 아닌 이유를 보여준다. 우리가 가지고 태어나는 유전자를 결정할 수는 없지만, 환경을 바꿈으로써 그 유전자들의 발현 방식에 영향을 미칠 수 있다. 전문 도박꾼이 형편없는 패를 쥐고도 뻥카를 쳐 판돈을 싹쓸이 하는 것처럼 말이다.

우리의 유전자에 추가 기여하는 미생물

과학자들은 현재 우리 DNA 속에 들어 있는 21,000개 이상의 유전자가 우리 몸에 영향을 미친다는 사실을 인정하고 있다. 하지만 우리 몸의 표면과 몸속에는 우리의 유전자 생태계에 수백만 가지의 유전자를 추가로 기여하는 세균, 곰팡이, 바이러스, 기생충 등의 미생물이 수조 마리나 살고 있다. 그렇게 생각하면 오싹한 기분이 들 수도 있지만, 이 작은 무임승객들 대다수는(이 미생물들을 통틀어 미생물총 microbiota이라 하고, 이들의 유전자를 미생물군유전체microbiome라고 한다) 우리와 평화롭게 지내면서 선물을 준다. 예를 들어 장 속에 사는 세균들은 음식을 소화하고, 비타민을 만드는 것을 돕는다. 황을 생산하는 일부 세균은 당신이 혼자 있고 싶을 때 사람들을 방에서 내쫓을 힘을 부여해준다. 병을 일으키지 않는 이 '친화적' 세균들은 '비친화적인' 병원균들을 억제하는 것도 돕는다.

우리는 엄마의 도움으로 미생물총을 모으기 시작한다. 우리는 산도를 빠져나오면서 처음 세균으로 뒤덮인다. 그리고 엄마는 모유 수유를 통해 자신의 세균을 우리와 계속 공유한다. 이렇게 일부 세균 종이 엄마에게서 아이에게로 전달되기 때문에 어떤 면에서는 미생물총도 유전된다고 할 수 있다. 우리는 살면서 계속 미생물을 획득한다. 음식, 물, 공기, 문손잡이 등을 통해 획득하기도 하고, 다른 사람이나 동물과의 상호작용을 통해 획득하기도 한다. 전 세계 사람들은 식생활, 지리, 위생 기준, 질병, 나이 등에 따라 장 속에 서로 다른 유형의 세균을 갖고 있다.

다른 사람의 집에 가보면 집집마다 조금씩 다른 냄새를 알아채기도 한다. 이런 차이는 요리, 애완동물, 흡연, 흰곰팡이, 십대 남자아이들 때문이기도 하지만, 그곳에 사는 사람들의 미생물군유전체 때문이기도 하다. 연구자들은 애니메이션 〈피너츠Peanuts〉에서 항상 먼지를 몰고 다니는 등장인물 피그펜Pigpen처럼 우리도 '세균 구름germ cloud'에 둘러 싸여 있다는 것을 밝혀냈다. 우리는 가는 곳마다 빵부스러기를 흘리듯 자신의 미생물총을 일부 흘리고 다닌다.

이런 정보로 무장하게 되면, 현재 경찰이 지문이나 DNA를 이용하는 것처럼 미생물총을 이용해 범인을 추적할 날이 머지않아 올 수도 있겠다. 개가 사람을 쉽게 추적할 수 있는 것도, 특별히 모기에게 더 잘 물리는 사람이 있는 것도, 모두 우리의 세균 구름이 작용하고 있을 가능성이 높다. 우리 피부 위에 사는 세균이 만들어내는 부산물은 우리가 움직일 때마다 공기로 방출되어 냄새를 만들어낸다. 후각이 뛰어난 동물은 이 방향성 화합물의 냄새를 맡아 그 사람을 추적할 수 있다. 7장에서 보겠지만, 우리의 세균 구름은 우리가 격정적인 로맨스에 빠져들 대상이 누가 될지에도 영향을 미칠 수 있다.

　　　　　　　　　　　　　　　　　나를 나답게 만드는 것들

이 미생물들은 크기가 작지만, 〈스타워즈〉의 요다가 경고했듯이 대상을 크기로 판단해서는 안 된다. 우리 위장관 속에는 약 10,000종의 세균이 살고 우리에게 추가적으로 800만 개의 유전자를 공급하고 있다. 이 세균들의 무게를 모두 합치면 1.3킬로그램 정도 된다. 미생물총의 무게가 뇌의 무게와 맞먹는다는 얘기다. 이것은 다이어트에도 희소식이다. 오늘밤 체중계에 올라갈 때는 이 새로운 지식을 적용해서 자신의 체중에서 세균의 무게 1.3킬로그램을 빼도 좋다. 다음번 파티에서 손님들을 놀랠 또 다른 미생물총 관련 정보가 있다. 우리 몸에 있는 세균 숫자는 사람 세포보다 수가 많다. 그러니까 우리라는 존재는 인간이라기보다 세균의 집합체에 더 가깝다는 얘기다. 그토록 많은 다른 생명체들이 우리 몸의 표면과 그 속에서 살고 있다면, 나를 운영하는 데 있어서 그들이 차지하는 부분은 어디까지일까?

근래 들어 미생물군유전체는 언론의 조명을 많이 받았다. 우리 몸에 존재하는 미생물들은 식욕에서 상처 치유에 이르기까지 거의 모든 것에 영향을 미치는 것으로 보인다. 위장관 세균들은 우리 몸에 유용한 비타민이나 다른 화합물을 만들어낼 뿐 아니라 뇌에 작용하는 생화학물질인 신경전달물질neurotransmitter의 주요 원천이기도 하다. 일부 과학자들은 세균이 신경전달물질을 만들 수 있는 덕분에 기분, 성격, 기질도 조절할 수 있다고 말한다.

연구자들이 미생물총을 모두 제거하고 생쥐를 키우면 그 생쥐들은 스트레스에 제대로 반응하지 못하는 이상한 신경학적 장애를 보인다. 이 연구는 장과 뇌 사이의 생화학적 소통 통로인 장-뇌 축gutbrain axis의 존재를 드러냈다. 이런 축이 사람에게도 존재한다. 연구자들은 사람의 소화관 문제와 정신건강 문제 사이에 강력한 상관관계가 존재함을 알아냈다. 예를 들면 불안장애와 우울장애는 과민성대장증후군 및 궤양성대장염과 관련성이 크다. 더군다나 많은 사람의 몸속에는 사람을 죽이지 않는 기생충이 들어 있다. 이 기생충들은 평생 뇌 속에서 휴면상태로 남을 수 있다. 뒤에서 살펴보겠지만, 과학자들은 30억 명의 사람에게서 발견되는 흔한 기생충의 존재와 특정 행동 사이의 상관관계를 밝혀낸 바 있다.

우리의 미생물 거주자들은 우리 몸으로 유전자를 들여와 우리가 전혀 인식하지 못하는 방식으로 행동을 조종하는 또 하나의 숨겨진 힘으로 작용하고 있다.

우리의 창조주가 골치 아파진 이유

영화 〈스타워즈〉를 보면 쉬브 팰퍼틴(황제)이 다스베이더를 어둠으로 끌어들인 후 그의 주인이 된다. 하지만 결국 황제를 쓰러뜨리는 사람은 다스베이더다. 이것은 신하가 자신의 주인을 죽이는 전형적인 이야기 구조다. 거의 40억 년 동안 아무런 방해 없이 지구의 주인노릇을 해온 유전자의 앞날에도 비슷한 운명이 기다리고 있는지 모른다.

약 6억 년 전에 유전자는 오늘날의 해파리나 지렁이와 비슷하게 생긴 선조 생명체에서 최초의 뉴런neuron(뇌세포)을 만들었다. 그 후로

나를 나답게 만드는 것들

기나긴 세월이 지나는 동안 이 뉴런들이 함께 무리를 지어 뇌를 형성했고, 이로써 새로운 장점을 가진 행운의 생존기계가 탄생했다. 시간의 흐름 속에 더 많은 뉴런을 축적하고, 뉴런들 사이의 연결 숫자도 많아지면서 뇌는 크기도 커지고 속도로 빨라졌다. 그리고 인간뿐 아니라 일부 동물의 뇌는 자기인식self-awareness에 도달할 수 있을 정도로 막강해졌다(사람 외 영장류, 코끼리, 돌고래, 범고래, 까치 등). 뇌를 발달시킨 진화 경로는 약속의 땅으로 가는 꽃길이었고, 그리하여 우리는 DNA가 배후에 숨어 있는 마법사라는 사실도 밝혔다.

뇌는 우리에게 내가 나의 행동을 결정한다는 자아감을 부여한다. 그래서 우리는 뇌가 우리를 유전자의 폭압으로부터 해방시켜준다고 믿고 싶은 유혹을 느낀다. 하지만 이 아이디어는 솔깃하긴 하지만, 한 가지 한계가 있다. 이 생각하는 기관 역시 DNA에 새겨진 유전적 청사진으로 구축되었다는 피치 못할 사실이다. 뇌는 '유전자의, 유전자에 의한, 유전자를 위한' 기관이다. 뒤에서 보겠지만, 뇌는 다 똑같이 만들어지지 않는다. 우리 양쪽 귀 사이에 자리 잡게 된 이 기관을 우리가 선택한 것도 아니다.

뇌는 애초에 유전적인 제약이 있음에도 불구하고 스스로 생명력을 얻고, 스스로 생각할 수 있을 정도의 정교함과 세련됨을 발달시키는 것일까? 우리 뇌는 1,000억 개라는 아찔할 정도로 많은 뉴런으로 이루어져 있다. 이것은 케이티 페리Katy Perry의 트위터 팔로워 숫자보다 1,000배 많은 숫자다. 더군다나 뉴런 하나는 평균적으로 무려 10,000개 정도의 다른 뉴런과 연결되어 있고, 그들과 생화학적 신호를 이용해 소통한다. 사람의 뇌에는 100조 개 이상의 신경 연결이 있다. 우리 머리 하나 속에 우리 은하계의 별보다 1,000배나 많은 뇌 세포 연결이 존재한다는 의미다.

다른 동물들과 마찬가지로 심장 박동, 호흡, 소화, 발한sweating 같은 대부분의 신체 작동은 가장 오래된 뇌의 통제 아래 자동적으로 이루어진다. 이 자동화 시스템 위에 소프트 요구르트 아이스크림처럼 얹혀 있는 것이 대뇌 겉질cortex이다. 날씨에 대해, 주가가 떨어진 주식시장에 대해, 어제 본 드라마에 대해, 전 여자친구로부터 날아든 친구로 지내자는 제안에 대해 고민하는 뇌 영역이 바로 이 겉질이다.

뉴런들 사이의 대화가 이루어지는 이 거대한 채팅방에서는 바깥 세계를 우리 머릿속으로 들여온 다음 거기에 어떻게 반응할지에 대해 토론이 이루어진다. 여기서 끝이 아니다. 대단히 사회적인 생물종의 통제센터인 우리 뇌는 셀 수 없이 많은 다른 뇌들과 함께 작동한다. 어마어마하게 많은 정신이 한데 모여 과거와 현재의 정보들을 나누는 것이다. 이제 집단적 두뇌가 DNA의 이기적인 게임을 따라잡았다. 그럼 우리는 어떻게 반응할까?

이제 머지않아 우리는 우리의 창조주를 개조할 수 있는 능력을 갖출 것이다. 우리는 유전자를 편집하고, 후성유전적 표지를 조작하고, 미생물군유전체를 리모델링하고, 뇌를 조작하는 방법을 개발하고 있다. 이런 활동을 하면 우리는 그저 수동적으로 읽기만 하는 생명의 독자가 아니라 생명의 공저자가 되는 것이다. 우리가 인공지능을 가지고 자기복제하는 기계를 만드는 능력을 갖춘다면 유전자는 아예 필요 없어질지 모른다. 우리는 생물학적 생명과 기계적 생명을

나를 나답게 만드는 것들

하나로 합치게 될까? 아니면 그저 안드로이드에게 장악될 운명인 우주에서 그저 하나의 징검다리에 불과한 존재일까? 조심하지 않으면 우리는 우리의 주인인 DNA를 정복하고도 다스베이더처럼 그 과정에서 치명적 부상을 입고 죽음을 맞이할지 모른다.

과학은 우리가 왜 지금의 우리가 됐고, 왜 지금과 같은 행동을 하는지에 대해 많은 것을 밝혀내고 있다. 하지만 우리의 사용설명서는 우리가 상상했던 것보다 훨씬 복잡하다. 우리에게는 지능, 유머감각, 예술에 대한 사랑이 있지만, 그럼에도 우리는 우리 존재의 본질을 인정해야 한다. 우리는 DNA에 의해 구축되어, 우리가 통제할 수 없는 수많은 숨겨진 힘의 영향 아래 살아가는 생존기계다. 뒤로 이어지는 장에서는 우리가 자신의 행동에 실제로 얼마나 많은, 아니, 얼마나 적은 통제권을 갖고 있는지, 그리고 이 지식을 어떻게 이용해 자기 자신 그리고 우리와 이 세상을 공유하는 다른 이들의 삶이 나아지게 만들 것인지 자세히 살펴볼 것이다.

2

나의 입맛과 만나다

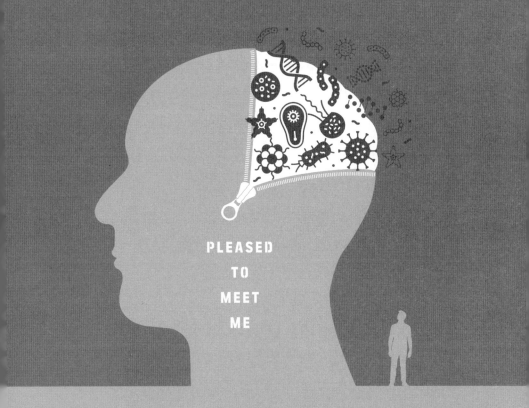

PLEASED

TO

MEET

ME

나는 브로콜리를 좋아하지 않습니다.
어릴 때부터 브로콜리를 좋아하지 않아서
어머니가 억지로 먹이셨죠.
이제는 미국 대통령이 되었으니까
더 이상 브로콜리를 먹지 않을 것입니다.

조지 부시

브로콜리가 몸에 좋다는 것은 의
문의 여지가 없다. 하지만 나를 비롯해 전체 인구의 25퍼센트 정도
는 브로콜리에서 개의 입 냄새 같은 맛을 느낀다. 케일, 방울다다기
양배추, 콜리플라워, 그리고 부모님들이 아이들에게 인정사정없이
억지로 먹이는 다른 대부분의 십자화과 야채들도 마찬가지다. 이
런 인기 많은 채소들을 끔찍이 싫어하는 바람에 나는 많은 저녁 사
교 모임에서 사람들에게 놀림거리가 되고 말았다. 우리가 함께 대화
를 나눌 수 있는 멋진 주제가 산더미처럼 많은데도 결국 내 식습관
에 대해 짜증나게 캐묻는 사람 때문에 주제가 바뀌고 만다. "그럼 샐
러드도 안 좋아하세요?" 안 좋아 한다. 만약 내 앞에 샐러드 접시가
있으면 나는 드라마 〈팍스 앤 레크리에이션〉에서 론 스완슨이 했던
것처럼 이렇게 반응한다. "저기 좀 오해가 있는 것 같네요. 아무래도
지금 저한테 제 음식에게 먹일 음식을 주신 것 같아서요."

　　"아마도 정신적 트라우마 때문인지도 몰라요. 혹시 어릴 때 어머
니가 브로콜리를 강제로 떠 먹이셨나요?" 아니다. 나는 그냥 브로콜
리 일인분을 내 입 안에 쑤셔 넣은 다음 화장실에 좀 다녀오겠다고
했다.

"당신은 과학자잖아요. 그럼 이 채소들이 얼마나 영양이 많은지도 아실 텐데요?" 물론 안다. 하지만 적어도 이 과학자의 경우는 초록색 이파리를 먹는 것이 쉬운 일이 아니다. 차라리 당근을 먹으라면 먹겠다.

가끔은 저런 채소가 좋다는 사람들을 보며 '제정신인가?'라고 생각하기도 했지만, 이런 주제로 얘기가 나오면 항상 나만 들볶이니 '내가 이상한 것인가?' 하는 생각이 들지 않을 수 없다. 어떤 사람들은 저 초록색 채소들을 삽으로 퍼 담듯이 꾸역꾸역 입 안에 넣는다. 억지로 시키는 사람도 없는데 자발적으로 말이다. 그리고 진짜로 그 채소들을 맛있게 먹는다. 부러울 따름이다.

식단에 올라와 사람들 사이에서 논쟁을 일으키는 음식이 채소만 있는 것도 아니다. 어떤 사람은 단것에 환장한다. 어떤 사람은 매운 음식을 좋아하고, 어떤 사람은 유제품을 못 먹는다. 어떤 사람은 커피가 없으면 일을 제대로 할 수 없다 하고, 어떤 사람은 술을 좋아하지 않고, 또 어떤 사람은 와인을 아주 깐깐하게 고른다. 그리고 어떤 사람은 남들이 먹는 것이라 생각도 안 하는 이상한 것을 좋아한다. 사람마다 혀는 다 똑같이 생겼는데 음식과 음료에 대한 입맛은 왜 이리 제각각일까? 정녕 식탁 위의 평화는 불가능하단 말인가?

당신이 브로콜리를 싫어하는 이유

브로콜리에 대한 선호도가 다양하다는 것은 드라마 〈사인필드

나를 나답게 만드는 것들

Seinfield)의 '치킨 로스터Chicken Roaster' 편에서 잘 보여주었다. 크래머는 케니 로저스 로스터 식당의 음식이 맛없다고 불평하고 다니다가 그 음식을 한 번 맛본 후로 중독되어버린다. 그래서 그는 자신의 친구 뉴먼에게 그 식당에서 자기 대신 음식을 사 오게 하려고 은밀한 작전을 고안한다. 그런데 뉴먼이 그 식당에서 브로콜리를 사는 것이 발각되어 제리의 의심을 산다. 뉴먼은 초콜릿 소스에 튀긴 브로콜리는 먹지 않기 때문이다. 제리의 의심을 떨쳐내기 위해 뉴먼은 자기도 브로콜리를 좋아한다고 주장한다. 하지만 제리가 뉴먼에게 브로콜리를 한 조각 먹어보게 하자 뉴먼은 바로 뱉고 "이 기분 나쁜 잡초 같으니!"라고 욕하면서 입에 남은 쓴맛을 없애려고 허니 머스터드 소스를 들이킨다.

뉴먼은 분명 초미각자supertaster다. 초미각자는 생리심리학자 린다 바토슉Linda Bartoshuk이 나처럼 미각이 발달한 사람을 묘사하기 위해 만든 용어다. 초미각자가 된다고 하니 아주 좋은 일 같지만 그렇지 않다. 이것은 가슴에 단 슈퍼맨의 'S' 마크보다 이마에 새긴 주홍글씨에 가깝다.

당신도 초미각자일지 모르겠다고? 검사해보면 된다. 혀 위에 파란색 식품 착색제를 바르면 맛봉오리taste bud(미뢰)를 제외한 모든 부분이 파랗게 염색될 것이다. 맛봉오리는 분홍색 기운이 도는 혹처럼 보인다. 바인더북 구멍을 보강해주는 스티커loose-leaf paper reinforcement circle를 혀끝에 붙인 다음 돋보기로 보면서 그 동그라미 안에 들어 있는 맛봉오리의 수를 세본다. 초미각자들은 그 동그라미 안에 들어 있는 맛봉오리 숫자가 다른 사람보다 많아서 보통 30개가 넘는다.

각 맛봉오리는 대략 50에서 150개의 미각수용기 세포taste receptor cell로 이루어져 있다. TAS2R이라는 유전자 군이 이런 세포들 위에 음식이나 음료에 들어 있는 분자와 결합하는 미각수용기를 만든다. 이런 분자들이 입 안으로 들어와 미각수용기와 결합하면 그 신호가 뇌로 전달된다. 아하! 이건 땅콩잼이로군······. 이건····· 에잇! 젠장, 케일이잖아!

초미각자들은 맛봉오리가 더 많을 뿐만 아니라 쓴맛을 더 잘 감지하는 미각수용기를 만드는 TAS2R 유전자 변이를 갖고 있다. TAS2R38이라는 TAS2R 유전자는 여러 가지 채소에 들어 있는 티오요소thiourea라는 화합물을 감지한다. 채식주의자의 식단에도 티오요소처럼 불길한 이름의 물질이 들어 있다고 상상하기 힘들지만, 이것은 브로콜리를 구성하는 여러 화학물질 중 하나에 불과하다. 과학자들이 자칭 음식 전문가Food Babe인 바니 데바 하리Vani Deva Hari의 말에 질색하는 이유도 이 때문이다. 하리는 이렇게 경고한 적이 있다. "화학물질 섭취는 아무리 작은 양이라도 절대 안전하지 않아요. 절대로요!" 하지만 우리가 먹는 모든 음식은 화학물질로 이루어져 있다. 유전자변형식품이 아닌 유기농 식품이라고 해도 말이다.

1930년대에 듀폰DuPont 사의 화학자 아서 폭스Arthur Fox는 티오요소 화합물에 사람들이 다르게 반응한다는 것을 처음으로 알아냈다. 폭스는 실수로 이 화학물질을 자신과 실험실 동료에게 튀겼다. 그런데 폭스는 불편한 점이 전혀 없었지만, 동료 화학자는 쓴맛이 난다며 불평했다. 폭스는 초미각자가 아닌데, 실험실 동료는 초미각자였던 것이다. 이것은 한 사람의 입맛이 다른 사람의 입맛과 꼭 똑같지

나를 나답게 만드는 것들

않다는 것을 보여준 최초의 직접적 증거 중 하나였다.

사람들 사이에서 TAS2R38에 차이가 나는 이유는 이 유전자의 DNA 염기서열의 차이 때문이다. 이 차이 때문에 이 유전자에 의해 만들어진 맛봉오리 단백질이 달라진다. 구체적으로 말하면 초미각자의 DNA는 티오요소 화합물을 믿기 어려울 정도로 쓴맛으로 감지하는 미각수용기를 만든다. 그래서 초미각자의 뇌는 이 사람이 입에 쑤셔 넣은 초록색 공포물이 분명 사람이 먹을 만한 것이 아니라고 가정하게 된다. 브로콜리가 실제로 초미각자의 몸을 아프게 만들지는 않는다. 하지만 그 쓴맛이 너무 강해서 가끔은 구역질반사gag reflex를 일으키기도 한다. 달리 말하면 초미각자의 TAS2R38 변이는 잠재적 독성을 가진 식물로부터 사람을 안전하게 보호하려는 것이다.

우리는 DNA의 산물이라는 사실을 기억해야 한다. DNA는 오직 자신의 복제에만 관심 있는 분자다. DNA는 우리 같은 살아 있는 생명체를 자신의 생존기계로 만들어 이용함으로써 다음 세대로 전달될 가능성을 극대화한다(냉정하게 들리지만, 진지하게 하는 이야기다).

생존기계인 우리는 우리 몸에 유용한 것과 우리 몸에 치명적인 것을 구분할 수 있게 돕는 맛봉오리를 장착했다. 우리의 입맛을 이해하려면 식물 역시 생존기계라는 사실을 알아야 한다. 식물은 포식자로부터 달아날 수 없기 때문에, 그들의 DNA는 대안적 보호 전략을 개발했다. 한 가지 전략은 자기 몸을 포식자의 입맛에 맞지 않게 만들거나 독성을 띠어 아예 먹을 생각이 안 들게 하는 것이다. 식물은 쓴맛이 나는 화학물질을 만들어냄으로써 나같이 브로콜리를 싫어하는 사람이 자기를 먹는 것을 단념시킨다.

역으로 식물은 단맛을 좋아하는 동물을 이용하는 전략을 통해 번식하기도 한다. 이런 식물은 자신의 씨앗을 달달한 과육으로 둘러싸서 동물이 찾아 먹게 만든다. 그럼 그 동물은 자기도 모르는 사이에 그 식물의 씨앗을 퍼뜨리며 다닌다. 생각해보면 식물은 동물의 행동을 조작하는 데 대단히 능숙하다. 만약 내가 샐러드를 먹을 수 있다면 불같이 화를 내고 입맛을 다시며 상추의 심장을 포크로 찔러 먹겠다!

당신이 브로콜리를 좋아하는 이유

TAS2R38 변이가 독성 식물을 먹지 않게 우리를 보호해준다면 왜 모든 사람이 브로콜리를 싫어하지 않는 걸까? 이것은 우리의 머나먼 선조가 처한 환경에 존재했던 식물의 유형에 좌우되었을 가능성이 높다. 우리 선조가 독성 식물이 많은 지역에서 진화했다면 초미각자의 유전자를 갖는 것이 생존에 유리했을 것이다. 반면에 이런 쓴맛 나는 식물이 사실 먹을 수 있는 것이라면 그런 축복은 오히려 저주가 될 수 있다. 이런 경우 초미각자는 맛봉오리 때문에 잘못된 판단을 내리는 바람에 귀한 영양분을 놓치게 된다.

맛봉오리 미각수용기 유전자 말고도 다른 많은 유전자가 우리가 어떤 맛을 먹을 만하다고 느낄지, 그리고 우리가 특정 음식을 어떻게 대사할지에 영향을 미친다. 이런 유전자를 찾아내서 특징을 분석하는 새로운 과학을 영양유전학^{nutrigenetics}이라고 한다. 2016년의 한

　　　　　　　　　　나를 나답게 만드는 것들

연구에서 이탈리아 트리에스테대학교^{University of Trieste}의 유전학자 파올로 가스파리니^{Paolo Gasparini}는 아티초크에서 요구르트에 이르기까지 다양한 음식에 대한 사람들의 선호도와 관련된 15개의 유전자를 새로 발견했다. 그는 4,500명이 넘는 사람의 유전체 염기서열을 샅샅이 뒤져 이들이 좋아하는 서로 다른 스무 가지 음식과 관련 있는 유전자를 찾는 방식으로 이 새로운 유전자들을 확인했다. 흥미롭게도 이들 유전자 중에는 후각수용기나 미각수용기와의 관련성이 의심되는 유력 용의자가 없었다. 우리 몸이 어떤 음식을 거부하는 이유에 대해 아직 알아내야 할 것이 많다는 의미다.

당신이 설탕에 사족을 못 쓰는 이유

달달한 초콜릿 하나만 있으면 오늘 하루 아무리 힘든 일이 있었어도 너끈히 달랠 수 있을 것 같다. 하지만 믿거나 말거나 모든 포유류가 똑같이 단맛을 다 좋아하는 것은 아니다. 당신의 고양이에게 초콜릿 비스킷을 준 적이 있는가? 이 자상함이 넘치는 행동에 고양이가 싸늘할 정도로 냉담했던 이유가 무엇인지 궁금했던 적은 없는가? 고양이처럼 엄격한 육식동물^{strict carnivore}은 단맛을 감지하는 미각수용기가 없다.

현대에 들어서는 단맛을 감지하는 미각수용기 때문에 우리가 식생활에 곤란을 겪게 됐다. 옛날 우리의 영장류 선조들은 잘 익은 과일을 먹어서 몸에 칼로리를 공급했다. 과일은 잘 익었을 때 당분이

제일 많기 때문에 우리는 음식에서 에너지를 추출할 때 최고의 가성비를 끌어내고자 단맛에 대한 기호를 진화시켰다. 따라서 단맛에 대한 우리의 사랑은 유전적 유산에 깊이 뿌리 내리고 있고 그 습관을 깨기가 아주 어렵다. 하지만 어떤 사람은 도넛의 유혹을 쉽게 물리치는 반면 어떤 사람은 도넛이라면 아주 사족을 못 쓴다.

단맛 선호도에 영향을 미치는 유전자 변이가 실제로 발견됐다. 그리고 모든 사람이 이 유전자를 가진 것은 아니었다. 이 돌연변이들은 우리들 속에 섞여 살면서 자기는 디저트를 별로 좋아하지 않는다고 말하며 디저트에 환장하는 나머지 사람들에게 죄책감을 안겨준다(하지만 내 아내는 분명 단맛을 좋아하는 유전자를 가졌다고 확신한다. 내가 아내에게 컵케이크를 나눠 먹자고 하면 꼭 단맛이 약한 아래 쪽 절반을 내게 준다).

토론토대학교의 영양학 과학자 아흐메드 엘-소헤미Ahmed El-Sohemy가 2008년도에 수행한 연구에서 SLCa2라는 유전자에서 변이를 찾아냈다. 이 유전자 변이는 각설탕을 하나 대신 두 개 넣는 성향을 만든다. SLCa2는 GLUT2라는 단백질을 암호화한다. 이 단백질은 포도당을 혈류에서 뇌세포로 가져오는 역할을 한다. 그럼 뇌세포에서는 이 포도당을 분해해서 에너지를 생산한다. 연구자들은 GLUT2 수용기에서 일어난 이 변화가 포도당 감지를 방해해서 몸이 혈액 속에 얼마나 많은 포도당이 들어 있는지 신뢰성 있게 측정할 수 없게 되는 것이라 믿는다. 탱크 가득 포도당을 채웠는데도 당신의 포도당 측정기는 탱크가 절반밖에 차지 않았다고 말하는 것이다. 그래서 당신은 행복하게도 이미 당분을 먹을 만큼 먹었다는 사실을 인식하지 못하고 두 번째 케이크 조각을 집어 들게 된다. 생쥐를 대상으로 한

나를 나답게 만드는 것들

연구도 이런 개념을 뒷받침하고 있다. GLUT2가 결여된 품종의 생쥐는 뇌가 포도당으로 완전히 절여진 후에도 계속 먹는 것을 멈추지 않는다. 사람에서는 SLCa2 유전자 변이가 2형 당뇨병 발병 위험의 증가와 관련 있다.

당신이 정크푸드를 좋아하는 이유

당신은 아직도 정크푸드를 거부하는 것이 순전히 의지력의 문제라 생각하는가? 만약 정크푸드를 좋아하는 속성이 태어나기 전부터 DNA속에 프로그래밍되어 있다면?

설탕, 소금, 지방이 많이 든 정크푸드를 즐겨 먹는 엄마는 그 자녀도 선천적으로 정크푸드를 좋아하는 것으로 보인다. 아이들이 식습관이 안 좋은 가정에서 자라기 때문에 그런 식성을 갖게 된다고 생각하는 경우가 많다. 물론 그런 가능성을 부정할 사람은 없을 것이다. 하지만 쥐를 대상으로 한 실험에서 그냥 눈에 보이는 것 이상의 일이 진행되고 있을지도 모른다는 암시가 나왔다. 이것을 곰곰이 생각해보자. 2007년의 한 연구는 임신 기간 동안 정크푸드 식단을 먹인 어미 쥐에게서 태어난 새끼 쥐들이 지방, 설탕, 염분이 많은 음식에 대한 선호도가 높아졌다. 반면 임신 기간 동안 건강한 식단을 먹인 어미 쥐에서 태어난 새끼 쥐들은 정크푸드를 좋아하지 않았다.

어떻게 이런 일이 일어날까? 태아가 엄마 배 속에 있는 동안 엄마가 정크푸드 식생활을 즐겼다고 해서 그사이에 태아에게 유전자 돌연변이가 축적되었을 가능성은 거의 없기 때문에 과학자들은 태아 프로그래밍이 일어났을 것이라 추측한다. 엄마의 식생활이 태어나지 않은 아기의 DNA를 후성유전적 수준에서 바꾸어놓은 것이다. 바꿔 말하면 정크푸드가 유전자 염기서열을 바꾼 것이 아니라 일부 유전자의 발현 수준을 바꾼 것이다. 2018년 미국 프로 농구 NBA 올스타 게임에서 퍼기^{Fergie}가 미국 국가를 불렀던 것과 비슷한 상황이다. 가사는 똑같지만, 노래 자체는 아주 달라졌다. 따라서 툭하면 정크푸드를 먹으면서 자란 아이가 커서 정크푸드 중독자가 될 가능성이 높다는 것은 놀랄 일이 아니지만, 여러 연구에 따르면 정크푸드를 좋아하는 성향은 탯줄을 자르기 전부터 이미 프로그래밍되어 그들의 DNA 속에 새겨져 있을지 모른다.

DNA를 후성유전적으로 프로그래밍하는 주요 방법 한 가지는 메틸화를 통한 프로그래밍이다. 이는 DNA를 화학적으로 수정해서 유전자의 발현에 영향을 미치는 방법이다. 유전자는 메틸화가 많이 될수록 발현이 덜 된다. 유전자 발현을 고속도로에 비유하면 DNA 메틸화 표지는 고속도로에 안전 고깔이 여기저기 놓여 있어서 통행 속도가 느려지는 것과 비슷한 상황이다. 2014년의 한 연구에서는 임신 기간 동안 정크푸드 식단을 섭취한 어미 쥐가 낳은 새끼의 프로오피오멜라노코르틴$^{proopiomelanocortin, POMC}$이라는 유전자에서 일어나는 DNA 메틸화 수준을 살펴보았다. POMC 유전자는 식욕을 줄이는 핵심 호르몬을 만든다. 고지방 식단을 섭취한 어미 쥐가 낳은 새끼는 POMC 유전자에 대한 메틸화 수준이 더 높았다. 이 새끼에서는 식욕을 억제하는 호르몬이 덜 만들어진다는 의미다. 따라서 정

나를 나답게 만드는 것들

크푸드를 실컷 먹는 어미 쥐가 낳은 새끼는 건강에 좋은 먹이를 먹은 어미 쥐가 낳은 새끼보다 더 배고픔을 느끼도록 배 속에서 미리 프로그래밍돼 태어났다.

정크푸드를 먹인 어미의 새끼에게 건강에 좋은 식단을 강제로 먹이면 어떻게 될까? 그렇게 하면 어미의 배 속에서 일어났던 DNA 프로그래밍을 되돌려놓을 수 있을까? 안타깝게도 그렇지 못한 것 같다. 적어도 앞에서 얘기했던 2014년 연구에서는 그랬다. 건강한 식생활도 POMC에서의 DNA 메틸화 수준을 정상으로 되돌리지 못했다. 바꿔 말하면 어미의 정크푸드 식생활이 새끼의 DNA에 영구적 영향을 미친다는 얘기다. 만약 이것이 사람에게도 적용된다면 음식의 종류와 양을 잘 자제하지 못하는 사람이 있는 이유를 이것으로 설명할 수 있을지 모른다. 태아의 발달 기간 동안에 DNA 메틸화가 영구적으로 이루어지는 결정적인 시기가 존재하는지도 모를 일이다.

_____ 당신이 고수에서 비누 맛이 난다고 생각하는 이유

지중해 동부가 원산지인 고수^{cilantro}의 이파리는 살사 소스, 해산물, 수프 등 다양한 음식에서 양념으로 사용된다. 대부분의 사람은 고수의 맛과 향을 좋아하지만 어떤 사람은 비누 맛이 난다며 뱉어버린다. 이 사람들이 어쩌다 비누 맛의 전문가가 되었는지는 알다가도 모를 일이다. 하지만 일부 사람들이 고수를 끔찍이도 싫어한다는 것은 분명하다. 심지어는 유명한 요리사 줄리아 차일드Julia Child도 자기가 고수를 끔찍이도 싫어한다고 당당히 밝히며, 만약 자기 음식에 고수가 들어 있으면 꺼내서 바닥에 버릴 것이라고 했다.

줄리아처럼 고수를 경멸하는 사람은 고수에 든 알데히드aldehyde라는 화학물질을 감지한 것이다. 그런데 놀랍게도 이 성분은 비누에도 들어 있다. 그래서 이들에게는 고수에서 맛있는 양념 냄새가 아니라 말 그대로 비누 냄새가 나는 것이다. 냄새와 맛은 긴밀히 연결되어 있기 때문에 TAS2R 같은 유전자가 미각수용기에 영향을 미치는 것처럼 유전자가 후각수용기에도 영향을 미친다. 쌍둥이 연구는 고수를 좋아하는 성향에 유전적 요인이 작용하고 있음을 보여주었다. 일란성 쌍둥이는 이란성 쌍둥이에 비해 고수에 대한 선호도가 일치하는 경우가 훨씬 많았다. 일란성 쌍둥이는 DNA가 100퍼센트 일치하고, 이란성 쌍둥이는 50퍼센트만 일치하기 때문에, 이 설문 연구 결과는 고수에 대한 선호도에 유전적 요인이 작용하고 있음을 말해준다.

그 범인 유전자를 사냥하기 위해 유전자 검사 회사인 23앤드미23andMe의 연구진이 3만 명을 조사해보았더니 고수에 대한 선호도가 OR6A2라는 유전자와 관련 있음이 밝혀졌다. 우리가 고수와 비누의 화학적 조성에 대해 알고 있는 내용과 일관성 있게 관련된 결과가 나왔다. OR6A2 유전자가 알데히드에 대단히 민감한 후각수용기를 암호화하고 있었다. 또 다른 연구에서는 고수 선호도가 세 개의 추가 유전자 변이와도 연관되었다. 이번에는 TAS2R 유전자도 포함되어 있었다. 쓴맛이 나는 음식에 대해 확인했던 것과 비슷하게 특정

　　　　　　　　　　　　　나를 나답게 만드는 것들

허브를 즐길 수 있는 능력 뒤에는 우리가 통제할 수 없는 유전적 영향력이 존재했다.

태어날 때 타고난 유전자를 통제할 수는 없는 노릇이지만, 고수에서 나오는 비누 같은 진액을 중화시킬 방법은 있을지 모른다. 고수 이파리를 으깨서 알데하이드를 분해하는 효소를 분비시키는 것도 한 가지 방법이다. 하지만 고수를 시도해볼 마음이 정말 눈곱만큼도 없다는 친구가 있다면 그냥 친구의 취향을 그대로 인정하고 친구의 음식에 고수 대신 파슬리를 넣어주면 좋지 않을까 싶다.

당신이 매운맛을 좋아하는 이유

내 기억에 우리 딸은 항상 감자칩을 매운 살사 소스에 찍어 먹기를 좋아했다. 심지어는 걸음마 아기 시절에도 눈물을 줄줄 흘리면서 계속 그 매운 것을 입으로 가져갔다. 귀에서 연기가 모락모락 피어오르고 얼굴이 새빨개져도 딸은 더 달라고 보챘다. 어느 날 딸은 저녁 식탁에서 자기가 좋아하는 또 다른 음식인 케첩이 살사 소스처럼 빨간색이라는 것을 알아차렸다. "왜 살사 소스는 매운데 케첩은 안 매워요?"

딸의 이 질문에 대한 해답은 식물의 번식 방법과 관련이 있다. 일부 식물은 특정 동물로 하여금 자신의 번식을 돕게 할 방법을 진화시켰다. 살사에 들어가는 고추는 육상동물 대신 새를 이용해 자신의 씨앗을 널리 퍼뜨리는 방법을 택했다. 고추에는 대부분의 육상동물이 혀에 번개가 친 것 같은 느낌을 받게 하는 독성 화학물질이 잔뜩 들어 있다. 하지만 새들은 고추를 먹어도 매운맛을 느끼지 않는다.

식물이 아주 똑똑한 전략을 구사한 것이다. 덕분에 대부분의 동물은 그 힌트를 알아차리고, 매운 고추는 새가 먹게 내버려 두었다. 하지만 인간은 달랐다. 우리 인간은 입에 불이 나는 이 과실을 아주 신이 나서 먹어치울 뿐 아니라 심지어 자연선택이 목표로 했던 것보다 더 매운 고추를 만들려고 품종까지 개량한다. 매운맛의 강도는 스코빌지수Scoville heat units, SHU로 측정한다. 이 이름은 1912년에 이 척도를 고안한 약학자의 이름을 딴 것이다. 참고로 피망은 0SHU이고, 할라페뇨는 최고 10,000SHU까지 나온다. 우리에게 친숙한 타바스코 고추tabasco pepper는 평균 40,000SHU 정도이고, 그보다 매운 하바네로 칠리habanero chilli는 350,000SHU까지 나올 수 있다. 캐롤라이나 리퍼Carolina Reaper나 드래곤스 브레스Dragon's Breath 같이 일부러 지상에서 가장 매운맛을 내도록 개량한 품종은 200만 SHU라는 믿기 어려운 수치까지 올라갈 수 있다. 2018년에는 300만 SHU를 처음 돌파한 페퍼 Xpepper X가 데뷔했다. 이런 고추라면 온실을 화염에 휩싸이게 만들 수도 있을 것 같다.

매운 음식을 잘 견디는 사람은 뜨거운 온도에 대응하게 돕는 유전자에게 감사해야 한다. TRPV1이라는 유전자는 세포 표면에 물리적 열에 의해 활성화되는 단백질 수용체를 만든다. 열에 의해 이 수용체의 일부가 녹으면 수용체는 뇌에게 이런 메시지를 보낸다. "젠장, 이거 완전 뜨거워!" 매운 음식에는 캡사이신capsaicin이라는 화학물질이 들어 있다. 이것 역시 열에 활성화되는 TRPV1 수용체와 결

나를 나답게 만드는 것들

합할 수 있다. 캡사이신이 TRPV1을 활성화시키면 이 수용체는 이번에도 뇌에게 동일한 메시지를 보낸다. "젠장, 이것도 완전 뜨거워!" 그럼 어리석은 뇌는 우리가 뜨거운 상황에 놓여 있다고 생각해 외분비선에 땀을 내라는 신호를 보낸다. 그래서 우리는 뜨거운 고데기에 데일 때나 매운 고추를 씹을 때나 똑같은 메시지를 받기 때문에 말그대로 뜨거운 느낌을 받는다. 알코올도 TRPV1을 활성화한다. 위스키를 한 잔 들이킬 때 화끈거리는 느낌을 받는 이유도 그 때문이다.

TRPV1 수용체에 유전적 변이가 있으면 캡사이신과의 결합 능력이 약해질 수 있다. 따라서 이런 사람은 캡사이신과 단단히 결합하는 TRPV1 버전을 가진 사람보다 매운맛을 더 잘 견딜 수 있다. 사람이 매운맛을 좋아하는 또 다른 이유는 알코올이나 카페인에 내성이 생기는 것처럼 캡사이신에 대한 내성을 키웠기 때문이다. 바꿔 말하면 이런 사람들이 매운 스리라차sriracha 소스를 처음 경험했을 때와 똑같은 수준의 매운맛을 느끼려면 예전보다 더 많은 소스를 입에 넣어야 한다.

우리 아버지는 매운맛, 물리적 열, 내성 사이의 상관관계를 아주 잘 보여주는 사례다. 아버지는 어디를 가든 매운 소스를 잔뜩 가지고 다닐 뿐만 아니라, 이미 뜨거워질 대로 뜨거워진 커피를 전자레인지로 다시 돌려 자연 발화가 일어나기 직전까지 덥혀서 마신다. 이것이 유전과 관련 있음을 뒷받침하듯 우리 아버지 쪽 삼촌은 대체 이것이 어떤 음식이었는지 짐작하기 어려울 정도로 음식에 후추를 엄청나게 쳐서 먹는다. 나는 TRPV1 유전자를 어머니로부터 물려받은 것이 틀림없다. 커피가 식을 때까지 한참 기다린 다음에야 홀

짝거리기 시작하고, 매운 것을 먹자마자 하염없이 눈물이 나고, 스카치위스키도 얼음을 넣어 온더락으로 즐기는 것을 보면 말이다. 내 딸이 매운 음식을 좋아하는 성질은 분명 아내로부터 물려받았을 것이다. 아내는 매운 버펄로 소스를 드럼통으로 사다 놓는다.

하지만 일부 사람은 내성과는 관련 없이 매운 음식에 끌리는 것으로 보인다. 살사 소스를 좋아하는 내 딸을 비롯해 일부 사람은 실제로 뜨거운 맛을 느끼는 것이 분명하다. 맵다고 눈물을 흘리고, 땀이 나고, 괴로워서 법석을 떨면서도 용암처럼 뜨거운 음식을 계속 먹어대니 말이다.

이런 사람은 왜 불덩이를 삼키는 듯한 느낌을 즐길까? 연구에 따르면 매운맛을 좋아하는 사람들 중에는 스릴을 추구하는 성향을 가진 사람이 많다(내 딸이 이제 십대에 접어들고 있는데 아무래도 내 앞날에 힘겨운 시간이 기다리고 있는 것 같다). 매운 음식을 즐기는 것을 양성 피학증 benign masochism이라고 부른다. 이것은 아드레날린 분출을 느낄 수 있는 합리적으로 안전한 방법이다(공포영화를 보거나 페이스북에서 누군가의 정치적 신념에 동의하지 않는 것과 비슷하다).

물론 문화적 의미를 담은 설명도 있다. 매운 음식을 먹고 자란 사람은 어른이 되어서도 매운 음식에 끌린다는 것이다. 일반적으로 음식이 빨리 상하는 더운 기후의 문화권이 매운 음식을 좋아하는 성향이 있다. 역사적으로 보면 이런 지역은 음식을 상하게 만드는 세균이나 곰팡이가 많기 때문에 사람들이 향료를 추가해 부패를 늦추었다. 그리고 매운 음식을 먹으면 땀이 나기 때문에 더운 기후에 사는 사람이 몸을 식힐 방법이 되어주기도 했을 것이다.

나를 나답게 만드는 것들

나이가 들면서 맛봉오리를 일부 잃는 것도 사람들이 매운 소스를 듬뿍 발라 먹는 또 다른 이유가 될 수 있다. 어린 시절에 우리 입에는 약 1만 개의 맛봉오리가 있고 한두 주마다 새로 재생된다. 하지만 40대에 접어들면 맛봉오리의 재생이 느려진다. 개개의 맛봉오리는 그 자체로는 약해지지 않지만, 전체적으로 숫자가 줄기 때문에 나이가 들면서 더 매운 음식을 과감하게 먹게 된다. 그리고 나이가 들면 미각을 바꾸어놓는 약을 복용하는 경우가 많아진다. 중년에 들면 후각을 잃기 시작한다는 점도 마찬가지로 중요하게 작용한다. 후각은 미각 경험에서 아주 중요한 인자이다(여담으로, 노인들이 향수를 너무 많이 뿌리는 이유도 후각이 둔해지기 때문이다). 종합적으로 보면, 노화하는 감각에서 일어나는 이런 역학적 변화는 우리에게 다음과 같은 말을 전하고 있다. (1) 나이가 드는 것은 짐스러운 일이다. (2) 살아가는 동안 입맛이 변하는 것이 드문 일은 아니다.

당신이 매운맛에 끌리는 이유가 피학증 때문이든, 문화 때문이든, 나이 때문이든, 결국은 생물학적 한계가 승리를 거두게 된다. 악마도 구역질이 나게 만들 정도로 매운 음식을 가지고 장난을 치면 안 된다. 2014년에 매트 그로스Matt Gross는 21.85초 안에 캐롤라이나 리퍼 세 개를 재빠르게 먹어 치웠다가 심각할 정도로 속이 쓰려서 12시간 동안 심장마비를 앓는 듯한 기분을 느꼈다. 2016년에는 갈아놓은 고스트페퍼ghost pepper 퓌레를 얹은 버거를 먹었다가 거의 죽을 뻔한 사람이 있었다. 그 퓌레를 먹고 구토를 너무 많이 해 식도에 구멍이 생겼다. 병원에서 3주에 걸쳐 회복하는 동안 튜브를 통해 영양을 공급해야 했다. 구토는 매운 것을 너무 많이 먹었을 때 흔히 일어나는 반응이다. 이는 캡사이신이 점액과 위장관의 수축을 증가시키기 때문에 일어나는 현상으로, 몸이 불쾌한 물질을 제거하려고 보이는 반응이다. 당연한 얘기지만, 캡사이신을 도로 입으로 뱉을 수 없는 경우에는 반대쪽으로 빼내는 방법밖에 없다. 캡사이신은 몸에 들어올 때만큼이나 빠져나갈 때도 끔찍하게 화끈거린다. 너무 짧은 시간에 너무 많은 고추를 섭취한 사람이 발작을 일으켰다는 보고도 있다.

민트를 먹어서 상쾌하고 시원한 감각을 느낄 때도 유사한 상황이 일어난다. 차가운 온도는 세포에 있는 TRPM8이라는 또 다른 온도 수용체를 활성화시킨다. 그럼 이 수용체는 뇌에 이렇게 말한다. "젠장, 이거 차갑잖아!" 멘톨menthol은 스피어민트나 페퍼민트 같은 민트 식물에 들어 있는 왁스 같은 화학물질로, 이것 역시 우연히도 TRPM8과 결합해서 활성화할 수 있는 능력을 갖게 됐다. TRPM8이 어떤 식으로 활성화되었든 간에 뇌는 이 수용체로부터 똑같이 차갑다는 메시지를 받는다.

과학 덕분에 이제 일부 음식과 양념spice이 우리 몸에 있는 온도 수용체를 장악해 땀 흘리거나 추워 떨게 만든다는 것을 알았다. 하지만 솔직히 말하면 사람들이 팝그룹인 스파이스 걸스를 좋아하는 이유는 아직 과학으로도 설명하지 못 하고 있다.

나를 나답게 만드는 것들

당신이 커피 없이는 못 사는 이유

1982년 영화 〈에어플레인 2Airplane II: The Sequel〉를 보면 승무원이 승객들에게 달 왕복선이 경로를 이탈해서 소행성들이 우주선 선체와 충돌하는 바람에 항법 시스템이 고장 났다고 알린다. 하지만 승객들은 별 당황하는 기색이 없다가 승무원이 마지막 소식을 알리는 순간 난리가 난다. 커피가 떨어졌다고 한 것이다.

전 세계 어디서나 바쁘게 일하는 사람들을 보면 십중팔구 손에 커피 컵이 들려 있다. 어떤 사람에게는 커피가 단순한 음료 이상의 것이다. 그들에게는 커피가 내 몸의 일부와 같은 존재다. 그리고 몸에 영향을 미치는 우리 유전자는 커피에 대한 선호도에도 영향을 미친다.

커피는 어디에서나 볼 수 있는 에너지 전달의 한 형태다. 카페인이라는 약물을 체내 시스템으로 배달하는 손쉬운(그리고 대부분의 사람이 맛있게 여기는) 방법인 것이다. 카페인은 몸에서 만드는 또 다른 화학물질인 아데노신adenosine과 비슷하게 생겼고 우리를 자극하는 역할을 한다. 아데노신은 몸 곳곳을 돌아다니며 우리 몸의 에너지 수준을 알려주는 표지다. 깨어 있는 동안에는 몸속에 아데노신이 축적된다. 그러다가 결국 어느 시점에 아데노신이 뇌에 있는 수용체와 충분히 결합하면 이런 메시지가 전달되는 것이다. "이만하면 됐어. 이제 잘 시간이야." 카페인은 아데노신이 결합해야 할 자리를 대신 차지해서 이런 과정을 차단한다. 그래서 많은 수의 아데노신 수용체가 카페인에 차단되면 뇌는 잠을 잘 시간이 되었다는 메시지를 받지 못한다. 카페인의 양이 뉴런을 속일 정도로 많아지면 거기에 넘어간 뇌는 응급한 상황에 처해 있다고 생각하고 아드레날린adrenaline을 분비함으로써 '투쟁-도피 반응fight-or-flight'을 일으킨다. 그러면 집중력과 기억력이 더 날카로워지고, 심장 박동이 빨라지고, 몸에 축적해두었던 당분이 방출되어 에너지 수준을 끌어올린다.

어떤 사람은 중독된 것을 자랑스러워할 정도로 커피를 많이 마시는 반면, 어떤 사람은 커피를 많이 마시지 못한다. 이런 선호도가 꼭 그 사람의 결심에 의한 것은 아니다. 그보다는 DNA의 영향이 크다. 우리는 이미 커피 섭취에 영향을 미칠 수 있다는 유형의 유전자를 앞에서 살펴본 바 있다. 바로 TAS2R38이다. 쓴맛을 견디지 못하는 초미각자는 맛이 강한 커피를 견디지 못해서 설탕이나 크림을 많이 넣어 쓴맛을 누그러뜨려야 커피를 마실 수 있기도 하다. 하지만 TAS2R38 돌연변이만으로는 사람을 커피에서 떼어놓을 수 없다. 그 이상의 것이 필요하다.

카페인이 사람마다 다른 영향을 미치기 때문에 커피 선호도는 맛봉오리만으로 결정되지 않는다. 어떤 사람은 커피를 물 마시듯 퍼마셔도 아무런 문제가 안 생기고, 어떤 사람은 한 잔만 마셔도 신경이 과민해지는 이유를 CYP1A2라는 유전자로 설명할 수 있을지 모른다. CYP1A2는 간에 들어 있는 사이토크롬cytochrome이라는 효소를 암호화하고 있다. 이 효소는 특히 카페인을 대사하는 작용을 한다.

모든 사람의 CYP1A2 사이토크롬이 똑같지는 않다. 대부분의 사람은 커피를 마시고 15분에서 30분 만에 그 효과를 느낀다. 그리고 카페인의 반감기는 6시간 정도다(반감기란 우리 몸이 섭취한 카페인 양을

나를 나답게 만드는 것들

절반 정도 제거하는 데 걸리는 시간을 말한다. 저녁 6시 식사 시간에 커피를 마시지 않는 것이 좋은 이유다. 그랬다가는 밤이 깊어져 눈을 붙여 보려 할 때도 여전히 절반 정도의 카페인이 몸속을 돌아다니며 당신을 흔들어 깨우고 있을 것이다). 하지만 CYP1A2*1F로 명명된 특정 변이를 가진 사람은 카페인 대사가 느리다. 이들의 CYP1A2 효소는 게으른 구석이 있어서 카페인을 신속히 처리하지 않는다. 그래서 카페인이 더 오래 체내에서 활성화된 상태로 남아 있다. 이러면 카페인의 자극 효과를 증폭시킬 뿐만 아니라 혈압도 높인다. 심지어 일부 연구에서는 카페인 대사가 느린 사람이 카페인을 과도하게 섭취하면 심장마비와 고혈압 위험이 높아진다고 나왔다.

담배를 많이 피우는 사람은 커피도 많이 마신다는 것을 눈치챈 적이 있는가? 그것은 담배에 들어 있는 니코틴 성분이 CYP1A2 유전자를 활성화하고, 이것이 다시 커피의 카페인을 더 **빠른** 속도로 대사하게 만들기 때문이다. 그래서 흡연자는 커피를 마셔도 그 효과가 짧아져서 비흡연자에 비해 더 **빠른** 시간 내에 다시 커피로 손이 간다.

카페인 처리 능력 때문에(그리고 당연히 다른 약물과 음식의 처리 능력으로도) 정신적, 육체적 수행능력에 불평등이 생긴다. 2012년에 이루어진 연구에 따르면 카페인 대사가 느린 사람은 커피를 마신 후 실내용 자전거 경주에서 시간이 1분밖에 단축되지 않은 반면, 카페인 대사가 **빠른** 사람은 4분이나 단축되었다. 그렇다면 올림픽에서 커피나 다른 카페인 음료의 섭취도 금지해야 하지 않을까?

카페인 음료에 대한 선호도의 차이를 우리 위장관에 존재하는 서로 다른 세균으로 설명할 수 있을지도 모른다. 위장관 세균이 카페인 대사에 영향을 미칠 수 있다는 증거는 커피열매천공충^{coffee berry borer}이라는 딱정벌레로부터 나왔다. 이 해충은 커피 농사로 생계를 꾸리는 사람들에게 크나큰 위협이다. 아침, 점심, 저녁 식사를 모두 커피 열매로 해결하기 때문이다. 실제로 커피만 먹고 사는 생명체는 커피열매천공충 말고는 알려진 것이 없다. 이 곤충은 성인이 작은 잔으로 230잔의 커피를 마신 것에 해당하는 커피 열매를 매일 먹어 치운다. 이 곤충이 어떻게 그렇게 치명적인 양의 카페인을 섭취하고도 살아남는지는 오랫동안 미스터리였다.

2015년에 로렌스 버클리 국립 연구소^{Lawrence Berkeley National Laboratory}의 미생물학자 어인 브로디^{Eoin Brodie}가 이끄는 연구진이 슈도모나스 풀바^{Pseudomonas fulva} 등 커피열매천공충의 장 속에 사는 몇몇 세균 종이 카페인을 분해하는 마법을 부린다는 것을 발견했다. 슈도모나스 풀바 균이 카페인 분해 유전자를 딱정벌레에게 들여와 발현시켜 이 곤충이 커피 열매를 먹고 살 수 있게 된 것이다. 사람에게도 이렇게 카페인을 분해하는 세균이 있다는 증거는 현재 나와 있지 않지만, 커피를 재배하는 사람들에서는 이런 세균 종이 확인되었다. 만약 사람이 이런 세균을 삼키고 미생물총의 일부로 자리 잡는다면 우리 몸의 카페인 대사 속도에 영향을 미칠 것이라 상상해볼 수 있다.

연구자들이 카페인 처리를 담당하는 유전자와 세균 종을 추가로 밝혀내면서 우리는 일부 사람이 커피의 영향을 더 신속하고 크게 느끼는 이유에 대해 더 큰 통찰을 얻을 것이다. 그리고 카페인이 몸에 영향을 미치는 방식에 따라 카페인 음료에 대한 그 사람의 취향도 분명 영향을 받을 것이다.

우유가 모든 사람에게 좋지는 않은 이유

복통을 각오하고 우유를 마실 것인가? 세계적으로 많은 사람들이 우유나 다른 유제품을 마음 놓고 섭취하지 못한다. 이런 사람들은 DNA 때문에 젖당분해효소^{lactase}라는 효소가 결핍되어 있다. LCT라는 유전자에 의해 암호화되는 젖당분해효소는 우유 속에 들어 있는 젖당^{lactose}을 분해할 수 있다. 만약 당신의 몸이 젖당을 대사하지 못하면 위장관에 들어 있는 세균이 대사한다. 하지면 여기에는 대가가 따른다. 위장관 세균들이 젖당을 먹어 치우는 과정에서 많은 양의 가스를 만들고 배에 차서 더부룩해지고 민망한 방귀 소리가 날 수 있다(첫 데이트를 나가면 꼭 그때를 골라 이런 소리가 난다). 젖당은 또한 삼투압에 의해 장세포의 물이 장 속으로 흘러나오게 만든다. 우리 몸은 이렇게 들어온 수분을 처리하는 방법을 한 가지밖에 모른다. 이것이 젖당분해효소를 충분히 만들지 못하는 사람들이 유제품을 먹고 난 후에 아주 불편한 복통이나 설사로 고생하는 이유다. 만약 당신이 LCT 유전자가 발현되지 않아 젖당분해효소가 부족하다면 너무도 슬픈 일이지만 밀크셰이크, 아이스크림, 때로는 피자도 자신의 메뉴에서 지워야 한다는 의미가 된다. 내 친구 중 하나는 젖당 불내증^{lactose intolerance}이 너무 심해서 치즈같이 느끼한 사랑 노래만 들어도 방귀가 나온다.

여기서 다루었던 다른 유전자들과 달리 젖당 불내증은 보통 LCT 유전자에 결함이 있어서 생기는 것이 아니다. 사실상 모든 사람은 기능성 LCT 유전자를 가지고 태어난다. 엄마의 모유를 소화하는 데 젖당분해효소가 필수적이기 때문이다. 대부분의 아기는 엄마가 젖을 주지 않으면 머지않아 LCT 유전자의 활성이 정지된다. 하지만 우유를 생산하는 동물을 가축화한 지역(대부분 유럽, 중동, 남아시아)에 살던 일부 인간의 선조들은 LCT 유전자가 무한정 기능을 이어갈 수 있게 해주는 DNA 돌연변이를 획득했다. 바꿔 말하면 어른에게는 원래 젖당 불내증이 정상이고, 젖당을 소화할 수 있는 사람이 돌연변이인 것이다. 과학자들은 우유를 벌컥벌컥 들이켤 수 있는 이런 돌연변이들을 다른 동물의 젖샘에서 나온 액체를 빨아먹는다고 해서 '맴파이어manpire'라고 부른다. 선조 맴파이어들은 젖을 뗀 후에도 젖당을 계속 소화할 수 있었고 생존에 엄청나게 유리했다. 소, 염소, 낙타에서 나오는 우유 등 추가적인 영양 공급원을 확보할 수 있었기 때문이다. 이것은 대단히 중요한 이점이었고 LCT 유전자를 계속 켜놓는 돌연변이는 약 1만 년 전 이 돌연변이가 처음 등장한 지역에서 들불처럼 번졌다.

당신이 비싼 와인을 더 맛있다고 생각하는 이유

나는 와인에 대한 대부분의 설명이 사실 컴퓨터 알고리즘으로 채워넣은 헛소리라고 확신한다. 어디 한번 보자. "[나무 종류]의 향기로 코끝을 간질이는 이 [와인 이름]은 어느 [계절 이름] 날에 [이국적인 장소]에서 만난 [동물]의 [신체 부위]를 떠올리게 합니다. 이 와인은 마치 [휴일 이름]처럼 혀끝에 [부사] 감겨들며 [색 이름] [향신료 종류]로 부드럽게 녹아드는 [과일 종류]의 향기로 당신을 놀라게 할 것입니다."

우리 중에는 와인의 복잡한 풍미를 이해할 수 있는 사람이 많지 않다. 그래서 일부 사람은 사람들이 스스로 속이고 있는 것이라 주장한다. 전문 와인 감정사들에게 여러 종류의 와인을 맛보게 하는 실험이 있었다. 그런데 사실 감정사들은 모르고 있었지만, 이 와인들은 모두 동일한 것들이었다. 이 와인 감정사들 중 이 동일한 샘플들에 똑같은 점수를 부여한 사람은 10퍼센트에 불과했다. 연구에 따르면 대부분의 비전문가, 심지어 와인이라면 꼭 한마디씩 거드는 자칭 전문가들도 블라인드 시음을 해보면 비싼 와인과 싼 와인을 구분하지 못한다. 와인의 복잡한 풍미를 이해하는 능력이 이토록 다양한 결과를 보이는 이유가 무엇일까? 한 가지 가능성은 와인 전문가 중에 초미각자들이 유독 많다는 것이다. 바꿔 말하면 브로콜리를 싫어하게 만드는 버전의 TAS2R38이 와인에 대해 완전히 새로운 세상을 열어줄 수도 있다는 말이다.

하지만 와인 애호가들의 말처럼 와인에는 그저 맛 이상의 무엇이 있다. 예를 들면 포도주의 향취bouquet가 있다. 냄새는 맛에서 실제로 중요한 요소이고, 우리 유전자의 다양성으로 우리의 후각적 경험도 다양하게 펼쳐질 수 있다. 하지만 스페인 국립연구회Spanish National Research Council의 식품과학자 마리아 빅토리아 모레노-아리바스María

Victoria Moreno-Arribas가 진행한 2016년 연구에서는 우리 입 속의 세균도 와인의 향기에 영향을 미칠 수 있다고 주장했다.

사람은 저마다 입 안에 진을 치고 있는 세균의 유형이 다 다르다. 이런 입 속 세균을 구강 미생물총이라고 한다. 어떤 사람은 와인을 극찬하고, 어떤 사람은 와인을 쓰레기 취급하는 이유를 역동적인 구강 미생물총으로 설명할 수 있다. 또한 전문 와인 감정사가 가끔 일관되지 못한 판단을 내리는 이유도 이것으로 설명할 수 있다. 우리의 구강 미생물총은 우리가 먹고 마시고 들이쉬는 것들로부터 온 세균과 효모 들로 이루어져 있기 때문에 순간적으로 바뀔 수 있다. 예를 들어 구강청결제 같은 것으로 입을 헹구면 입 안의 세균이 깨끗이 씻겨나간다.

이 분야의 연구자들은 목구멍 뒤에 있는 작은 신경 조각인 '후비강 경로retronasal passage'에 초점을 맞추었다. 이곳은 맛과 향기가 한곳에 모이는 장소이기 때문에 목구멍에서 와인의 냄새를 맡을 수가 있다. 연구자들은 세균의 종류와 숫자에 따라 이 세균들이 포도 향기 전구체와 섞였을 때 방출되는 기체 분자가 달라지는 것을 밝혀냈다. 이것이 사람마다 맛의 경험이 크게 차이가 나는 이유를 설명하는 데 도움이 될지도 모른다. 만약 당신이 아주 길고 열정적인 키스를 나누었다면 두 사람의 구강 미생물총이 서로 더 비슷해져서 와인의 품질에 대해 의견이 같아질지도 모른다.

우리 모두가 타고난 소믈리에는 아니다. 우리가 셀 수 없이 많은 종류의 와인을 구분할 능력을 갖게 될지, 아니면 그냥 레드와인과 화이트와인 중에서 선택하는 것으로 만족하게 될지는 DNA에 들어

나를 나답게 만드는 것들

있는 유전자와 구강 미생물총에 의해 크게 좌우된다.

또 다른 멋진 일련의 실험들은 뇌가 미각을 배신할 수 있음을 보여준다. 와인 양조자 프레데릭 브로세Frédéric Brochet는 박사학위 논문을 쓰기 위해 와인양조학enology 전공 학생들에게 빨갛게 보이는 와인을 맛보게 했다. 사실 이 와인은 화이트와인이었지만, 브로세가 무미한 빨간 색소를 첨가한 것이다. 그랬더니 모든 프로 와인 감정사들이 화이트와인의 맛을 마치 레드와인의 맛처럼 묘사했다.

코카콜라와 펩시콜라를 블라인드 시음할 때도 비슷한 일이 일어난다. 누군가가 당신에게 탄산음료 두 컵을 주었는데 그중 하나에만 '코카콜라'라는 딱지가 붙어 있으면 당신은 딱지가 붙은 컵이 딱지가 붙지 않은 컵보다 더 맛이 좋다고 주장할 가능성이 높다. 딱지가 없는 컵에도 코카콜라가 들어 있는데 말이다. 친구들한테 한번 시험해보라! 그리고 만약 당신의 친구 중에 뇌 판독장치를 가진 사람이 있다면 휴스턴 베일러의과대학Baylor College of Medicine의 신경과학자 리드 몬터규Read Montague가 했던 실험을 재현해볼 수 있을 것이다. 이 실험은 브랜드 이름이 우리에게 얼마나 큰 영향을 미치는지 보여준다.

콜라 전쟁에서는 코카콜라의 브랜드 파워가 훨씬 강하다. 몬터규의 연구에서는 콜라를 좋아하는 사람들을 대상으로 블라인드 시음을 했을 때, 그들의 쾌락 중추가 코카콜라를 마실 때보다 펩시콜라를 마실 때 더 활성화되었다. 분명 이들은 코카콜라보다 펩시콜라의 맛을 더 좋아했다. 하지만 그 콜라 팬들에게 자기가 마시는 콜라의 브랜드를 알려주었을 때는 코카콜라가 맛이 더 좋았다고 주장했다. 흥미롭게도 이들에게 자기가 어떤 브랜드의 콜라를 마시고 있는지 알려주었을 때는 뇌의 다른 영역이 활성화됐다. 학습 및 기억과 관련 있는 영역이었다. 몬터규는 정신이 코카콜라가 성공한 브랜드 임을 떠올렸고, 이것이 실험참가자의 취향에 콜라의 실제 맛보다 더 큰 영향을 미친 것이라 믿는다. 마치 실험참가자가 브랜드 이름에 눈이 멀어 스스로 생각할 능력을 잃어버린 것 같은 상황이다.

그렇다고 이것이 와인이나 콜라의 시음이 아무 의미 없는 행위 라는 뜻은 아니다. 이것은 우리가 얼마나 쉽게 속아 넘어갈 수 있는 지 보여주는 계기가 된다. 우리의 뇌는 선입견으로 가득 찬 편견 덩 어리다. 뇌는 심지어 우리가 진리라 생각하는 것이 실제로는 진리가 아님을 보여주는 증거를 들이대도 무시해버릴 때가 있다(8장 참고). 뇌는 왜 그렇게 게으를까? 뇌가 이런 식으로 정신적 지름길을 애용 하는 이유는 생각하는 데 많은 에너지가 들기 때문이다. 뇌가 소비 하는 에너지는 우리 몸에서 공급하는 양의 20퍼센트까지 차지한다. 그래서 뇌는 이런 에너지를 절약하기 위해 지름길을 이용한다. 블라 인드 시음 연구에서 뇌는 시각 데이터를 신뢰하고, 맛봉오리에서 보 내는 상반되는 데이터를 무시해버린다.

선입견이 얼마나 큰 영향을 발휘하는지 알아보기 위해 1980년 대에 이루어진 유명한 퍼지fudge(설탕, 버터, 우유로 만든 연한 사탕—옮긴이) 실험을 보자. 이 연구에서는 실험참가자들에게 똑같이 맛있는 퍼지 표본 두 개 중 하나를 선택하도록 요구했다. 하지만 하나는 원반 모 양으로 만들어지고, 다른 하나는 정말 개똥과 비슷한 모양으로 만들 어져 있었다. 실험참가자들에게는 각 접시에 똑같이 절대 안전하고 식용 가능한 퍼지가 들어 있다고 말해주었다. 하지만 뇌에게는 이런

나를 나답게 만드는 것들

말이 소용없었다. 개똥을 닮지 않은 표본을 선택한 사람이 압도적으로 많았다.

2016년에 노스이스턴대학교Northeastern University의 심리학자 리사 펠드먼 배럿Lisa Feldman Barrett은 가축 사육 방식에 대한 우리의 선입견이 그 육류의 맛에 대한 인식에 영향을 미칠 수 있음을 밝혀냈다. 실험에서 사용한 고기는 모두 똑같은 곳에서 채취했는데 참가자들은 인간적인 사육을 하는 농장에 비해 공장식 농장에서 키운 고기가 모양, 냄새, 맛이 모두 떨어진다고 주장했다.

인식은 가장 기본적인 음료인 물의 맛을 볼 때도 방해를 한다. 마술사 팬앤텔러Penn & Teller는 자신의 히트 쇼 〈불싯Bullshit!〉에서 물 담당자에게 시켜 미식가 레스토랑에서 식사하는 사람들에게 전 세계에서 가져온 몇몇 브랜드의 생수를 맛보게 했다. 실험에 참가한 고객들은 각 물맛이 어떻게 다른지 점수를 매겨 물의 경도, 상쾌함, 시원함, 순수함에서 나타나는 차이를 기술하게 했다. 그 결과 모든 사람이 각 브랜드가 수돗물보다 품질이 월등하게 뛰어나다고 단호한 평가를 내렸다. 그런데 고객들은 모르고 있었지만, 각각의 멋진 생수병에는 사실 그 레스토랑 테라스에서 정원에 물을 뿌리는 호스에서 받은 수돗물이 채워져 있었다.

당신이 역겨운 음식을 먹을 수 있는 이유

〈서바이버Survivor〉나 〈피어팩터Fear Factor〉 같은 리얼리티 쇼에서 대화 주제로 제일 많이 등장하는 것 중 하나가 먹기 도전이다. 이 경쟁에서 참가자들은 보기만 해도 입맛이 뚝 떨어지는 것들을 눈 깜짝할 사이에 먹어 치운다. 예를 들면 양의 눈깔, 로키마운틴 오이스터Rocky Mountain oysters(소의 고환), 타란툴라 거미, 발루트balut(부화 직전의 오리 배아), 소의 뇌, 맹그로브 웜Mangrove worm, 그리고 그 끝판왕으로 말의 직장rectum까지 나온다. 우리는 왜 이런 음식을 역겨워할까? 이런 음식 중에는 일부 문화권에서 별미로 대접 받는 것도 있다. 그리고 왜 트윙키Twinkie(미국에서 인기 있는 노란 케이크. 속에 하얀 크림이 들어 있다—옮긴이)는 역겨워하지 않을까? 세상에는 트윙키가 진짜 음식이라 생각하지 않는 사람도 많은데 말이다.

지역에 따라(심지어는 길 하나만 건너도) 당신이 혐오스럽다고 느끼는 맛을 좋다고 즐기는 사람을 어렵지 않게 만날 수 있다. 림버거Limburger 같은 치즈는 축구선수의 발톱 밑에서 뽑아낸 양말 보푸라기 같은 냄새가 나는데 위스콘신에 사는 사람 중에는 그 맛이 너무 좋아서 그 치즈로 샌드위치를 만들어 먹는 사람도 있다. 일본에서는 사람들이 낫토를 즐겨 먹는다. 이것은 콩을 발효한 음식인데 축구선수들이 빨래 바구니에 한 달 정도 묵혀둔 양말 같은 냄새가 난다. 두리안은 동남아시아에서 나는 가시가 돋은 황록색의 과일이다. 냄새가 하도 역해서 대중교통수단에 들고 타는 것이 금지되어 있다. 일반적으로 사상 최악의 냄새를 풍기는 음식으로 자주 인용되는 스

나를 나답게 만드는 것들

웨덴의 수르스트뢰밍Surströmming도 있다. 청어를 발효한 것으로 거의 감각을 폭행하는 수준이라서 정부는 이 깡통을 야외에서 열 것을 권장한다.

우리가 특이한 냄새가 나는 음식을 좋아하는 이유를 유전자로 설명할 수 있을지 모른다. 하지만 미각수용기에 더해 우리가 아주 어릴 때, 심지어 엄마 배 속에 있을 때 입맛이 길들여질 수 있다는 증거가 있다. 태어나지 않은 아기도 엄마 배에 있는 동안 매일 몇 잔의 양에 해당하는 양수를 삼킨다. 그리고 과학자들은 엄마가 무엇을 먹었느냐에 따라 양수가 수프처럼 맛을 띨 수 있음을 입증했다.

모넬 화학감각 센터Monell Chemical Senses Center의 생물심리학자 줄리 메넬라Julie Mennella는 1995년에 진행한 실험에서 참가자들에게 마늘 캡슐이나 설탕 캡슐을 복용한 임부에서 채취한 양수의 냄새를 맡아 보게 했다. 금요일 밤에 알지도 못하는 사람의 몸에서 나온 체액의 냄새를 맡아보는 것이 그리 기분 좋은 일은 아니겠지만, 이 연구를 통해 임부의 양수가 실제로 임신한 아기에게 맛을 전달할 수 있음이 밝혀졌다. 음식의 맛이 모유를 통해 아기에게 전달될 수 있다는 점도 잘 밝혀져 있다.

하지만 백문이 불여일견이라는 말이 있다. 그래서 메넬라는 맛에 대한 선호도가 엄마에게서 아기에게로 전달될 수 있는지 확인하기 위해 또 다른 연구를 수행했다. 이 연구에는 세 집단의 임산부를 참가시켰다. 한 집단은 임신 기간 동안 매일 당근 주스를 마셨고, 한 집단은 수유하는 동안에만 당근 주스를 마셨고, 한 집단은 임신 기간과 수유 기간 동안에 당근을 피했다. 아기가 태어난 다음에 확인해보니 엄마가 임신했을 때나 수유하는 동안에 당근 주스를 섭취한 경우에는 아기들도 당근 맛 시리얼에 분명한 선호도를 보였다. 태아 때나 수유하는 동안에 당근 주스에 한 번도 노출되지 않았던 유아는 당근 맛을 처음 보았을 때 얼굴을 찡그리는 경우가 더 많았다. 이 연구 결과는 엄마가 맛에 대한 편견을 태어나지 않은 아기에게 전해줄 수 있다는 개념과 잘 맞아떨어진다.

앞에서 말했듯이 자궁 속 환경은 바깥에서 기다리는 환경을 말해주는 예측 변수나 마찬가지다. 만약 엄마가 진짜 당근의 왕국에서 살고 있다면 태아도 당근을 좋아하는 취향을 키우는 것이 생존에 도움이 될 것이다. 마찬가지로 아기가 이전에 엄마의 양수에서 전혀 경험해보지 못한 무언가를 맛보게 된다면 먹기를 주저하고, 잠재적으로 독성을 가진 이물질로 여겨 거부하는 것이 생존에 유리하다. 이런 아이들은 당근을 싫어할 수밖에 없는 운명이라는 의미가 아니다. 익숙지 않은 그 물질을 먹어도 병이 나지 않을지 확인하기 위해 잠시 머뭇거린다는 의미다. 입에 넣을 생각조차 못 하는 음식을 어떤 문화권에서는 맛있다고 즐기는데, 엄마에게서 아이에게로 전달되는 이런 음식 선호도로 부분적으로나마 설명할 수 있다.

자신의 입맛과 더불어 살기

좋아하는 것과 싫어하는 것처럼 자신을 정확하게 정의하는 것이 있을까? 특히나 음식과 음료에 있어서는 더욱 그렇다. 먹는 것에 대한

나를 나답게 만드는 것들

우리의 열망이 냉장고 문 앞을 지키고 있는 DNA 경비원에 의해 좌절될 수도 있다고 생각하면 마음이 불안하지만, 이런 지식은 힘이 될 수도 있다. 예를 들어 당신이 초미각자로 태어난 가엾은 자녀에게 브로콜리를 먹여야 할 일이 생긴다면 그래도 얻어 들은 것이 있으니 적어도 브로콜리에 허니 머스터드소스라도 발라서 주지 않겠는가!

좀 더 진지하게 얘기해보자면 초미각자, 즉 TAS2R38 유전자 변이를 갖고 있는 사람은 1년에 평균 200인분 정도의 채소를 덜 섭취한다고 한다. 이 때문에 건강이 나빠지거나 대장암에 걸릴 위험이 높아질 수 있다. 당신이 초미각자라면 그래도 먹을 만한 채소들을 찾아 충분히 먹거나, 쓴맛이 나는 채소들을 더 맛있게 만들 방법을 찾아보아야 한다. 채소를 구워 먹으면 당분이 캐러멜화caramelize해서 쓴맛을 가려주는 단맛이 두드러진다. 초미각자를 괴롭힐 수 있는 또 다른 잠재적 문제점은 고혈압이다. 초미각자는 맛봉오리가 견디지 못하는 쓴맛을 가리려고 음식에 설탕을 너무 과하게 치는 경향이 있다. 긍정적인 면을 살펴보면 초미각자는 과체중이 되는 경우가 적다. 과하게 달거나 지방이 많은 음식에도 예민하기 때문이다. 젖당 불내증이 있는 사람을 위해서 우유가 들어가지 않는 버전으로 만든 음식도 많이 나오고 있다. 와인의 복잡한 맛을 구분하지 못하는 사람이라면 굳이 비싼 것을 찾지 않아도 저렴한 와인으로 충분히 즐길 수 있으니 아낀 돈을 생각하며 기뻐할 일이다.

음식이 태아의 DNA를 어쩌면 비가역적으로 프로그래밍할 수 있을지도 모른다는 새로운 연구가 발표되고 있으니 우리가 좀 더 똑똑하게 먹어야 할 이유가 하나 더 생겼다. 뒤에서도 보겠지만, 아빠라고 이런 책임에서 자유롭지는 않다. 아빠가 살면서 내리는 선택들도 아기에게 물려줄 유전자를 후성적으로 프로그래밍할 수 있다.

입맛의 차이를 이해한다면 식탁이 좀 더 평화로워질 수 있다. 당신의 요리나 당신이 추천한 와인을 좋아하지 않더라도 섭섭해하지 말고 이 점을 명심하자. 우리의 별난 입맛에는 생물학적인 이유가 존재한다고 말이다. 그럼 이쯤하고 다음 이야기로 넘어가 보자.

나를 나답게 만드는 것들

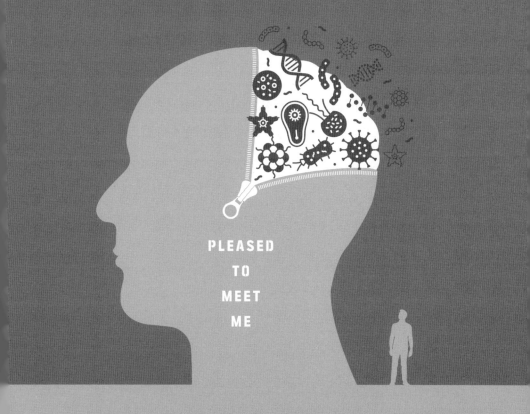

3

나의 식욕과 만나다

PLEASED
TO
MEET
ME

> 먹는 것을 멈출 수가 없어요. 저는 불행해서 먹어요.
> 그리고 먹어서 불행해요. 악순환의 연속이죠.

영화 <오스틴 파워>에서

사람들은 '발발(아웃브레이크^{outbreak})'
이라는 말을 들으면 보통 에볼라 바이러스, 좀비 대재앙, 혹은 더스
틴 호프만이 원숭이 한 마리를 뒤쫓는 연기를 했던 바보 같은 1995
년 영화를 떠올린다. 하지만 미국과 몇몇 다른 선진국에서는 또 다
른 유형의 발발이 일어나고 있다. 이번에는 허리 라인의 형태를 바
꾸어놓는 질병의 발발이다. 우리가 입는 옷의 라벨에 X라는 글자
가 이제 하도 많이 붙고 있어서 여차하면 내가 옷가게가 아니라 19
금 성인용 책방에 잘못 들어왔나 하는 생각이 들 정도다. 비만 환자
를 수용하기 위해 아주 튼튼한 승강장치를 장착한 대형 구급차가 제
작되고 있다. 〈비기스트 루저^{The Biggest Loser}〉 같은 인기 티비쇼는 체중
감량이라는 주제를 가지고 계몽적인 게임을 만들어냈다. 우리의 만
족할 줄 모르는 식탐을 채워줄 음식을 제공하기 위해 '푸드 네트워
크^{Food Network}' 같은 방송 채널이 통째로 하나 생겨나기도 했다. 그리
고 소셜미디어를 돌아다니다 보면 흉물스럽게 생긴 피자-프라이드
치킨-버거 신상품 포스터의 유혹을 피할 수가 없다.

우리는 다이어트 서적이라는 형태로 다른 이들의 말을 먹음으로
써 폭식에 대응해보려고 한다. 하지만 안타깝게도 뷔페 상차림처럼

차려진 온갖 다이어트 방법이 유행하고 있어도 이들은 한 가지 공통점이 있다. 이 중에 건강한 체중을 유지하는 데 효과가 있어 보이는 것이 없다는 점이다. 그를 입증하듯 중고 서적 가게에는 당근 주스 얼룩이 묻은 다이어트 서적들이 가득가득 넘쳐난다. 그 고생이 다 아무짝에도 쓸모없음을 깨닫고 실망한 사람들이 팔아버리는 것이다. 〈비기스트 루저〉에서 우승한 경쟁자들조차 쇼가 끝나고 나면 원래의 체중을 거의 되찾는 것으로 알려져 있다.

질병통제예방센터CDC에 따르면 미국의 비만율은 거의 40퍼센트에 육박하고 있다. 그리고 추가로 전체 인구의 3분의 1이 과체중이다. 아동 5명 중 1명은 임상적 비만이다. 심장질환, 뇌졸중, 2형 당뇨, 암 등 비만에 따라오는 심각한 건강상의 위협에 대해서는 대부분 잘 알고 있다. 그런데도 우리는 살과의 전쟁에서 계속 지고 있다. 그에 따라 치러야 할 대가가 작지 않다. 미국은 매년 비만과 관련된 건강 문제로 1,900억 달러 이상의 비용이 들어간다. 서구식 식단과 생활방식이 전 세계로 퍼지면서 비만도 함께 퍼지고 있다. 〈뉴잉글랜드 저널 오브 메디슨The New England Journal of Medicine〉에서 2017년에 발표한 심난한 보고서에서는 전 세계적으로 20억 명 이상의 아동과 성인이 과체중과 관련된 건강상 문제로 고통 받고 있다고 한다. 대체 무슨 일이 벌어지고 있는 것일까?

비만의 유행에는 현대적 생활방식이 큰 몫을 차지한다. 우리는 훨씬 많이 먹고, 훨씬 덜 움직인다. 먹는 양도 문제지만 먹는 종류 역시 건강에 아주 좋지 않은 것들이다. 우리는 모두 이런 사실을 알고 있다. 초등학교 시절부터 귀에 못이 박히도록 들어서 먹이 피라

나를 나답게 만드는 것들

미드에 대해 알고 있고, 운동의 중요성에 대해서도 안다. 하지만 그럼에도 '당신이 먹는 것이 곧 당신이다'라는 오래된 격언이 우리 눈앞에서 현실화되는 것을 목도하고 있다. 우리 대부분은 날씬한 샐러리 줄기보다 뱃살 삐져나온 머핀과 더 비슷해지고 있다.

식욕과 음식의 선택이라는 문제 앞에서는 왜 이렇게 이성적으로 행동하기가 어려울까? 그저 의지력의 문제일까? 아니면 다른 어떤 요인이 작용하고 있을까?

당신이 고칼로리를 갈망하는 이유

2장에서 살펴보았듯이 우리가 단맛을 갈망하게 된 이유는 진화적 과거로 거슬러 올라간다. 그때는 달달한 청량음료나 크림을 잔뜩 바른 도넛 같은 것이 아직 발명되지 않았었다. 우리 종이 출현한 아프리카 사바나 지역에서는 고칼로리 에너지원을 찾기가 무척 힘들었다. 달콤한 과일, 동물성 지방, 꿀같이 에너지가 잔뜩 든 음식에 갈망을 느꼈던 초기 인류는 그렇지 않은 사람에 비해 분명 적응에 이점이 있었다. 이들은 사냥하고, 싸우고, 섹스하고, 아이들에게 동굴 벽에 낙서 그만하라고 소리칠 에너지를 비축할 수 있었다. 우리 선조들에게 이런 음식을 찾아 나서도록 설득하기 위해 진화는 우리 뇌의 형벌체계punishment system와 보상체계reward system를 이용했다.

우리의 DNA는 자신의 생존기계에 경쟁력을 갖춰주려고 쾌락과 고통을 느낄 수 있는 뇌를 만들어냈다. 그래서 이 생존기계는 먹지 않을 경우 곧 고통스러운 배고픔을 경험했다. 그리고 무언가를 먹고 나면 고통은 포만감으로 대체됐다. 하지만 치즈케이크 같은 고칼로리 음식은 포만감을 넘어 거의 오르가즘에 가까운 쾌락을 준다. 달콤한 것이 혀에 닿으면 뇌는 보상을 경험한다. 초콜릿처럼 달콤한 것이든 프렌치키스처럼 달콤한 것이든 그 결과는 똑같다. 도파민의 폭주가 일어나는 것이다. 도파민이라는 신경전달물질은 뇌 속 보상 중추를 자극해 그 행동을 반복하도록 요구한다.

우리가 무언가를 맛이 좋거나 나쁘다고 느끼는 이유는 그런 원시적 느낌을 이용해 위 속에 넣어 쓸모 있을 것을 추적하기 때문이다. DNA는 우리로 하여금 고칼로리 음식을 아주 맛있게 느끼도록 했고, 우리는 목숨이나 팔 한 쪽을 위험에 노출시키면서까지 그런 음식을 구하려 한다. 하지만 요즘에는 과자 자판기에서 초콜릿바가 제대로 내려오지 않을 때나 팔을 위험에 노출시킬 뿐이다. 우리는 단 음식과 기름진 음식에 포위되어 있다. 그리고 고작 소파에서 몸을 일으켜 문을 열고 배달된 피자를 받는 노력만으로 그런 음식을 손쉽게 구할 수 있다. 우리는 캔디 랜드Candy Land의 현실 버전에 살고 있다. 거기서 신체 활동만 빠졌을 뿐이다. 살이 안 찌려야 안 찔 수가 없다.

미국 심장학회American Heart Association에서 권고하는 설탕 섭취량은 하루 1,800칼로리를 소비하는 평균 여성의 경우 하루 5티스푼(80칼로리)이고, 2,200칼로리를 소비하는 평균 남성의 경우 하루 9티스푼(144칼로리)이다. 그런데 내가 아는 사람은 모닝커피에만 5티스푼을 넣는다(아마도 초미각자인 듯!). 일반적으로 탄산음료 캔 하나에는 설탕

나를 나답게 만드는 것들

이 8티스푼 정도 들어간다. 한 캔만 마셔도 하루 최대 설탕 섭취 허용량에 도달하는 것이다.

우리는 자신이 섭취하고 있는 설탕의 양을 과소평가하는 경향이 있다. 달달한 음식이라 생각하지 않는 여러 음식에도 설탕 성분이 숨은 경우가 많다. 파스타와 피자 소스, 바비큐 소스, 샐러드드레싱, 주스 음료, 심지어는 건강에 좋다는 일부 시리얼, 요구르트, 그래놀라 바 등이 있다. 자연에는 설탕 성분이 불쾌할 정도로 많은 음식이 존재하지 않고 우리 몸도 그런 음식을 처리하도록 만들어지지 않았다.

우리가 아침식사로 시리얼과 초콜릿칩 머핀을 먹으면 갑자기 대량으로 설탕이 몸에 유입되어 혈당이 치솟는다. 더 신속한 처리가 필요하지만, 우리 몸은 그 방법을 모른다. 그래서 갑자기 넘쳐나는 설탕을 관리할 수 있는 인슐린을 충분히 만들어내기 위해 췌장이 과로하게 된다. 인슐린은 당분 분자가 그것을 필요로 하는 세포에 들어갈 수 있게 돕는 호르몬이다. 그렇게 사용되고 남은 당분은 지방으로 저장된다. 인슐린이 과도하게 생산되면 혈당을 효율적으로 낮춰주지만, 슈거하이sugar high(당을 섭취했을 때 밀려오는 좋은 기분―옮긴이)에 이어 찾아오는 불쾌한 기분을 겪는다. 그 결과 떨어진 혈당을 안정시키기 위해 또 다른 간식거리로 손이 가게 된다.

지방과 소금도 상황은 비슷하다. 몸이 제대로 기능하기 위해서는 지방 그리고 소금 같은 무기물이 필요하다. 그래서 식단에서 이런 성분이 빠지면 안 된다. 하지만 설탕의 경우와 마찬가지로 사람들은 흔히 찾는 음식을 먹으면서 자기가 지방과 소금을 얼마나 과하게 섭취하고 있는지 깨닫지 못한다. 당신이 하루에 2,000칼로리를 섭취한다면 하루에 지방을 44~78그램 섭취했을 것이다. 패스트푸드를 일인분 먹으면 보통 이 정도의 지방을 섭취하게 된다. 시나본 Cinnabon 케이크 하나에 거의 40그램의 지방이 들어 있다. 맥 앤 치즈 mac and cheese(마카로니, 우유, 치즈 등이 들어간 요리—옮긴이) 한 그릇이면 지방이 최고 60그램까지 들어갈 수 있다. 놀랍게도 패스트푸드점의 샐러드에는 30에서 60그램 정도의 지방이 들어 있다. 그리고 프로즌 모카커피frozen mocha coffee에는 50그램까지 들어 있기도 하다.

미국 농무부Department of Agriculture에서는 건강한 성인이라면 하루에 나트륨을 2,400밀리그램(1티스푼 정도) 이하로 섭취하라고 권고하고 있다. 하지만 미국인들은 보통 하루에 3,000~4,000밀리그램의 나트륨을 섭취한다. 이렇게 과잉된 나트륨의 상당 부분은 가공식품, 포장식품, 식당 식품에서 나온다. 패스트푸드점에서 먹는 음식 일인분에는 하루 권장량이나 그 이상의 소금이 있을 수 있다. 미국에서 가장 짠 음식으로 선정된 중식당 페이프창P. F. Chang의 산라탕Hot and Sour Soup Bowl 한 그릇에는 거의 8,000밀리그램의 소금이 들어 있다(하루 권장량의 3배가 넘는다).

감자칩, 프레첼, 팝콘, 견과류 등 짭짤한 간식을 하루 종일 주워 먹다 보면 소금 섭취량이 아주 쉽게 위험한 수준까지 올라간다. 나트륨이 많이 들었는데도 겉으로는 잘 드러나지 않는 음식으로 수프, 야채주스, 소스, 가공육deli meat 등이 있다. 간장 1큰술에도 1,000밀리그램 이상의 소금이 들어갈 수 있다.

식품 제조회사와 식당에서는 영업을 이어가기를 원한다. 그럼

나를 나답게 만드는 것들

설탕, 지방, 소금을 잔뜩 집어넣는 것이 효과적이다. 약물 중독과 같은 방식으로 작동하기 때문이다. 우리는 영화 〈스카페이스Scarface〉의 알 파치노와 비슷하다. 다만 얼굴이 코카인 대신 가루가 잔뜩 묻은 도넛 무더기에 파묻혀 있다. 고칼로리 음식은 아편과 같은 방식으로 뇌의 보상체계를 자극하기 때문에, 정크푸드는 엄밀히 말하면 중독성 물질이다. 설탕이 코카인보다 더 중독성이 강하다는 것은 여러 연구를 통해 입증됐다. 건강에 좋지 않은 간식에 대한 갈망이 저항할 수 없을 정도로 강력한 이유도 그 때문이다. 그리고 설탕은 어디에나 만연해 있고, 단것을 좋아하는 습관을 고치는 것은 코카인 암시장 한가운데 떡하니 차려놓은 마약 재활센터에서 사람을 고치는 것만큼 어려운 일이다.

우리가 설탕, 지방, 소금이 잔뜩 들어간 가공식품을 갈망하는 이유는 수백만 년 만에 수요와 공급이 역전되었기 때문이다. 한때는 구하기 힘든 귀한 음식이었던 설탕, 지방, 소금이 이제는 어디서나 구할 수 있는 저렴한 음식이 되었다. 가공하지 않은 음식이 가공한 음식보다 비싸고, 음식을 준비하는 데 시간도 많이 들어간다. 한때 부자의 질병이었던 비만이 오늘날 저소득층과 중산층에서 하늘 높은 줄 모르고 치솟게 된 데는 이런 점도 한몫했을 것이다. 이런 불공평한 격차는 큰 성공을 거둔 아동용 편의식품 런처블Lunchable 발명가의 딸인 모니카 드레인Monica Drane의 솔직한 말에 잘 요약되어 있다. "우리 아이들은 런처블을 한 번도 먹어본 적이 없을 거예요. (……) 아이들도 그런 제품이 있다는 것을 알고, 할아버지가 발명한 것이라는 것도 알죠. 하지만 우리는 몸에 아주 좋은 것을 먹어요."

대부분의 가공식품은 도저히 뿌리칠 수 없을 만큼 유혹적이다. 우리는 정크푸드를 거부하기가 너무도 어려운 환경에서 살고 있다. 하지만 음식에 대한 갈망은 이야기의 일부에 불과하다. 우리가 먹는 음식의 양을 조절하는 것은 무엇일까?

스마트폰에는 배터리 잔량 표시가 있기 때문에 언제 충전해야 하는지 알 수 있다. 우리 몸에서는 일련의 호르몬이 그와 비슷한 기능을 한다. 위가 비어 있으면 위장관 세포들은 배고픔 호르몬인 그렐린ghrelin을 분비한다. 그럼 이 호르몬이 뇌로 이동해서 이렇게 소리 지른다. "밥 줘!" 우리가 음식으로 몸을 충전하기 시작하면 그렐린 수치가 떨어지면서 포만감을 느끼기 시작한다. 식사를 한 후에 찾아오는 만족스러운 기분은 지방세포에서 분비하는 렙틴leptin이라는 '포만 호르몬' 때문이다. 이 우아한 호르몬 사이클은 생화학 신호를 통해 언제 얼마나 먹을지 조절한다. 일부 사람들이 과식을 하는 이유는 이런 배고픔/포만 호르몬 시스템을 방해하는 유전자 돌연변이 때문이다. 그럼 배터리 잔량이 얼마나 남았는지 더 이상 감지하지 못하는 스마트폰과 비슷한 상황이 된다.

식욕 조절과 관련 있는 유전자는 생쥐에서 처음 확인됐다. 이 얘기를 듣고 좀 놀랄 수도 있겠다. 뚱뚱한 쥐가 마룻바닥을 뒤뚱거리며 돌아다니는 모습을 본 적이 있는가? 아마 한 번도 없을 것이다. 너무 살찐 쥐는 포식자를 발견해도 빨리 달아나기가 어려워 살아남지 못했을 것이다. 하지만 1949년에 과학자들은 한 배에서 태어난 다른 날씬한 형제들과 함께 우리 안을 돌아다니는 비만 생쥐 한 마리를 발견하고 아주 놀랐다. 순전히 우연에 의해 렙틴 유전자에 돌연변이를 안고 태어난 것이다. 이 생쥐는 ob/ob라는 비만 생쥐 품종을 개발하는 데 사용되었다. 이 생쥐들은 더 이상 렙틴을 만들어내지 않기 때문에 포만감을 절대 느끼지 않는다. 놀랍게도 연구자들이 한 ob/ob 생쥐에게 렙틴을 주사해보았더니 과식을 멈추었다. ob/ob 생쥐에게 쿠키를 주면 더 많은 쿠키를 원하기 마련이고, ob/ob 생쥐에게 렙틴을 주면 포만감을 느끼기 마련이다.

1998년에 연구자들은 렙틴 유전자의 돌연변이가 병적 비만이 있는 몇몇 환자에게도 존재한다는 것을 밝혀냈다. ob/ob 생쥐와 이들 환자 사이의 또 다른 기이한 유사점은 생식과 관련이 있다. ob/ob 생쥐는 식이를 제한하거나 렙틴을 보충해서 교정해주지 않는 한 불임이다. 그런데 렙틴이 결핍된 비만 환자도 절대 사춘기를 거치지 않는다. 지방세포에 의해 생산되는 렙틴은 체질량을 알려주는 지표다. 몸이 육중해져도 렙틴이 만들어지지 않으면 뇌에서는 이것이 생식이 가능할 만큼 지방이 충분히 비축되지 않았다는 신호로 받아들인다. 사람과 생쥐에서 렙틴 돌연변이가 대단히 드문 이유다.

ob/ob 생쥐의 사례에서 보았듯이, 렙틴 대체 요법을 통해 병적 비만 환자를 거의 정상적인 체중으로 되돌려놓는 데 성공했다(그리고 그 과정에서 사춘기를 유도하고 가임능력을 회복하는 데도 성공했다). 아주 멋진 이야기로 들리기는 하는데 렙틴 보충제만 복용하면 누구든 체중을 감량할 수 있을까? 미안하지만 그 대답은 '아니요'다. 렙틴 치료는 렙틴이 결핍되어 있는 극소수의 사람에게만 도움이 된다. 사실 비만인 사람은 대부분 적절한 양의 렙틴을 몸에서 만들어내고 있다. 그런데 문제는 뇌가 렙틴의 효과에 내성이 생겨서 더 이상 적절히 반응하지 않는다는 것이다. 지방 세포들이 뇌에게 이제 그만 먹으라고 신호를 보내고 있지만, 뇌가 귀담아듣지 않는 것이다.

당신도 추측하고 있겠지만, 우리가 호르몬(또는 신경전달물질)에 대해 얘기할 때는 반드시 그 신호 분자를 받아줄 수용체가 존재해야 한다. 마치 투수가 던진 공을 받아줄 포수의 글러브가 있어야 하는 것처럼 말이다. LEPR(렙틴 수용체)는 렙틴을 위한 포수의 글러브처럼 작동하는 유전자다. 이 유전자에 돌연변이가 발생해도 렙틴의 포만 신호가 지장을 받을 수 있다. db/db라고 하는 또 다른 유형의 비만 생쥐는 렙틴 수용체에 돌연변이를 갖고 있는 것으로 밝혀졌다. 일부 사람에게도 이런 경우가 발견된다. 많지는 않지만, 소수의 비만 환자들이 렙틴 수용체 결핍으로 고통 받고 있다. 이런 사람들은 배가 불렀다는 신호를 절대 받지 못한다. 그래서 이들이 과식을 멈추기는 사실상 불가능하다. 포만 신호가 계속해서 노크하고 있지만, 절대 문 안으로 들어가지는 못하고 있는 것이다.

렙틴은 또한 α-멜라닌 세포 자극 호르몬α-melanocyte-stimulating hormone, α-MSH이라는 또 다른 포만 호르몬의 생산을 촉진한다. 이 호르몬은 식사를 한 후에 포만감을 느끼는 데 도움을 준다. 이 호르몬을 받아서 반응하는 수용체를 MC4R이라고 한다. 과학자들은 어린 나이에 비만이 생긴 사람들에게서 이 유전자 근처의 DNA 돌연변이를 확인했다.

이상하게도 렙틴 돌연변이가 사춘기의 문제와 연관이 있는 것과

　　　　　　　　　　나를 나답게 만드는 것들

마찬가지로 음식과 섹스 사이에서도 MC4R과 관련된 또 다른 이상한 상관관계가 존재한다. 화학자들은 MC4R과 결합해서 비만인이 포만감을 느끼게 도와주리라는 생각에 α-MSH와 비슷하게 생긴 다양한 화합물을 개발했다. 그런데 이 소위 MC4R 작용제[agonist]라는 것 중 일부가 발기를 자극하는 속성을 가진 것으로 밝혀졌다. 성에 대한 욕구를 발생시킨다는 의미다. 만약 언젠가 이 약이 체중감량용으로 사용된다면, 식사 후 허리띠를 풀어야 했던 남자들이 여전히 허리띠를 풀겠지만, 그 이유는 달라져 있을 것이다. (덜 먹고 운동[?]은 더 하니 일거양득이다!) 시답지 않은 농담이었지만, 이 사례는 우리의 식욕을 뒷받침하고 있는 유전학이 대단히 복잡하다는 문제를 잘 보여주고 있다. 현재 과학자들의 밥상 위에 차려진 것은 많지만, 과연 이런 약물이 칼로리의 수입과 지출을 균형 있게 관리하는 데 도움을 줄 수 있는지 여부를 먼저 확인해보아야 할 것이다.

섭식행위의 호르몬적 측면을 조절하는 유전자에 더해, 밥을 잘 먹고 난 후의 좋은 느낌을 조절하는 유전자도 있다. 연구자들은 Taq1A라는 유전자 변이가 뇌의 도파민 수용체(보상을 느끼는 데 관여하는 수용체)의 양을 줄여 비만을 유도하는 경우가 많다는 것을 알아냈다. 이 변이를 가지고 있는 사람은 다른 대부분의 사람보다 더 많은 양을 먹어야 똑같은 도파민 보상을 느낄 수 있다.

이런 연구의 중요성은 아무리 강조해도 지나치지 않다. 유전자는 우리의 기분을 조절할 수 있다. 일부 사람의 경우 식욕은 자제력의 문제가 아니다. 자신의 통제력을 벗어난 부분이기 때문이다. 그렇다면 타고난 DNA 때문에 게걸스러운 식탐을 가진 사람을 비난하는 것이 과연 옳은 일일까?

DNA가 음식 섭취를 적절히 조절할 수 있는 뇌를 만들어놓았다고 해도 통제를 벗어난 문제가 생겨서 그에 따른 행동변화로 체중증가가 일어날 수 있다. 과학자들은 뇌종양이나 뇌진탕으로 체중이 늘거나 줄어드는 환자의 사례를 대단히 많이 보고했다. 거기에 더해 불수의적 운동 장애involuntary movement disorder를 조절하기 위해 전기 자극을 주는 뇌 임플란트brain implant를 이식한 사람 중에는 갑자기 폭식하는 사람이 있다. 유사하게 생쥐의 특정 뇌 영역을 자극하면 몇 초 안으로 먹이를 신속하고 게걸스럽게 먹기 시작한다. 이런 연구들은 식이 습관에서 뇌가 중요한 역할을 맡고 있음을 잘 보여준다.

섭식행위를 조절하는 뇌 영역을 구체적으로 확인하려는 연구가 계속 진행되고 있어서 이후에는 체중 문제를 치료할 새로운 방법이 탄생할지도 모른다. 2018년에 컬럼비아대학교의 신경생물학자 찰스 주커Charles Zuker는 생쥐의 뇌에서 특정 뉴런들을 조작해 단맛에 대한 선천적 욕망과 쓴맛에 대한 혐오를 둘 다 지우는 데 성공했다. 그렇다면 언젠가는 당신의 뇌 회로를 새로 배선해서 초콜릿 케이크보다 브로콜리를 더 맛있게 만들 수 있을지도 모를 일이다!

─────────────── **부모님은 당신의 식욕에 어떤 영향을 미쳤나**

어떤 유전자에서 생긴 작은 사고가 사람의 식욕 조절 능력과 대사를 붕괴시킬 수 있다는 데는 의문의 여지가 없다. 비만병 유행 중 앞에

　　　　　　　　　나를 나답게 만드는 것들

서 등장했던 이런 단일 유전자들에서 일어난 돌연변이에 의한 것은 10퍼센트 미만으로 추정된다. 어쩌면 DNA 돌연변이보다는 후성유전적 메커니즘이 작동하고 있을지 모르겠다. 우리의 환경에 존재하는 무언가가 비만을 용이하게 하는 방식으로 유전자 발현을 바꾸고 있는 것이다. 이런 개념을 뒷받침하듯 우리가 먹는 음식이 유전자 발현을 바꾸어 식욕, 대사, 질병 감수성에 영향을 미칠 수 있다는 증거가 나와 있다.

식생활이 유전자 발현에 중요하게 작용한다는 사실을 보여주는 가장 눈에 띄는 관찰 중 하나가 듀크대학교 의료센터Duke University Medical Center의 생물학자 랜디 저틀Randy Jirtle의 연구에서 나왔다. 저틀과 다른 연구자들은 생쥐의 아구티agouti라는 유전자를 연구해서 임신 기간 동안 어미의 식생활이 얼마나 중요한지 입증해 보였다. 그럼 이 아구티 유전자의 역할은 대체 무엇일까? 생쥐의 털을 금색으로 물들이는 역할을 한다. 잠깐, 뭐라고? 아무래도 금색 털에서 어미의 식단으로, 그리고 거기서 다시 새끼의 식욕 변화로 넘어가는 과정에 대해 약간의 설명이 필요할 듯하다.

정자와 난자가 만나는 순간, 새로 구성된 유전자 팀은 바로 팔을 걷어붙이고 새끼를 만드는 일에 착수한다. 그 과정에서 정교한 연쇄 반응이 펼쳐지면서 서로 다른 유전자들이 대단히 질서정연한 절차를 통해 켜지고 꺼지게 된다. 첫날부터 어미의 자궁이 제공하는 환경은 새끼가 나가서도 스스로 살아남을 수 있도록 새끼의 유전체를 프로그래밍하기 시작한다. 자연은 어미가 임신한 동안에 경험하는 환경이 새끼가 살아갈 환경과 동일하다고 가정한다. 그래서 아기를 바깥 세상에 대비시키기 위해 태어나기 전부터 새끼의 일부 유전자에 대해 활성의 수준을 미리 프로그래밍해놓는다. 이것을 태아 프로그래밍 혹은 출생전 프로그래밍^{prenatal programming}이라고 한다.

머릿속에서 생쥐를 떠올려보라. 아마도 갈색 털로 덮인 에너지가 넘치는 작은 털북숭이 설치류가 떠오를 것이다. 실제로 대부분의 쥐는 이런 모습이다. 하지만 가끔 생쥐가 금색 털을 갖고 태어나 커다란 털 뭉치 같은 모습으로 자라기도 한다. 이 노란 금색 털의 생쥐는 비만, 당뇨, 암 등을 비롯한 병에 잘 걸리는 성향이 있다. 정상 생쥐와 노란색 생쥐에는 차이가 있다. 노란색 생쥐는 자신의 아구티 유전자가 절대 꺼지지 않는다는 점이다. 정상적인 생쥐의 털을 자세히 들여다보면 중간 부분이 노란색인 것을 알 수 있다. 이것은 이 생쥐의 아구티 유전자가 언제 켜졌는지 말해준다. 그리고 노란 부분과 나란히 있는 갈색 털 부분은 아구티 유전자가 언제 꺼졌는지 말해준다. 어떤 생쥐에서는 아구티 유전자가 한 번도 활성화된 적이 없어서 털이 완전히 갈색이다. 노란 생쥐의 경우에는 아구티 유전자가 한 번도 꺼지지 않았기 때문에 모피 전체가 황금색으로 덮인다.

앞에서 α-멜라닌 세포 자극 호르몬^{α-MSH}이라는 포만 호르몬에 대해 얘기했던 것을 기억할 것이다. 다른 많은 호르몬과 마찬가지로 α-MSH는 몸에 다양한 영향을 미친다. α-MSH는 먹고 난 후에 배가 부르게 하는 기능 외로 털의 색깔을 어둡게 만드는 역할도 한다. 아구티 단백질은 α-MSH가 모낭세포의 α-MSH 수용체에 결합하지 못하게 막는다. 그래서 털이 노란 금발로 남는 것이다. 하지만 이 금발 생쥐들에게는 더 흥미로운 구석이 있다. 노란 털 생쥐들에게는 안타

나를 나답게 만드는 것들

까운 일이지만, 아구티 단백질은 α-MSH가 뇌세포의 MC4R 수용체와 결합하는 것도 방해하고 뇌가 배부르다는 신호를 받지 못해 과식하게 된다.

하지만 의문이 들 수 있다. 아구티 유전자는 모든 생쥐가 가졌는데, 어째서 일부는 갈색 털에 날씬한 몸이고, 일부는 노란 털에 뚱뚱한 몸을 가졌을까? 털 색깔과 장래 건강 문제의 차이는 아구티 유전자가 언제, 얼마나 활성화되느냐에 달려 있다.

당신도 예상했겠지만, 노란색 비만 생쥐가 낳은 새끼는 꼭 어미처럼 털색이 노랗고 건강이 좋지 않은 성체로 자라는 경우가 많다. 하지만 입이 떡 벌어질 만한 발견이 있다. 어미가 임신하고 있는 동안에 식단을 고쳐주면 날씬하고 건강한 갈색 털의 생쥐가 나온다는 것이다! 이것이 대체 무슨 마법이란 말인가! 그 비결은 어미의 식단에 DNA 메틸화를 강화해주는 영양분(엽산, 베타인, 비타민 B12, 콜린 등)을 보충하는 것이었다. DNA 메틸화를 통한 화학적 변화는 유전자의 활성을 잠그는 역할을 한다. 식단을 통한 DNA 메틸화로 침묵하게 된 유전자 중 하나가 아구티 유전자였다. 아구티 유전자가 침묵하자 노란 털의 비만한 어미에게서 태어난 새끼가 갈색 털을 갖게되었고, α-MSH 수용체를 차단하는 아구티 단백질이 만들어지지 않아서 과식도 하지 않았다.

이 놀라운 연구는 식욕과 관련해서 몇 가지 함축적 의미를 가진다. 첫째, 발달 중인 태아의 DNA는 어미가 살고 있는 환경에 새끼도 대비할 수 있도록 태어나기 전부터 활발히 프로그래밍되고 있다. 이런 태아 프로그래밍은 부분적으로 어미의 식생활에서 오는 신호를 바탕으로 이루어진다. 식생활이 어미가 몸담은 환경을 말해주는 대리물 역할을 하는 것이다. 둘째, 어미가 임신한 동안에 먹는 것이 새끼의 DNA 메틸화에 변화를 가져와 새끼에게 영속적인 영향을 미칠 수 있다. 식이보충제를 먹을 때는 의료 종사자들이 권하는 것 말고는 주의해야 한다. 이런 성분이 태아의 DNA에 어떤 작용을 할지 전혀 알 수 없기 때문이다. 셋째, 우리가 엄마와 아빠로부터 유전자를 물려받기는 하지만, 그렇다고 엄마나 아빠처럼 유전자를 발현하게 된다는 의미는 아니다. 노란 털의 아구티 어미 쥐가 뚱뚱하다고 해도 그 새끼가 꼭 이런 운명을 물려받는 것은 아니다. 물론 이런 개념이 역으로 성립할 수도 있다. 유전자 그리고 유전자의 발달 기간 동안의 후성유전적 통제에 대해 더 많은 연구가 이루어지면 태어날 아기의 건강을 위한 최적의 산모 프로그래밍 지침이 마련될지도 모를 일이다.

장차 아빠가 될 사람이 '남자 쪽은 상관없겠지' 생각하고 돼지고기 안심 요리와 3층 브라우니 아이스크림 앞에서 너무 맘 놓고 있을지 모르니, 아빠의 식생활 습관 역시 정자의 후성유전적 프로그래밍을 통해 장차 태어날 아이에게 영향을 줄 수 있다는 점을 알려주어야겠다. 호주 뉴사우스웨일스대학교University of New South Wales의 약학자 마가렛 모리스Margaret Morris의 2010년 연구에서는 고지방 식단을 먹인 수컷 쥐에서 태어난 암컷 쥐가 인슐린에 문제가 있어 체중이 늘고 지방이 증가하는 것으로 나왔다. 이 정크푸드를 즐기는 아빠 쥐에서 나온 딸들을 더 자세히 관찰해보니 인슐린 생산을 담당하는 췌장 속 도세포islet cell에서 600개 이상의 유전자가 비정상적으로 발현되었다.

나를 나답게 만드는 것들

사람은 어떨까? 체중이 사람 정자의 유전자 발현에도 영향을 미치는지 알기 위해 덴마크 코펜하겐대학교University of Copenhagen의 생물학자 로마인 바레스Romain Barrès는 마른 남성과 비만 남성 모두에게서 기증받은 정자 표본에서 DNA 메틸화 패턴을 조사해보았다. 2015년 연구에서 그의 연구진은 마른 남성과 비만 남성에서 나온 정자 사이에서 9,000개 이상 유전자의 메틸화가 다르게 이루어졌음을 발견했다. 이 정도면 대단히 많은 유전자다. 그리고 그중에는 MC4R처럼 식욕 조절과 관련 있다고 이미 의심받는 유전자들도 포함되어 있다. 이런 유전자 발현의 변화가 뇌의 식욕 조절 회로 배선에 영구적 변화를 가져온다. 식습관을 고치기가 거의 불가능해 보이는 사람이 있는 이유도 이것으로 설명할 수 있다. 또한 같은 연구에서 바레스와 그의 동료들은 비만 남성이 체중 감량을 위한 위우회술gastric bypass surgery을 받기 전후로 정자의 DNA 메틸화를 살펴보았다. 그 결과 위우회술 1년 후에 MC4R 같은 유전자에서 DNA 메틸화 변화가 감지됐다. 이는 정자 DNA에 생긴 변화를 역전시키는 것이 가능함을 암시한다.

설치류를 대상으로 이루어진 연구와 달리 비만이 있는 남성의 정자에서 일어나는 DNA 메틸화가 자녀에게 어느 정도까지 영향을 미치는지에 관한 연구는 이루어지지 않았다. 하지만 이 모든 연구들은 아빠의 식습관이 자녀의 식습관에 영향을 미칠 수 있다는 설득력 있는 메커니즘을 제공하고 있다. 이런 영향은 당신의 DNA 중 절반이 아직 아빠의 사타구니 근처에서 헤엄치던 시절에 일어난 것이다. 장차 아빠가 되려는 사람에게는 미안한 말이지만, 임신 전에 건강한 생활방식을 지켜야 할 사람이 엄마만은 아닌 것 같다.

달콤하고 짧은 인생!

당신이 유아기 때 먹는 음식도 성인이 되었을 때의 식습관에 영속적으로 영향을 미칠 수 있다. 활동이 어떻게 전체 수명에 영향을 미칠 수 있는지 연구할 때 과학자들은 보통 초파리나 예쁜꼬마선충C. elegans 등의 모형 생물을 이용한다. 선충과 초파리는 수명이 각 15일과 90일 정도밖에 되지 않아서 태어나서 죽을 때까지의 발달 과정에 영향을 미치는 다양한 것들을 연구할 수 있다. 사람의 전체 수명을 연구하려면 과학자가 그 사람한테 매달려 평생을 연구해야겠지만, 나이가 70이 되도록 연구 결과가 안 나오고 있으면 교수 자리를 유지하기가 어려울 것이다.

수명이 짧은 생명체를 이용해 물어볼 수 있는 질문은 다음과 같다. "정크푸드를 많이 먹는 젊은 청년에게는 무슨 일이 생길까? 그렇게 먹어도 괜찮을까?" 그 대답이 그리 반갑지는 못하다. 유니버시티 칼리지런던University College London의 생물학자 나지프 알릭Nazif Alic이 2017년에 수행한 연구를 보면 3주간 고설탕 식단을 먹인 어린 파리의 수명이 7퍼센트 정도 단축되었다. 안타깝게도 자당 성분이 많이 든 식단을 건강에 좋은 식단으로 바꾸고 난 후에도 수명은 줄었다. 그렇다. 젊을 때 설탕을 많이 먹은 파리는 성체가 되어 올바른 식습관으로 바꿔도 이른 나이에 사망한다.

나를 나답게 만드는 것들

알릭의 연구진은 설탕이 수명을 비가역적으로 단축하는 능력을 가진 메커니즘을 파고들었고, 자당^{sucrose}이 FOXO라는 전사인자 transcription factor를 방해한다는 것을 발견했다. 사람도 똑같은 전사인자를 가졌다. 전사인자는 다양한 유전자의 발현을 조절하기 때문에 하나만 방해 받아도 전체 유전자 네트워크가 도미노처럼 붕괴한다. FOXO 유전자 네트워크는 우리 세포들이 일을 제대로 할 수 있게 유지해주는 여러 가지 단백질을 만들고, 이런 네트워크가 제대로 작동해야 생명체가 더 오래 산다고 보는 것이 합리적이다. 하지만 설탕을 너무 많이 섭취하면 FOXO 유전자 네트워크의 활성이 억제되고, 놀랍게도 이런 변화는 설탕을 잔뜩 먹던 파리가 건강한 식단을 시작한 후에도 되돌려지지 않는 것으로 보인다.

　이런 연구들은 과도한 설탕 섭취가 노화를 가속시켜 말 그대로 달콤하지만 짧은 인생이 된다는 것을 보여준다. 얼마나 기분 잡치는 말인가! 이 모든 것이 어떻게 작동하는지에 관해서는 아직 풀리지 않은 의문들이 있으며, 현재로서는 사람을 대상으로 하는 연구가 대단히 제한적임을 염두에 둘 필요가 있다. 많은 연구에서 과도한 설탕 섭취가 건강에 해롭다는 것을 보여주지만, 달달한 과자를 먹으면서 자란 아이들에게 영구적인 손상을 입힌다는 결론을 내리기에는 이른 감이 있다. 하지만 하루라도 빨리 자신을 위해 그리고 자녀를 위해 식생활을 합리적으로 개선하는 것이 좋다고 충고하고 싶다.

장내세균은 어떻게 우리의 식욕을 쥐고 흔드는가

우리의 장내세균총도 식욕에 영향을 미칠 수 있는 게임 체인저라 믿는 과학자가 많아지고 있다. 그냥 막연한 추측이 아니다. 무균 생쥐 germ-free mouse의 사례를 통해 분명히 드러나고 있다. 무균 생쥐는 완전한 무균 환경에서 태어나 길러지기 때문에 몸의 내부와 외부에 미생물이 전혀 없다. 지구상 그 어떤 동물도 이렇게 순수하지는 못하다. 이 멸균 생쥐는 결벽증 환자의 꿈과 같은 삶을 살지만, 이 정도의 순수성을 지키려면 부정적인 결과가 뒤따른다. 무균 생쥐는 뼈만 남을 정도로 앙상하고 면역계에도 결함이 있다. 그리고 스트레스에도 적절히 반응하지 못한다. 무균 생쥐에서 나타나는 비정상성은 놀라운 개념을 입증했다. 장내세균은 그저 우리 몸에 무임승차한 방랑자가 아니라 우리의 건강과 안녕에서 중요한 역할을 한다는 것이다. 그들이 없는 삶은 우리가 알던 삶이 아니다.

과학자들은 무균 생쥐의 장에 미생물이 자리 잡으면 무슨 일이 일어날지 궁금했다. 그래서 연구자들은 생쥐에게 지저분한 짓을 해야 했다. 정상 생쥐의 맹장(대장이 시작되는 부위) 속에 든 내용물을 조금 채취해 무균 생쥐의 털 위에 묻힌 것이다. 무균 생쥐는 털 손질을 하다가 무의식적으로 세균이 잔뜩 든 맹장 속 찌꺼기를 받아먹게 되었다. 그렇게 털 손질을 한 후에는 무균 생쥐가 세균 잔뜩 생쥐가 되었다.

바싹 마른 무균 생쥐는 이렇게 정상적 생쥐의 장에서 채취한 세균을 스스로에게 접종하고 2주 만에 상당히 체중이 불었다. 놀랍게

나를 나답게 만드는 것들

도 이 세균 접종 덕분에 깡말랐던 생쥐가 그 세균을 기부해준 생쥐만큼이나 정상적인 모습이 되었다. 이런 체중 증가는 식욕 증가로 인한 것이 아니었다. 기존의 무균 생쥐가 정상적 생쥐로부터 세균을 접종한 후에는 오히려 먹는 양이 줄었기 때문이다. 이 세균들이 대체 무슨 일을 했길래 무균 생쥐가 정상 체중이 되었을까? 쥐의 사료에 존재하는 복잡한 식물성 탄수화물을 소화하는 데 도움이 되는 새로운 유전자를 탑승시킨 것이다. 이제 이 생쥐는 세균이 제공하는 개선된 소화 서비스 덕에 덜 먹고도 더 많은 에너지를 뽑아낼 수 있게 됐다.

그러자 연구자들은 모든 장내세균이 다 똑같은지 검증해보겠다는 무모한 아이디어를 떠올렸다. 만약 무균 생쥐에게 ob/ob 생쥐 같은 비만 생쥐의 장내세균을 먹이면 어떤 일이 일어날까? ob/ob 비만 생쥐로부터 세균을 얻은 무균 생쥐는 체중이 많이 불었고 곧 세균을 기증한 생쥐와 비슷해졌다. 무균 생쥐가 정상 생쥐로부터 세균을 얻었을 때는 거의 30퍼센트 지방이 더 붙었지만, 비만 생쥐로부터 세균을 얻은 경우에는 50퍼센트까지 더 붙었다. 이 결과는 날씬한 생쥐와 뚱뚱한 생쥐의 장내세균이 실제로 다르다는 것을 말해준다. 그리고 이 세균들은 내장을 넘어서 체중 증가에 영향을 미치는 효과를 발휘한다.

이런 선구적 연구에 영감을 받은 연구자들은 몸집의 크기가 서로 다른 생쥐에 사는 세균들의 종류를 지도로 작성했다. 미국 국립보건원에서도 그와 비슷하게 사람 몸속에 사는 미생물을 조사하는 인간 미생물군유전체 프로젝트Human Microbiome Project라는 연구에 착수

했다. 아직 연구 결과가 계속 올라오고 있지만, 탐험가들이 숲에서 만나는 동물이 사막에서 만나는 동물과 같지 않듯 과학자들도 날씬한 배 속과 비만한 배 속에 사는 세균의 유형에서 차이를 발견하고 있다. 예를 들면 비만한 생쥐는 후벽균Firmicutes이라는 세균이 더 많고, 의간균Bacteroidetes이라는 세균은 더 적다. 후벽균과 의간균에는 포유류의 내장에 흔히 존재하는 서로 다른 유형의 여러 가지 세균 종이 포함된다. 후벽균은 의간균에 비해 음식에서 더 많은 칼로리를 뽑아낼 수 있다. 그래서 우리 몸이 지방 비축분을 따로 꾸리기가 더 쉬워진다.

대부분의 연구는 사람의 비만에서 의간균:후벽균 비율이 감소한다는 사실을 뒷받침하고 있다. 불균형한 식단은 불균형한 미생물총과 관련 있다. 워싱턴대학교의 선구적 미생물총 과학자 제프리 고든Jeffrey Gordon이 2009년에 진행한 실험에서는 비만인 쌍둥이와 날씬한 쌍둥이의 장내세균을 비교해 383개의 세균 유전자에서 차이점을 발견했다. 비만 참가자에서는 이들 유전자의 75퍼센트가 방선균류Actinobacteria라는 세균에서 온 것이었고, 25퍼센트는 후벽균에서 온 것이었다. 비만 참가자에게는 의간균에서 온 유전자가 감지되지 않았다. 이와 대조적으로 날씬한 사람에서는 이들 유전자의 42퍼센트가 의간균에서 온 것이었다. 날씬한 사람과 비만인 사람 사이에서 차이를 보이는 것으로 밝혀진 이 세균 유전자 중 상당수는 대사와 관련 있었다.

식생활, 체중, 미생물총의 구성 사이에 긴밀한 상관관계가 있음을 입증하는 추가 증거도 나와 있다. 피렌체대학교University of Florence의

나를 나답게 만드는 것들

생물학자 파올로 리오네티Paolo Lionetti는 유럽의 도시에 사는 사람들과 아프리카 시골 마을에 사는 사람들의 미생물총을 비교해보았다. 예상대로 이탈리아 피렌체의 아동들은 아프리카 부르키나파소에 있는 보울폰Boulpon 마을의 아동보다 몸무게가 더 나갔다. 흥미롭게도 리오네티의 발견에 따르면 대체로 탄수화물, 지방, 소금이 많이 든 서구식 식단을 먹는 피렌체 아동은 대부분 후벽균을 가지고 있었다. 보울폰의 아동은 여전히 인류 초기 선조들이 먹던 것과 비슷한 음식을 먹을 것이라 보았다. 대부분 과일과 채소였고 단백질은 가끔 먹는 육류, 달걀, 곤충(이 경우는 흰개미)에서 얻는다. 보울폰 마을 아동의 미생물총에는 의간균이 훨씬 많았고, 이탈리아 아동에서는 전혀 발견되지 않는 속屬이 큰 비중을 차지했다. 바로 프레보텔라Prevotella와 자일라니박터Xylanibacter다. 두 세균 속屬 모두 식물성 음식의 섬유질을 소화하는 전문가다.

우리 장에서 수용하는 세균의 유형은 식생활에 반응해 신속하게 바뀐다. 날씬한 사람이 칼로리가 더 많은 식단을 먹기 시작하면 의간균이 줄면서 후벽균이 급속히 늘어난다. 그래서 식품에서 훨씬 많은 칼로리를 뽑아내게 된다. 정크푸드를 즐겨 먹으면 장내세균의 균형이 지방 생성을 촉진하는 종류로 급속히 바뀌어 악순환 고리에 빠질 수 있다.

이야기가 후벽균이 너무 많이 든 생쥐의 배 속처럼 복잡해졌다. 뚱뚱한 생쥐에서 채취한 세균이 바싹 마른 무균 생쥐의 몸집을 불려 좋기는 한데, 그럼 사람에게서 채취한 세균을 생쥐에게 접종하면 어떤 일이 일어날까? 2013년에 고든의 연구진은 두 쌍둥이로부터 장내세균을 채취했다. 쌍둥이 중 한 명은 나머지 한 명보다 훨씬 체중이 많이 나갔다. 그러자 놀랍게도 비만이 있는 쌍둥이의 장내세균을 무균 생쥐에게 이식했을 때는 생쥐가 뚱뚱해졌다. 반면 마른 쌍둥이의 장내세균은 무균 생쥐에게 이식해도 의미 있는 체중 증가가 관찰되지 않았다.

고든과 동료들은 실험 조건을 살짝 바꾸어 마른 쌍둥이의 세균을 이식한 무균 생쥐를 뚱뚱한 쌍둥이의 세균을 이식한 무균 생쥐와 같은 우리에 넣어보았다. 여기서 일어난 일을 이해하려면 대다수의 사람이 조금은 불쾌하게 여길 수 있는 생쥐의 습관을 하나 알고 있어야 한다. 생쥐는 다른 생쥐의 대변을 먹는다. 하지만 이런 습관 때문에 같은 무리에 넣어두면 자연스럽게 대변이식fecal transplant을 하는 효과가 생긴다. 여기서 놀라운 결과가 나왔다. 뚱뚱한 쌍둥이의 장내세균을 이식한 생쥐도 마른 쌍둥이의 세균을 가진 생쥐가 배설한 대변을 섭취하면 날씬한 몸을 유지할 수 있었다. 날씬한 쌍둥이의 장내세균은 체중 증가를 예방하는 막강한 힘을 가진 것 같다.

하지만 뼈만 앙상한 친구에게 '대변 이모티콘'을 보내며 부탁하기 전에 알아두어야 할 부분이 있다. 생쥐에게 평소에 먹던 식물성 사료 대신 고지방 사료를 먹이면서 같은 실험을 반복했더니 날씬한 쌍둥이로부터 채취한 장내세균이 그 막강한 힘을 잃었고, 뚱뚱한 쌍둥이의 세균을 이식한 생쥐의 체중 증가를 더 이상 막을 수 없었다. 바꿔 말하면 날씬해지는 세균을 얻는 것만으로는 부족하다는 얘기다. 건강한 식습관이 함께 따라야 한다. 이 연구 결과는 장내세균과 식생활이 대사와 관련해 서로 영향을 미치고 있음을 말해준다. 하지

나를 나답게 만드는 것들

만 이 시스템을 조작하려면 밝혀야 할 구체적인 내용이 아직 많다.

식탐을 고칠 수 있을지도 모른다

위장관 속에 어떤 세균이 터를 잡을지는 당신의 식욕에 달려 있다. 저 아래 있는 세균들은 뇌에 당신의 식탐에 영향을 미치는 화학적 신호를 보내서 번식하고, 자신의 영역을 넘보는 다른 세균을 물리치는 데 필요한 음식을 갈망하게 만든다. 당신의 배 속에는 당신과 미생물 사이의 돌고 도는 관계가 형성되어 있다. 당신이 먹는 것이 미생물에게 영향을 미치고, 그들이 먹는 것 또한 당신이 먹는 것에 영향을 미친다.

다른 생명체들과 마찬가지로 우리 배 속에서 떼 지어 다니는 세균들도 공간과 영양분을 차지하기 위해 경쟁한다. 다행스럽게도 수백만 년 동안의 진화를 거치며 우리의 DNA와 세균의 DNA 사이에 공생관계가 이루어져 둘 사이에서 '네가 내 등을 긁어주면 나도 네 등을 긁어줄게'라는 존재 방식이 확립됐다. 우리는 세균에게 살 장소와 공짜 점심을 제공해주고, 세균은 우리에게 일부 비타민 성분을 제공하고 지독한 병원성 세균과 곰팡이를 막아준다. 하지만 모든 세균은 자신의 번식을 최적화하기를 원하기 때문에 뇌를 속여서 자신의 번성에 도움이 될 음식을 먹게 만드는 방법을 진화시켰다.

어떤 사람의 위장관에 들어 있는 세균의 종류를 보면 그 사람이 먹는 것을 알 수 있다. 일본의 대다수 사람과 비교해보면 미국 중서부 지역 출신의 농부들은 해초를 소화할 능력이 그다지 발달하지 못했다. 해초는 초밥 기반의 식생활에서 주요 재료 중 하나다. 일본계 후손들은 해초를 소화해서 영양분을 뽑아낼 수 있는 독특한 박테로이드속Bacteroides 세균을 획득했다. 물론 다른 사람들도 초밥을 즐길 수는 있지만, 일본사람들만큼 효율적으로 해초를 소화하지는 못할 것이다. 이런 연구들은 우리 미생물총의 조성이 지금 먹는 음식뿐만 아니라 선조들이 먹었던 음식에서도 영향 받았음을 암시한다.

어떤 세균 종은 해초가 아니라 설탕을 바탕으로 살아가기도 하고, 지방을 바탕으로 살아가는 세균도 있다. 이런 세균은 당신의 마음을 조작해서 정크푸드를 갈망하게 만들 수 있다. 하지만 이 마법의 주문을 깨뜨릴 방법이 있다. 이 내장 속 악당들에게 반기를 들고 가공하지 않은 몸에 좋은 음식을 먹는 것이다. 그렇게 하면 머지않아 베이컨 치즈버거와 감자튀김을 먹고 싶게 만드는 세균보다 크랜베리 견과 샐러드를 먹고 싶게 만드는 세균이 더 많아질 것이다.

당신이 먹는 것(혹은 먹지 못한 것)은 당신의 장내 세균 조성에 영향을 미친다. 가공음식은 식이섬유가 결핍된 편이다. 이는 우리 종의 식생활 역사에서 지극히 이례적인 일이다. 식이섬유는 오랜 세월 동안 인류의 식단에서 중심적 역할을 했었다. 하지만 식이섬유를 매일 25에서 35그램 섭취해야 하는데 우리 대부분은 거의 먹지 않는다. 식이섬유가 부족하면 장의 움직임이 벽돌을 움직이는 것 같은 느낌이 들 뿐만 아니라 대장암 발생 위험도 커진다. 그리고 식이섬유의 결핍은 우리의 건강에 큰 혜택을 주는 세균들을 굶겨 죽이는 결과도 낳는다.

나를 나답게 만드는 것들

생쥐에게 식이섬유 보충제를 주는 연구를 했더니 우리 장 속에 사는 또 다른 종류의 세균인 비피더스균^{Bifidobacteria}이 증가하는 결과가 나왔다. 비피더스균은 오리지널 '프로바이오틱스^{probiotics}'이고 오랫동안 위장관 건강에 이로운 영향을 미친다고 여겨졌다. 프로바이오틱은 '생명에 이롭다'라는 의미로, 건강에 긍정적 영향을 미치는 미생물을 일컫는다. 이런 미생물은 발효식품과 유제품에 풍부하다. 그래서 이런 식품들은 수천 년 동안 위장관 문제를 치료할 때 권장되었다. 과학자 일리야 메치니코프^{Élie Metchnikoff}가 건강하게 장수하는 불가리아 사람들이 시큼한 우유나 요구르트를 자주 마신다는 사실을 발견하고서 19세기 말에 이런 개념이 대중화되었다.

식이섬유가 들어가면 그에 반응해서 아커만시아 뮤시니필라^{Akkermansia muciniphila}라는 세균 숫자가 치솟는다. 아커만시아균은 날씬한 사람에게서 더 자주 보이고, 비만, 2형 당뇨, 염증성장질환^{inflammatory bowl disease}이 있는 사람에게는 사실상 존재하지 않는다. 아커만시아균은 위장관 벽을 덮은 점막층의 회전률을 높인다. 이 점막층은 누수를 막는 중요한 방어벽 역할을 한다. 위장관에 든 내용물이 새어 나가면 지방 조직의 염증을 비롯해 몸에 염증을 야기하고 체중 증가로 이어진다. 지방을 많이 섭취하면 아커만시아균이 섬멸되지만, 식이섬유로 미생물에게 영양을 보급하면 세균들은 보답으로 체질량 대비 지방의 비율을 낮춰주고, 염증을 줄이고, 인슐린 저항성을 낮춰준다.

식이섬유가 당신을 위해 하는 일은 여기서 그치지 않는다! 생쥐를 대상으로 한 실험에서는 식이섬유가 폐에 생긴 알레르기성 염증도 줄였다. 이 연구에 따르면 식이섬유는 미생물총의 조성을 후벽균에서 의간균 쪽으로 이동시켰고 단사슬지방산short-chain fatty acids으로 분해돼 다른 신체 부위에도 작용했다. 이 사례에서 소화된 식이섬유로부터 만들어진 단사슬지방산이 폐로 이동해 알레르기성 염증을 줄이는 방식으로 면역 반응을 바꾸어놓았다. 역으로 저식이섬유 식단을 먹인 생쥐는 알레르기성 기도 염증allergic airway disease이 증가했다. 앞에서 언급했던 리오네티의 연구를 떠올려보자. 이탈리아 도시 지역 아동과 아프리카 시골 지역 아동의 미생물총을 비교해보았었다. 그는 이탈리아 아동에 비해 아프리카 아동의 세균이 더 높은 단사슬지방산 수치와 상관됨을 발견했다. 아프리카 사람이 염증성 질환을 덜 앓는 이유를 이것으로 설명할 수 있다고 추측했다.

세균이 식이섬유와 다른 음식을 분해해 체내 여러 시스템에 영향을 미치는 화학물질을 만든다는 것을 알게 된 과학자들은 미생물이 우리의 식욕을 조작하는 데 사용할 수 있는 두 가지 잠재적 작전을 제안했다. 첫째, 세균이 만드는 화학물질이 뇌로 들어가 세균의 성장에 필요한 음식에 식탐을 느끼게 만든다. 둘째, 세균이 만드는 화학물질은 세균에게 필요한 음식을 먹을 때까지 우리를 기분 나쁘게 만든다. 따라서 세균은 우리의 지배자로 군림하면서 식욕을 조절할 뿐만 아니라 기분도 흔들어놓을 수 있는 것이다. 이 부분에 대해서는 뒷장에서 더 자세히 살펴보겠다.

다음에 식탁 앞에 앉으면 나 하나만을 위해 먹는 것이 아님을 기억하자. 배 속에 우글거리는 수조 마리의 작은 생명들을 위해서도 먹는 것이다. 당신이 배가 고프지도 않은데 자꾸만 먹을 것을 입에

　　　　　나를 나답게 만드는 것들

넣는 이유는 이 세균들이 항상 먹을 것을 달라고 아우성치기 때문이다. 먹을 것이 넘쳐나는 현대사회에서는 세균들이 원하는 것을 주기가 너무 쉬워졌다. 그것이 당신에게 꼭 필요한 것이 아니어도 말이다.

운동은 딱히 당기지 않는 이유

운동은 우리를 괴롭히는 수많은 병을 고쳐줄 최고의 명약인데 땀을 흘리기 싫어서 내놓는 변명들을 엮으면 큰 책을 한 권 채우고도 남을 것 같다. 그 변명은 말도 안 되는 것부터(이미 오늘 직장에서 무거운 도넛 상자를 들고 계단을 올랐단 말이야!) 합당한 것까지(어제 달리다가 개한테 엄지발가락을 물려서 뛸 수가 없어!) 다양하지만, 우리가 하는 운동량이 몸에 필요한 신체 활동 양에 턱없이 부족하다는 점은 누구도 부정할 수 없다.

이유는 뻔하다. 운동은 괴롭기 때문이다. 운동은 불편하고 땀 냄새를 풍기게 만든다. 마티니 한 잔을 손에 들고 편안하게 소파에 누워 텔레비전이나 보면 딱 좋을 시간에 땀내면서 흉한 몰골이 될 이유가 무엇이란 말인가? 사실 운동은 우리가 생각하는 것만큼 따분한 일이 아니다. 그런데 문제는 우리가 자신을 너무 애지중지하다 보니 이제는 리모컨 버튼을 누르는 것조차 너무 힘든 일로 여겨져서 그냥 목소리만으로 다음 편 드라마로 넘어갈 수 있게 되었다는 점이다.

현대에 들어서는 가벼운 운동도 엄청나게 힘든 일처럼 보이게 됐다. 모든 것을 힘 안 들이고 할 수 있는 세상을 만들었기 때문이다. 과학은 운동을 통해 얻을 수 있는 수많은 혜택을 자세히 밝혀냈다. 운동은 힘을 키우고, 활력을 높이고, 혈압을 낮추고, 스트레스를 줄이고, 우울증을 개선하고, 체중 증가를 막고, 과체중과 관련된 수없이 많은 건강상 문제도 해결한다. 운동은 수명을 연장하고, 기억과 학습 능력을 강화하고, 정신기능의 쇠퇴도 늦춘다. 그렇다면 어째서 사람들은 당장 달리러 나가지 않을까?

우리의 유전자에서 일부 해답을 찾을 수 있다. 쌍둥이 연구를 통해 운동을 좋아하는 성향이나 꼼짝 않는 것을 좋아하는 성향에 영향을 미치는 유전적 요소가 드러났다. 어떤 사람은 특정 종류의 운동과 별로 친하지 않은 몸이 되는 유전자를 가지고 태어난다. 호주 시드니대학교University of Sydney의 캐스린 노스Kathryn North가 진행한 연구는 ACTN3라는 유전자와 운동 능력 사이에 의미 있는 상관관계가 있음을 보여주었다. 높은 속도에서 힘을 발휘하는 속근섬유에서 발견되는 이 단백질은 단거리 육상선수와 근력운동 선수들이 풍부하게 갖고 있다. 어떤 사람은 이 단백질이 만들어지지 않게 하는 돌연변이를 갖고 있어 지구력 운동선수가 되는 경향이 있다. 따라서 당신이 단거리 달리기를 좋아할지, 장거리 단거리를 좋아할지, 혹은 유산소 운동을 할지, 역도를 할지는 유전자가 만들어내는 근육의 유형에 달려 있는지도 모른다.

전문 운동선수들이 운동을 잘하는 이유는 물론 훈련을 열심히 하기 때문이지만, 타고난 유전적 자질에서도 큰 덕을 본다. 때로는 그런 유전적 자질이 눈에 확연히 들어온다. 예를 들어 어떤 농구선

나를 나답게 만드는 것들

수들은 낮은 고도로 나는 비행기가 있으면 조심해야겠다 싶을 정도로 키가 크다. 하지만 때로는 유전적 자질이 쉽게 보이지 않는 경우도 있다. 예를 들어 올림픽 영웅 에로 만티란타Eero Mäntyranta를 보면 크로스컨트리 스키가 아주 만만해 보인다. 지금은 그가 에리스로포이에틴 수용체erythropoietin receptor에 있는 돌연변이 덕분에 높은 지구력이 필요한 운동을 더 쉽게 할 수 있었다는 것이 밝혀졌다. 이 돌연변이로 그는 일반인보다 많은 적혈구를 생산할 수 있었고, 경쟁 선수들보다 신속히 근육에 산소를 전달할 수 있는 슈퍼영웅 같은 능력을 가졌다. 이것은 흥미로운 의문을 낳는다. 시합에서 이런 능력을 가진 선수와 경쟁하는 것이 과연 공평할까? 만약 이런 선수와 경쟁한다면 에리스로포이에틴erythropoietin, EPO을 복용해서 적혈구 숫자를 늘릴 수 있게 허용하는 것이 옳지 않나? 에리스로포이에틴은 사이클 선수 랜스 암스트롱이 복용을 시인했던 그 호르몬이다.

어떤 사람이 운동을 더 즐기는 다른 이유는 신체활동 후 뇌가 더 큰 보상을 경험하기 때문인지도 모른다. 뇌 속 도파민 보상경로와 관련 있는 유전자 변이가 신체활동 수준과 관련되었을지도 모른다. 운동을 통해 보상을 느끼는 사람은 운동에 더 끌리게 된다. 체육관에서 운동한 다음에 선천적으로 보상을 느끼지 못하는 사람은 운동을 마무리했을 때 스스로에게 보상해줄 다른 방법을 찾아보아야 한다.

영화 〈가필드Garfield〉의 팬이라면 게으름 피우기 좋아하는 동물이 인간만은 아님을 알 것이다. 미주리대학교University of Missouri의 프랭크 부스Frank Booth는 실험실에서 키우는 쥐 중 일부가 쳇바퀴에서 운동을 훨씬 더 많이 한다는 것을 눈치챘다. 연구진은 이 쥐들을 선택적으로 사육해서 운동을 사랑하는 쥐와 운동을 혐오하는 쥐를 만든 다음 뇌에서 일어나는 유전자 발현을 비교해보았다. 일부 유전자 발현의 변이는 쥐들 사이에서 나타나는 도파민 보상 경로에 차이가 있다는 사실을 뒷받침했다. 이 연구 결과로 어떤 사람은 운동 후 정말로 보상을 경험하고, 어떤 사람은 그렇지 않다는 개념이 더욱 근거를 갖추게 됐다.

정크푸드를 먹으면 운동을 하겠다는 동기가 극적으로 감소할 수 있다. 건강이 이중으로 타격을 입는 것이다. 연구를 통해 서구식 식생활이 게으름 및 우울증과 강한 상관관계가 있음이 밝혀졌다. 그래서 연구자들은 비만인 사람이 몸무게가 많이 나가는 이유가 꼭 게으르거나 자제력이 없어서라기보다 정크푸드가 그들의 기분과 행동을 바꾸었기 때문이라 결론 내렸다. 쥐에게 진행한 연구도 이런 개념을 뒷받침한다. 건강에 좋지 않은 식단을 먹은 쥐는 그냥 뚱뚱해지기만 한 것이 아니라 보상 과제를 수행하려는 동기도 현저히 저하되었다.

과학자들은 또한 운동선수와 일반인 사이에서 나타나는 미생물총의 차이도 조사하고 있다. 우리가 건강에 이롭게 먹는 사람과 건강에 해롭게 먹는 사람에게서 보았던 것과 같은 주제들이 여럿 등장하고 있다. 아일랜드 티가스크 음식연구센터Teagasc Food Research Centre의 전산생물학자computational biologist 올라 오설리반Orla O'Sullivan은 남성 럭비선수와 주로 앉아서 활동하는 남성의 위장관 미생물총을 비교해보았다. 그 결과 운동선수의 미생물총은 더 다양했고 건강을 촉진하는

나를 나답게 만드는 것들

아커만시아균도 가득했다. 더군다나 격렬한 활동으로 근육이 손상을 받고 있음에도 불구하고 운동선수들은 염증 수치가 낮았다. 부분적으로는 더 건강한 미생물총 덕분이라 할 수 있다.

규칙적으로 운동하는 사람에게서 발견되는 미생물은 강한 항염증 성질을 가진 낙산염butyrate을 생산한다. 2017년에 이루어진 또 다른 연구에서 마드리드 유럽대학교European University의 마리아 델 마르 라로사 페레즈Maria del Mar Larrosa Pérez는 중등도 운동(일주일에 3~5시간)을 하는 여성의 미생물총은 활동이 별로 없는 여성과 현저한 차이가 난다는 것을 발견했다. 심지어는 가벼운 운동만 해도 아커만시아균처럼 건강에 이로운 세균 종이 더 늘어났다.

<hr>

깊이 생각할 거리

1966년에 비치보이스의 브라이언 윌슨Brian Wilson은 이렇게 노래했다. "난 그저 이 시대하고 맞지 않아I Just Wasn't Made for These Times." 사실 우리 중에 이 시대와 맞는 사람은 없다. 우리는 가공되지 않은 진짜 음식을 먹고 신체활동을 활발히 하는 수렵채집인으로 살도록 만들어졌다. 하지만 우리 선조들이 살았던 것과 너무도 대조적인 환경을 만들어내는 바람에 이제 우리는 비만이라는 전 세계적 유행병과 마주하게 됐다. 늘어진 뱃살과 싸우는 대다수 사람에게 건강 유지는 그저 더 나은 음식을 선택하고, 소파에서 내려와 몸을 더 움직이는 것을 실천에 옮기면 해결될 문제다. 하지만 어떤 사람에게는 체중 조절이라는 것이 유전자, 환경, 어쩌면 미생물총까지도 복잡하게 상호 작용해서 만들어지는 심각한 평생의 도전과제일 수 있다. 피마 인디언Pima Indian들을 생각해보자. 이들은 이제 애리조나 주와 멕시코 사이에 흩어져 산다. 수천 년 동안 사막이나 그 근처에서 수렵채집인으로 살아왔던 피마 인디언은 30개의 유전자를 진화시킨 덕에 부족한 음식 공급원으로부터 칼로리를 뽑아내는 대가가 될 수 있었다. 오늘날 노동집약적인 농경생활을 유지하는 멕시코 쪽 피마 인디언과 가공음식을 많이 먹고 몸은 거의 움직이지 않는 서구적 생활방식을 받아들인 애리조나 주의 피마 인디언을 방문해본 사람이라면 그 둘 사이의 현저한 차이를 느낄 것이다. 어떤 차이가 있을지 추측해보라. 애리조나 주 피마 인디언들은 현재 전 세계에서 가장 심각한 비만으로 골치를 앓고 있고, 전체 인구의 60퍼센트가 2형 당뇨로 고통 받고 있다. 멕시코 쪽 피마 인디언에게는 그런 문제가 없다. 양쪽 지역의 피마 인디언들은 유전적 변이가 거의 없기 때문에 환경만이 애리조나 주 피마 인디언에게 문제를 일으킨 범인임이 틀림없다. 형편없는 먹거리가 넘치고, 거기에 신체활동까지 줄다 보니 한때는 근검절약에 도움이 되었던 유전자들이 목숨을 위협하는 골칫거리가 되었다.

피마 인디언의 사례는 우리 선조들이 했던 것처럼 먹고 움직이는 것이 얼마나 중요한지 보여준다. 그리고 체중 감량이라는 방정식에서 유전자가 얼마나 중요한 변수인지도 말해준다. 한마디로 사람들 중에는 대사적으로 근검절약의 특징을 타고난 사람이 있다. 우리의 식욕, 대사, 운동 능력에 영향을 미치는 유전자는 수백, 수천 개가 있을 것이다. 우리는 DNA 속 유전자와 미생물총이 섭식 습관과 체중 증가에서 중요한 역할을 하고 있음을 이해하고, 체형과 관련해서 우리가 통제할 수 없는 부분이 존재한다는 것을 받아들여야 한다. 과학은 똑같은 식생활을 하고 똑같은 방식으로 생활해도 유전적 구성 때문에 사람마다 체중의 증감이 현저히 다르게 나타날 수 있음을 보여주었다. 스티븐 오라힐리Stephen O'Rahilly는 과학 학술지 〈네이처 Nature〉에 쓴 글에서 현재 우리가 알고 있는 지식을 다음과 같은 아름다운 글로 요약했다. "사람이 심각한 비만이 될 수밖에 없는 유전적 성질을 타고날 수 있다는 증거가 늘어남에 따라 병적 비만이 도덕적으로 맹비난을 해야 할 의지박약의 문제가 아니라 추가적인 과학적 연구가 필요한 하나의 질병임을 더 많은 사람이 깨달아야 할 것이다." 뚱뚱하다고 잔소리를 하는 것은 잔인하고 불쾌한 접근 방식일 뿐만 아니라, 체중 감량에 효과가 없고, 당사자의 건강과 행복을 좀먹는 행위임이 과학을 통해 입증되었다.

앞에서도 보았듯이 수많은 생물학적 요인 때문에 일부 사람은 식욕을 조절하기가 굉장히 어렵다. 이런 요인들이 항상 우리의 통제 아래 놓여 있는 것도 아니다. 만약 의지력으로 효과를 본 사람이 있다면 축하한다. 하지만 이런 자제력 역시 유전자의 영향을 받는다는 사실을 명심하자. 과학은 결국 비만의 문제를 해결할 것이다. 하지만 그런 날이 올 때까지는 공감 어린 지지와 격려가 자신과 타인이 현실적인 건강 목표를 달성할 수 있도록 돕는 더 나은 방법일 것이다.

4

나의 중독과 만나다

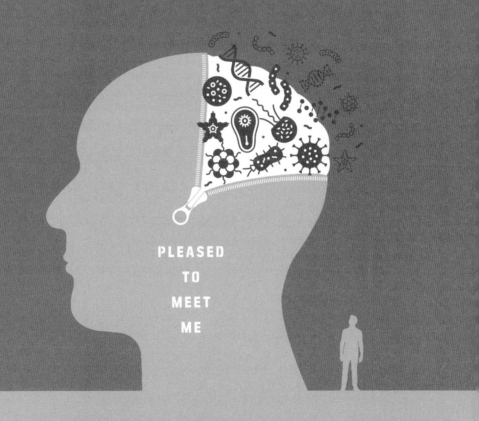

PLEASED
TO
MEET
ME

> "
>
> 사실 의학적으로는 제가
> 아직까지 살아 있는 이유를 설명할 수가 없습니다.
> 어쩌면 제 DNA가 그 이유를 말해줄지도 모르죠.
>
> "

오지 오스본

요즘에는 천 달러(약 120만 원) 정도면 주말 동안 자기 유전체genome(게놈)의 염기서열을 분석해서 받아볼 수 있다. 하지만 사람의 유전체를 처음으로 염기서열 분석할 때는 무려 13년(1990년부터 2003년까지)이 걸렸고 그 비용도 27억 달러나 들었다면 믿겠는가?

해리 포터가 막 극장에 데뷔해서 호그와트를 탐험하기 시작했던 그 시기에는 자신의 유전체 염기서열을 분석해보는 것이 특권 중의 특권이었다. 자신의 DNA를 둘러싸고 있는 투명 망토를 처음으로 걷어낸 사람 중에는 1953년에 DNA 구조의 수수께끼를 푸는 데 도움을 준 제임스 왓슨James Watson, 인간 유전체 프로젝트Human Genome Project를 성사시키는 데 중요한 역할을 한 크레이그 벤터Craig Venter도 포함되어 있었다. 스티브 잡스도 자신의 유전체 염기서열을 처음으로 분석한 사람 중 한 명이었다. 과학자들은 또 어떤 유명인에게 연락해서 그의 DNA가 안고 있는 비밀을 파헤쳐 보려 했을까? 스티븐 호킹? 최고 IQ 기록 보유자 마릴린 보스 사반트Marilyn vos Savant? 전 미국 대통령 버락 오바마? 아니면 텔레비전 퀴즈쇼 〈제퍼디!Jeopardy!〉에서 연속으로 74게임을 승리한 그 사람?

아니다. 과학자들이 원했던 사람은 바로 오지 오스본Ozzy Osbourne
이었다.

1948년에 태어난 존 마이클 오스본John Michael Osbourne은 '오지', '어
둠의 왕자Prince of Darkness', '헤비메탈의 대부Godfather of Heavy Metal'로도 불
린다. 오지는 1970년대에 블랙 사바스Black Sabbath와 함께 스타덤에 올
랐고, 그 후에도 솔로로 큰 성공을 거둔다. 하지만 오지의 음악은 그
의 전설적인 마약 및 알코올 과다 사용 앞에서 무색해질 때가 많았
다. 그렇다면 연구자들은 어째서 오지의 유전자를 들여다보고 싶었
을까?

사실 오지는 놀라운 인간의 표본이다. 그는 반세기 동안 코카인,
술, 섹스, 진통제, 부리토(토르티야에 콩과 고기 등을 넣어 말아낸 멕시코 요
리—옮긴이) 등 여러 가지 중독과 끝없이 싸우면서도 지치지 않고 순
회공연과 파티를 진행하고, 거의 매일 무대 스피커에서 터져 나오는
300억 데시벨의 음향 폭탄을 견디고, 리얼리티 텔레비전 쇼에서도
살아남았다(비록 당시에는 하루에 바이코딘 진통제를 25개까지 먹고 있었지만).
그의 면역계가 마약과 알코올 남용으로 너무도 약해져 있어서 한번
은 HIV 검사에 거짓 양성 결과가 나오기도 했다.

오지의 생활방식을 일주일만 따라 해도 우리들 대부분은 쉽게
죽고 말 것이다. 그래서 과학자들은 이 강철 인간의 DNA 서열을 분
석해보고 싶어서 안달이 나 있었다. 대체 오지에게는 죽음을 거부하
는 어떤 유전자가 있길래 수십 년 동안 아침식사로 코카인을 먹고,
하루에 코냑을 네 병씩 들이부어도 살아남을 수 있었을까?

2010년에 주식회사 놈Knome, Inc.의 과학자들이 이 미치광이의

　　　　　　　　　　나를 나답게 만드는 것들

DNA 일기를 읽어보고 오지가 정말로 유전자 돌연변이임을 발견했다. 그의 DNA에서 발견된 흥미로운 것들 중에는 ADH4 유전자 근처에서 발견된, 전에는 한 번도 본 적 없던 돌연변이가 있었다. 그가 술을 양동이로 들이붓듯이 잘 마시는 이유를 이것으로 설명할 수 있을지도 모른다. ADH4는 알코올을 분해하는 알코올탈수소효소4^{alcohol dehydrogenase-4}라는 단백질을 만든다. ADH4 근처에서 발생한 돌연변이는 이 단백질의 생산량에 영향을 미칠 가능성이 높다. 오지의 몸이 일반인보다 알코올을 더 신속히 해독한다면 그의 간이 아직 터져버리지 않은 이유를 설명할 수 있을지도 모르겠다.

오지는 또한 중독, 알코올중독 그리고 마리화나, 아편, 메스암페타민^{methamphetamine} 흡수와 관련된 유전자에도 변이를 가졌다. 모든 것을 종합해보면 그의 DNA 일기는 그가 알코올 의존증이나 알코올 갈망^{alcohol craving}이 생길 가능성이 일반적인 사람보다 6배 높고, 코카인 중독 가능성은 1.31배, 마리화나에 의한 환각 가능성은 2.6배가 높다는 것을 보여주었다.

"내가 아는 진^{Gene}(유전자)은 그룹 키스^{KISS}의 진(진 시몬스^{Gene Simmons}) 밖에 없다"라고 주장했던 오지는 이 연구 결과에 매료됐다. 그리고 그의 유전체에서 발견된 변이들이 감질날 정도로 흥미로운 것이기는 하지만, 이 사람이 중독에 잘 빠지는 이유나, 50년 넘게 그렇게 몸을 학대하고도 비교적 건강하게 살아남은 이유를 포괄적으로 설명하기에는 아직 이 유전자들에 대해 충분히 알지 못하는 것이 사실이다. 솔직히 이 데이터들만으로는 막연한 상태다. 중독은 복잡한 행동이지만, 유전자들이 우리의 통제를 벗어난 다른 생물학적 요인들과 함께 음모를 꾸며, 일부 사람의 인생을 생지옥으로 만들 수 있음이 연구를 통해 드러나고 있다.

알코올중독은 유전자 속에 들어 있나?

알코올중독에는 갈망, 통제력 상실, 신체적 의존성, 내성 이렇게 네 가지 증상이 포함된다. 미국 국립 알코올중독 및 약물의존 위원회 National Council on Alcoholism and Drug Dependence에서는 미국에서만 성인 12명 중 한 명이 알코올 남용과 알코올 의존증으로 고통 받고 있다고 추정했다. 미국인들은 하루에만 거의 2억 달러의 돈을 술값으로 지출하고 있고, 음주운전, 자살, 계단 낙상, 혹은 자기는 하늘을 날 수 있다는 착각 등 알코올과 관련된 원인으로 매년 10만 명 정도가 사망한다.

알코올중독은 분명 심각한 문제다. 하지만 나는 지금 술을 악마의 음료로 몰고 가려는 것이 아니다. 여기서 중요한 것은 '어째서 어떤 사람은 술을 그만 마셔야 하는 것을 알면서도 멈추지 못하는가'라는 의문이다. 대다수의 경우 사람들이 알코올음료를 즐기는 이유는 그 맛이 좋아서, 긴장을 좀 풀고 싶어서 등이다. 대부분의 사람이 알코올을 마시지만, 어떤 사람은 결국 남용의 길로 빠져들고 만다. 왜 그럴까?

아주 오랫동안 사람들의 머릿속에는 알코올중독자가 한 잔에서 멈추지 못하는 정신적으로 나약한 존재라는 고정관념이 박혀 있었

나를 나답게 만드는 것들

다. 그리고 그와 비슷하게 술을 마시고도 아무런 뒤탈을 남기지 않는 사람은 정신력이 뛰어난 사람으로 인정받는다. 이 두 가지 생각 모두 틀린 개념이다. 과학은 알코올 섭취량을 조절하는 능력 그리고 알코올에 영향을 받는 정도가 유전적 요소에 크게 좌우된다는 것을 밝혀냈다. 이것을 잘 아는 사람들은 중독을 정신력의 문제가 아니라 질병으로 취급한다. 알코올 갈망은 음식이나 물에 대한 갈망만큼이나 강력할 수 있다. 그 갈망이 워낙에 강해서 가족, 친구, 심지어 자신의 행복을 비롯한 인생의 나머지 모든 것보다 알코올을 더 우선할 수도 있다. 쫄쫄 굶다가 밥을 만난 사람이 밥그릇을 차마 내려놓지 못하는 것처럼 중독에 빠진 사람도 술잔을 좀처럼 내려놓지 못한다.

미국 국립 알코올 남용 및 중독 연구소National Institute on Alcohol Abuse and Alcoholism에서는 알코올중독에 빠지는 성향의 절반 정도가 유전자의 책임이라고 말한다. 하지만 오지가 가진 유전체의 경우, 단일 유전자 하나만으로 이런 복잡한 행동을 온전히 설명할 수는 없다. 사실 알코올 의존증에는 여러 가지 유전자가 관련되어 있다. 우리가 살펴볼 첫 번째 유전자는 사람들이 직장에서 스트레스 가득한 하루를 보내고 나면 술집에 가고 싶어지는 이유와 관련 있다.

인디애나의과대학교Indiana University School of Medicine의 유전학자 티티아나 포로드Tatiana Foroud가 2004년에 진행한 연구에서는 GABRB3라는 유전자를 알코올중독과 연관 지었다. 이 유전자는 감마아미노뷰티르산gamma-aminobutyric acid, GABA을 인식하는 뇌 세포 수용체의 서브유닛을 만들어낸다. GABA는 뇌가 진정하도록 달래주는 소위 '억제성inhibitory' 신경전달물질이다. GABRB3는 간질, 자폐증, 서번트 증후군

savant syndrome(자폐증이나 지적 장애를 가진 사람이 암산, 기억, 음악 등 특정 분야에서 매우 우수한 능력을 발휘하는 현상—옮긴이) 등 정상적인 뇌 활동이 붕괴되는 다른 질병과도 연관이 있다.

GABRB3가 알코올 남용과 관련 있다는 발견은 알코올 남용이 뇌의 과활성화로 생긴다는 이론에 힘을 실어준다. 알코올에는 진정 작용이 있기 때문에 과활성화된 뉴런을 이완시켜 우리 마음속에서 거칠게 흐르는 강물을 댐에 가두는 역할을 한다. 알코올중독은 보통 뇌의 발달이 마무리되기 전인 20대 초반에 시작되기 때문에 뇌가 과활성화되어 있는 사람은 알코올을 과활성의 경감과 연관 짓는 것을 학습하게 된다. 이 나이에 학습된 행동은 바꾸기가 정말 어려울 수 있다. 사실상 뇌에 각인되어버리기 때문이다.

생쥐를 대상으로 진행된 2015년의 연구에서는 NF1이라는 유전자를 알코올 의존증과 연관 지었다. NF1은 GABA의 생산에 영향을 미치기 때문에, 이 연구는 GABA의 신호 경로가 알코올중독에서 중요한 역할을 맡는다는 개념에 힘을 실어준다. 연구자들이 생쥐에서 NF1에 돌연변이를 일으켰더니 돌연변이 유전자를 갖게 된 생쥐가 정상적인 생쥐보다 알코올을 더 많이 마셨다(생쥐도 알코올과 마약을 좋아한다. 그래서 생쥐는 중독 관련 연구를 할 때 대단히 유용한 모형생물이다).

NF1과 알코올중독 사이의 관계가 생쥐에 국한된 것이 아님을 확인하기 위해 연구진은 사람 9,000명의 NF1 유전자를 검사해보았다. 그 결과 생쥐 연구와 동일하게 NF1과 알코올중독의 개시 및 심각성 사이에서 상관관계가 발견됐다. 하지만 GABRB3 수용체 연구의 경우와 마찬가지로 이런 유전적 변화가 어떻게 알코올중독을 낳는지

나를 나답게 만드는 것들

정확히 알아내기 위해서는 더 많은 연구가 필요하다. 돌연변이 NF1을 가진 생쥐는 GABA를 그리 많이 생산하지 않는다는 사실이 한 가지 단서가 될지도 모르겠다. GABA가 없으면 뇌는 진정에 어려움이 생기고 진정 효과를 위해 술을 더 많이 마시게 된다.

과학자들은 알코올중독과 연관된 유전자들을 추가로 확인하기 위해 절묘한 방법을 고안하고 있다. 뉴캐슬대학교[Newcastle University]의 간장학자[hepatologist] 쿠엔틴 앤스티[Quentin Anstee]가 이끈 2014년 연구에서는 생쥐를 화학적 돌연변이유도물질에 노출시켜 그들의 DNA를 바꾸어놓았다(이것은 데이비드 브루스 배너[David Bruce Banner]가 자신의 약골 DNA를 헐크 DNA로 돌연변이 시키려고 스스로에게 감마선을 쏘는 것과 얼추 비슷하다). 그러고 나서 연구자들은 어떤 돌연변이 새끼 쥐가 정상적인 물 대신 알코올을 가미한 물을 더 선호하는지 선별했다. 그리고 이 새끼 생쥐를 대상으로 DNA 결함을 추적해보았더니 다시 GABA 수용체가 등장했다. 하지만 이번에는 수용체의 다른 서브유닛[GABAARβ1]이 관련되어 있었다. 이 돌연변이는 그저 뇌의 한 유형의 수용체에서 하나의 서브유닛에 아주 미약한 변화만 있어도 전기활성이 고조되어 정신이 지속적인 과열 상태로 빠져들 수 있음을 보여주었다. 이 생쥐의 뇌 속에서 일어나는 전기적 광란은 어떻게든 가라앉혀야 한다. 물은 그런 재주가 없지만, 알코올은 있다. 이런 생쥐들은 알코올이 가미된 물을 더 선호했을 뿐만 아니라 코가 삐뚤어질 정도로 취한 다음에도 계속 마셨다.

알코올중독이 성격의 문제가 아님을 과학은 일관되게 보여주고 있다. 오히려 알코올중독은 유전적 기반을 갖고 있다. 이런 증거들은 이 특이하고 때로는 자기 파괴적인 행동이 생물학적 근원을 갖고 있음을 보여준다. 약물남용을 만들어내는 유전적 문제를 파악할 수 있다면 당사자를 비난하고 망신주기보다는 이것을 병으로 인식하고 싸울 수 있는 더 효과적이고 합리적인 방법을 찾을 수 있을 것이다.

어떤 사람은 중독이 잘 안 되는 이유

몸이 알코올이나 다른 약물에 대처하는 방식을 지배하는 유전자들은 약물 남용자가 되기 쉬운 성향에도 영향을 미친다. 예를 들면 일부 사람들, 특히 동아시아 혈통의 사람들은 알코올을 섭취했을 때 얼굴이 급속히 붉어지고 심장이 빨리 뛰는 경험을 한다. 이것을 흔히 아시안 플러시Asian flush 혹은 아시안 글로우Asian glow라고도 하지만, 좀 더 포괄적인 명칭은 알코올 홍조반응alcohol flush reaction이다. 알코올 홍조반응이 나타나는 사람은 알코올 대사(분해)를 돕는 효소 생산에 장애가 있는 유전자 변이를 갖고 있다.

알코올은 간에서 여전히 독성이 있는 아세트알데히드acetaldehyde로 분해된 다음 독성이 없는 아세테이트acetate로 다시 분해된다. 알코올 홍조반응이 나타나는 사람들은, 알코올이 아세트알데히드로 분해되는 것까지는 문제가 없는데, 아세트알데히드의 분해가 효율적으로 일어나지 않는다. 독성이 있는 아세트알데히드가 축적되다 보면 혈관이 확장되어 피부가 붉어지고 열이 나면서 홍조를 띠게 되는 것이다. 아세트알데히드가 과도하게 많아지면 두통과 메스꺼움을 유발할 수 있다. 알코올 섭취에 따라오는 이런 불쾌한 감각 때문에 알코올 홍조반응이 있는 사람은 술을 많이 마시지 않고, 알코올중독에 걸릴 확률이 높지 않다.

진화 과정에서 일부 사람에게 알코올 홍조반응이 등장한 이유가 무엇일까? 한 연구에 따르면 알코올 홍조반응을 유발하는 유전자 돌연변이는 약 1만 년 전 중국 남부에서 기원했다고 한다. 이때는 그곳 사람들이 쌀농사를 시작한 시기다. 쌀은 식량으로 사용되었지만, 발효해 알코올을 만드는 데도 사용됐다. 이 알코올은 소독제나 방부제로 사용되었을 가능성이 높다. 그중 호기심이 많은 일부 사람이 아마도 무슨 일이 일어날까 궁금해서 알코올을 조금 먹어보았을 테고 알코올이 축복이면서 동시에 저주라는 것을 발견했을 것이다. 연구자들은 이 고대 사람들 사이에서 생겨난 알코올 불내성alcohol intolerance이 알코올의 과도한 섭취를 막아줌으로써 생존상의 이점을 부여했을 것이라 추측한다. 알코올 남용의 치료에 디설피람disulfiram을 사용하는 것도 마찬가지 원리가 적용된다. 디설피람은 음주자가 알코올을 마셨을 때 알코올 홍조반응과 똑같은 불쾌한 반응을 경험하게 만들어 술 생각이 나지 않게 한다.

약물은 사람마다 효과가 다르다. 이는 약물 사용자가 그 해당 약물을 처리하는 데 사용할 유전자 도구로 무엇을 갖추었느냐에 달렸다. 우리 몸이 다양한 약물에 반응하는 방식을 보면 마리화나가 크랙 코카인보다 훨씬 덜 위험한 이유도 설명할 수 있다. 보르도대학교Université Bordeaux의 신경과학자 피에르 빈센조 피아자Pier Vincenzo Piazza가 진행한 2014년 연구에서는 설치류가 마리화나에 반응해 프레그

네놀론pregnenolone이라는 호르몬을 생산한다는 것을 밝혔다. 혹시 과학자들이 설치류가 피울 작은 마리화나 담배를 어떻게 말았을까 궁금해하는 사람이 있을지도 모르겠지만, 사실 연구자들은 설치류에게 테트라하이드로칸나비놀tetrahydrocannabinol, THC을 주사했다. 이것은 대마에 든 향정신성 화학물질로 뇌에 있는 카나비노이드cannabinoid 수용체와 결합해 사람을 취하게 만든다. 콜레스테롤에서 만들어지는 프레그네놀론은 THC가 이 수용체와 결합하지 못하게 차단해 약물의 영향을 줄인다. 만약 이런 반응이 사람에게도 보존되어 있다면 마리화나에 치사량이 존재하지 않는 것으로 보이고, 중독도 쉽게 일으키지 않는 이유를 설명해줄지도 모른다.

또 다른 사례를 들자면, 미국인 중 약 20퍼센트 정도는 지방산 아미드 가수분해효소fatty acid amide hydrolase, FAAH라는 유전자에 돌연변이를 갖고 있다. 이 유전자는 아난다미드anandamide를 분해하는 효소를 만든다. 아난다미드는 우리 몸에서 천연적으로 생산하는 소위 '행복의 분자bliss molecule'로 카나비노이드 수용체와 결합해 불안을 감소시키는 역할을 한다. FAAH에 돌연변이가 있는 사람은 뇌 속에 항상 아난다미드가 더 많이 있어 더 침착하고 행복해하는 성향이 있으며, 마리화나에 빠질 가능성도 적다. 한마디로 마리화나를 하나 안 하나 별 차이가 없기 때문이다.

마지막으로 어떤 사람은 오피오이드opioid 수용체에 돌연변이가 있어서 모르핀이나 옥시콘틴OxyContin 같은 아편제에 중독되는 것을 막아준다. 이런 발견들은 어떤 사람이 약을 해도 들뜬 기분을 느끼지 않고, 중독될 가능성이 낮은 이유를 유전적 차이로 설명할 수 있

나를 나답게 만드는 것들

음을 보여준다.

남보다 술에 더 잘 취하는 이유

술을 한 잔만 마셔도 금방 나가떨어지는 친구를 한 명쯤은 알고 있을 것이다. 몸이 경량급이라 술에 빨리 취할 수도 있다. 말 그대로 경량급이라 술을 받아들일 용량 자체가 작기 때문이다. 아니면 CYP2E1이라는 유전자 변이를 갖고 있어서 빨리 취하기도 한다. 이 유전자 변이를 갖고 있으면 적은 양의 알코올에도 빨리 취한다.

CYP2E1 유전자는 알코올을 아세트알데히드로 분해하는 데 중요한 또 다른 유형의 효소를 만든다. CYP2E1의 특정 변이를 가진 10에서 20퍼센트의 사람들은 술을 한두 잔만 마셔도 나머지 사람보다 더 취한 기분이 든다. 알코올 홍조반응이 있는 사람처럼 알코올에 강하게 반응하는 사람이 알코올중독에 빠질 가능성이 낮다는 점을 고려하면 이 CYP2E1 변이는 알코올을 주량껏 마실 수 있게 돕는 또 다른 생존상의 이점으로 작용할 수 있다. 우리는 체격이 작고 술 한 잔만 마셔도 얼굴이 빨개지는 친구들을 이해해야 한다. 이들은 약골이라 그런 것이 아니다. 몸에서 독소가 더 빨리 만들어지기 때문이다.

경량급 술친구에 더해서, 술을 몇 잔만 마시면 꼭 바보처럼 행동하는 사람들이 어느 자리나 꼭 한 명은 있다(술만 마시면 알지도 못하는 사람의 차 위에 올라가서 노래를 부르는 사람도 있다). 이런 친구도 유전자 돌연변이일지 모른다. 헬싱키대학교^{University of Helsinki}의 정신의학자 루페 티카넨^{Roope Tikkanen}은 술을 한두 잔만 마시면 판단력이 흐트러지는 사람이 세로토닌 수용체, 구체적으로는 세로토닌 2B 수용체가 감소하는 돌연변이가 있음을 밝혀냈다. 세로토닌^{serotonin}은 기분과 행동을 조절하는 신경전달물질이다. 따라서 세로토닌 수용체를 잃으면 행동 조절 능력에 문제가 생긴다(바꿔 말하면 뇌 속 뉴런들이 지금 상황을 제대로 인식하지 못한다는 소리다). 그래서 세로토닌 2B 수용체가 줄어드는 돌연변이를 가진 사람은 술에 취했을 때 충동적이고 공격적인 행동을 보일 가능성이 높고, 술에 취하지 않은 상태에서는 기분이 들쭉날쭉하거나 우울증 증상을 보이기 쉽다.

금주가 어려운 이유

다른 마약과 마찬가지로 알코올도 뇌에서 도파민을 분비시킨다. 도파민이 보상행동과 관련된 신경전달물질임을 기억하자. 도파민은 기분을 좋게 만들어서 앞서 했던 행동을 다시 반복하고 싶게 만든다. 마약이 도파민 분비를 유도하면 마약 사용자는 그 황홀한 생화학 열차에 다시 뛰어 올라타고 싶어진다. 한 번이 아니라 계속해서 말이다.

우리를 좀비처럼 만드는 도파민의 힘은 SF 드라마 〈스타트렉: 넥스트 제너레이션〉의 '더 게임^{The Game}' 편에서 잘 드러난다. 이 에피소드에서 선원들은 외계인이 소개해준 비디오게임에 중독된 후 외계

종족의 항복 유혹에 넘어가고 만다. 뇌의 쾌락중추를 도파민이 직접 자극해서, 말 그대로 노는 대가로 커다란 보상을 제공해주기 때문이었다. 캔디 크러쉬Candy Crush나 앵그리 버드Angry Birds 등 우리가 지구에서 즐기는 인기 게임도 이와 다르지 않다. 게임이 도파민 분비를 자극해 중독으로 빠져드는 길을 열어준다는 것이 연구를 통해 입증됐다. 근래 들어 드물기는 하지만 젊은 남성들이 24시간 넘게 쉬지 않고 게임에 몰입하다 사망하는 경우가 종종 있다. 보상받는 기분을 느끼는 활동이라면 무엇이든 도파민을 분비해 중독될 가능성이 있다. 그러니 어떤 활동을 할지 현명하게 선택해야 한다.

우리 몸은 알코올과 다른 마약 같은 외래 화학물질들을 처리한다. 몸이 반복해서 알코올을 인지하게 되면 그에 대한 반응으로 알코올을 제거할 효소를 늘리기 위해 간에게 평소보다 오래 일을 시킨다. 이렇듯 몸이 정상 상태를 회복하려 하기 때문에 술꾼들이 알코올에 내성이 생기는 것이다. 즉 술에 취한 기분을 똑같은 수준으로 느끼려면 점점 더 많은 술을 마셔야 한다. 술을 처음 마시는 사람은 한 잔만 마셔도 알딸딸한 기분이 든다. 하지만 몇 주 정도 술을 마시고 나면 두석 잔 정도는 마셔야 마신 기분이 난다. 간에서 알코올을 더 효율적으로 처리하기 때문이다.

음주가 오래도록 이어지면 정상적인 기분을 느끼고 싶어서라도 알코올을 마셔야 하는 지경이 된다. 알코올의 진정 효과를 상쇄해서 뉴런을 다시 활성화시키기 위해 뇌의 화학은 흥분성 신경전달물질을 더 많이 만드는 쪽으로 적응한다. 그런데 갑자기 알코올 섭취를 중단하면 뇌를 진정시키는 효과가 사라지는데 흥분성 신경전달물질의 활성은 여전히 풀가동되는 상태가 된다. 알코올 금단 증상을 겪는 사람이 손 떨림과 불안, 초조를 느끼는 이유다.

알코올이 공급되지 않는 상황에 맞추어 뇌가 스스로 재조정하는 데는 시간이 걸린다. 그래서 금단증상을 겪는 사람은 진정하기 위해서라도 다시 술을 마시게 된다. 이래서 먹는 과도한 알코올이 간, 콩팥, 위를 비롯한 인체 시스템을 망가뜨리기 시작한다. 알코올의 영향을 불안 감소 신경전달물질인 GABA를 증가시키는 약으로 대체하려고 알코올 금단증상을 겪는 사람에게 자낙스^{Xanax}와 발륨^{Valium} 같은 벤조디아제핀 계열의 약을 투여하기도 한다. 벤조디아제핀 투여를 통제하기가 알코올 섭취를 통제하기보다 쉽기 때문에 뉴런의 흥분성 활동과 억제성 활동 사이에서 적절한 균형을 찾는 데 도움이 될 때가 많다.

알코올은 뇌 속 여러 다른 시스템과 상호작용한다. 이런 시스템에는 유전적 변이가 존재할 수 있는데, 알코올에 대한 반응과 중독 성향이 사람마다 크게 차이 나는 이유도 이것으로 설명할 수 있다. 전통적으로 과학자들은 음주량 증가와 관련된 유전자들을 밝히는 일에 집중했지만, 킹스칼리지런던$^{King's College London}$의 군터 슈만$^{Gunter Schumann}$이 이끈 2016년의 연구는 주량을 잘 지키는 성향과 관련될 법한 유전자를 발견했다. 술을 어느 정도 마시면 음주 욕구가 줄어든 실험참가자 중 40퍼센트에서 베타-클로소$^{beta-Klotho}$라는 단백질을 만드는 유전자의 변이가 발견됐다.

베타-클로소 단백질은 FGF21이라는 호르몬을 포착하는 뇌 속 수용체다. FGF21은 간이 알코올을 처리할 때 분비된다. 과학자들은

나를 나답게 만드는 것들

베타-클로소가 간과 뇌 사이의 대화에 관여할 수 있다고 믿는다. 간에 알코올이 너무 많다고 호소하는 일종의 SOS 신호인 셈이다. 연구진이 베타-클로소가 없는 생쥐를 유전공학으로 만들어보았더니 더 많은 알코올을 먹었다. 이런 피드백 메커니즘은 포만감을 느끼게 하는 호르몬인 렙틴이 뇌에게 배가 다 찼다고 말해주는 방식과 비슷하다(3장 참고).

이런 연구들은 자기 주량을 지키는 능력이 꼭 강인한 성격이나 뛰어난 자제력에서 비롯되는 것이 아님을 암시한다. 그보다는 운이 좋아서 간과 뇌 사이에서 더욱 효과적인 소통 시스템을 갖고 태어났다고 할 수 있다. 더 나아가 중독의 생물학을 이해하면 알코올중독과 싸울 새로운 치료법이 나올 수도 있다. 예를 들어 슈만의 연구진이 생쥐에게 FGF21 호르몬을 투여했더니 알코올에 대한 선호를 억제하는 효과가 있었다.

중독에 빠진 사람의 뇌를 영상으로 촬영해본 과학자들은 알코올이나 다른 약물을 오랫동안 사용하면 현저하고 지속적인 변화가 일어난다는 것을 확인할 수 있었다. 장기간 약물을 남용한 사람의 뇌 영상에서는 충동 조절, 판단, 의사 결정에서 중요한 역할을 하는 뇌 영역에서 변화가 나타났다. 일단 이런 종류의 변화가 시작되면 중독의 악순환을 깨기가 점점 어려워진다.

수많은 전문가와 중독에 빠진 사람들이 주장하는 바와 같이 약물의 노예가 되는 것은 정상적인 사람이라면 선택할 삶의 방식이 아니다. 중독에 걸린 사람도 변화를 원하지만, 뇌가 손상을 입어 안 되는 것이다. 마치 더 이상 인슐린을 만들어내지 못하는 췌장처럼, 중독에 빠진 뇌도 더 이상 자제력을 조절하는 화학물질을 만들어내지 못한다. 우리는 인슐린이 부족하다는 이유로 당뇨병 환자를 구박하지 않는다. 그렇다면 약물 중독에 걸린 사람을 구박하는 것은 공정한 일일까?

현재는 중독에 빠진 사람의 뇌를 새로 프로그래밍할 수 있는 후성유전적 메커니즘에 대한 조사가 이루어지고 있다. 약물 남용은 DNA에 지속되는 후성유전적 변화를 만들어낼 수 있다. 이런 변화가 생기면 약을 끊은 지 몇 년이 지난 후에도 다시 괴로워질 수 있다. 히스톤 단백질이 DNA와의 상호작용을 통해 화학적으로 변형돼 유전자 발현에 영향을 미칠 수 있다고 한 것을 기억하자. 2017년의 연구에서 시나이산 종합병원Mount Sinai Hospital 중독장애센터Center for Addictive Disorders의 신경과학자 야스민 허드Yasmin Hurd는 헤로인을 사용한 기간이 길수록 더 많은 히스톤 아세틸화가 일어나 약물 추구 행동과 관련 있는 GRIA1 등의 유전자를 활성화시킨다는 것을 밝혀냈다. 허드의 연구진이 헤로인에 중독된 쥐에게 JQ1을 주어 헤로인 사용을 감소시킬 수 있었다는 사실도 중요하다. JQ1은 히스톤 아세틸화를 방해하는 화합물이다. 이런 연구들은 중독에 걸린 사람의 뇌에서 발생한 후성유전적 손상을 회복시키고 재발을 방지하는 것이 가능함을 암시한다.

놀랍게도 우리 장내세균 역시 중독 및 재발에 저항하는 능력에서 어떤 역할을 하고 있을지 모른다. 2014년의 연구에서 예테보리 대학교University of Gothenburg의 미생물학자 프레드릭 베케드Fredrik Bäckhed는 알코올중독에 빠진 사람이 재활시설에서 회복하는 능력의 차이

나를 나답게 만드는 것들

가 장내 미생물총의 조성과 관련 있을 수 있다고 보고했다. 이 연구에서 알코올중독에 빠진 사람 중 거의 절반이 '장누수 증후군leaky gut syndrome'이라는 병과 연관되어 미생물총이 바뀌어 있었다. 장누수 증후군이란 장 속에 들어 있는 생화학물질이나 찌꺼기가 장에서 몸으로 새어 나오는 증상이다. 이 증후군은 그 이름만큼이나 고약한 병이다. 자기가 있어야 할 곳을 벗어난 생화학물질들이 기관과 조직에 염증을 일으킨다. 베케드의 연구에서 알코올중독과 장누수를 겪는 사람은 알코올중독이기는 하지만 장내세균총이 정상인 사람보다 알코올을 더 갈망하는 것으로 나왔다. 언젠가는 중독 치료를 하는 사람에게 미생물 보충제를 주어 장누수를 예방할 수 있기를 희망한다. 그럼 이것이 다시 갈망을 줄여 중독 치료에도 도움을 줄 수 있다.

마약을 안 하는 이유

마약이 기분을 좋게 한다면 정말로 물어봐야 할 질문은 "마약을 왜 하세요?"가 아니라 "마약을 왜 안 하세요?"일 것이다. 일반적인 생각과 달리 마약을 시도해본 사람 중 대다수는 마약에 빠지지 않는다. 2008년에 진행된 한 연구는 알코올을 시도해본 사람 중 3.2퍼센트만 중독에 빠진다는 것을 보여주었다. 코카인, 메스암페타민, 헤로인을 한 번만 시도해도 평생 마약 중독자가 될 수 있다는 경고를 들어본 적이 있는가? 대부분의 사람에게는 해당되지 않는 얘기다. 마약을 시험 삼아 해보는 경우는 흔하지만, 마약 중독에 빠지는 경우는 드물어서 사용자 중 10퍼센트에서 20퍼센트만 의존성이 생긴다. 그렇다고 이 위험한 물질을 시도해보라고 부추기는 말은 전혀 아니다. 즉각적으로 중독에 빠져드는 그 소수 집단에 해당하는 사람이라면 재앙과 같은 결과를 가져올 수 있다. 여기서의 핵심은 대부분의 사람이 마약의 사슬에 속박 당하지 않는 이유를 이해함으로써 속박 당하는 사람이 사슬을 끊는 데 도움이 될지도 모른다는 점이다.

앞에서 보았듯이 일부 사람은 유전적으로 중독에 빠지지 않는 성향을 타고났다. 어떤 사람은 마약에 대한 반응이 좋지 않거나, 거의 효과를 못 느끼거나, 자신이 감당할 수 있는 한도를 파악하게 도와줄 유전자를 갖고 있다. 하지만 약을 시도한 다음에도 냉철함을 유지할 수 있을지 여부에는 유전자뿐만 아니라 환경도 큰 역할을 한다.

중독이 잘 되는 성향은 태어나기도 전에 엄마의 환경을 바탕으로 아이에게 미리 프로그래밍되는지도 모른다. 부신에서 만들어지는 스트레스 호르몬인 코르티솔cortisol은 사람을 초조하게 만드는 환경에서 사는 사람들에게 축적되는 경향이 있다. 엄마 배 속에 있는 동안에 높은 수준의 코르티솔에 노출되면 아기의 스트레스 조절 시스템이 망가질 수 있다. 이것이 나중에 중독의 위험 요인으로 등장할 수 있다. 이런 개념이 쥐에서는 입증되었다. 어미 배 속에 있을 때 스트레스에 노출되었던 새끼 쥐들은 자라면서 약물 추구 행동이나 중독에 더 쉽게 빠지는 경향이 있다.

놀랄 일은 아니지만 임신 기간 중에 마약을 했던 엄마 밑에서 태어난 아이는 자신도 중독될 위험이 더 크다. 임신한 산모가 섭취한 마약은 태어나지 않은 아기의 DNA에 후성유전을 통해 부정적인 영

나를 나답게 만드는 것들

향을 미친다. 2011년의 연구에서 야스민 허드는 마리화나에 취해 있던 임신한 쥐가 낳은 새끼들이 도파민 수용체가 덜 발현되도록 후성유전적으로 프로그래밍돼 있음을 입증해 보였다. 이 새끼 쥐들은 도파민 반응이 억제되어 있기 때문에 자랐을 때 위험 감수 행동과 쾌락 추구 행동이 고조되고, 그래서 중독에 더 취약해진다. 같은 연구에서 허드의 연구진은 사람에게도 이런 반응이 일어난다는 것을 입증했다. 출생 전에 마리화나에 노출되면 뇌에서 도파민 수용체 발현이 감소된 것이다. 생물학적으로는 불공평한 얘기지만, 엄마가 임신 기간 동안 저지른 행동에 대해 태아 프로그래밍이란 형식을 통해 아이가 그 대가를 치르는 셈이다.

부정적 아동기 경험adverse childhood experience이라고 하는 어린 시절의 정서적 외상은 중독의 또 다른 주요 위험 요인이다. 스웨덴에서 진행된 연구에서는 1995년에서 2011년 사이에 참가자들을 관찰해보았는데, 만 15세 이전에 부모의 죽음이나 폭행 등 한 건의 부정적 아동기 경험만 있었어도 중독 확률이 두 배로 치솟았다. 부정적 아동기 경험이 많을수록 나중에 약물남용에 빠질 위험도 높아졌다.

권리를 박탈당한 가난한 사람들 사이에서 마약 중독이 만연하다는 것은 비밀이 아니다. 더 이상 잃어버릴 것이 없는 사람은 참혹한 현실에서 벗어나고, 모든 걱정에서 자유로워지고 싶은 마음에 마약을 시도할 가능성이 더 높다. 심리학자 브루스 알렉산더Bruce Alexander는 사이먼프레이저대학교Simon Fraser University에 재직하던 1977년에 건강한 환경이 약물 남용과 중독을 어느 정도까지 줄일 수 있는지 입증해 보였다. 다른 많은 연구자들과 마찬가지로 알렉산더는 쥐를 이용해 약물 남용을 연구했다. 설치류는 우리만큼이나 코카인, 알코올, 그리고 도파민을 촉발하는 다른 물질에 잘 반응한다. 이런 물질에 잘 이끌리기 때문에 완전한 중독 상태에 이를 수도 있다. 레버를 누르면 코카인이 나오도록 훈련받은 실험실 쥐들은 완전히 중독에 빠져 심지어 밥을 먹는 것도 잊어버리고 계속 레버만 누른다. 이것만 봐도 중독자의 갈망이 얼마나 비정상적으로 강해질 수 있는지 새롭게 이해할 수 있다.

알렉산더는 당시의 모든 마약 연구가 아무런 할 일 없이 혼자 작은 우리 안에 갇혀 있는 쥐를 대상으로 이루어졌다는 생각이 문득 들었다. 그는 쥐들을 좀 더 자극이 풍부한 환경에 데려다놓으면 어떻게 될지 궁금해졌다. 그래서 '쥐 공원Rat Park'을 만들었다. 비용을 아끼지 않고 정말 쥐들을 위한 파라다이스를 만들었다. 공원에는 마음 놓고 돌아다닐 수 있는 넓은 공간과 탐험해볼 수 있는 여러 가지 물체가 갖추어졌다. 그리고 그는 암컷과 수컷을 공원 안에 함께 풀어놓고, 심지어 암수가 짝을 지어 가족을 꾸릴 수 있는 공간도 마련해주었다.

알렉산더는 6주 동안 한 무리의 쥐들을 모르핀에 중독되게 만든 후 쥐 공원에 풀어주거나 고립된 무서운 우리 안에 가두어두었다. 양쪽 환경 모두 모르핀이 첨가된 물과 일반적인 물이 들어 있었다. 놀랍게도 쥐 공원에 사는 쥐들은 압도적인 다수가 일반 물로 갈아탔다. 반면 우리 안에 갇힌 가여운 쥐들은 계속 모르핀이 첨가된 물을 고집했다. 평균적으로 보면 우리의 행동 또한 이 실험에 참여한 쥐들과 그리 다르지 않다. 사람이 다행스럽게도 도파민 보상 반응을

나를 나답게 만드는 것들

자연적으로 자극해주는 환경에 살게 되면 대부분은 부자연스러운 자극 방법을 추구하지 않는다.

컬럼비아대학교의 신경과학자 칼 하트[Carl Hart]가 최근에 진행한 연구에서도 사람들은 더 나은 선택지가 주어졌을 때 마약을 거부하는 것으로 나왔다. 2013년에 그는 크랙 코카인에 중독된 사람들을 모집해 몇 주간 병원에 머물게 했다. 그리고 아침마다 이들에게 어느 정도의 크랙 코카인을 제공했다. 그리고 그날 늦은 시간에는 참가자들에게 5달러를 받을 것인지 크랙 코카인을 더 받을 것인지 선택할 기회가 주어졌다. 그중 많은 사람이 현금을 선택했다. 지급하는 돈을 20달러로 늘리자 모든 사람이 현금을 선택했다. 하트는 현금이 아니라 스포츠, 음악, 미술, 클럽 등 다른 '경쟁적 강화인자[competing reinforcer]'를 제시했어도 자극에 대한 욕구를 더 건강하게 배출할 수 있게 돼 마약에 쉽게 빠지는 사람이 중독에서 빠져나오는 데 도움이 됐으리라 믿는다.

또 다른 종류의 중독에서도 비슷한 결과가 나왔다. 바로 음식 중독이다. 2017년의 연구에서는 최신 유행 다이어트에 돈을 쓰기보다 과체중인 사람이 건강 목표를 달성하고 돈을 받는다면 지속적인 체중 감량이 훨씬 잘 이루어지는 것으로 나왔다. 금전적 보상은 중독 문제를 해결하려는 동기를 유발하는 데 훨씬 효과적인 방법으로 보인다. 연구들은 지금 사람들에게 약간의 돈을 지급해 금연을 유도하면 나중에 들어가는 사회적 비용을 크게 절약할 수 있음을 보여주었다.

청소년기에 대안의 기회를 제공하는 것은 대단히 중요한 일이다. 대부분의 사람이 자신의 삶을 지배해버릴지 모를 중독 물질을 처음 접하는 시기가 청소년기이다. 만약 중독 없이 십대 시절을 버틸 수 있다면 나중에 중독에 빠질 가능성이 줄어든다. 그와 비슷하게 중독에 빠진 많은 사람이 30대 초반 정도면 어떤 개입이 없어도 스스로 그 문제를 해결할 때가 많다. 중독에 특히나 취약한 청소년기에는 어떨까?

사춘기 동안 뇌는 발달 과정에서 극적인 변화를 거치고, 이런 변화가 20대 초반까지도 마무리되지 않는다는 사실을 많은 사람이 모른다. 현대의 사회규범과 어긋나는 이야기겠지만, 십대 시절은 새로운 생명을 탄생시킬 준비가 된 시기다. 사실 석기시대 선조들은 첫 아이를 지금보다 훨씬 어린 나이에 낳았다. 따라서 진화적 맥락에서 보면 사춘기는 자신의 DNA를 번식해도 좋다는 자격증이나 마찬가지인 셈이다. 그래서 사춘기 때 우리는 짝을 찾고, 또 깊은 인상을 심어주려고 모험적이고 위험한 행동에 더 적극적이다. (이런 맥락에서 보면 부족을 위해 용감하게 곰과 싸우는 젊은 남성은 젊은 여성의 환심을 더 많이 샀을 것이다. 물론 그 남성이 곰의 점심식사가 되지 않았다면.)

십대 자녀를 둔 사람이라면 다들 알겠지만, 자제력과 판단력을 조절하는 뇌 영역이 십대는 아직 완전히 발달되지 않은 상태다. 십대의 뇌는 보상에 더욱 강하게 반응한다. 이것은 양날의 검이 될 수 있다. 그 덕에 학습이 더 쉬워지지만, 더 위험한 행동으로 이어질 수도 있다. 오늘날의 십대들은 대부분 곰과 싸울 일이 없다. 하지만 그와 똑같은 진화적 욕구에 동기를 받아 마약이나 알코올을 시험해볼 기회가 생기면 덥석 붙잡을 가능성이 크다. 특히나 사람용 '쥐 공원'

　　　　　　　　나를 나답게 만드는 것들

에 해당하는, 건강한 자극이 풍부한 환경에서 살지 않는 십대라면 특히 취약하다.

《Unbroken Brain》에서 마이아 샬라비츠^{Maia Szalavitz}는 중독이 청소년기 뇌 발달 중 결정적 시기에 습득하는 학습 장애라 주장했다. 샬라비츠는 일부 십대가 하나의 대응 메커니즘^{coping mechanism}으로서 알코올이나 다른 마약을 시도해보고, 이것이 중독에 빠지는 성향이 있는 소수의 아이들에게 학습된 행동으로 굳어진다고 주장했다. 바꿔 말하면 뇌의 회로가 새로 배선되어 마약을 투여하면 안도감을 느끼고, 자신이 정상이라 느끼게 된다는 의미다. 청소년기에 학습하는 이런 행동은 스트레스 대처법으로 부적절한 수단이지만, 일단 몸에 배고 나면 떨치기가 대단히 어려워서 상황을 되돌리기가 어려워진다.

환경은 사람을 중독으로 내모는 중요한 요인이지만, 결코 환경이 전부는 아니다. 앞에서 인용한 연구들만 놓고 보면 마치 모든 사람을 위해 자극이 풍부한 환경을 만들어주면 마약과 관련된 모든 문제가 사라질 것 같다. 물론 더 세련되고 인간적인 환경을 만들어주면 사람들이 마약을 멀리하는 데 도움이 된다는 것은 당연하지만, 이것이 모든 사람을 위한 만병통치약이라 믿는다면 순진하다. 보편적 규칙에는 항상 예외가 존재하는 법이다. 가난한 사람 중에서도 마약의 유해함을 피해 가는 사람이 많고, 호화롭게 사는 사람 중에도 약물 남용자가 많다. 앞에서 배운 바와 같이 사람은 특정 물질에 대한 중독 가능성에 영향을 미치는 생물학적 특성을 보인다. 이제 유혹에 견디는 것을 어렵게 만드는 성격적 특성에 대해 알아보자.

어떤 사람은 태어날 때부터 죽음에 대한 동경을 안고 태어나는 것 같다. 아드레날린 폭주^{adrenaline rush}에 중독되는 것이다. 이것은 알코올과 마약에 빠지게 될 것을 알리는 서곡인 경우가 많다. 이런 사람은 스카이다이빙, 파도터널^{Pipeline}(거대한 파도가 둥글게 말리면서 그 밑으로 터널 같은 공간이 생기는 것—옮긴이)에서 파도타기, 만년 꼴찌 팀의 우승에 돈 걸기, 생유 마시기 등 위험한 행동을 좋아한다. 한 가족 안에서 무모한 행동이 유전되는 듯 보인다면 당신의 상상력이 만들어낸 허구가 아니다. 쌍둥이 실험은 스릴을 추구하는 성향에 유전적 요인이 작용한다는 주장을 뒷받침하고 있다. 사람들은 똑같은 자극에도 느끼는 쾌감이 다 다르다. 이는 도파민 시스템의 유전적 변이 때문에 나타나는 현상이다. 정상적인 수준의 쾌감을 느끼지 못하는 사람은 이런 공백을 채우기 위해 더 큰 위험을 추구하는 성향이 생긴다. 나는 바다 생명체들에 관한 책만 읽어도 재미있어 죽겠는데, 이런 사람들은 아예 바닷물에 들어가서 상어와 몸싸움을 벌이지 않고는 직성이 풀리지 않는다.

위험 감수 행동과 관련해 사람들의 주목을 받는 유전자 중 하나가 DRD4다. 이 유전자는 보상으로부터 쾌감을 이끌어내려는 동기와 관련된 도파민 수용체를 암호화하고 있다. DRD4 유전자의 변이는 새로움 추구 행동과 위험 감수 행동의 증가와 연관되어왔다. 이 변이는 아주 오래전 인류가 자신의 고향 아프리카를 벗어나기 시작했을 때 자연선택되었는지도 모른다. 잠시도 가만히 앉아 있지 못하는 일부 선조들은 모험을 갈망하고, 풍경의 변화를 원했지만, 어떤 선조들은 "아니, 난 됐어"라고 말하며 집에 틀어박혀 편히 쉬는 쪽을 택했다. 전 세계 원주민의 DRD4 유전자를 검사해보았더니 우리 종이 탄생한 고향에서 가장 멀리 떨어져 있는 원주민이 위험을 감수하는 유전자 변이를 가진 경우가 제일 많았다.

모험을 추구하는 성향은 그 자체로 장점이 존재하지만, 단점도 없지 않다. DRD4 변이는 주의력결핍 과잉행동장애ADHD로 진단받은 사람에게서 발견된다. 그건 그렇고, 중독이 있는 사람 네 명 중 한 명은 ADHD도 함께 갖고 있다. DRD4 변이는 알코올중독, 오피오이드 의존성, 콘돔을 사용하지 않는 등 안전하지 못한 성행위, 도박과도 관련 있는 것으로 보인다. 하지만 명심해야 할 부분이 있다. DRD4 변이를 새로움 추구 성향과 관련짓는 연구 결과들이 항상 일치하는 것은 아니고, 분명 다른 유전적, 환경적 요인과의 상호작용에 따라 달라질 것이기 때문이다. 그렇다면 저돌적인 유전적 성향을 가진 사람 중에 누구는 에베레스트 산을 오르고, 누구는 코카인의 산을 오르는 이유가 뭘까? 환경적 요인이 그 모든 차이를 만든 것으로 보인다. 스키나 스노보드를 과감하게 타는 사람에게 DRD4 변이가 풍부하다는 사실을 발견한 브리티시컬럼비아대학교University of British Columbia의 운동학자kinesiologist 신시아 톰슨Cynthia Thomson은 이렇게 말한다. "이런 감각 추구 성향을 해소할 건강한 배출구가 마련되지 않으면 그런 사람은 도박이나 마약같이 문제가 더 많은 행동에 빠질 수 있다."

당신은 결정을 성급하게 내리는 편인가? 아니면 그런 사람을 알고 있는가? 다른 사람보다 더 충동적인 사람이 있다. 이런 사람은 자기 앞에 놓인 다른 선택지에 대해 찬찬히 생각해보지 않고, 시간을 들여 잠재적 결과들을 저울질해보지도 않는다. 이런 행동은 인생을 아주 짜릿하게 하면서도 비참하게 만들 수 있다. 충동 조절 능력 결핍과 관련된 유전자는 12개가 넘고, 대부분 세로토닌, 도파민, 노르에피네프린^{norepinephrine} 같은 신경전달물질을 비롯해 신경계의 서로 다른 측면에 관여한다. 충동성과 관련 있는 유전자들이 하나하나 모두 알코올중독이나 다른 중독과도 관련되어 있다는 점이 중요하다. 이런 발견은 중독이 도덕성보다 DNA와 더 많이 관련되었다는 주장을 뒷받침해준다.

충동적으로 행동하는 성향을 타고났는지 여부는 우리의 인생 전체에 아주 극적인 결과를 가져올 수 있다. 스탠퍼드대학교에서 심리학자 월터 미셸^{Walter Mischel}이 진행한 유명한 '마시멜로 테스트'가 이 점을 잘 보여준다. 1960년대에 미셸은 미취학 아동들에게 마시멜로를 지금 먹으면 한 개, 15분을 기다렸다 먹으면 두 개를 먹을 수 있다고 말했다. 그러자 아동 중 3분의 1은 그 자리에서 바로 마시멜로를 먹어 치웠다. 그리고 3분의 1은 3분 정도를 망설이다가 결국 유혹에 굴복했다. 마지막 3분의 1은 15분을 꼬박 기다려서 마시멜로 두 개를 먹었다. 이 연구 결과는 자제력(혹은 자제력 결핍)이 아주 어린 나이부터 관찰 가능한 행동임을 입증했다. 하지만 정말로 흥미로운 결과는 30년 후에 나왔다. 미셸이 수십 년 전에 마시멜로 테스트를 받았던 아동들을 추적 연구해본 것이다. 그 결과 평균적으로 볼 때, 참지 못하고 마시멜로를 먹은 충동적인 아동은 자라서 걱정스러운

　　　　　　　　　　　나를 나답게 만드는 것들

문제를 안게 된 반면, 만족을 지연시킬 수 있었던 아이에게는 일반적으로 그런 문제점이 나타나지 않았다. 마시멜로를 그 자리에서 바로 먹어 치웠던 미취학아동은 SAT 시험 점수가 대체로 낮았고, 임금이 낮은 직업을 가졌다. 거기에 더해 비만이 생기거나, 범죄를 저질러 수감되거나, 마약에 중독되는 경우가 더 많았다.

미셸의 마시멜로 실험이 표본의 크기가 너무 작고, 혼재변수 confounding variable(연구에서 독립변수가 종속변수에 미치는 효과에 대해 다른 해석을 가능하게 하는, 설계 시 포함되지 않았던 변수—옮긴이)투성이라는 비판을 받아왔다는 점도 지적하고 가야겠다. 그 후의 새로운 연구에서는 가난과 다른 사회적 약점에 노출된 아이들이 그 때문에 단기적 보상을 얻기 위해 달려든 반면, 교육을 제대로 받고 재력이 풍부한 집의 아동들은 만족을 지연하고 더 큰 보상을 기다리기가 쉬웠던 것이라고 주장했다.

이런 지적에도 불구하고 당신은 당신의 자녀도 이런 식으로 유혹을 이길 수 있을지 테스트해보고 싶은 유혹을 느낄지 모르겠다. 하지만 아이가 테스트에 실패했다고 초조해질 필요는 없다. 이 지식 자체가 힘이 되어줄 것이고 아이에게 만족을 지연하고 자제력을 연마할 전략을 가르치는 데 초점을 맞추면 된다. (어떤 연구에서는 마시멜로 테스트에서 실패한 사람이 나중에 어떻게 되었는지 말해주는 것만으로도 자제력 발휘에 도움이 되는 것으로 나왔다.) 아니면 유혹을 견딜 수 있었던 아이가 사용했던 간단한 전략을 자녀에게 가르칠 수도 있다. 이 아이들은 마시멜로에 대해 생각하지 않으려고 일부러 딴 곳에 정신을 팔았다.

미시건대학교University of Michigan의 신경과학자 후다 아킬Huda Akil은

2016년 실험에서 중독과 관련 있는 위험 감수 행동에 후성유전적 요인도 존재한다는 것을 입증해 보였다. 그녀의 연구진은 쥐를 사육해 '고반응 개체high responder, HR'와 '저반응 개체low responder, LR'로 개량했다. HR 쥐들은 새로움을 추구하고 충동적인 성향이 강한 반면, LR 쥐들은 모험을 피했다. 지금쯤이면 다들 예상하고 있겠지만 HR 쥐들은 LR 쥐들에 비해 코카인에 훨씬 잘 중독됐다. HR과 LR 사이에서 나타나는 후성유전적 차이 한 가지는 도파민 수용체의 발현이 줄어서 생긴 결과였다. HR 쥐에서는 이 도파민 수용체가 결여돼 쾌감 반응이 억제되므로 스릴을 추구하는 성향이 강화되었을 것이라 보고 있다. 비교해보면 LR 쥐들은 많은 자극이 없어도 쾌감을 느끼기 때문에 쾌락을 위해 애쓸 필요가 없었던 것이다. 이런 개념을 뒷받침하듯 HR 쥐가 코카인에 중독되면 도파민 수용체 수준이 높아져 중독되지 않은 LR 쥐에서 보이는 수준과 맞먹게 됐다. 이런 발견은 후성유전적 차이가 위험 감수 행동에 기여한다는 사실을 확인해줄 뿐만 아니라, 마약이 DNA의 후성유전적 표지를 바꾸어놓는다는 점도 확인해주고 있다.

캐나다 해밀턴 맥마스터대학교McMaster University의 소화기병학자 프레미슬 버시크Premysl Bercik가 내놓은 깜짝 놀랄 증거는 우리의 미생물 총이 우리가 위험한 놀이를 좋아할지, 안전한 놀이를 좋아할지 여부에 영향을 미칠 수 있음을 보여주었다. 이 점과 관련해서 대단히 주목할 만한 연구 결과가 있었다. 소심한 품종의 생쥐가 용감한 품종의 쥐로부터 내장세균을 이식받은 후 갑자기 용감한 탐험가가 된 것이다. 그날 우리 내장에 사는 세균의 종류가 인생의 위험을 감수하

나를 나답게 만드는 것들

려는 의지에 정말로 영향을 미칠 수 있단 말인가? (어쩌면 오즈의 마법사는 겁쟁이 사자에게 시시한 메달을 만들어줄 것이 아니라 용감한 사자의 대변을 이식해주어야 하지 않았나 싶다.)

한편 훨씬 은밀하고 사악한 또 다른 미생물이 여러 가지 방식으로 우리의 행동을 조작하고 있는지도 모르겠다. 놀랍게도 우리 중 3분의 1의 뇌 속에는 톡소플라스마 곤디Toxoplasma gondii라는 단세포 기생충이 도사리고 있다. 이 기생충은 면역계에 문제가 있는 사람에게만 증상을 일으키지만, 잠재성 조직 낭종latent tissue cyst의 형태로 감염된 사람의 몸속에 평생 남아 있다. 그중에서도 특히 뇌 속에 자리 잡는 것을 좋아한다. 현재로서는 이 잠재기의 톡소플라스마증을 치료할 방법이 없다.

프라하 카렐대학교Charles University의 기생충학자 야로슬라프 플레그르Jaroslav Flegr의 연구는 이 기생충에 감염된 사람이(고양이로부터 감염되거나 오염된 음식이나 물을 섭취해서 감염된다) 충동성과 위험 감수 행동이 늘어나는 독특한 성격을 나타낸다는 것을 보여주었다. 이런 관찰 내용과 같은 맥락에서 2015년의 메타분석(연구들을 연구한 것)에서는 톡소플라스마 감염과 중독 사이에 양의 상관관계positive correlation가 발견됐다. 톡소플라스마에 감염된 사람은 교통사고에 연루될 가능성이 거의 세 배나 늘어난다는 연구가 있는데, 이것 역시 부분적으로는 위험 감수 행동의 증가 때문이라 설명할 수 있다. 침대에만 올라가면 색광이 되는 사람을 알고 있는가? 연구에 따르면 톡소플라스마가 원인일 수 있다고 한다.

이 기생충이 뇌를 조작하는 방법은 아직 풀리지 않은 수수께끼로 맹렬히 연구가 진행되고 있다. 이 기생충은 사람마다 다른 방식으로 영향을 미칠 가능성이 크다. 톡소플라스마가 뇌로 침투해 뉴런 속에 기생성 낭종을 차리면 뇌에 구조적 손상을 가하거나 화학적 변화를 일으킬 수 있다. 톡소플라스마는 숙주의 세포에 다양한 단백질을 분비하는데 아직 그 특성이 대부분 파악되지 않고 있다. 거기에 더해 톡소플라스마 감염은 숙주의 면역 반응도 바꿔놓을 수 있으며 이 역시 행동에 영향을 미칠 수 있다.

참 길고 이상한 여행

당신이 이런 식으로는 한 번도 생각해보지 않았을지 모르지만, 거의 모든 사람이 카페인에 중독되어 있거나 한때는 중독되었던 때가 있다. 물론 카페인은 센 마약에 비하면 정말 순하지만, 근본 원리는 같다. 우리는 카페인을 섭취할 때 솟구치는 활력을 즐기지만, 곧 그것 없이는 일을 제대로 할 수 없을 것처럼 느낀다. 카페인이 없으면 왠지 지치고 짜증이 난다. 아침에 일어나면 괴물처럼 초라한 모습이었다가 모닝커피를 마시고 나서야 인간다워지는 사람이 많다. 그리고 잠시 후면 어느새 두 번째 혹은 세 번째 잔을 입으로 가져가고 있다. 한 잔만으로는 충분하지 않기 때문이다. 커피를 끊어보려고 하면 피로감, 두통, 짜증이 고문하듯 밀려온다. 차라리 다시 커피 물을 올리고 습관을 이어가는 편이 더 편하다. 커피를 포기하라고 하면 눈에 흙이 들어오기 전까지는 절대 내려놓을 수 없다는 사람이 많다.

나를 나답게 만드는 것들

다른 중독에 빠진 사람도 이런 기본적 사이클은 같다. 다만 끊기가 더 어려울 뿐이다. 어쩌면 이런 공통점을 이용해 중독에 빠진 사람을 돕는 접근 방식을 새로이 설계할 수 있을지도 모르겠다. 중독은 그 자체로 엄청난 고통이다. 여기서 추가적으로 징벌을 내리는 것은 최악의 실패로 끝난다는 것이 입증됐다. 그 때문에 많은 착한 사람의 삶이 쓸데없이 파괴되고 말았다. 중독에 빠진 사람의 진짜 범죄는 그릇된 시간에, 그릇된 장소에서, 그릇된 유전자를 갖고 있었다는 것밖에 없다. 교육이 적절히 이루어지면 더 많은 사람이 애초에 마약을 시작하지 않게 할 수 있다. 중독의 생물학을 더 잘 이해함으로써 효과적인 치료법도 개발할 수 있다. 중독에 잘 걸리게 만드는 유전자에 대한 개념을 잘 파악함으로써 그런 위험이 높은 사람을 가려낼 수도 있다. 그리고 중독을 일으키는 환경적 요인을 이해함으로써 우리의 자원을 더 지능적으로 사용할 수 있다.

마약과의 전쟁을 엉뚱한 방식으로 전개하는 바람에 중독 피해자들이 사람들로부터 비난의 십자포화를 받는 상황에 놓이고 말았었다. 우리는 중독 성향이 있는 사람이 마약을 거부할 의지력을 키워야 한다고 생각하지만, 과학은 이것이 끔찍하게 잘못된 생각임을 보여주었다. 사실 대부분의 사람은 알코올이나 마약에 중독되지 않는다. 하지만 소수의 사람은 재미삼아 마약을 접해보았다가 중독에 이를 위험이 있는 유전자를 가졌다. 그 과정에서 뇌도 변하기 때문에 전문적인 개입 없이는 그 사이클을 끊기가 사실상 불가능하다. 우리는 마약과의 전쟁이 아니라 중독과의 전쟁을 벌여야 한다. 그리고 이것이 중독자와의 전쟁이어서는 결코 안 된다.

《An Anatomy of Addiction》에서 정신의학자 아키쿠르 무함마드Akikur Mohammad는 현재의 중독 치료 방법이 안고 있는 문제점을 지적했다. 유명한 12단계 중독 프로그램은 사람들이 많이 익숙해진 방법이지만, 전혀 성공적이지 못해서 참가자 중 겨우 5~8퍼센트만 마약을 끊는 데 성공한다. 이런 프로그램에는 자격을 갖춘 중독 치료사나 전문 의료인이 포함되지 않은 경우가 많다. 그리고 부프레놀핀buprenorphine과 날록손naloxone처럼 아편에 대한 갈망을 멈춰주는 약물의 조합이나 금단증상의 고통을 줄여주는 다른 약물의 사용을 금지하는 곳도 많다. 일부 프로그램에서는 중독된 사람의 기분 장애를 치료하기 위해 필요한 약물도 금지하는 경우가 있다. (정신건강에 심각한 문제가 있는 사람 중 거의 절반 정도가 중독에 빠진다.)

무함마드는 중독과의 전쟁에서 이기기 위해 생물의학적, 심리학적, 사회문화적 요소를 포함하는 증거에 기반한 전략을 제안했다. 중독에 빠진 사람은 중독과 싸울 수 있게 디자인된 약물을 복용하고, 그에 더해 자제력 행동 훈련behavioral self-control training과 혐오치료aversion therapy(나쁜 습관에 대해 혐오감이 생기도록 유도해 그 습관을 끊게 만드는 치료법—옮긴이)를 받고 지역사회 강화 접근법community reinforcement을 제공 받아야 한다. 약을 끊으면 보상을 주는 유관관리contingency management가 신경과학자 칼 하트의 연구와 맥을 같이하며 중독에 대응하는 가장 효과적인 도구 중 하나로 부상하고 있다. 니코틴은 교육 캠페인, 건강보험 인센티브, 흡연자의 금연을 돕는 약물의 개발 덕분에 근래 들어 사용이 크게 감소한 해로운 약물의 이상적 사례다.

중독은 완치가 불가능한 만성 뇌 질환이기 때문에 평생 관리가

나를 나답게 만드는 것들

필요하다는 것을 이해해야 한다. 중독의 피해자를 비난하고, 수치스럽게 만들고, 벌하는 것은 아무 효과가 없다. 그런데도 우리 사회는 이런 낡고 효과 없는 접근 방식에 중독되어 헤어 나오지 못하고 있다.

나의 기분과 만나다

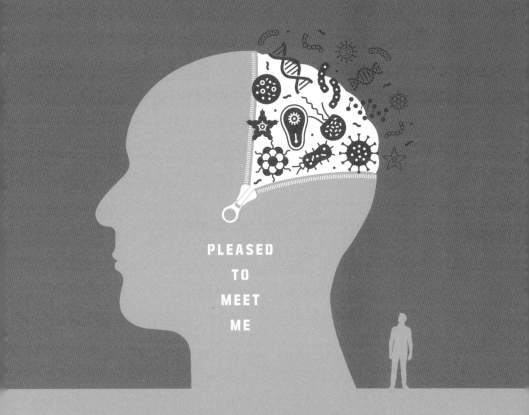

PLEASED
TO
MEET
ME

> 평생 하루도 빠짐없이 매일 행복하다면
> 그건 사람이 아니에요.
> 게임 프로 진행자겠죠.

베로니카 소여(Veronica Sawyer), 영화 <헤더스(Heathers)>에서

"여기는 모크, 오손 나와라. 오손 나와라!"

여덟 살배기 아이였을 때 나는 이 말을 듣는 순간 바로 낚이고 말았다. 다른 많은 이들과 마찬가지로 나도 코미디의 천재 로빈 윌리엄스Robin Williams와 사랑에 빠지고 말았다. 모크Mork라는 등장인물로 데뷔한 이 텔레비전 프로그램(《모크와 민디Mork & Mindy》)에서 윌리엄스는 우리가 지금 이 책에서 하고 있는 것처럼 인간의 행동을 연구하기 위해 지구로 파견된 외계인을 연기했다. 이 쇼는 전설을 이어가다가 2014년 윌리엄스가 자살하면서 갑자기 막을 내리고 말았다. 이 비극은 전 세계를 충격에 빠뜨렸다. 어떻게 그렇게 밝고 재미있는 사람이, 미소만으로도 방 안을 환하게 채울 것 같은 사람이 자신의 불을 스스로 꺼뜨릴 만큼 내면에 슬픔이 가득했을까? 중독과 툭하면 터지는 우울증이 구름처럼 드리웠던 그의 인생에서 웃음은 그나마 한 줄기 은총이었다.

로빈 윌리엄스는 우리의 기분이 얼마나 복잡하고 부서지기 쉬운 존재인지 보여주는 증거다. 과학자 중에는 우리가 온도 조절 장치와 비슷하게 기저선 기분baseline mood을 타고난다고 믿는 사람이 많다.

이 기저선 기분은 우리의 유전자와 어린 시절의 환경을 통해 설정된다. 윌리엄스는 나이가 들면서 루이소체 치매Lewy body dementia라는 병때문에 기분이 자신의 기저선으로부터 아주 멀어졌다. 1912년에 프리츠 하인리히 루이Fritz Heinrich Lewy가 처음 주목했던 루이소체는 뇌속에 생기는 비정상적인 단백질 집합체로, 신경 간의 소통을 파괴해 피해자로 하여금 엉뚱하게 생각하고 행동하게 만든다.

백만 명이 넘는 사람이 이 병으로 고통 받고 있지만, 루이소체가 왜 만들어지고, 그것을 어떻게 제거할 수 있는지는 아직 모른다. 루이소체 치매가 진행됨에 따라 환자는 우울증, 불면증, 편집증, 환각으로 고통 받을 수 있다. 로빈의 부인 수전 윌리엄스Susan Williams는 루이소체 치매를 '내 남편의 머릿속에 자리 잡은 테러리스트'라고 불렀다.

로빈 윌리엄스에게 닥친 비극은 우리의 기분이 생물학에 확고히 뿌리 내리고 있음을 입증해 보였다. 하지만 질병은 기분이란 것이 우리 생각처럼 뜻대로 움직이는 것이 아님을 말해주는 한 가지 사례에 불과하다.

기분은 어떻게 생기는가

감정을 정의하기는 어렵지만, 사랑, 미움, 분노, 기쁨, 질투, 공감 등, 감정을 느낄 때면 그것이 무엇인지 확실히 알 수 있다. 우리의 선조들은 몸의 다양한 기관에서 오는 정기spirit가 우리 안에서 그런 느낌

　　　　　　　　　　　나를 나답게 만드는 것들

을 만든다고 생각했다. 사랑은 심장에서 오고, 분노는 췌장에 있는 역겨운 흑담즙black bile에서 온다고 생각했다. 하지만 우리는 심장을 다쳐도 사랑이 멈추지 않으며 췌장을 제거한 사람도 여전히 화를 낸다는 것을 알게 됐다.

시간이 지나면서 뇌에 손상을 입거나 생화학적 변화가 찾아오면 감정의 변화가 일어난다는 것을 알게 됐다. 아무리 마법처럼 느껴진다고 해도, 감정은 순수하게 생물학적 기원을 갖고 있으며, 특정 뇌 영역을 자극하는 신경전달물질이라는 뇌의 화학물질에 의해 만들어진다(일부 호르몬도 신경전달물질로 기능한다는 점에 주목하자). 전기 탐침으로 뇌의 일부를 건드려서 신경전달물질의 활성을 자극해도 감정을 느낄 수 있다. 그런 만큼 우리의 감정 상태 중 상당 부분은 유전적 수준에서 통제된다. 이런 신경전달물질을 만드는 효소, 신경전달물질이 달라붙는 수용체, 신경전달물질을 분해하는 효소 모두 유전자가 암호화하고 있으니 말이다.

엄청나게 다양한 호르몬과 신경전달물질이 감정을 만드는 일에 관여하고 있기 때문에 생화학적 신호가 우리의 감정을 지배한다는 요점을 쉽게 이해할 수 있도록 몇 가지 사례만 짚고 넘어가겠다. 도파민은 이미 앞에서 만나보았다. 이것은 물고기 잡기나 섹스 등, 우리 몸이 생존이나 번식에 중요하다고 인식하는 것에 반응해 분비되는 신경전달물질이다.

우리 뇌는 이 안락한 현대 사회에서 진화하지 않았고 시시한 성취와 시시하지 않은 성취를 구분하는 일에 신통하지 못하다. 그래서 그냥 예쁜 신발만 사도, 비디오게임에서 레벨만 올라가도, 한 번도 빨간 신호등에 막히지 않고 집에 도착하기만 해도 도파민이 뿜어져 나온다. 이것은 보상에 대한 기대와도 얽혀 있고 우리로 하여금 특정 활동을 추구하도록 동기를 부여한다. 4장에서 보았듯이 도파민 신호의 기능이 망가지면 사람은 위험 감수 행동이나 중독에 빠질 수 있다. 도파민이 감소하면 동기 결여, 꾸물거림, 자신감 상실로 이어질 수 있다. 만성적으로 도파민 수치가 낮으면 즐거움을 느끼는 능력이 아예 지워져버릴 수 있다. 이것이 바로 임상적 우울증clinical depression이다. 반면 도파민이 너무 많아지면 공격성 그리고 조현병 및 주의력결핍 장애를 비롯한 정신과 장애로 이어질 수 있다.

도파민 연구를 통해 우리 뇌의 보상체계가 밝혀지기는 했지만, 다른 연구에서는 '반보상체계anti-reward system'도 존재한다는 주장이 있다. 정상적으로 작동할 때 반보상체계는 보상을 끝내는 신경전달물질을 분비해 다시 현실로 데려오는 역할을 한다(아무리 좋은 일이라도 반드시 끝이 있어야 한다!). 하지만 일부 사람의 경우 이런 반보상체계가 너무 잘 작동해서 우울증과 자살로 이어지기도 한다.

앞에서 세로토닌 이야기도 했다. 5-히드록시트립타민 5-hydroxytryptamine, 5-HT이라고도 하는 세로토닌은 트립토판tryptophan에서 만들어지는 호르몬이며, 트립토판은 아미노산의 일종으로 칠면조를 많이 먹으면 잠이 오는 이유가 이것 때문이라고 잘못 알려져 있다. 대부분의 사람은 프로작Prozac, fluoxetine 같은 흔한 항우울제 때문에 세로토닌에 익숙하다. 프로작은 뇌에서 세로토닌 수치를 높게 유지하게 해 심각한 우울증을 누그러뜨린다고 여겨지고 있다.

세로토닌은 기분을 조절하는 역할로 가장 잘 알려져 있고 뇌에

　　　　　　　　　　나를 나답게 만드는 것들

들어 있지만, 사실 세로토닌의 대부분은 소화관에서 발견된다. 이곳에서 세로토닌은 연동운동(소화관이 입으로 들어온 것을 위에서 화장실까지 이동시키는 과정)을 촉진한다. 세로토닌은 흔히 행복 및 건강의 기분과 관련되어 있다. 이는 몸 이곳저곳에서 이루어지는 다른 기능과도 관련 있을지 모른다. 예를 들면 우울증이 있는 사람은 소화관 문제로 고통 받는 사람이 많고, 그 역도 성립한다. 최근의 연구에서 미생물총이 세로토닌 생산에 중요하다는 암시가 나왔다. 장내 미생물총이 기분과 긴밀히 연결된 이유도 이것으로 설명할 수 있을 것이다. 세로토닌은 또한 멜라토닌melatonin의 전구물질이다. 멜라토닌은 잠을 조절하는 호르몬으로 기분에도 큰 영향을 미친다.

스트레스 호르몬은 투쟁-도피 반응fight-or-flight response에서 핵심이다. 이번 장과 특히나 관련이 깊은 것은 코르티솔이다. 이 호르몬은 예를 들어 스티븐 킹의 소설에 나오는 무시무시한 광대 페니와이즈가 곁눈으로 힐끗 보였을 경우처럼 위협이 감지되었을 때 그에 대한 반응으로 콩팥 위에 붙은 부신에서 생산된다.

코르티솔은 경계심을 유지하고 행동을 취할 준비를 하게 한다. 혈액이 근육으로 산소를 더 빨리 실어 나를 수 있도록 심장을 펌프질시키고, 에너지 공급을 위해 혈당 분비를 돕는다. 그와 동시에 소화나 면역 같은 다른 고에너지 과제를 일시적으로 중지시켜 그 에너지를 위협 대처에 사용한다. 면역계의 활성을 낮추는 것은 부상을 당했을 경우 염증 반응을 줄이는 데도 도움이 된다. 무서운 광대가 실제로 다가오고 있다면 이런 것들은 대단히 유용한 반응이다. 하지만 그 광대가 알고 보니 그저 햄버거 가게의 광대 마네킹이었다면 우리 몸은 달아올랐던 흥분을 다시 가라앉힐 방법이 필요하다. 그래야 아침식사의 소화를 마무리 짓고, 병원체 방어를 다시 시작할 수 있기 때문이다.

여기서 글루코코르티코이드 수용체glucocorticoid receptor가 등장한다. 뇌와 면역세포에서 발현되는 글루코코르티코이드 수용체는 코르티솔을 빨아들인다. 코르티솔 제거 능력이 부족하면 만성 스트레스 반응을 경험할 수 있고, 이것이 공격적이고 편집적인 행동을 야기할 수 있다. 거기에 더해 면역계가 계속 억눌린 상태로 남게 된다. 항상 스트레스를 받고 있는 사람이 더 자주 아픈 이유도 이것으로 설명할 수 있다.

마지막으로 테스토스테론testosterone과 에스트로겐estrogen 같은 성호르몬도 기분을 중재하는 물질로 잘 알려져 있다. 나이가 들면서 이런 호르몬들의 수치가 높아지고 낮아지면서 미묘하고 극적인 방식으로 기분에 영향을 미친다. 에스트로겐 결핍은 우울증, 피로감, 기억력 감퇴memory lapse를 야기하는 반면, 너무 많아지면 불안하고 과민해질 수 있다. 테스토스테론 수치 저하는 우울증 및 피로감과 관련이 있다. 이것은 집중력을 흐트러뜨리고 성욕을 꺾을 수 있다. 테스토스테론 수치가 과하면 남성을 자만심에 차게 하고, 자신의 추론 과정에 담긴 결함을 보지 못하게 한다. 그래서 현명치 못한 결정으로 이어질 때가 많다. 이것은 남자만의 문제가 아니다. 여성도 경구로 테스토스테론을 투여하면 자기가 천하무적이라 생각하고, 타인의 조언에 귀를 닫아버린다.

테스토스테론은 공격성과 관련 있다고 악명이 높지만, 이것이

나를 나답게 만드는 것들

일률적으로 공격성만을 야기한다고 못 박기에는 문제가 있다. 이 호르몬은 낙관적인 자신감, 충동성을 북돋운다. 이런 것들은 도전적인 상황에 대처하도록 돕는 특성들이다. 하지만 테스토스테론은 자선 행동이나 너그러운 행동을 수행할 때도 급격히 치솟는다. 이런 관찰을 바탕으로 일부 과학자는 테스토스테론이 사회적 지위를 높여줄 행동을 부채질한다고 주장한다. 그 행동이 공격적인 형태를 띨지, 자애로운 형태를 띨지는 상황의 맥락에 달려 있다는 것이다.

유전자와 생화학물질이 우리의 느낌을 주도한다는 사실이 너무 기계적으로 느껴져 불편할 수 있다. 하지만 두려워할 필요가 없다. 자동차의 작동 원리를 안다고 운전의 재미가 줄어들지는 않는다. 분자 수준에서 감정이 어떻게 작동하는지 배운다고 그 분자들이 일으키는 경험이 사라지지는 않는다. 여기서 배운 온갖 내용에도 불구하고 여전히 당신은 슬픈 영화를 보면 눈물이 나고, 코미디를 보면 웃음이 나고, 공포영화를 보면 겁이 나 웅크리고, 초콜릿칩 쿠키인 줄 알고 씹었는데 건포도 쿠키라면 화가 날 것이다.

우리의 느낌을 정확히 이해한다고 해도 느낌이 몸과 행동에 미치는 영향은 조금도 줄지 않는다. 다만 우리가 타고난 희귀한 재능을 상기시켜줄 뿐이다. 바로 감정의 통제를 받는 대신 감정을 통제하는 능력이다. 결국 감정이란 우리 정신이 머릿속에 세상의 복사본을 구성할 때 사용하는 한 가지 입력에 불과하다(가끔은 페니와이즈인 줄 알았던 것이 그저 햄버거 가게 마네킹일 때가 있음을 기억하자). 감정이 옳을 수도 있고 틀릴 수도 있는 생화학적 신호임을 인정하면, 아무 생각 없이 순수하게 본능에 휘둘리기보다 이성이라는 렌즈를 통해 이런 충동을 들여다보고 싶은 동기가 생긴다. 그리고 감정이 정신이라는 민주주의 세계에서 중요한 목소리여도 독재자가 되도록 방치해서는 안 된다는 점을 깨닫게 된다.

감정적 반응은 신속하고 맹렬히 일어나지만, 장기적인 기분으로 이어지는 길을 터주기도 한다. 이 길은 감정을 지속적으로 경험할 때 생긴다. 예를 들어 반복적으로 불운을 경험하는 찰리 브라운 같은 사람은 기저선 기분이 차츰 불안한 쪽으로 더 기운다. 상황이 잘 풀리는 경우에도 여전히 불안을 느낀다는 의미다. 감정이 너무 지속적으로 느껴져서 그 감정에서 빠져나갈 수 없을 것처럼 느껴지는 지경까지 기저선이 내려가면 기분 장애mood disorder가 생긴다. 앞서 언급한 모든 신호들이 뇌 속에서 작동하고 있으니 기분을 유지한다는 것이 얼마나 정교하게 균형을 잡아야 하는 행동인지 쉽게 이해할 수 있다. 조금만 일을 망쳐도 이 균형은 쉽게 깨지고 만다.

내가 항상 우울한 이유

누구나 가끔 우울해질 때가 있다. 하지만 임상적 우울증은 이렇게 정상적으로 가끔 찾아오는 우울증과 차원이 다르다. 임상적 우울증은 끝없는 슬픔으로 고통 받으면서 쾌감상실anhedonia의 지경까지 갔을 때 자리를 잡는다. 쾌감상실은 즐거움을 가져다주는 활동에 흥미를 잃는 것을 말한다. 이 장애의 심각성을 말해주듯, 우울증이 있는 사람은 먹는 것과 섹스에서도 즐거움을 느끼지 못한다(혹은 즐거움을

나를 나답게 만드는 것들

느끼는 경우에도 고조된 기분이 순식간에 가라앉고 신속하게 비참한 기분으로 돌아간다).

세계보건기구WHO에서는 전 세계의 3억 명이 넘는 사람이 우울증을 앓고, 매년 80만 건에 가까운 자살이 일어난다고 추산한다. 우리가 우울증과 연관된 유전자 혹은 역으로 행복과 연관된 유전자를 확인할 수 있다면 기분을 긍정적으로 바꿀 새로운 약품의 개발로 이어질 수 있다. 옛날 미국에서 금광이 발견된 지역으로 사람들이 몰려들던 골드러시처럼 기분의 색깔을 바꿀 수 있는 유전적 요인을 찾는 연구에도 사람들이 몰리고 있다. 하지만 무지개 끝에 있는 금 단지를 찾는 일은 예상보다 훨씬 어려운 과제임이 밝혀지고 있다.

수십 년에 걸쳐 유전자 염기서열을 샅샅이 뒤져본 결과 여러 질병과 행동이 하나의 유전자로 설명하기에는 너무 복잡하다는 것이 분명해지고 있다. 예외도 존재한다. 예를 들면 헌팅턴병Huntington's disease이나 낭포성섬유종cystic fibrosis을 일으키는 유전자 변이를 가졌다면 사실상 반드시 그 질병에 걸린다. 하지만 우울증을 일으키는 단일 유전자는 존재하지 않는다.

하지만 우울증에 유전적 요소가 작용한다는 강력한 증거가 있다. 우울증은 유전된다고 알려져 있다. 바꿔 말하면 집안 내력이라는 것이다. 일란성 쌍둥이와 이란성 쌍둥이를 대상으로 한 연구에서 우울증이 37퍼센트의 유전성을 띠는 것으로 드러났다. 이 발견은 이 장애에 유전적 요소가 있음을 확인해주지만, 그 원인의 63퍼센트는 다른 데서 온다는 의미이기도 하다(예를 들면 환경). 우울증이 여러 유전자에 의해 야기되는 다유전자성polygenic이라는 점 또한 분명하다.

우울증을 야기하는 유전자를 찾기는 건초 더미에서 바늘 찾기와 비슷하다. 그 전략은 간단하다. 우울증이 있는 수많은 사람의 DNA를 우울증이 없는 수많은 사람의 DNA와 비교해보는 것이다. 듣기에는 쉬워 보인다. 때마침 전유전체 연관성 연구genome-wide association studies, GWAS라는 놀라운 기술이 생겼고 컴퓨터로 수천 명의 DNA 염기서열을 비교할 수 있으니 말이다. 그런데 문제는 아무나 두 사람을 데려와서 DNA 염기서열을 비교해보면 그 차이가 엄청나게 많은데, 이는 우울증과 아무 관련이 없다는 것이다. 우리에게는 잡음(우울증과 관련 없는 유전적 차이)에서 신호(우울증과 관련 있는 유전적 차이)를 구별해낼 방법이 필요하다.

전유전체 연관성 연구는 유망한 기술이지만, 처음 진행된 몇 편의 연구에서는 아무런 성과가 없었다. 이 최신 기술로도 우울증 유전자를 찾아낼 수 없다니 이 얼마나 우울한 일인가! 하지만 2015년에 옥스퍼드대학교의 유전학자 조나단 플린트Jonathan Flint는 전유전체 연관성 연구를 조금 손봐서 잡음에서 신호를 분리할 아이디어를 떠올렸다. 플린트는 우울증이 정도가 다양한 복잡한 장애임을 이해했다. 어떤 우울증은 가볍고 산발적인 데 반해 어떤 우울증은 지속적이고 파괴적이다. 그는 심각한 재발성 우울증을 앓는 사람에게만 초점을 맞춰 유전적 비교를 해보기로 했다. 또한 관련 없는 유전적 변이로 인한 잡음을 최소화하기 위해 중국 한족 여성만 연구 대상으로 삼았다.

심각한 우울증이 있는 약 5,300명의 중국 여성에서 채취한 DNA를 조사하고 이것을 약 5,300명의 대조군(우울증이 없는 중국 여성)과 비

나를 나답게 만드는 것들

교해본 후 플린트와 연구진은 우울증과 관련된 두 가지 유전자 변이를 확인할 수 있었다. 한 변이는 LHPP라는 유전자에 생긴 변이였다. LHPP는 아직 기능적 특성이 파악되지 않은 효소를 암호화하는 유전자다. 다른 한 변이는 SIRT1 유전자에 생긴 변이였다. SIRT1은 미토콘드리아라는 아주 중요한 세포소기관과 관련 있는 효소다. 미토콘드리아는 세포의 발전소로, 아데노신 3인산adenosine triphosphate, ATP이라는 에너지 저장 분자를 만든다. 우울증이 있는 사람이 무기력증으로 고생하는 경우가 많은 이유를 SIRT1 유전자에 생긴 돌연변이로 설명할 수 있을지도 모른다. 하지만 이런 유전자 변이가 우울증에 미치는 영향을 이해하려면 아직 많은 연구가 필요하다. 이 두 가지 유전자 변이가 유럽 계통의 사람에게는 자주 나타나지 않는다는 점도 주목해야 한다. 따라서 민족에 따라 우울증이 서로 다른 유전자로부터 비롯되는 것일 수 있다.

플린트가 선례를 참고한 2017년의 연구에서는 네덜란드의 고립된 마을을 대상으로 제한된 유전자 풀 안에서 주우울증major depression이 있는 사람들만 조사했다. 그 결과 연구자들은 NKPD1 유전자에서 새로운 변이를 발견했다. 이 유전자는 나중에 이 마을을 벗어난 지역의 우울증 환자에서도 변이들이 관찰되었다. 이 유전자의 결함은 스핑고지질sphingolipid 수치의 변화로 이어질 수 있다. 스핑고지질은 특히나 뇌에서 신호 분자로 기능한다. 흥미롭게도 항우울제 두 종류가 스핑고지질의 합성을 방해한다.

잡음에서 신호를 구별하는 또 다른 방법으로 표본의 규모를 엄청나게 늘리는 방법이 있다. 우울증이 있는 사람의 프로필이 많아질

수록 일관되게 등장하는 차이에 관해 그만큼 더 확신할 수 있다. 유전체 검사 회사인 23앤드미는 우울증 같은 복잡한 장애의 연구에 나서고 있다. 엄청나게 축적된 고객들의 DNA 표본을 비교해 우울증 위험과 관련이 있을지 모를 DNA 영역을 15개 새로 발견했다. 이 중 일부는 말이 되는 것으로 보인다. 하나는 학습과 기억에서 기능하는 것으로 알려졌고, 또 하나는 뉴런의 성장과 관련 있다.

역사적으로 보면 우울증과의 잠재적 관련성 때문에 큰 주목을 받았던 몇몇 유전자가 있다. 수많은 연구를 통해 세로토닌이 우울증과 관련 있다는 암시가 나왔고, 프로작과 졸로프트Zoloft같이 세간의 이목을 끄는 몇몇 항우울제는 세로토닌 시스템을 표적으로 작동하는 것으로 알려져 있다. 세로토닌 수송체serotonin transporter, 5HTT/SLC6A1와 세로토닌 수용체HTR2A 같은 세로토닌 시스템의 구성 요소들을 암호화하는 유전자들도 우울증의 증상과 관련 있는 것으로 여겨지고 있다. 뇌유래신경영양인자brain-derived neurotrophic factor, BDNF가 우울증에서 중요한 역할을 한다는 증거도 있다. BDNF는 뇌에서 뉴런의 발달에 중요한 역할을 한다. 그리고 스트레스에 노출된 동물이나 기분 장애가 있는 사람에게는 BDNF 수치의 감소가 관찰된다.

우울증을 만들어내는 유전자를 찾는 노력과 병행해 수많은 연구를 통해 스트레스가 심한 생활사건life event이 우울증 발병에 핵심 요소임이 확실히 밝혀졌다. 그중 중요한 것으로는 외로움, 실업, 인간관계 스트레스 등이 있다. 하지만 목록의 꼭대기를 차지하는 것은 아동학대나 아동방임이다. 킹스칼리지의 심리학자 아브샬롬 카스피Avshalom Caspi가 2003년에 발표한 획기적 연구는 유전자-환경 상호

나를 나답게 만드는 것들

작용이 얼마나 중요할 수 있는지 보여주었다. 카스피와 동료들은 부정적인 생활사건으로 고통 받았을 경우 세로토닌 수송체 유전자 변이 중 하나가 우울증과 더 긴밀히 연관되어 있음을 밝혔다. 이것은 유전자 추적이 그리도 어려웠던 이유를 설명하는 데 도움이 되는 중요한 연구 결과다. 우울증과 관련 있는 유전자 변이를 가진 사람이라고 해서 모두 실제로 우울증이 생기는 것은 아니라는 의미다. 환경이 정확히 어떻게 유전자를 바꾸어 우울증으로 내모는지에 대한 조사가 기분 연구의 새로운 개척 분야로 자리 잡고 있다.

_____ 아동기가 당신의 기분에 미치는 영향

적절한 유전적 조건에서의 부정적 아동기 경험이 개인의 우울증 촉발 요인을 평생 민감하게 만들 수 있다. 이런 일이 발생할 수 있는 수많은 경로를 과학이 밝히고 있는데, 공통분모는 부정적 아동기 경험이 뇌의 회로 배선을 담당하는 유전자를 재프로그래밍해 스트레스에 더 민감해지게 만든다는 것이다. 2017년의 연구에서 시나이산 아이캉 의과대학 Icahn School of Medicine의 신경과학자 캐서린 페냐 Catherine Peña는 태어난 지 얼마 안 된 새끼 생쥐에게 스트레스를 가하면 OTX2라는 전사인자의 수치가 떨어지는 것을 밝혀냈다. 전사인자의 역할은 특정 유전자 네트워크를 켜고 끄는 것이다. 이 인자들은 발달 기간 동안 개별 시간에, 혹은 어떤 환경적 조건에 반응해서 자신의 임무를 수행한다.

페냐의 연구에서 생쥐가 어린 시기에 스트레스로 OTX2를 상실하자 뇌의 발달 방식에 심각하고 비가역적인 영향을 미쳐 우울증에 쉽게 걸리게 됐다. 흥미로운 부분은 생쥐가 나이가 들면서 OTX2의 수치가 정상화되었다는 점이다. 하지만 뇌 손상은 이미 일어났기 때문에 성체가 되어 일단 스트레스를 경험하면 우울증에 빠졌다. 만약 성체가 되었을 때 스트레스로 2차 타격을 받지 않으면 정상 상태로 남았다. 이런 실험은 유아기와 아동기의 뇌 발달이 훗날 스트레스에 잘 대처하도록 준비하는 데 중요한 역할을 한다는 것을 말해준다.

학대를 받았던 아동이 자라서 2형 당뇨나 심장질환 같은 신체건강상 문제뿐만 아니라 우울증, 약물 중독, 자살 같은 심리적 문제가 생길 위험도 증가한다는 것은 오래전부터 알려져 있다. 아동기에 겪었던 역경의 여파는 정신적 외상이 끝난 지 오랜 후에도 그 피해자를 괴롭힐 수 있고, 경우에 따라서는 학대 환경에서 빼내 잘 보살피는 환경에서 성장한다 해도 그럴 수 있다.

후성유전학은 아동기의 정신적 외상에 그림자처럼 따라오는 유령을 설명할 생물학적 기반을 제공한다. 맥길대학교의 신경생물학자 마이클 미니[Michael Meaney]와 유전학자 모셰 스지프가 2004년에 진행한 선구적 연구는 새끼를 방치하는 어미 밑에서 자란 새끼 쥐들이 NR3C1이라는 유전자에 DNA 메틸화가 더 많이 진행되고 자라서 아주 심한 불안에 빠진다는 것을 보여주었다. NR3C1은 스트레스 호르몬인 코르티솔을 치워주는 글루코코르티코이드 수용체를 암호화한다. 이 유전자의 메틸화가 심해져서 글루코코르티코이드 수용체가 덜 만들어지면 스트레스 호르몬이 깨끗이 청소되지 않는다. 이렇게

나를 나답게 만드는 것들

스트레스 호르몬에 만성적으로 오염되면 정신적으로, 육체적으로 고통받게 된다. 새끼에게 신경을 많이 쓰는 어미에게서 자란 새끼의 경우 글루코코르티코이드 수용체의 메틸화가 드물고 자라서도 스트레스에 정상적으로 대처할 수 있다.

사람도 비슷한 상황인 것 같다. 학대를 받아서 나중에 자살 충동을 느낀 아동들의 유전자를 분석해보면 NR3C1 유전자에 DNA 메틸화가 증가한 것을 알 수 있다. 학대 아동에게서 얻은 혈액 표본에서 DNA를 추출해보면 거기서도 NR3C1 유전자에서 메틸화가 더 많이 진행된 것을 알 수 있다. 친부모 밑에서 자란 아이들과 비교해보면 고아원에서 자란 아이들 사이에서도 수천 개의 유전자에 걸쳐 DNA 메틸화 패턴에 광범위한 차이가 존재한다. 고아에게서 보이는 후성유전적 변화는 뇌와 면역계를 조절하는 유전자에 집중되어 있었다.

미니의 연구 이후 다른 연구자들도 아동기 역경에 노출된 설치류나 사람에게서 일어나는 추가적인 후성유전적 변화를 발견했다. 이 중 많은 수가 뇌 기능이나 스트레스 관리와 관련된 유전자에서 발견됐다. 이 혁신적 연구는 학대를 당하거나 방임되었던 많은 아동들이 스트레스를 훌훌 털고 일어나지 못하는 이유를 설명해준다. 외부자의 입장에서는 그런 모습이 이해되지 않을 수 있다. 부정적 아동기 경험은 그저 피상적인 상처만을 남기는 데서 그치지 않는다. 이것은 피해자의 DNA로 파고들어 유전 암호에 흉터를 남긴다. 이런 부분을 우리는 이제야 이해하기 시작했다. 이런 DNA 흉터의 역전 가능성에 대해 맹렬히 연구가 이루어지고 있다. 부정적 아동기 경험에 노출되고도 회복탄력성이 더 뛰어난 아동에 대해서도 연구가 진행되고 있다.

우리를 더 심난하게 만드는 증거도 있다. 부정적 아동기 경험 동안에 일어난 후성유전적 변화 중 일부가 유전될 수 있다는 증거다. 이것은 세대를 거치며 부실한 육아가 이어질 수 있는 잠재적 위험을 안고 있다. 미니의 연구진은 새끼에게 신경 쓰지 않는 어미에게서 태어난 새끼 쥐가 에스트로겐 수용체를 암호화하는 유전자에서 DNA 메틸화가 증가하는 것을 발견했다. 이것은 성체가 되었을 때 이 호르몬 수용체 수치가 낮아지는 결과로 이어진다. 에스트로겐 처리 능력이 저하된 이 암컷들은 새끼를 돌보아야 한다는 크고도 명확한 신호를 제대로 수신하지 못한다. 바꿔 말하면 방임된 쥐의 DNA는 이들이 다시 자기 어미처럼 무심한 어미가 되도록 프로그래밍한다는 뜻이다.

아동의 사회경제적 환경 또한 후성유전체^{epigenome}에 영향을 미칠 수 있음이 연구를 통해 밝혀졌다. 이는 빈곤한 지역과 학교에 긴급하게 투자를 집행해야 할 생물학적 정당성을 부여한다. 듀크대학교의 신경과학자 더글러스 윌리엄슨^{Douglas Williamson}이 이끈 2017년 연구에서는 사회경제적 지위가 낮은 가정에서 자란 청소년이 SLC6A4 유전자에서 DNA 메틸화가 더 많이 일어나 있음을 발견했다. 이 세로토닌 수용체의 수준이 낮아진 결과로 이들의 뇌는 발달상의 변화를 거쳐 결국 편도체^{amygdala}가 과활성화된다. 편도체는 공포반응^{fear response} 그리고 위협에 대처하는 방식과 관련 있는 뇌 영역이다. 가난한 환경에서 자란 것이 후성유전적 변화를 유도해 편도체가 과도하게 일하는 상황에 갇히게 된 것이다. 이들 십대 청소년이 나중에 우

나를 나답게 만드는 것들

울증 증상을 보이는 이유를 이것으로 설명할 수 있다.

사람을 둘러싸고 있는 환경의 스트레스 사건에 더해, 문화 또한 유전자가 진화와 기능에 영향을 미치는 요인이 될 수 있다. 이중 대물림 이론dual inheritance theory이라고 하는 비교적 새로운 분야는 유전자와 문화가 서로 미치는 영향을 연구한다. 앞에서 언급했던 세로토닌 수송체5HTT의 유전자 변이는 그 변이를 가진 사람이 개인주의 문화에서(예를 들면 북미권) 살고 있는지, 집단주의 문화에서(예를 들면 동아시아) 살고 있는지에 따라 기분에 다른 영향을 미치는 것으로 보인다. 우울증과 연관 있는 5HTT 변이는 미국보다 동아시아에서 훨씬 널리 퍼져 있지만, 심각한 우울증에 걸리는 사람은 미국이 훨씬 많다.

이런 불일치를 어떻게 설명할 수 있을까? 유전자나 진단법의 차이 때문일 수도 있다. 하지만 일부 연구자들은 문화 때문이라 여긴다. 돌연변이 5HTT가 꼭 그 사람을 우울증에 쉽게 걸리는 성향으로 만드는 것이 아니라 긍정적, 부정적 경험 모두에, 특히 사회적 경험에 더 민감해지도록 만든다는 주장이다. '스스로 알아서 해결하라'는 태도보다 사회적 지지가 더 강한 집단주의에서 5HTT 보유자가 사회적 상호작용에 민감해져 우울증으로부터 더 많이 보호받는지도 모른다. 일부 연구가 이런 개념을 뒷받침한다. 우울증이 잘 유발되는 5HTT 유전자를 보유한 아동이 좋은 멘토를 두게 되면 우울증에 대한 취약성이 훨씬 줄어든다. 반면 5HTT 변이를 보유한 아동이 학대 받고 긍정적인 지원 시스템을 확보하지 못하면 우울증 평가 점수가 가장 높게 나왔다.

우울증에는 유전자가 분명 중요하다. 하지만 환경 또한 마찬가지로 중요하다. 특히 아동기에 중요하다. 아동에 대한 강력한 사회적 지원 시스템 제공은 유전적으로 우울증 성향이 있는 사람이 성인이 되었을 때 중증 우울증의 발생을 최소화할 수 있는 유망한 방법이다.

소화관이 기분에 미치는 영향

2000년도 이전에 하찮은 장내세균이 사람의 마음에 영향을 미친다고 말했다면 과학자는 보호안경을 벗어 던지며 크게 웃었을 것이다. 하지만 무균 생쥐가 등장하면서 상황이 완전히 바뀌었다. 당신도 기억하겠지만 무균 조건에서 키워 미생물총이 결여된 생쥐는 정상과 거리가 멀다. 3장에서 얘기했던 체중 문제와 더불어 일부 무균 생쥐 품종은 신경증이 대단해서 스트레스 호르몬 수치가 천장을 뚫고 올라간다.

과학자들이 생쥐의 불안 여부를 알아내는 한 가지 방법은 생쥐를 고가식 십자미로elevated plus maze에 올려놓는 것이다. 이 미로에서 커다란 더하기 기호 모양으로부터 뻗어 나온 팔 네 개 중 두 개는 울타리가 둘러지지 않은 열린 팔이고, 다른 두 개는 울타리가 쳐진 닫힌 팔이다. 불안을 느끼는 무균 생쥐는 닫힌 칸을 선호해서 열린 팔로 나가 탐험하기를 주저한다. 반면 정상 생쥐는 열린 팔로 나가 활발히 탐험한다. 과학자들은 자연스럽게 신경증이 있는 무균 생쥐에게 세균을 접종하면 어떤 일이 일어날지 궁금해졌다.

무균 생쥐에게 대장균$^{E. coli}$을 이식해보았지만 정상 행동으로 회복되지 않았다. 하지만 비피도박테리움 인팬티스$^{Bifidobacterium\ infantis}$라는 세균을 주었더니 효과가 있었다. 이 연구는 세균이 정상 행동을 회복시켜줄 수 있음을 보여준다. 하지만 아무 세균 종을 주어서는 효과가 없다. 특정 세균이라야 한다. 전혀 예상치 못했던 발견으로 소화관 속 세균이 그저 음식의 소화를 돕는 것 이상의 일을 할지도 모른다는 개념이 등장했다. 세균은 행동, 성격, 기분에도 영향을 미칠 수 있다.

2011년에 아일랜드 코크대학교$^{University\ College\ Cork}$의 신경생물학자 존 크라이언$^{John\ Cryan}$은 프로바이오틱스의 잠재력에 대해 새로이 관심을 불러일으킨 홍미진진한 실험을 수행했다. 이 연구에서 락토바실러스 람노서스$^{Lactobacillus\ rhamnosus}$(시중에 판매되는 프로바이오틱스에서 널리 사용되는 균주)라는 세균을 먹은 생쥐는 스트레스 호르몬이 낮아지고, 불안이 감소하고, 우울증과 비슷한 행동이 줄었다. 생쥐를 정신과 의사의 상담 의자에 앉혀놓고 문제가 무엇인지 대화할 수는 없는 노릇이기 때문에, 연구자들은 보통 우울증 평가를 위해 수영 검사$^{swim\ test}$처럼 생명을 위협하는 도전 과제를 이용한다. 생쥐를 욕조에 빠뜨리고 그 생쥐가 수영을 하려는지(정상), 포기하는지(우울증) 살펴보는 것이다. (물론 연구자들은 이 작은 생명체가 익사하기 전에 구조한다.)

다양한 증거들이 장내세균이 우리의 마음과 기분에 통제력을 발휘할지 모른다는 것을 보여준다. 이런 개념은 2000년부터 퍼지기 시작했다. 홍수로 상수도가 오염된 캐나다 워커튼의 수많은 거주자들이 세균성 이질에 감염돼 고생한 후의 일이었다. 급성 위장관 문제로 호되게 고생하고 난 후 이 도시의 많은 사람에게 과민성대장증상이 생겼다. 그리고 몇 년 후 과학자들은 워커튼 홍수 동안에 이질에 걸렸던 사람들에게서 우울증이 현저히 급증한 현상을 관찰했다. 그리고 이는 앞서 일어난 장내 감염으로 장내세균이 불균형해져 생긴 결과라 믿게 됐다. 우리 내장 속에 우글거리는 작은 미생물들이 정말 우울증이나 불안증 같은 심각한 기분 장애의 원인이 될 수 있을까?

그 후로 다른 연구자들도 우울증이 있는 사람은 기분 장애가 없는 사람과 갖고 있는 미생물총이 다르다는 것을 발견했다. 하지만 핵심 질문은 여전히 남아 있었다. 장내세균이 기분의 변화를 일으키는가, 기분의 변화가 장내세균을 변화시키는가? 2016년에 크라이언과 동료들은 우울증에 전염성이 있는지, 그리고 사람의 세균을 통해 전염될 수 있는지 검사해 이런 인과관계의 의문을 풀어보기로 했다. 놀랍게도 무균 생쥐에게 우울증 환자로부터 채취한 장내세균을 접종했더니 우울증 증상이 생겨 불안 행동을 보이고 달콤한 먹이에도 관심을 보이지 않았다. 반면 우울증이 없는 사람의 세균을 접종한 무균 생쥐는 괜찮았다.

어떻게 우리 내장에 사는 작디작은 세균이 우리 머리에 그렇게 큰 영향을 미칠 수 있을까? 미생물총이 우리가 생각하고 느끼고 행동하는 방식에 직접 영향을 미치는 다양한 신경전달물질과 호르몬을 만들 수 있음이 연구를 통해 밝혀졌다. 2011년 연구에서 크라이언의 연구진은 장 속 세균이 뇌에게 연락을 취할 수 있는 한 가지 방법을 발견했다. 연구자들이 내장과 뇌를 연결하는 주요 신경로인 미

나를 나답게 만드는 것들

주신경$^{vagus nerve}$을 절단하자 이식한 세균이 미치던 신경화학적, 행동학적 영향이 사라졌다. 내장세균은 미주신경을 통해서도 귓속말을 전하지만, 면역계와의 상호작용을 통해 간접적으로도 뇌에 영향을 미칠 수 있다. 면역계가 내장에 파견한 기자들이 내장을 돌아다니며 그곳의 뉴스를 뇌로 보내기 때문이다.

지금쯤 당신은 프로바이오틱스가 우리의 장내세균을 바꾸어서 불안증과 우울증을 완화시켜줄 수 있지 않을까 궁금해졌을 것이다. 아직은 데이터가 많이 부족해 예비단계에 머물고 있지만, 한 연구에서는 한 달간 프로바이오틱스 요구르트를 섭취한 여성들이 감정과 감각의 처리를 통제하는 뇌 영역에서 변화를 보였다고 보고했다. 이 여성들은 무거운 얼굴과 화가 난 얼굴을 보여줘도 그에 대한 반응이 약해져 있었다. 예전에는 못 보던 공포영화를 볼 수 있도록 요구르트가 도와줄 수 있을지도 모른다는 얘기다.

2011년의 또 다른 연구는 프리바이오틱스를 복용하는 사람에게서 스트레스 호르몬 수치가 낮아졌음을 보여주었다. 그리고 더 최근의 실험은 프로바이오틱스 보충제 사용이 슬픈 기분과 연관된 부정적 생각을 줄여준다는 주장을 뒷받침한다.

하지만 이런 연구들을 해석하기가 복잡해지기도 한다. 프로바이오틱스라고 모두 같지 않다는 사실 때문이다. 이런 제품들은 사용하는 미생물 종류가 다양하고, 양도 다르다(미생물은 CFU$^{colony-forming}$ ^{unit}[집락형성단위]로 양을 측정한다). 프로바이오틱스에 든 미생물은 섭취하는 사람의 토착 미생물총, 식생활, 유전학에 영향을 받을 수 있고 치료법도 사람마다 다른 방식으로 영향을 미칠 것이다. 프로바이오틱스는 일반적으로 안전하다고 여겨지지만, 일부 연구는 복부 팽만과 브레인 포그[brain fog](머리에 안개가 낀 듯 멍해서 분명하게 생각하고 표현하지 못하는 상태—옮긴이)로 부정적 영향을 미칠 수 있다고 얘기한다. 프로바이오틱스의 효과를 증명하려면 더 많은 연구가 필요하다는 소리다.

노인이 괴팍해지는 이유

"내 잔디밭에서 꺼져!" 수많은 노인들이 이렇게 소리 질렀다. 그중 제일 유명한 사람은 2008년 영화 〈그랜 토리노[Gran Torino]〉에서 클린트 이스트우드가 연기한, 소총을 들고 다니던 월트 코왈스키였다. 괴팍한 노인은 대체 왜 그런 걸까? 그렇게 소리 지르는 게 제일 재미있나? 왜 항상 초조하고 세상이 끔찍해졌다며 한탄만 할까?

한창 중년의 나이가 된 나도 이제 노인이라고 하면 떠오르는 그 괴팍한 모습에 훨씬 공감하게 됐다. 그 나이가 되면 보통 은퇴하고, 친구 모임도 시들해지고, 자녀들도 다 커서 독립했기 때문에 자기가 세상에서 쓸모없는 존재가 된 듯한 느낌을 받는다. 기술은 발전하고 있는데 그들의 정신적 하드웨어는 쇠퇴하고 있는 것이다. 거기에 더해 자기가 이제 인생의 황혼에 접어들었다는 뼈저린 각성이 찾아온다. 이런 것만 생각해도 노인이 괴팍해지는 이유는 충분히 이해할 만하다. 하지만 그렇다고 모든 노인이 까탈스러운 사람이 되는 것은 아니다.

나를 나답게 만드는 것들

과학이 그 이유를 조사 중이다. 연구자들은 이 현상을 과민 남성 증후군irritable male syndrome이라고 이름 붙였다. 평균적으로 이 증상은 70세 정도에 시작되는 경우가 많다. 이는 테스토스테론 수치가 급격히 떨어지는 연령과 일치한다. 테스토스테론 수치 저하가 짜증, 집중의 어려움, 부정적 기분과 연관된다는 점을 떠올려보자. 이것이 사람들이 말하는 괴팍한 노인의 모습에 대한 생화학적 설명을 제공해준다. 일부 남성은 테스토스테론 수치가 급격히 감소하지 않는다. 그래서 10년이나 20년 정도는 쾌활한 성격으로 남을 수 있다. 콩팥 질환이나 당뇨병 같은 다른 건강상의 문제도 테스토스테론 수치 감소를 가속할 수 있다.

아일랜드 코크대학교의 미생물학자 마르쿠스 클라에손Marcus Claesson은 노년에 동반되는 또 다른 변화를 지켜보아 왔다. 바로 미생물총이다. 클라에손은 노인의 장내세균 조성이 젊은 사람과 다르다는 것을 발견했다. 흥미롭게도 노인은 스트레스 대처에 도움을 주는 세균 균주 숫자가 더 적은 경향이 있다. 노년의 미생물 조성 변화도 염증을 촉진하는 면역 신호pro-inflammatory immune signal와 노인병에서 일반적으로 보이는 노쇠함을 증가시키는 데 기여하고 있을지 모른다. 노년의 미생물 조성 변화를 노인 돌봄 서비스를 받으면서 찾아오는 식단의 변화와 관련시키기도 한다.

마지막으로 나이가 들면서 집 안 약장을 열어보면 마치 약국에 온 것처럼 보이기 시작한다. 이런 약들 모두 기분을 바꾸어놓을 가능성이 있다. 특히 항생제는 장내세균총도 바꿀 수 있다.

그러니 노인을 조금이라도 이해하려고 노력해보자. 노인의 앞마

당 잔디를 밟지 말고 보도를 이용하자. 그리고 괴팍한 노인에게 요구르트를 대접하면 도움이 될지 모르겠다.

당신이 겨울 우울증에 걸리는 이유

여름 우울증에 대한 노래는 많이 나와 있는데, 정말 문제가 되는 겨울 우울증에 관한 노래는 그리 많지 않다. 미국 사람 중 최고 6퍼센트는 계절성 정서장애seasonal affective disorder로 고통 받는다. 그 약자 또한 SAD이니 이렇게 적절할 수가 있나 싶다. 계절성 정서장애가 있는 사람은 겨울 동안 가벼운 불안에서 심각하게 암울한 상태에 이르기까지 다양한 기분을 경험한다. 겨울 기간 동안 밤보다 낮이 훨씬 짧은 북쪽 지역에서 이런 증상이 더 흔하다. 왜 이런 일이 일어날까?

다른 모든 동물과 마찬가지로 우리의 몸에는 낮 동안 필요한 일을 하고, 밤에는 잘 수 있게 대사를 조절하는 생물학적 시계가 내장돼 있다. 햇빛이 잦아드는 것은 말 그대로 우리 몸에게 이제 잘 때가 되었다고 말해주는 1차 단서로 작용한다. 망막의 세포들은 더 이상 빛을 감지하지 않게 되면 뇌에게 멜라토닌melatonin을 만들라는 신호를 보낸다. 멜라토닌은 생화학적 자장가 역할을 하는 수면 호르몬이다. 그러다 아침 햇살이 눈꺼풀에 와 닿고, 눈꺼풀은 어느 정도 투명도를 갖고 있어서 빛의 변화를 감지할 수 있기 때문에 뇌가 멜라토닌 생산에 제동을 걸어 깨어나 낮 동안 활동을 할 수 있게 만든다. 아니면 적어도 일어나서 커피를 탈 수 있을 정도는 정신을 차리게

나를 나답게 만드는 것들

해준다.

밤에 인공조명을 사용하거나 자기 전에 밝은 스크린을 보고 있으면 뇌는 혼란에 빠진다. 뇌는 아직 낮이라고 생각해서 멜라토닌을 생산하지 않는다. 그래서 마침내 불을 껐을 때도 좀처럼 잠에 들기가 어려워진다. 계절성 정서장애를 가진 사람에게도 비슷한 상황이 생긴다. 이들의 멜라토닌 생산은 햇빛과 동조되지 않는데, 낮에 일조량이 줄면 악화된다.

생물학적 시계를 조절하는 유전자들을 비롯해서 몇 가지 유전자 변이가 계절성 정서장애와 관련되어 있다. 또 다른 계절성 정서장애 유전자 변이는 세로토닌 수용체를 암호화한다. 세로토닌은 관심의 대상이 되고 있는데, 멜라토닌의 전구분자이기 때문이다. 계절성 정서장애가 있는 사람 중에는 OPN4 유전자 변이를 가진 사람이 있다. 이 유전자는 눈에서 빛을 감지해 뇌에게 멜라토닌을 생산하라는 신호를 보내게 한다.

캘리포니아대학교 샌프란시스코 캠퍼스의 신경학자 푸 잉후이傅嫈惠와 루이스 프타첵Louis Ptáček이 최근 수행한 연구에서 기분을 조성하는 데 빛과 수면이 얼마나 중요한지 강조하는 또 다른 유전자를 발견했다. 계절성 정서장애와 가족성 전진성 수면위상증후군familial advanced sleep phase disorder을 모두 가진 사람에게서 PERIOD3라는 유전자의 변이가 발견됐다. 전진성 수면위상증후군이 있는 사람은 생물학적 시계가 빠르다. 예를 들면 저녁 7시같이 아주 이른 시간에 잠이 오고 새벽 4시에 깬다. 연구자들이 변이된 PERIOD3 유전자를 생쥐에게 이식했더니 낮과 밤의 지속 시간이 같은 경우에는 정상적으로 행동했다. 하지만 계절성 정서장애가 있는 사람이 겨울에 처하는 상황처럼, 햇빛이 드는 시간을 단축시켰더니 돌연변이 생쥐들은 아주 약한 스트레스 상황에도 너무 쉽게 포기했다. 이는 우울증과 일치하는 증상이다.

계절성 정서장애는 보통 아침에 밝은 빛을 비추어 멜라토닌 생산을 중단시키고, 저녁에 멜라토닌 보충제를 복용해 수면을 유도하는 방법으로 치료한다. 계절성 정서장애 환자의 생물학적 시계를 재설정하면 수면 부족으로 겪는 부정적 기분을 완화하는 데 도움이 된다. 계절성 정서장애 환자로부터 우리가 배워야 할 교훈은 질 좋은 밤잠이 건강과 행복에 얼마나 소중한지 알아야 한다는 것이다.

탄수화물에 취하는 이유

근래에는 술을 입에도 대지 않는데 완전히 취한 것처럼 보이는 사람이 있다는 이상한 보고가 등장하고 있다. 어떤 고령자는 아침에 베이글을 먹고 완전히 취한 사람처럼 행동했다. 뉴욕 북부 출신의 여성은 자기가 결백하며 술을 한 모금도 마시지 않았다고 맹세했지만 음주운전으로 기소되었다. 만 3세 여자아이가 과일펀치fruit punch를 마신 후 술에 취한 것처럼 행동했다. 대체 무슨 일일까? 이 사람들이 장난을 치는 것일까? 이들은 강박적 거짓말쟁이compulsive liar일까?

법정에서는 음주운전으로 기소된 여성의 주장에 회의적이었다. 그래서 테스트를 해보기로 하고 몇 시간마다 음주 측정 검사를 하면

나를 나답게 만드는 것들

서 12시간 동안 관찰해보았다. 이 여성은 술을 입에 대지 않았는데도 혈중 알코올 농도가 낮 동안 꾸준히 올라갔고 12시간이 지나자 법적 허용치의 4배에 도달했다. 그래서 판사는 공소를 기각하기로 했다. 이 여성은 알코올을 섭취하지 않고도 어쩐 일인지 몸에서 알코올을 만들어내고 있었던 것이다.

이것은 미생물이 기분과 행동에 영향을 미치는 가장 기이한 사례 중 하나다. 자동 양조 증후군auto-brewery syndrome 혹은 소화관 발효 증후군gut fermentation syndrome이라는 병에서는 특정 장내 효모가 과도하게 증식하면 이 효모들이 사람이 섭취한 탄수화물로부터 알코올을 생산한다. 이 증후군이 있는 사람은 파스타 한 그릇을 먹고도 술에 취한 기분을 느낄 수 있다. 효모는 곰팡이균의 일종이다. 그리고 자동 양조 증후군과 관련 있는 효모로는 칸디다Candida 종과 사카로마이세스 세레비제Saccharomyces cerevisiae(흔히 맥주효모로 불린다)가 있다. 그렇다. 이것은 수제 맥주를 만들 때 사용하는 것과 같은 효모다. 따라서 소화관 속에 맥주효모를 과도하게 가진 사람은 말 그대로 '맥주 배'를 가진 셈이다.

이런 효모들이 사람의 소화관에 자리 잡은 이유는 알려지지 않았다. 한 사례에서는 장기간에 걸쳐 항생제를 사용하면, 이 항생제가 곰팡이균이 아닌 세균에만 영향을 미치기 때문에 효모 성장에 유리한 장내 환경이 만들어질 수 있다는 주장이 나왔다. 세균이 격감하자 영양분을 차지하기 위한 경쟁이 줄고 효모가 말 그대로 잔치를 벌일 수 있게 된 것이다. 일부 연구자들은 곰팡이균의 과도한 성장을 탓할 수 없다고 주장한다. 그보다는 유전적 결함 때문에 소화관에서의 발효로 정상적으로 생길 수 있는 미량의 알코올을 간이 대사하지 못할 수 있다고 주장한다.

관심은 주로 극단적인 사례에 쏠리기 마련이지만, 당신의 소화관에 존재하는 효모의 양이 오르락내리락하면서 소량의 알코올을 생산하여 적당히 기분 좋게 만들거나, 판단력에 영향을 미칠 수 있다고 상상해보라. 하지만 이를 변명거리로 삼지는 말자. 자동 양조 증후군은 극히 드물며 식생활 변화, 항진균제(효모 감염 표적 치료제), 프로바이오틱스(소화관에 이로운 세균 보충)로 치료할 수 있다.

해맑게 행복한 사람들이 존재하는 이유

우울증이 생물학에서 비롯된다는 것은 일반적으로 받아들여지고 있지만, 여전히 많은 사람이 행복을 좌우하는 가장 중요한 것은 정신 자세라 믿고 있다. 이런 사람들은 정신 자세만 올바르면 찌푸려진 얼굴도 펼 수 있다고 주장한다. 역사적으로 보면 걱정을 초월한 열반의 경지에 도달하는 것은 철학자, 신학자 같은 사람의 탐구 분야였다. 하지만 과학자도 이 탐구에 끼고 싶어 한다. 어쩌면 과학자가 행복의 열쇠를 찾아 우리 모두가 환호성을 지르게 해줄지도 모른다.

그래서 행복 증진과 관련된 유전자를 찾는 탐구가 자연스럽게 이어져왔다. 하지만 어디에서 찾아보아야 할까? 브리스톨대학교의 경제학 교수 유지니오 프로토Eugenio Proto는 그가 영국 워릭대학교

나를 나답게 만드는 것들

University of Warwick에 재직할 당시에 진행했던 연구에서 이런 탐구를 시작할 좋은 출발점이 덴마크와 다른 스칸디나비아 국가에 사는 사람들의 DNA를 분석해보는 것이라고 생각했다. 이런 국가들은 세계 행복 순위를 정할 때 늘 상위권을 차지한다(이들이 아바ABBA를 좋아하는 이유도 이것으로 설명할 수 있을지 모르겠다). 검사를 진행한 30개 국가 중 덴마크와 네덜란드가 우울증과 관련 있는 것으로 보이는 세로토닌 수용체 보유자 비율이 가장 낮았다. 덴마크 사람의 DNA에는 행복하게 만들어주는 무언가가 실제로 존재하는지도 모르겠다. 하지만 대학교 무상교육과 의료서비스가 도움이 되는지도 모른다. 돈이 전부가 아니라는 사실을 증명해주듯 부자 나라인 미국은 십대들의 행복 평가에서 비교적 부유한 다른 국가들에 비해 꾸준히 낮은 점수를 받고 있다(2018년에는 14등에서 18등으로 떨어졌다).

다른 연구진은 기저선 기분을 더 밝게 만들 수 있는 유전자를 찾았다. 2016년에 유전학자들은 국가의 행복 지수와 4장에서 언급했던 지방산 아미드 가수분해효소FAAH를 암호화하는 유전자의 변이 사이에서 강력한 상관관계를 발견했다. 이 변이는 4장에서 언급한 '행복의 분자'인 신경전달물질 아난다미드의 분해를 방해한다(이 분자가 마리화나에 들어 있는 테트라하이드로칸나비놀이 결합하는 것과 같은 수용체에 결합한다는 것을 기억하자). 따라서 끝없이 행복해하는 사람은 자연적으로 몸 안에 더 많은 아난다미드를 가졌을지 모른다. 이것은 감각적 쾌락을 강화하며 진통 작용도 가지고 있다. 하지만 다른 유전자 변이와 마찬가지로 환경이 DNA와 함께 상호작용하기 때문에 어떤 결과가 나올지 정확히 예측하기는 어렵다. 좋은 예가 있다. 연구자들의 말에 따르면 러시아와 동유럽 국가 같은 일부 국가에서는 FAAH의 '행복' 변이를 가졌지만 그리 행복하다고 생각하지 않는 시민들이 있다.

거의 30만 명을 대상으로 진행해 지금까지 최대 규모라고 할 수 있는 유전학 연구에서 암스테르담 자유대학교Vrije Universiteit의 생물심리학자 메이케 바텔스Meike Bartels가 행복한 사람에게 흔히 존재하는 세 가지 새로운 유전자 변이를 발견했다. 이 유전자 변이들은 신경계, 부신, 췌장에서 발현되는데, 이것이 기분과 어떤 관련이 있는지 이해하기 위해서는 더 많은 연구가 필요하다.

연구는 아직 초기 단계지만, 유전자는 콜레스테롤 수준에 영향을 미치는 것과 같은 개념적 방식으로 기저선 행복 수준에도 영향을 미치는 것으로 보인다. 우리가 온도 조절계처럼 기분의 '설정값'을 가졌다는 추가 증거가 1970년대 말 주요 생활사건major life event 이후 행복을 조사하기 위해 수행된 고전적 심리학 연구로부터 나왔다.

로또 1등 당첨자와 사고로 마비가 된 사람 중 누가 더 행복하고, 누가 더 슬퍼할 것 같은가? 직관과 달리 그 후로 몇 달 후에 보면 로또 당첨자는 당첨되기 전보다 그리 많이 행복하지 않고, 마비가 찾아온 사람은 사고 전보다 그리 많이 슬퍼하지 않는 것으로 나온다. 물론 모든 사람이 사고로 마비되는 것보다 로또에 당첨되는 것을 더 좋아하겠지만, 우리가 간과한 한 가지 요소가 있다. 우리에게는 좋은 상황이든 불행한 상황이든 자신의 상황에 적응하는 강인한 능력이 있다는 점이다. 바꿔 말하면 처음에는 기분이 아주 좋아지거나 가라앉지만, 그 후에는 마음이 정상으로 돌아오면서 유전자, 태아

나를 나답게 만드는 것들

프로그래밍, 아동기 초기 환경에 의해 확립된 기저선 기분으로 돌아
오는 경향이 있다.

행복이 생각처럼 좋지만은 않은 이유

어떤 사람은 세상 그 어떤 일에도 우울해질 것 같지가 않다. 이들은
아예 두서없이 행복해서 마치 두더지 잡기 게임에 신이 난 아이처럼
어떤 장애물이 생겨도 신경조차 쓰지 않는다. 슬픈 감정이 우울증으
로 발전하는 것이 병인 것은 알겠는데 하루 24시간 내내 행복한 것
도 문제가 되지 않을까? 미국의 가수 존 멜런캠프^{John Mellencamp}는 그
렇게 생각하는 것 같다. 그는 이렇게 말했다. "나는 우리가 행복한
삶을 살기 위해 이 땅에 온 것이 아니라 생각한다. 내 생각에 우리는
스스로 육체적, 감정적, 지적 시험대에 오르기 위해 이곳에 온 것 같
다." 뒤에서 곧 보겠지만 과학자들은 멜런캠프의 말이 일리가 있다
고 주장한다. 지나친 만족에 따르는 문제점이 바로 영화 〈록키 3〉의
밑바탕에 깔린 주제였다. 우리가 사랑하는 권투 영웅 록키 발보아는
헤비급 챔피언의 왕좌를 차지하면서 마음이 너무 풀려버렸다. 아폴
로 크리드를 이기고 난 후 그는 좋은 차, 홈시어터, 로봇 같은 것을
즐기며 아드리안과 함께 사치스럽게 살고 있었다. 그는 클러버 랭의
도전을 별로 진지하게 생각하지 않았고, 그로 인해 싸움에 져서 챔
피언 자리를 잃는 대가를 치른다. 이 이야기의 교훈은 챔피언 자리
를 차지하고, 그 자리를 유지하려면 영화 〈록키〉의 주제가 제목처럼

'호랑이의 눈eye of the tiger'이 필요하다는 것이다. 기분이 나빠지면 목표 달성에 필요한 갈망과 추진력을 회복할 수 있다. 만약 록키가 챔피언 자리를 뺏긴 것을 두고 그냥 어깨만 으쓱하고 다시 대저택으로 돌아가 돈방석에서 뒹굴고만 있었다면 록키 시리즈는 완전히 케이오 당하고 말았을 것이다. 하지만 록키는 부정적인 감정에서 오히려 자극을 받고, 그것을 다시 지옥 훈련을 통해 승리를 거두는 데 필요한 원동력으로 삼는다.

콜로라도대학교 볼더 캠퍼스의 심리학자 준 그루버June Gruber는 행복에 대해 회의적인 불평분자 중 한 명이다. 예일대학교에 재직할 당시에 쓴 글 '행복의 어두운 면?A Dark Side of Happiness?'에서 그루버는 행복을 느끼는 것이 적절치 않고, 심지어 해로울 수도 있는 몇 가지 상황에 대해 간략히 설명했다. 예를 들어 감정 상태는 자신의 상태를 상대방에게 전달할 때 중요하다. 우리가 항상 행복하다면 다른 사람들은 우리가 언제 도움과 뒷받침이 필요한지 알지 못한다. 그와 비슷하게 장례식장에서 농담을 던지거나, 누군가의 마음을 상하게 한 후 양심의 가책을 못 느끼거나, 직장 상사에게 꾸지람을 들으면서 바보 같은 웃음을 짓는다면 사서 고생을 하게 된다. 끝없이 행복하기만 한 사람은 자만심에 차 있고, 남들에게 무심하고, 그 무엇도 진지하게 받아들일 줄 모르는(더 나아가 멍청하고 순진한) 사람으로 비칠수 있다. 록키의 사례에서 배웠듯이 편안하고 만족스러운 사람은 다가온 위험을 과소평가해서 그 문제를 해결하는 데 필요한 추진력을 얻지 못할 수 있다. 과도하게 행복한 사람은 설득력 있는 주장을 펼치는 능력이 떨어지고 잘 속는 경향이 있는 것으로 밝혀졌다.

나를 나답게 만드는 것들

수많은 문헌들 또한 우리의 빼앗을 수 없는 권리인 행복 추구가 실제로는 행복에 부정적인 결과를 만들 수 있음을 주장한다. 캐나다 토론토대학교 스카버러 캠퍼스University of Toronto Scarborough의 샘 마글리오Sam Maglio가 진행한 2018년 연구는 행복해지려고 집착하는 사람이 자기가 이미 처해 있는 상황을 감사히 받아들이는 사람과 시간을 다르게 인지한다는 것을 보여주었다. 행복을 뒤쫓는 사람은 마음이 급해지고 시간이 촉박하다고 느끼는 경우가 많았다. 이런 느낌은 행복을 방해한다. 이 연구에 따르면 행복을 쫓느라 시간이 부족하다고 느끼는 사람은 자신이 찾는 행복의 열쇠일지도 모를 여가 활동을 멀리하는 경향이 있다. 거기에 더해 늘 바쁜 사람은 보통 타인을 돕거나 자원봉사할 시간이 없다고 느낄 때가 많다. 이런 활동들이야말로 사람을 행복하게 해주는데 말이다.

부정적 감정을 묵살하면 목표로 향하는 길을 막는 장애물을 올바르게 헤쳐 나갈 수 있도록 몸이 자신을 재조정하는 능력이 약화될 수 있다. 바꿔 말하면 우리에게는 부정적 느낌으로 생성되는 생화학물질이 필요하다. 이런 생화학물질이 장애와 맞서 싸울 수 있게 돕는다. 이것이 사실이라면 우리는 행복한 삶을 살기 위해 이 땅에 온 것이 아니라 도전하기 위해 왔다는 멜런캠프의 주장을 과학이 인정하는 셈이다. 사실 진화는 우리가 쾌적하지 못한 환경에서도 번영할 수 있게 해줄 적응 메커니즘을 선택해놓은 것이다.

이런 개념을 뒷받침하는 실제 사례를 윌리엄스 증후군Williams syndrome을 가지고 태어난 아이에게서 목격할 수 있다. 이 증후군은 거의 30개의 유전자가 제거된 유전적 결함으로 생긴다. 이 병이 있는 아동은 다양한 인지적, 신체적 문제로 고통 받는다. 하지만 이 병에 따라오는 예상치 못했던 특징이 하나 있는데 바로 고삐 풀린 행복감이다. 이 사랑스러운 사람들은 특이할 정도로 붙임성이 좋고, 사람을 잘 믿고, 공손한데 그 정도가 지나칠 때가 많다. 예를 들면 이런 아동 중 상당수는 즉각적으로 대놓고 모든 사람을 사랑한다. 낯선 사람을 두려워하지 않으며 아예 사람을 믿지 않는 것 자체가 불가능해 보인다. 불행히도 이런 성격 때문에 사기, 왕따, 아동 대상 범죄의 대상이 되기 쉽다.

거기에 덧붙여 조울병manic depression이 있는 사람은 강렬한 긍정적 기분을 특징으로 하는 조증 단계mania phase 동안에 심각한 문제에 빠질 수 있다. 끈질기게 이어지는 행복은 사람으로 하여금 뻔히 보이는 위험도 보지 못하게 하여 아주 위태로운 상황으로 끌고 갈 수 있다. 조증이 발동하면 평생 저축한 돈을 아무한테나 주거나, 먼 곳으로 도망가 낯선 이와 불륜을 저지르기도 한다.

물론 우리가 행복해서는 안 된다고 말하려는 것이 아니다. 하지만 행복은 베이컨과 비슷하다. 너무 과하면 건강에 좋지 않다. 역경은 인생에서 피할 수 없는 부분이고, 어려운 상황에 따라오는 불쾌한 감정을 부정하면 도전에 필요한 생리적 도구를 박탈당한다.

_____ **행복의 의미에 박수를 치자**

기분장애가 없고 그저 자신의 행복 지수를 좀 끌어올리고 싶은 사람

나를 나답게 만드는 것들

들에게 전문가들은 어떤 충고를 해줄 수 있을까? 행복이라는 주제로 나온 책들을 모두 읽으려면 한평생도 모자랄 수 있다. 하지만 몇 가지 중요한 책을 읽고 나면 공통점이 드러난다.

영적 구루 람 다스Ram Dass는 1971년에 《Be Here Now》라는 유명한 책을 썼다. 이 책에 영감을 받은 비틀스의 조지 해리슨은 똑같은 제목의 노래를 부르기도 했다. 다스는 미래에 집착하지 말고 현재를 충실히 살라고 촉구했다. 좀 더 최근에는 하버드대학교의 심리학자 대니얼 길버트Daniel Gilbert가 2006년에 나온 책 《행복에 걸려 비틀거리다Stumbling on Happiness》에서 이런 개념에 대해 자세히 설명했다. 길버트는 미래에 대한 불확실성이 통제광control freak인 뇌와(이 부분은 8장에서 자세히 말하겠다) 어떻게 불협화음을 내는지 설명하고 있다. 더군다나 우리는 보통 미래에 무엇이 자기를 행복하게 할지 상상하는 일에 서툴다. 지금 나를 기쁘게 하는 것이 그때도 그러리라는 보장이 없기 때문이다. 간단히 말해 미래는 행복을 방해하는 거대한 불안의 원천이다.

이런 개념들은 1930년에 출간한 철학자 버트런드 러셀의 책 《행복의 정복The Conquest of Happiness》에도 잘 반영되어 있다. 러셀은 우리가 걱정하는 대부분의 문제가 떨어져서 보면 얼마나 사소한 문제인지 깨달음으로써 걱정의 왕국에서 해방될 수 있다고 가르친다. 당신이 어느 옷을 입기로 결심하는지, 당신이 얼마나 많은 재화를 모으는지 우주는 신경 쓰지 않는다. 러셀은 자신에 대한 집착을 내려놓을 때 비로소 더 행복해질 수 있다고 주장한다.

윤리학자 피터 싱어Peter Singer도 비슷한 정서를 전한다. 그는 가장 큰 행복은 좁고 자기중심적인 목표를 채움으로써 찾아오는 것이 아니라 세상을 최대한 많은 사람에게 살기 좋은 곳으로 만드는 일에 도전함으로써 찾아온다고 말한다.

진화는 이기적 유전자에서 시작했을지 모르지만, 인간은 놀라운 이타주의 능력을 진화시켰다. 우리의 자연스러운 협동 성향은 친족선택^{kin selection}을 통해 등장했다. 친족선택이란 가족 등 자기와 유전적으로 유사한 존재를 지원하려는 본능적 욕구이다. 시간이 지나면서 우리는 자기 지역사회의 다른 구성원을 지원하는 것이 자신에게 도움이 된다는 사실을 알게 됐다. 싱어는 이제 이 도덕적 관심의 범위를 전 세계로 확장시켜 인류의 모든 구성원을 포괄해야 한다고 주장한다. 당신이 깐깐한 학자의 말을 못 믿겠다면 만화에서도 그와 견줄 만한 통찰을 찾아볼 수 있다. 예를 들면 에인션트원^{The Ancient One}은 닥터 스트레인지^{Dr. Strange}에게 이렇게 설명한다. "오만함과 두려움이 여전히 당신이 가장 단순하면서도 가장 중요한 교훈을 배우지 못하게 막고 있군요. (……) 이것은 당신에 관한 것이 아니에요."

이런 철학적 개념에 동조하듯 과학 연구들도 가장 행복한 사람은 자기 자신보다 타인에게 초점을 맞추는 사람임을 거듭해 보여주었다. 뇌 영상 연구는 이타적 행동이 음식과 섹스에 의해 활성화되는 것과 같은 보상 중추에 불을 켠다는 것을 밝혔다. 타인을 돕는 행동은 삶에 목적의식과 의미를 불어넣는다. 이는 즉각적인 만족과 거의 황홀경에 가까운 만족감을 제공한다. 그리고 당신이 세상에 대해 더 넓은 시각을 갖게 해주고, 그런 시각을 함께 공유하는 다양한 사람들을 볼 수 있게 해준다. 알베르트 아인슈타인도 이렇게 말했다.

나를 나답게 만드는 것들

"성공한 사람이 되려고 노력할 것이 아니라, 가치 있는 사람이 되려고 노력하라." 타인을 돕는 것은 인간적인 일일 뿐만 아니라 행복으로 가는 열쇠다.

깨어남

1969년에 저명한 신경과학자 올리버 색스^{Oliver Sacks}는 도파민을 비롯한 몇몇 신경전달물질의 전구물질인 L-도파^{L-dopa}가 수십 년 동안 긴장증 상태^{catatonic state}(조현병 등으로 장시간 움직이지 못하는 증상—옮긴이)에 있던 환자를 회복시킬 수 있다는 놀라운 발견을 했다. 이 화학물질 하나가 여러 해 동안 말도 못 하고 움직이지도 못 하던 일부 환자들의 스위치를 '켜짐' 상태로 되돌리는 것처럼 보였다. 안타깝게도 이런 부활의 시간은 짧았다. 어떤 사람은 이 약물에 내성이 생기거나 위험한 부작용에 시달리기도 했다. 이 일은 용기 없이 직면할 수 없는 냉엄한 진실을 보여준다. 바로 모든 생각, 감정, 느낌이 본질적으로 생화학에 의한다는 진실이다. 우리의 기분은 내면의 신비로운 영혼에서 오는 것이 아니라 신경생리학에서 온다. 사소하게라도 뇌를 바꿔놓을 수 있는 것은 우리의 기분도 바꿀 수 있다.

올리버 색스는 《깨어남^{Awakening}》이라는 책에서 이 놀라운 사건을 자세히 설명했다. 로빈 윌리엄스가 똑똑하고 겸손한 의사로 출연하는 영화로 만들어지기도 했다. 윌리엄스는 몰랐겠지만, 24년 후에 그의 목숨을 앗아갈 사악한 단백질이 그의 뇌 속에 이미 그때 축적되고 있었다.

다른 유명 인사들의 자살 사건과 마찬가지로 로빈 윌리엄스의 사망 후에도 어떻게 그렇게 이기적일 수 있느냐, 어쩜 그렇게 비겁할 수 있느냐는 등 혼란스러운 마음을 표출하는 사람들이 참 많았다. 이런 평가는 그저 무지하기만 한 것이 아니다. 그의 죽음을 비통하게 생각하는 사람들에게 잔인한 행동이므로 비난 받아 마땅하다. 우리는 유전자, 후성유전적 프로그래밍, 미생물총 같은 숨은 힘들이 무의식적으로 우리의 밝은 기질이나 그리 밝지 못한 기질에 큰 영향을 미치고 있음을 받아들이게 될 것이다. 기분 장애는 정말 현실적인 건강문제다. 과도한 슬픔이나 과도한 행복 모두 정상적으로 생활하는 데 해로운 영향을 미친다. 그런 문제에서 당장 빠져나오라고 질책하는 것은 앞을 못 보는 사람에게 어서 앞을 보라고 고함지르는 것과 같다. 그보다는 격려하고 전문가의 도움을 권하는 편이 낫다.

우리는 과학이 일깨워준 사실을 알아야 한다. 바로 우리의 기저선 기분은 우리가 통제할 수 없는 요인들에 의해 아주 어린 시절에 대부분 미리 결정된다는 것이다. 나이가 들면서 생기는 기분의 변화에 대해서도 우리는 별로 할 수 있는 것이 없다. 어떤 사람은 이런 일깨움이 달갑지 않을 것이다. 우리는 통제를 좋아하고, 자신의 기분을 바꿀 수 있는 힘을 원한다. 그럴 수 있다. 하지만 그런 힘을 얻으려면 먼저 진실을 받아들여야 한다. 기분의 문제와 관련한 생물학적 토대를 잘 이해해야 새로운 치료법도 세상에 많이 나올 수 있다.

6

.

나의 악마와 만나다

PLEASED

TO

MEET

ME

> "
>
> 내면의 악마를 없앨 수는 없지.
> 그저 그와 함께 사는 법을 배울 뿐.
>
> "
>
> 에인션트원이 모르도에게, 영화 <닥터 스트레인지>에서

나는 평생을 미국 동부 해안에
서 살다가 박사후과정 연구를 위해 중서부로 나왔다. 필라델피아에
서 인디애나폴리스로 이사 오고 얼마 지나지 않은 어느 날 밤, 집으
로 가기 위해 주를 넘어가는 고속도로^{interstate}에서 운전하고 있었다.
커다란 픽업트럭이 갑자기 내 앞으로 끼어들어와 큰 사고가 날 뻔
했다. 동부 해안 지역에서 운전이라면 이골이 날 대로 난 나는 거의
500미터를 뒤쫓으며 경적을 울렸다. 여러 번 그 남자에게 손가락 하
나를 펴 보였다.

그런데 공교롭게도 그 남자와 같은 나들목으로 나왔고, 빨간 신
호에 차들이 멈췄다. 내 뒤와 옆으로 차들이 줄지어 멈추자 어느새
나는 그 남자의 차 뒤에 갇힌 신세가 됐다. 그제야 그 차의 범퍼에
붙은 미국총기협회 스티커와 총 보관대가 눈에 들어왔다. 그 트럭의
흙받기 판에는 요세미티 샘(미국 애니메이션에 등장하는 캐릭터─옮긴이)이
나를 향해 총을 겨누며 말하고 있었다. "뒤로 물러나!" 차문이 열렸
다. 나는 눈이 커지고 심장이 미친 듯 뛰었다. 식은땀도 흐르기 시작
했다. 분노는 순식간에 극심한 공포로 바뀌고 말았다.

이어서 믿기 어려울 정도로 크고 다부진 남자가 트럭에서 내리

면서 허리띠 버클을 추켜올렸다. 버클 크기가 대략 텍사스 주 만해 보였다. 그가 걸어오더니 해골 반지로 내 차 유리창을 두드렸다. 자연스레 나는 정면만 바라보면서 아무 일도 일어나지 않은 척했다. 그가 유리창을 다시 두드리며 말했다. "저기요!"

나는 바지에 오줌을 지릴까 무서워 두 다리를 단단히 조이며 고개를 돌려 남자를 보았다. 그가 팔자수염을 만지며 유리창을 내려보라는 몸짓을 했다. 어림없는 일이다. 머지않아 그가 고함을 치기 시작했다. 그런데 예상했던 말이 아니었다.

"죄송합니다. 아까 그렇게 끼어들려고 그런 게 아닙니다. 차를 못봤어요." 그의 목소리가 떨리고 있었다. 나만큼이나 겁을 먹은 것 같았다. 내가 창문을 살짝 내려서 괜찮다고 했다. 그리고 내가 바보처럼 경적을 울리면서 과하게 반응한 것을 사과했다. 그가 정중히 인사하고 자기 차로 돌아갔고, 그때 신호등이 파란불로 바뀌었다.

그가 상식이 있고 생각이 깊은 사람인 것이 나에게는 정말 다행이었다. 도로 폭행 사고가 비극적 결과로 이어졌다는 기사를 한두번 본 것이 아니다. 하지만 사람의 내면에 숨어 있던 악마는 무엇을 계기로 풀려나오는 것일까? 원래부터 어떤 사람은 수동적이고, 어떤 사람은 더 공격적인가? 악마 같은 행동은 사악한 영혼에서 비롯되는 것일까? 이런 질문에 대답하기 전에 공포의 생물학을 자세히 살펴보면 도움이 될 것이다.

나를 나답게 만드는 것들

아무리 몸집이 크고 힘이 센 사람이라도 공포를 느낀다(심지어 슈퍼맨도 크립토나이트를 무서워한다). 공포가 불쾌한 감각이기는 해도 우리를 보호하기 위해 진화된 필요악인 것은 사실이다. 위협을 인식했을 때 신속히 반응할 수 있는 신경계를 구축하는 유전자에는 강력한 생존상의 이점이 존재한다. 위협에 신속히 대처하는 능력이 커질수록 생존기계가 살아남아 번식에 성공해 자신의 격렬한 공포 반응을 다음 세대에게 물려줄 가능성이 커진다.

공포는 자동 반응이다. 생각하지 않아도 일어난다는 뜻이다. 깜짝 생일파티에서 친구들이 '서프라이즈!'라고 외칠 때 당신이 화들짝 놀라는 것도 이 때문이다. 문을 열기 전에 깜짝 놀랄지 말지 고민한 다음에 놀라는 것이 아니다.

겁을 먹으면 몸에서는 급속한 생화학적 변화가 일어난다. 예상치 못했던 소음이 나거나 불길한 그림자가 뒤에 나타나는 등 스트레스를 주는 자극이 가해지면 그에 대한 반응으로 뇌에서는 적색경보를 울리고 스트레스 호르몬을 분비하라는 신호를 보낸다. 그 결과 에피네프린(=아드레날린)과 노르에피네프린(=노르아드레날린)이 분비돼 호흡수, 심박동, 혈압이 올라가고, 에너지 공급을 위해 저장되었던 당분이 분해된다. 그리고 시력을 개선하기 위해 동공이 확장되고 에너지를 위협에 대응하는 데만 쓰기 위해 소화 기능이 중단된다. 코르티솔도 분비돼 혈당 수치를 높이고 면역계를 억제한다. 두 가지 모두 위협에 대처하기 위한 추가 에너지를 제공한다. 이 강제적인 행동 모두 투쟁-도피 반응에서 대단히 중요하다.

무엇에 공포를 느껴야 하는지 몸은 어떻게 알까? 누구나 깜짝 놀라게 하면 몸이 움찔하지만, 놀이 공원 유령의 집에 갔다고 모든 사람이 겁을 먹지는 않는다. 동물이 배우지 않고도 공포를 느끼도록 프로그래밍된 대상을 선천적 공포innate fear라고 한다. 예를 들어 생쥐는 고양이에 대한 선천적 공포를 타고났다. 고양이는 개에 대해 선천적 공포를 타고났다(그리고 유튜브에 따르면 오이에 대해서도 그렇다고 한다). 사람에게서 알려진 선천적 공포는 갑작스런 큰 소음과 낙하에 대한 공포, 이 두 가지밖에 없다. 다른 공포는 학습하는 것이다(하지만 거미, 뱀 같은 것에 대한 공포는 쉽고 신속하게 배운다). 초자연적인 힘을 믿도록 배운 사람은 그렇지 않은 사람보다 귀신을 무서워할 가능성이 더 높다.

선천적 공포든 학습된 공포든, 어떤 사람은 겁으로 자제력을 잃고, 어떤 사람은 침착한 이유를 부분적이나마 유전자 변이로 설명할 수 있다. 5장에서 아난다미드가 더 많아지게 만드는 FAAH 유전자 변이에 대해 얘기했다. 아난다미드는 불안을 덜 느끼게 만드는 행복의 분자다. 이런 사람은 공포 제거fear extinction 능력, 즉 무언가에 대해 남보다 더 빨리 겁을 없애는 능력이 강화되어 있다. 억제성 신경전달물질 GABA(4장 참고)의 수용체에 생긴 돌연변이도 두려움과 관련 있다. GABA 수용체가 손상을 입으면 차분하게 진정시키는 효과가 있는 이 억제성 신경전달물질을 뇌가 받아들이지 못한다. 일부 사람이 겁을 더 잘 먹고 불안이 많은 이유도 이것으로 설명할 수 있다. GABA 수용체가 결핍된 생쥐는 정상 생쥐보다 겁이 많다. 격렬

나를 나답게 만드는 것들

한 불안발작이 특징인 공황장애로 고통 받는 사람에게도 GABA 수용체 돌연변이가 발견됐다.

당신 주변을 맴도는 조부모의 악마

이유를 설명할 수 없는 이상한 공포에 시달리는가? 미국인은 10명 당 1명이 공포증phobia을 갖고 있다. 아무런 위험이 없는 상황에서도 찾아오는 격렬한 공포로, 아무것도 할 수 없을 정도의 공포이다. 예를 들어 고소공포증acrophobia이 있는 사람은 높은 곳에 가면 겁에 질린다. 심지어 완벽하게 안전한 고층 빌딩 안에서도 이런 공포를 피할 수 없다. 드라마 〈못말리는 패밀리Arrested Development〉에서 토바이어스 핀케는 절대로 알몸이 되지 않는다. 심지어는 샤워를 할 때도 반바지를 입고 있다. 그는 나체공포증nudophobia이 있다. 이는 실제로 있는 증상이다. 다른 공포증으로는 땅콩버터공포증arachibutyrophobia(땅콩버터가 입천장에 달라붙는 것에 대한 공포), 젓가락공포증consecotaleophobia(젓가락에 대한 공포), 플루트공포증aulophobia(플루트 같은 관악기에 대한 공포), 그리고 내 아내가 갖고 있는 지네공포증chilopodophobia 등이 있다.

미국 국립보건원NIH에 따르면 미국에서 1,900만 명이 넘는 사람이 비이성적인 공포와 불안 때문에 삶의 질적 저하를 경험하고 있다. 이런 이상한 공포증은 대체 어디서 왔을까? 자신의 경험에서 비롯되었을 수도 있다. 나는 아기였을 때 땅콩버터를 한 번에 너무 많이 떠먹는 바람에 거의 질식해 죽을 뻔했다. 과연 내가 땅콩버터공포증에 해당하는지 자신할 수는 없지만, 지금도 땅콩버터 제품은 극도로 조심하면서 먹는다. 개인적 경험으로 설명할 수 없는 공포나 공포증은 가계도에서 드러날지도 모른다. 《그레이브야드 북The Graveyard Book》에서 저자 닐 게이먼Neil Gaiman은 이렇게 적었다. "공포는 전염성이 있어. 너도 걸릴 수 있다고." 알고 보니 공포는 전염성만 있는 것이 아니었다. 다음의 실험에서 볼 수 있듯이 공포는 세대를 거쳐 전달될 수 있다.

아세토페논acetophenone은 살구, 사과, 바나나를 비롯해 많은 식품에서 발견되는 천연 화학물질이다. 순수하게 정제한 형태에서는 체리 같은 냄새가 난다. 생쥐는 아세토페논의 냄새를 좋아하지만, 그 냄새를 두려워하도록 학습시킬 수 있다. 2013년에 에모리대학교Emory University의 신경과학자 케리 레슬러Kerry Ressler와 브라이언 디아스Brian Dias는 약한 전기 충격을 이용해서 생쥐가 체리 냄새를 무서워하도록 조건화했다. 생쥐 우리에 아세토페논 증기를 방출한 다음 우리 바닥을 통해 생쥐의 발바닥에 약한 전기 충격을 주었다. 이렇게 3일이 지난 후 아세토페논 냄새만 풍기고 더 이상 전기 충격이 없는 상태에서도 생쥐들은 공포에 질려 몸을 웅크렸다. 바꿔 말하면 레슬러와 디아스는 생쥐들이 천성과 어긋나게 체리 냄새를 두려워하도록 공포를 주입한 것이다.

그리고 나서 연구자들은 체리공포증이 생긴 수컷을 데려다가 체리 냄새를 두려워하도록 훈련받지 않은 정상적인 암컷과 짝지어 주었다. 그런데 예상 밖으로 이들이 낳은 새끼들은 날 때부터 체리 냄새에 훨씬 예민해서 체리 냄새의 낌새만 있어도 불안과 두려움을 느졌다. 이것은 정말 놀라운 발견이다. 이 새끼 생쥐들은 체리 냄새와 전기 충격을 연관 짓는 학습을 한 번도 받아본 적이 없다. 그냥 태어날 때부터 그런 것이다. 마치 어미의 배 속에 있는 동안 아빠가 이렇게 경고를 속삭이기라도 한 것 같다. "사랑하는 내 새끼들아, 체리 냄새가 나거든 얼른 도망쳐라. 아니면 실험 가운을 입은 얼빠진 인간들이 전기 충격을 준단다."

학습된 공포를 새끼에게 전달할 수 있다니 정말 굉장한 일이다. 하지만 진짜 충격은 따로 있었다. 이 체리공포증 생쥐의 손자들 역시 자기 부모가 한 번도 전기 충격을 받아본 적이 없었는데도 체리 냄새에 강화된 공포 반응을 계속 보였다. 유전자 염기서열의 변화 없이도 여러 세대를 거쳐 특성이 전달되는 이 놀라운 현상을 세대 간 후성유전transgenerational epigenetic inheritance이라고 한다.

이것이 뭐가 그리 놀랍단 말인가? 일반적으로 아이들은 부모가 학습한 내용을 물려받지 않기 때문이다. 예를 들면 나는 먹고 난 후에 남은 부스러기들을 치우도록 교육받았지만, 장담하는데 내 아이들은 이런 행동을 물려받지 않았다. 나는 사정이 있어서 대학을 다닐 때 미분학을 배웠지만, 내 아이들은 아직 기본적인 산수도 제대로 못한다. '아이가 똥오줌을 가리는 상태로 태어나면 얼마나 좋을까'라고 생각해보지 않은 부모가 있을까? 그런데 체리에 대한 공포를 학습한 생쥐가 어떻게 이런 행동을 새끼에게 전해줄 수 있을까?

체리를 무서워하는 새끼들은 마치 자기가 어떤 환경에 태어날지 미리 귀띔 받은 것처럼 태어났다. 마치 그날 수업이 끝나고 볼 쪽지 시험의 내용을 친구가 문자메시지로 미리 알려주는 것처럼 말이다.

이런 정보가 전달되려면 어떤 메시지가 실시간으로 성세포에 전달되어야 한다. 즉 정자 세포와 난자 세포가 환경을 감지할 수단을 가져야 한다는 의미다. 그리고 성세포는 자신의 DNA 내용물을 미리 프로그래밍해 새끼가 부모의 환경에서 살아남게 준비시킬 수단도 갖고 있어야 한다. 마침 정자 세포는 실제로 호르몬, 신경전달물질, 성장인자, 그리고…… 맞다. 냄새에 대한 감지기를 갖고 있다. 정자 세포는 말 그대로 밖에서 무슨 일이 일어나는지 냄새 맡을 수 있다! 정자에 달린 감지기가 환경에 존재하는 잠재적 문제를 감지해 유전자들로 하여금 삶을 개시하기 전에 미리 준비하게 해주는 광범위 스캐너 역할을 할 수 있을까? 그렇다면 대체 어떻게 작동할까?

레슬러와 디아스는 공포 조건화가 생쥐의 뇌를 어떻게 변화시켜 놓았는지 확인해보았다. 그랬더니 짜잔! 체리공포증 생쥐는 조건화가 되지 않은 생쥐와 그 새끼들에 비해 뇌 속에서 아세토페논 냄새 수용기^{OLFR151}를 훨씬 많이 만들고 있었다. OLFR151 수용기가 많아지다 보니 이 생쥐들이 체리 냄새에 더 민감해진 것이다.

레슬러와 디아스는 공포 조건화가 분명 성세포에도 변화를 야기했으리라는 가설을 세웠다. 실제로 이들은 체리를 두려워하는 생쥐의 정자 세포에서 OLFR151 냄새 수용기 유전자에 DNA 메틸화가 줄었음을 발견했다. DNA 메틸화 표지가 돼 있지 않으면 이 냄새 수용체가 더 많이 만들어지므로 새끼들은 체리 냄새에 더 민감하게 반응한다. 그리고 이 새끼들이 자랐을 때도 그 정자는 OLFR151 유전자의 DNA 메틸화가 부족한 상태였다. 이 새끼들이 낳은 새끼도 첫 공포 조건화 후로 두 세대나 떨어져 있는데 여전히 체리 냄새를 무

　　　　　　　　　나를 나답게 만드는 것들

서워한 이유를 이것으로 설명할 수 있다.

사람을 비롯해 다른 종에서도 세대 간 유전의 추가 사례들이 발견됐다. 앞선 장에서 우리는 아직 태어나지 않은 아이의 DNA가 부모의 환경, 식습관, 약물 중독에 반응해 후성유전적으로 바뀌는 태아 프로그래밍의 사례에 대해 얘기했다. 그와 같은 개념이 세대 간 후성유전에도 그대로 적용된다. 다만 DNA에 프로그래밍된 변화들이 적어도 한 세대 더 전달된다는 차이가 있다. 제일 잘 밝혀진 이런 사례 중 하나를 네덜란드 굶주림의 겨울Dutch Hunger Winter 생존자의 후손에게서 찾아볼 수 있다. 1944년에 독일이 네덜란드로 들어가는 식품 보급을 봉쇄하는 바람에 혹독한 기근이 찾아온다. 그리고 그 영향을 오늘날까지 찾아볼 수 있다. 이때 굶주렸던 엄마가 낳은 자녀와 손자 중 상당수가 작은 몸집으로 태어났고, 자라서도 비만과 당뇨병에 잘 걸렸다. 임신 기간 동안에 굶주렸던 엄마가 낳은 아기는 최소의 음식에서 최대의 칼로리를 추출하는 유전자가 발현되도록 DNA 태아 프로그래밍이 이루어진 것으로 보고 있다. 이런 전략은 기근의 시기에 태어나는 아기에게 알맞은 전략이 아닐 수 없다. 하지만 절약하는 대사는 풍요로운 시기에는 적응이 불리하다. 현재 그 자손들이 체중 문제로 고생하는 이유도 이것으로 설명할 수 있다. 더 최근에는 2001년 9월 11일 테러리스트 공격으로 정신적 외상을 입은 임산모가 낳은 아이들에게 후성유전적 표지가 남은 것으로 보인다. 9/11 공격 때문에 외상 후 스트레스 장애가 생긴 엄마의 자녀들은 불안 문제의 위험이 높았다.

태아 프로그래밍과 세대 간 후성유전은 양쪽 모두 놀랍지만 또 그 만큼 사람을 겸손하게 만든다. 진화가 부수적으로 낳은 이 현상을 보면 좋은 것이든 나쁜 것이든 당신의 일부 행동은 당신의 부모, 심지어는 조부모가 경험했던 무언가가 낳은 결과일 수 있다. 우리는 이런 지식을 좋은 데 활용할 수 있다. 스트레스와 정신적 상처가 여러 세대에 걸쳐 DNA에 흉터를 남길 수 있음을 알았으니 우리도 여기서 영감을 받아 아이들을 위해 더 좋은 환경을 제공하는 일에 지체 없이 나서야 할 것이다.

남자의 악마는 화성 출신이고, 여자의 악마는 금성 출신인 이유

애니메이션 영화 〈아이스 에이지Ice Age〉에서 두 마리 암컷 나무늘보가 사랑스러운 괴짜 나무늘보 시드에 대해 대화를 나눈다. 한 쪽이 한탄하면서 시드가 매력은 별로 없지만, 그만큼 가정적인 남자를 찾기가 어렵다고 말한다. 그러자 친구가 이렇게 대답한다. "누가 아니래. 매력적인 남자들은 다 잡아먹히거든!" 이것은 머나먼 과거에 양쪽의 성에게 가해졌던 진화적 요구가 서로 달랐던 데서 비롯한 한 가지 문제일 뿐이다.

진화심리학자들은 신성한 것에서 기괴한 것에 이르기까지 우리의 모든 행동이 번식을 위해 최고의 짝을 찾으려는 무의식적 욕구에서 동기를 부여받아 이루어진다고 상정한다. 우리는 짝을 끌어들여 자신의 DNA가 끊이지 않고 이어지게 하려고 엄청난(때로는 어리석은)

나를 나답게 만드는 것들

노력을 한다. 그래서 얼굴에 화장을 하고, 이두박근에 잔뜩 힘을 줘 보여주기도 하고, 브라에 뽕을 넣기도 한다. 자신의 힘, 아름다움, 자원, 인스타그램 팔로워 숫자를 과시하는 행동은 진화의 짝짓기 게임에서 필요조건이다.

우리의 이기적 유전자는 자기에게 가장 이득이 된다고 여겨지는 것을 원한다. 그래서 우리로 하여금 염색체를 합칠 사람으로 가장 촉망되는 짝을 찾아 나서도록 유혹한다. 양쪽 성별의 공통점은 여기까지고, 이제부터는 번식 생물학의 내재적 차이 때문에 생긴 중요한 차이점을 보겠다. 진화심리학자들의 주장에 따르면 일반적으로 남성은 젊은 처녀에게 끌린다. 가임 능력이 최고조에 달해 있고, 경쟁자의 자식을 키우고 있을 부담이 없기 때문이다. 반면 여성은 남성의 강력한 위상과 지위에 끌린다. 그런 남성은 자식이 사용할 자원을 확보할 능력을 입증했기 때문이다(그런 남성은 보통 나이가 많다). 많은 사람들이 이런 구석기시대의 기준을 바탕으로 짝을 찾는다. 하지만 현대 사회는 뽀빠이의 팔뚝을 갖고 있어야 번식에 성공할 수 있는 사회가 아니다(내겐 참 다행이다).

자신의 유전자를 복제해서 퍼뜨려야 한다는 생물학적 지상 과제 때문에 우리에게서 가장 필사적이고 악마적인 행동이 나오게 된다. 진화심리학자들은 양쪽 성별 모두 경쟁을 인식하면 똑같이 사악해질 수 있지만, 그 방식은 아주 다르다는 이론을 제시한다.

남성과 여성은 각 성세포가 가진 특징 때문에 섹스와 남녀 관계를 서로 다르게 본다. 수백만 마리씩 생산되는 정자의 경우 신속하게 재보충이 가능하지만, 몇 개 없는 값진 상품을 먼저 손에 넣으려고 서로 밀고 당기며 피 튀기는 경쟁을 벌이는 블랙프라이데이 쇼핑객과 비슷하다. 정자에게 그 값진 상품은 바로 난자다. 구매에 성공하고 나면 정자의 주인은, 기술적으로 말하자면 거의 즉각적으로 다른 가게를 찾아가 쇼핑을 이어갈 수 있다. 하지만 난자의 주인은 적어도 9개월간 문을 닫아야 한다. 남성은 하룻밤 사이에 여러 명의 아이를 만들 수 있는 능력이 있다(솔직히 그런 날은 정말 운수대통인 날이겠지만). 하지만 여성은 기껏해야 1년에 아이를 한 명밖에 못 만든다. 하지만 여성은 자기 아이가 분명 자신의 유전자를 보유하고 있다고 확신할 수 있다. 남성은 여성만큼 확신할 수 없다. 이런 차이 때문에 남성은 번식에 '양적'으로 접근하고, 여성은 '질적'으로 접근한다. 어떤 사람은 이래서 남자가 여자보다 더 문란하다고 주장한다.

이런 번식의 경제학 때문에 생기는 또 다른 결과로 남성은 일반적으로 물리적 공격성이 강하고, 여성은 수동적 공격성passive-aggressive이 강하다. 남성은 물리적 충돌의 위험을 감수할 수 있다. 이미 자식들을 낳은 상태이면 자기가 행여 목숨을 잃더라도 엄마가 자식을 돌볼 테니 말이다. 반면 여성이 육체적으로 심한 손상을 입거나 죽으면 자식들은 비명횡사할 가능성이 커진다. 하지만 여성도 여전히 대장 남성을 두고 경쟁하는 다른 여성 라이벌들을 물리칠 필요가 있다. 그래서 물리적 싸움의 위험을 감수하기보다는 소문을 퍼트리거나, 사람의 마음을 조종하거나, 험담을 무기로 사용한다. 경쟁자를 '창녀'라고 부르는 것은 여성이 퍼뜨릴 수 있는 가장 해로운 소문 중 하나다. 대부분의 남성은 문란한 여성을 피한다. 이미 다른 블랙프라이데이 쇼핑객들이 들어가 있을 테니 그 여성의 아기가 자신의 유

　　　　　　　　　　　나를 나답게 만드는 것들

전자가 아니라 다른 남자의 유전자를 가졌을 확률이 높다. 여성은 자기가 낳을 수 있는 몇 안 되는 자식의 안녕에 대해 끝없이 걱정해야 하고, 자신에 관한 소문의 출처를 항상 두 눈 부릅뜨고 감시해야 한다. 그러다 보니 항상 큰 스트레스를 겪는다(어떤 사람은 이 때문에 여성의 사회성이 더 뛰어나고, 멀티태스킹도 더 효과적으로 할 수 있게 진화했다고 주장한다).

일부 진화심리학자는 이런 개념들을 한마디로 요약했다. "일반적으로 남성은 싸움꾼warrior이고 여성은 걱정꾼worrier이다." 물론 모든 사람이 그렇지는 않다.

번식 생물학의 차이는 질투와 스토킹에서 용납하기 어려운 폭력에 이르기까지, 여성보다 남성한테 더 자주 나타나는 다른 악마적 행동을 설명하는 데도 도움을 준다. 이런 행동은 2017년에 시작된 미투 운동에 의해 적나라하게 드러났다. 번식에 관한 우리의 관심이 얼마나 큰지 말해주듯, 섬세한 평화주의자 존 레논도 정절에 대한 강박을 피하지 못해서 '질투 많은 남자Jealous Guy'라는 곡을 남겼다. 남성은 자기가 애비 노릇하며 키우고 있는 아이가 실제로 자기 자식이 맞는지 절대 확신할 수 없기 때문에(친자 확인 검사가 나오기 전까지는 그랬다) 의심을 많이 하도록 진화했다. 여성도 질투심을 느끼지만, 이유가 다르다. 여성은 자기 남자가 감정이 동반되지 않은 정사를 벌인 경우에는 바람피운 것을 용서하는 성향이 더 크다. 하지만 자기 남자가 상대방 여성에게 감정적으로 애착을 느낀다고 의심하면 지옥 문이 열린다. 남자가 무의미한 하룻밤의 성관계를 벌인 경우에는 여성의 번식 적합도reproductive fitness가 손상을 입지 않는다. 하지만 자기 남자가 자원을 다른 여성에게 쓰기 시작하면 자신과 자기 자녀에게 심각한 손상이 올 수 있다.

남성은 자신의 짝이 자기에게만 충실해서 그 여성의 자녀가 다른 남자가 아닌 자신의 DNA만 공유하게 만들려고 아주 끔찍한 방식으로 행동할 수 있다. 여기서 남성의 소유욕, 괴롭힘, 위협, 육체적 학대가 생긴다. 난자는 정자에 비해 훨씬 가치 있는 존재이기 때문에, 남성은 자신의 정자가 난자를 수정시키는 승자가 될 가능성을 극대화하기 위해 극단적인 노력을 기울인다. 만약 남성이 짝을 유혹하는 데 필요한 지위와 자원을 획득하는 데 실패하면 일부 경우에서는 진화의 게임에서 부정행위를 저지른다. 바로 성폭행과 강간이다.

이런 내용들 중에는 성차별적이거나 구닥다리 사고방식으로 들리는 것도 있을 것이다. 그리고 진화심리학자들의 주장을 일반화하기에는 예외가 많고 주의할 부분도 많은 것이 사실이다. 그럼에도 살아남아 번식하려는 욕구는 인간 본성의 근간을 빚은 진화적 원동력이다. 남성과 여성의 번식 전략에서 나타나는 생물학적 차이는 오늘날에도 우리 사회에서 여전히 반향을 일으키고, 남녀의 행동에 대한 고정관념에도 영향을 미칠 가능성이 높다. 그리고 이런 고정관념들 때문에 진화심리학자들이 인간 진화에 대한 이론을 만들 때 모르는 사이에 편견에 빠질 가능성도 없지 않다.

나를 나답게 만드는 것들

악마는 당신의 유전자 속에 숨어 있을까?

1983년에 발표한 '권위의 노래Authority Song'에서 존 멜런캠프는 자기가 권위와의 싸움에서 항상 진다고 한탄했다. 테이프를 빨리 돌려 현재로 오면 부전자전의 현장을 목격할 수 있다. 멜런캠프의 두 아들이 체포를 거부하며 싸우다가 법적으로 문제가 생겼다. 멜런캠프는 다시 이렇게 노래할 수 있지 않을까 싶다. "내 아들들은 권위authority와 맞서 싸우지만, 이기는 쪽은 항상 권위이죠."

한 가문의 사람들이 여러 세대에 걸쳐 불같은 성격을 가지는 일은 멜런캠프 가문만의 일이 아니다. 하지만 과학은 이런 호전적 성격이 유전자 안에 담겼을 수 있음을 입증해 보였다. 일란성 쌍둥이와 이란성 쌍둥이를 비교한 수많은 연구에서 폭력적 취향이 유전될 수 있고, 유전적 요소가 50퍼센트나 된다는 것을 입증했다. 통계 또한 사랑이 넘치는 입양 가정에서 자란 아이라도 친부모가 범죄자였다면 범죄율이 높다는 것을 보여준다.

1978년에 한 네덜란드 여성이 제멋대로 구는 자기네 가족의 몇몇 사내들과 상대하느라 어찌할 바를 모르고 있었다. 항상 말썽을 일으키는 이들 때문에 미칠 것 같았던 여성은 네덜란드 네이메헌 대학병원에 있는 유전학자 한 브루너Han Brunner에게 도움을 구했다. 그녀의 가족 중에 문제가 있는 남자들은 지능이 낮고 혐오스러운 폭력적 행동을 저질렀다. 한 명은 자기 누이를 강간했다. 또 한 명은 자동차로 자기 상사를 치려고 했다. 이 두 남자는 집들을 돌아다니며 불을 지르는 것을 좋아했다. 몇 년 동안의 고된 연구 후 1993년에 브루너는 문제의 남자들이 유전적 결함을 공유했음을 발견했다. 모노아민산화효소monoamine oxidase A, MAOA를 암호화하는 유전자에 돌연변이가 있었던 것이다. 다른 연구자들이 진행한 후속 연구에서는 이 유전자 변이를 다른 폭력 사건과 연관 지었다. 그 후 이 유전자에는 '전사의 유전자warrior gene'라는 이름이 붙었다.

발견된 지 15년이 지난 후 이 문제의 유전자가 다시 역사를 썼다. 2006년에 브래들리 월드롭Bradley Waldroup은 별거 중인 아내와 자녀들이 주말을 보내러 오기를 기다리는 동안 술을 마시고 성경책을 읽었다. 친구의 차를 얻어 타고 아내가 도착했을 때 두 사람 사이에서 말싸움이 벌어졌다. 그 때문에 월드롭이 격분했다. 그는 총을 꺼내 아내와 네 자녀가 보는 앞에서 아내의 친구에게 여덟 발이나 총을 쏘았다. 그러고는 아이들에게 엄마한테 작별 인사를 하라면서 칼을 들고 아내를 쫓아갔다. 월드롭은 난투극을 벌이다가 아내의 손가락 하나를 잘랐고 아내는 가까스로 도망갔다.

재판을 받는 동안 월드롭은 일종의 탈출에 성공했다. 그는 자신의 유전자 덕분에 사형선고를 면한 최초의 사람이 되었다. 월드롭의 DNA 안에는 MAOA의 유전자 변이가 들어 있었다. 브루너가 말썽을 부리던 네덜란드 사내들에게서 발견한 것과 같은 변이였다. 월드롭의 변호사들은 그의 유전적 성향이 어릴 적 아동학대의 경험과 결합되면서 살인 행위를 거의 통제할 수 없게 되었다고 효과적으로 변론을 펼쳤다.

MAOA가 대체 어떤 일을 하기에 폭력적 행동과의 상관관계를 설명할 수 있는 것일까? 이 변이 유전자는 성능이 떨어지는 MAOA

나를 나답게 만드는 것들

효소를 만든다. MAOA 효소는 세로토닌, 노르에피네프린, 도파민을 분해할 때 필요하다. 따라서 MAOA가 적은 사람은 이런 신경전달물질의 수치가 비정상적으로 높아져 충동에 쉽게 휩쓸리고 적개심을 쉽게 드러낸다.

생쥐에서 진행한 연구도 이런 개념을 뒷받침한다. 유전적으로 MAOA가 결여되도록 조작한 생쥐는 세로토닌과 노르에피네프린이 정상보다 높은 수치를 보이며 더 공격적으로 행동한다. 또 다른 연구에서는 MAOA 유전자 변이가 사회공포증social phobia 및 약물 남용과 관련된 것으로 나왔다. 흥미롭게도 MAOA 변이 소유자를 대상으로 뇌 영상 촬영 연구를 진행해보면 공포 반응에 관여하는 뇌 영역(편도체)이 과활성화되는 반면, 분석을 담당하는 영역cingulate cortex(띠겉질)은 억제되는 것으로 나왔다. 이 두 가지를 합쳐 생각하면 이성을 담당하는 뇌 영역이 고조된 공포 반응을 진정시키는 데 어려움을 겪는다고 해석할 수 있다.

2014년에 MAOA는 범죄인을 대상으로 한 최대 규모의 유전학 연구에서 다시 얼굴을 내밀었다. 스웨덴 카롤린스카 연구소Karolinska Institutet의 정신의학자 야리 티호넨Jari Tiihonen이 이끈 이 연구에서 거의 900명에 이르는 핀란드 수감자의 유전자를 철저히 조사했다. 가장 폭력적인 상습범들은 MAOA와 CDH13이라는 또 다른 유전자 모두에 돌연변이를 가진 것으로 밝혀졌다. CDH13은 뉴런에서 뇌의 발달과 기능을 용이하게 해주는 부착 단백질adhesion protein을 만든다. 연구진은 MAOA와 CDH13 모두에서 유전자 돌연변이가 있는 사람이 폭력범죄를 저지를 확률이 13배 높다는 것을 밝혀냈다. 전사의 유전자에게 이제 공범이 생긴 것이다.

일부 연구자는 MAOA가 남성이 여성보다 더 폭력적인 이유를 설명하는 데 도움이 된다고 주장한다. MAOA 유전자는 X 성염색체에 존재한다. 따라서 X 염색체 두 개를 가진 여성은 두 버전의 MAOA 유전자를 가진다. 여성은 돌연변이 버전을 하나 가지더라도 그것을 보상해줄 백업 유전자 하나를 확보하고 있는 것이다. 반면 남성은 또 하나의 X 염색체 대신 Y 염색체를 가지고 있어서 MAOA 유전자 여분이 없다. 또 다른 연구에서는 MAOA가 남성과 여성에게 서로 다른 영향을 미친다는 것을 보여주었다. 사우스플로리다대학교University of South Florida 첸 허낸Henian Chen의 2013년 연구는 MAOA 변이 유전자가 남성에게는 악의와 연관되지만, 여성에게는 행복과 연관 있음을 보여주었다.

연구 분야가 확장됨에 따라 공격성 및 폭력 행동과 연관된 새로운 유전자들이 등장하고 있다. COMT 유전자는 카테콜-오-메틸트랜스라제catechol-O-methyltransferase라는 효소를 암호화한다. 이 효소의 임무 중 하나는 보상 반응 및 동기 부여와 관련된 신경전달물질인 도파민을 분해하는 것이다. MAOA 변이와 마찬가지로 COMT 유전자 변이도 뇌 속의 도파민 수준을 비정상적으로 높인다. 이것이 이성적 사고를 마비시킬 수 있다. 전부는 아니지만, 많은 연구가 효소를 덜 생산하는 COMT 유전자 변이를 공격적 행동과 연관 지었다. 수컷 생쥐에서 COMT 유전자를 녹아웃knock out(특정 유전자를 없애거나 작동하지 않게 하는 기술—옮긴이)시키면 도파민 수치가 올라가 더 자주 싸운다. 이 역시 이 유전자가 적대적 행동을 억제한다는 개념을 뒷받침한다.

　　　　　　　　　　　나를 나답게 만드는 것들

세로토닌 신호에 관여하는 유전자도 폭력성의 원인으로 지목되고 있다. 세로토닌이 충동적, 비이성적 행동을 누그러뜨리는 핵심적인 기분 안정제임을 기억하자. 과학자들은 5-HT1B라는 유형의 세로토닌 수용체를 만드는 유전자를 제거해 '무법자 생쥐outlaw mouse'를 만들었다. 정상 생쥐를 5-HT1B가 결여되어 있는 이 흉포한 생쥐와 함께 우리 안에 두면 살아날 가망이 없다. 걸핏하면 싸우기 좋아하는 사람에게도 일반적으로 세로토닌 수치가 낮게 나온다. 아무래도 사람들과 함께 어울리는 상황에서 감정을 통제하기가 어려워 보인다.

언뜻 보면 사람에게 폭력적 성향을 만들어내는 유전자의 발견으로 아주 큰 돌파구가 마련된 것처럼 보인다. 게다가 폭력성과 연관된 유전자 대부분이 정상적인 뇌 화학과 뇌 기능을 바꾸어놓는다는 사실만 봐도 의미가 통한다. 그렇다면 왜 검사를 통해 이런 유전자 변이를 가진 사람을 가려내지 않을까? 그러면 필립 딕Philip K. Dick의 소설 《마이너리티 리포트The Minority Report》처럼 그런 사람들이 해를 끼치기 전에 사회에서 격리시킬 수 있지 않을까?

그렇게 간단한 문제가 아니다. 파리 한 마리 못 죽이는 사람이라도 이런 유전자 변이를 가진 경우가 있고, 흉악한 폭력범인데도 이런 변이가 없기도 하다. 그래서 단일 유전자에 오해를 불러일으키는 행동 관련 명칭을 붙이는 것을 중지해야 한다고 주장하는 과학자들이 많다(예를 들면 앞에 나왔던 '전사의 유전자'). 전에도 했던 말이지만, 여기서 다시 강조해야 할 말이 있다. 유전자는 단백질을 암호화하지, 행동을 암호화하지 않는다. 이런 유전적 상관관계가 밝혀졌으니 추가 연구가 필요하겠지만, 유전자 하나는 전체 그림을 구성하는 퍼즐의 한 조각에 불과하다는 것을 명심하자. 퍼즐 한 조각만 보고 전체 그림을 알아낼 수 없듯이, 유전자 하나만 보고 사람의 행동을 예측할 수는 없다.

어린 시절의 악마가 어른이 되면?

다른 복잡한 행동에서 보았던 것처럼 유전자만으로는 한 사람의 운명을 정확히 예측할 수 없다. 그 유전자 프로그램이 펼쳐지는 방식에는 환경이 대단히 중요한 역할을 한다. 이런 개념이 영화 〈스타트렉 네메시스〉에 완벽하게 담겨 있다.

이 영화의 악당은 우리의 영웅 장 뤽 피카드 선장의 클론이다. 신존Shinzon이라는 이름을 가진 그의 클론은 악랄한 강제 노동 수용소에서 자랐다. 그곳은 어둠, 외로움, 고문이 일상인 곳이었다. 유전자는 피카드와 동일하지만 신존은 부정적 아동기 경험으로 고통 받아야 했고, 그런 경험이 그를 세상을 파괴하기로 단단히 마음먹은 야심찬 독재자로 만들었다. 반면 피카드는 지구에서 심리적, 정서적으로 안정된 환경에서 자란 덕분에 야심찬 탐험가 겸 평화의 중재자가 되었다.

우리가 다른 환경에서 자랐다면 지금과 다른 사람이 되었으리라는 것을 깨달으면 자신이 하찮아 보인다. 뇌의 발달에 영향을 미치는 유전자와 어린 시절의 환경은 둘 다 내가 통제할 수 없는데 어떻

나를 나답게 만드는 것들

게 내 행동이 내 책임이란 말인가?

지금까지 무려 30퍼센트나 되는 사람이 MAOA 변이 유전자를 발현하고 있지만, 그중 대부분은 한니발 렉터(영화 〈양들의 침묵〉에 나오는 잔혹한 살인마—옮긴이) 같은 흉악한 인간으로 자라지 않았다. 일부 연구에서는 MAOA 유전자 변이를 가진 사람이 부정적 아동기 경험(특히 브래들리 월드롭의 경우 같은 아동학대)에 노출되면 충동적으로 폭력적 행동을 보이는 성향이 현저히 커진다는 것을 보여주었다. 반면 앞서 언급했던 핀란드 수감자 연구에서 연구자들은 MAOA 유전자 변이가 있으면서 아동기에 학대를 당했던 사람에게서 더 큰 폭력적 성향을 찾는 데 실패했다. 하지만 이 변이의 소유자들 사이에서 알코올이나 암페타민amphetamine의 사용이 충동적 공격성을 크게 증가시킨다는 것을 알아냈다. 따라서 MAOA 변이가 공격성 증가나 폭력적 행동으로 옮겨질지 여부에서 환경이 큰 역할을 하는 것이 분명해 보이지만, 어째서 그런지 알아내려면 더 많은 연구가 필요하다.

앞 장에서 보았듯이 후성유전학이라는 신생 과학 분야는 부정적 아동기 경험이 그저 심리적 손상만 입히는 것이 아님을 보여준다. 이런 경험은 DNA의 구조와 유전자의 발현 방식에 화학적 변화를 가져온다. 사람들은 아직도 왕따 같은 것을 누구나 겪을 수 있는 정상적인 성장 과정의 일부라 여기지만, 이런 부정적 아동기 경험은 당사자의 DNA에 걱정스러운 흔적을 남길 수 있다. 몬트리올대학교University of Montreal의 심리학자 이사벨 울레-모린Isabelle Ouellet-Morin은 왕따를 당한 아동이 스트레스에 둔감해지기 때문에 자라서 사회성이 떨어지고 공격적으로 변할 가능성이 더 높다는 것을 보여주었다.

2013년의 연구에서 그녀의 연구진은 왕따를 당했던 아동이 스트레스 반응이 둔해지는 이유가 세로토닌 수송체 유전자에서 DNA 메틸화가 증가해 꺼진 유전자와 관련 있음을 입증했다. 앞에서 보았듯이 세로토닌은 기분을 조절하고 우울증과도 관련 있다. 몽둥이와 돌은 뼈를 망가뜨릴 수 있지만, 왕따는 DNA를 망가뜨릴 수 있다.

엄마 배 속에 있는 동안이나 아동기 동안의 영양 결핍이 성인기에 지속적 행동 문제를 일으키는 데 기여할 수 있다는 의심은 오래전부터 있었다. 제2차 세계대전 네덜란드 굶주림의 겨울에서 수집한 데이터를 통해 임신 초기나 중기에 심각한 영양 결핍을 경험한 산모에게서 태어난 남성은 반사회적 인격장애antisocial personality disorder가 생길 위험이 높다는 것이 확인됐다. 임신 기간 중의 영양 결핍은 배 속에서 자라고 있는 태아에게 앞으로 자원이 부족한 스트레스 많은 환경에 태어나리라는 신호를 보낸다. 그 결과 태아 프로그래밍이 진행돼 식욕 유전자는 대사적으로 구두쇠가 되고, 스트레스 반응 유전자는 고도의 경계 상태가 되게 만든다. 스트레스가 많은 환경에서는 이런 특성이 도움이 되지만 환경이 개선되면 오히려 적응에 불리하게 작용할 수 있다.

미국에서는 정반대 문제에 직면하고 있다. 바로 비만이다. 먹을 것이 넘치지만, 많은 사람이 여전히 필수 비타민과 미네랄 부족에 시달리고 있다. 설탕, 지방, 소금이 많은 식단에는 이런 것이 부족하기 때문이다. 그리고 이런 결핍이 품행장애conduct disorder로 이어질 수 있다. 예를 들면 많은 청소년 범죄자에게 아연 결핍과 철분 결핍이 확인되었다. 영국 에일즈버리 교도소에 있는 젊은 수감자들에게 비

나를 나답게 만드는 것들

타민과 미네랄 보충제를 복용하게 했더니 교도소 안에서 발생하는 폭력 범죄가 37퍼센트 줄었다.

오메가-3 지방산 수치가 낮은 것도 공격성과 관련 있는 것으로 보인다. 오메가-3 지방산은 뇌의 기능에서 중요한 역할을 한다. 펜실베이니아대학교University of Pennsylvania의 신경범죄학자 아드리안 레인Adrian Raine이 2015년에 진행한 실험에서 만 8세에서 16세 사이 아동에게 오메가-3 보충제를 복용시키면 행동 문제가 감소한다고 나왔다. 다른 연구자의 연구에서도 일본처럼 자살률이 낮은 국가에서는 오메가-3의 풍부한 공급원인 생선을 더 많이 먹는 것으로 나왔다. 2007년의 연구에서는 임신 기간 동안 일주일에 340그램 이상의 생선을 먹은 여성이 낳은 아이가 사회성 발달 점수와 IQ 점수가 더 높게 나왔다. 따라서 뇌가 적절히 발달하기 위해서는 아동기와 청소년기에 걸쳐 적절한 영양이 반드시 유지되어야 한다.

어린 나이에 독소에 노출되어도 유전자 발현과 뇌 발달에 영향을 미쳐 다양한 행동 문제를 일으킬 수 있다. 아동기에 납 등의 환경 독소에 노출되는 것은 그 영향이 과소평가되고 있지만, 미국의 폭력 범죄에는 크게 기여하고 있는지도 모른다.

납중독에 걸리기는 아주 쉽다. 납은 호흡을 통해, 피부를 통해, 입을 통해 들어올 수 있다. 소량이라도 비가역적 손상을 입힐 수 있다. 몸에 흡수된 납은 단백질에서 칼슘, 철분, 아연 같은 미네랄이 있어야 할 자리에 가서 달라붙는다. 이것이 칼슘을 전기 신호 전달에 사용하는 뇌 등 몇몇 인체 시스템에서 처참한 결과를 낳게 만든다. 그래서 납 중독은 충동성, 주의력 장애, 학습 장애 같은 정신적 문제를 일으켜 어른이 되었을 때 반사회적 행동과 폭력적 행동이 등장할 수 있는 무대를 마련한다. 백문이 불여일견이라고, 1888년에 반 고흐가 자기 귀를 자른 것부터 1984년에 산 이시드로$^{San Ysidro}$의 맥도날드 대학살에 이르기까지(이 사건에서 총격을 가한 범인은 용접공으로 납에 중독되어 있었고, 카드뮴 수치가 지금까지 기록된 것 중 최고치였다), 여러 시대를 거치며 벌어진 수많은 사건을 봐도 중금속 중독은 중요한 기여 요소로 의심받을 만하다.

납 파이프를 사용하는 도시와 그렇지 않은 도시 사이의 범죄 통계치를 비교한 연구를 보면 아동기의 납 노출과 폭력범죄 사이에 두드러진 상관관계가 있다. 또 다른 연구에서는 같은 도시에 살지만 서로 다른 수준의 납에 노출되었던 아동들을 검사해보았다. 여기서 연구자들은 휘발유에서 납 성분을 제거하기 전에 도로 근처에 살았던 아동을 그런 도로에서 멀리 떨어진 곳에 살았던 아동, 혹은 휘발유에서 납 성분이 제거된 후에 도로 근처에 살았던 아동과 비교해보았다. 그 결과 가장 높은 납 수치에 노출되었던 아동이 방과 후에 학교에 남는 벌을 받거나 정학을 받는 비율이 더 높았다.

납이 미치는 뇌 신호 합선 효과는 그 특징이 잘 파악되었지만, 그에 더해 연구자들은 이른 나이에 납에 노출되면 발달장애와 신경장애와 관련 있는 유전자의 DNA 메틸화 패턴이 바뀔 수 있음을 알아냈다. 중금속 중독의 영향은 여러 세대에 걸쳐 느껴지기도 한다. 2015년의 연구는 납에 노출되었던 엄마의 손자들에서 DNA 메틸화가 변한다는 것을 보여주었다.

대부분의 사람이 납중독은 나팔바지를 입은 아이들이 벗겨진 납

나를 나답게 만드는 것들

페인트 부스러기를 껌처럼 씹던 1970년대에나 있던 옛날 일이라고 생각한다(납을 씹으면 단맛이 난다—옮긴이). 하지만 수십 년 전에 건축, 휘발유, 상수도 파이프에 마음껏 사용했던 납 때문에 이 문제는 여전히 우리 주변을 맴돈다. 2014년에 미시건 주 플린트에서 일어난 용서할 수 없는 재난은 모든 사람에게 급성 납 중독의 영향을 상기시켰다. 공무원들이 비용 절감을 위해 도시의 식수원을 류런 호수 Lake Huron에서 플린트 강Flint River으로 바꾼 후로 플린트 시의 10만 명 시민은 모르는 사이에 많은 양의 납을 섭취했고, 그로 인해 심각한 건강 문제가 발생했다. 납이 몸속에 여러 해 동안 잔류하고, 심지어 세대를 거치며 영향을 미칠 수 있음을 생각하면 앞으로 수십 년에 걸쳐 추가적인 인지상 문제와 행동상 문제가 드러날 수도 있다.

시카고에서도 비슷한 문제가 이미 발생했는지도 모른다. 이 글을 쓰는 지금 시카고에서는 전례 없이 유행처럼 번지고 있는 폭력 사건들을 해결하기 위해 고군분투하고 있다. 일부 과학자들은 요즘 시카고에서 폭력 사건이 폭발적으로 증가하는 이유가 부분적으로 1995년에 발생한 납 중독 때문이라고 믿고 있다. 당시 현재 범죄가 가장 빈발하는 지역에 살던 아동의 80퍼센트 이상이 검사에서 납 수치가 위험할 정도로 높게 나왔었다. 어쩌면 범죄에 강경하게 대처하는 가장 좋은 방법은 환경오염 범죄자를 엄히 처벌하는 것인지도 모르겠다.

알코올과 다른 약물도 아기가 세상에 나와 첫 숨을 들이마시기 전부터 뇌에 악마를 주입하는 독으로 작용할 수 있다. 미국에서는 임신 여성 중 최고 4분의 1 정도가 여전히 흡연을 한다. 산모가 임신 기간 중 하루에 10개비의 담배를 피우면 사내아이가 문제 아동이 될 위험이 4배 높아지고, 여자아이가 약물 중독에 빠질 위험이 5배 높아진다. 임신 여성이 간접흡연에 노출되기만 해도 자녀가 자라서 품행장애가 생길 위험이 더 높아진다.

흡연을 하면 임신 기간에 테스토스테론이 정상 수치보다 높아진다. 이것이 태아가 평생 행실이 나빠지는 원인이 될 수 있다. 출생 전에 테스토스테론 수치가 높으면 신기한 영향을 미친다. 넷째 손가락이 집게손가락보다 길어지는 것이다. 모든 경우에 그대로 적용되는 것은 아니지만, 많은 연구에서 넷째 손가락이 길수록 지배적 성격dominance, 충동성, 공격성이 더 높아지는 상관관계가 있었다. 흡연도 태아 유전자 프로그래밍을 통해 이런 부정적 행동 변화를 유도하고 있을 수 있다. 담배가 자궁 내에서 DNA 메틸화를 바꿀 수 있기 때문이다. 니코틴이 자궁 내에서 피의 흐름을 방해할 수 있다는 것도 밝혀졌다. 이렇게 되면 태아로 전달되는 산소가 줄기 때문에 뇌 손상의 위험이 있다.

산모가 임신 동안 술을 마시면 자녀는 태아 알코올 증후군fetal alcohol syndrome으로 고통 받을 수 있다. 대략 1,000명 당 한 명 꼴로 태아 알코올 증후군을 안고 태어난다. 태아 알코올 증후군은 여러 신체적, 정신적 장애를 일으킬 수 있다. 특히 사회적 상호작용의 관리 면에서 문제를 일으킨다. 태아 알코올 증후군이 있는 청소년과 성인은 사회적 단서에 반응하지 않고, 타인의 호의에도 무덤덤하고, 눈치가 없고, 사람들과의 협력에 문제가 있다.

우리는 그런 사람을 얼간이라며 무시하는 경향이 있지만, 이들의 상스러운 행동은 그들의 잘못이 아닌지도 모른다. 이들이 사회규범을 제대로 인식하는 데 문제가 있음을 생각하면 태아 알코올 증후군이 있는 사람 중 절반 이상이 법적으로 곤란을 겪는 것이 그리 놀랍지 않다. 임신 기간 중에 소량의 술만 마셔도 아직 태어나지 않은 아이가 나중에 범죄 행위를 벌일 확률이 3배 높아진다. 때로는 산모가 술 한 방울 마시지 않았는데도 아이가 태아 알코올 증후군 비슷한 증상을 안고 태어날 수 있다. 어떻게 그럴 수 있을까? 아빠 탓이다. 과도한 음주는 장차 아빠가 될 사람의 정자에서 태내 발달에 중요한 유전자의 DNA 메틸화 패턴을 바꿀 수 있다.

종합해보면 이 연구들은 범죄자 중 일부가 어린 시절에 정상적인 뇌 기능을 방해하는 요인에 중독되었던 피해자인지도 모른다는 사실을 알려준다. 이 독성 요인은 부모의 학대나 또래의 왕따 같은 심리적 형태일 수도 있고 중금속, 니코틴, 알코올 같은 독성 물질의 형태일 수도 있다. 어떤 경우든 이런 요인이 뇌의 발달과 신호 전달을 직접 방해하거나, DNA의 후성유전적 프로그래밍을 통해 반사회적 행동, 공격성, 폭력의 씨앗을 심을 수 있다는 점은 분명하다.

─────────── 뇌 침입자는 어떻게 당신을 미치게 만드는가?

화가 나면 배에서 울화가 치밀어 오르는 기분을 느낀다. 하지만 사실 그런 느낌은 뇌에서 만든다. 살아 있는 생명체를 그저 고깃덩어리 로봇처럼 보이게 만들어놓은 1963년의 극적인 실험에서 예일대학교의 생리학자 호세 마누엘 로드리게즈 델가도José Manuel Rodriguez Delgado는 자기에게 곧장 달려드는 황소를 리모컨으로 중지시켰다. 이 시연을 하기 전에 델가도는 황소의 뇌에 작은 장치를 이식했다. 그가 리모컨을 누르면 전기신호를 방출하는 장치였다. 이 전기신호는 뉴런들이 서로 소통할 때 정상적으로 일어나는 과정을 흉내 낸 것이었다. 버튼을 눌러 뇌의 특정 부분을 자극함으로써 델가도는 말 그대로 황소의 공격 본능을 그 자리에서 바로 중지시킨 것이다.

사람 역시 이런 종류의 뇌 조작에서 자유롭지 않다. 뇌의 어느 영역을 전기자극하느냐에 따라 웃음이나, 눈물, 분노가 터져 나오는 등 어떤 감정 상태라도 경험할 수 있다. 버밍엄 앨라배마대학교 University of Alabama의 매리 보기아노Mary Boggiano는 델가도의 기법을 변형하여 폭식 같은 충동적 행동을 진정시키고 있다. 누군가가 폭식의 욕망을 느낄 때 델가도의 황소처럼 뇌에 전류를 흘려 바로 멈추어주는 것이다.

뇌는 아주 정교한 기계이고, 상당히 튼튼한 용기 안에 들어가 있지만, 다양한 모욕에 분노할 수 있다. 1966년 오스틴 텍사스대학교 University of Texas에서 16명이 죽고 31명이 부상당한 그 유명한 시계탑 총격 사건은 호두 하나보다 작은 세포 덩어리 때문에 생겼을 가능성이 높다.

찰스 휘트먼Charles Whitman은 모두의 모범이 되는 전형적인 미국의 아동이자 이글 스카우트(21개 이상의 공훈 배지를 받은 보이스카우트 단원—옮긴이)였다. 하지만 25세가 되자 그는 끔찍한 두통을 앓기 시작했다. 자신이 통제할 수 없는 불온한 생각들이 머릿속에 들어오자 대

나를 나답게 만드는 것들

학 내 진료소를 찾아갔다. 그가 한바탕 살인을 저지르기 전에 적은 노트에는 그의 정신 기능이 퇴보하고 있음을 보여주는 단서들이 남아 있다. 휘트먼은 자기가 미쳐가고 있다고 확신해 부검 의사에게 자기 뇌를 부검하고, 자기 돈을 정신건강 연구에 기부해달라고 요청했다. 아니나 다를까 부검을 통해 종양이 그의 편도체를 압박하고 있었다는 것이 드러났다. 편도체는 공포와 불안 조절에 중요한 역할을 하는 뇌 영역이다.

뇌졸중, 뇌진탕, 감염에 의한 손상 등 다른 유형의 뇌 손상도 착한 사람이 악한 사람으로 변하는 현상과 관련된 것으로 보인다. 학대를 당한 아동이나 배우자가 뇌 손상을 가지고 있다가 공격적인 행동으로 이어질 때가 종종 있다. 미식축구 같은 접촉 스포츠는 위험한 뇌진탕이 자주 일어나는데 이것이 갑작스러운 폭력성의 폭발을 촉발할 수 있다. '펀치 드렁크punch-drunk(그로기 상태를 말하며 주먹에 취했다는 의미—옮긴이)'라는 용어는 여러 해에 걸쳐 머리에 반복적으로 타격을 입고 인지 결함이 생긴 권투선수를 보고 나온 말이다. 펀치 드렁크는 이제 만성 외상성 뇌질환chronic traumatic encephalopathy의 아형으로 알려져 있다. 만성 외상성 뇌질환은 대단히 걱정스러운 질병으로 접촉 스포츠 선수들에게서 기존에 생각했던 것보다 더 많이 발생하는 것으로 보인다.

만성 외상성 뇌질환과 미식축구 선수를 처음으로 연관 지은 사람은 베넷 오말루Bennet Omalu 박사이다. 그의 이야기는 윌 스미스가 출연한 영화 〈컨커션Concussion〉으로 나오기도 했다. 만성 외상성 뇌질환은 충동 조절 능력 상실, 엉뚱한 행동, 공격성과 연관 있다. 질환을 잃는 사람 중 일부가 괴물로 변해가는 비극적인 모습을 이것으로 설명할 수 있다. 그중 눈에 띄는 사례가 미국 프로미식축구팀 캔자스시티 치프스Kansas City Chiefs의 라인배커 조반 벨처Jovan Belcher이다. 그는 2012년에 여자친구를 죽이고 자살했다. 뉴잉글랜드 패트리어츠New England Patriots에 있던 아론 에르난데스Aaron Hernandez는 사후부검에서 만 30세 미만의 사람 중 지금까지 본 최악의 만성 외상성 뇌질환으로 진단받았다. 에르난데스는 2013년에 저지른 살인 사건으로 종신형을 선고받고 복역 중이었지만, 2017년에 감옥에서 목을 매달아 자살했다. 만성 외상성 뇌질환과 폭력 사이의 상관관계는 분명 미식축구에 국한되지 않는다. 2007년에 프로 레슬링 선수 크리스 벤와Chris Benoit는 아내와 7세 아들을 죽인 후 자신의 역도 훈련 장비에 목을 매달아 죽었다. 우리는 아이들이 계속 헤딩이나 태클로 뇌를 손상시키는 모습을 지켜만 보고 있을지 진지하게 고민해보아야 한다.

종양과 조직 손상에 더해 뇌를 손상시키는 또 다른 은밀한 침입자가 있다. 바로 미생물이다. 우리 안의 악마와 대면할 때 우리는 보통 이 작은 악마들에 대해서는 무관심하다. 아마도 공격성을 유발하는 병원체 중 가장 잘 알려진 것은 광견병 바이러스일 것이다. 광견병을 영어로는 'rabies'라고 하는데 이 이름은 '폭력을 행하다'라는 의미를 가진 구절에서 유래했다. 광견병을 일으키는 바이러스 입자가 타액을 타고 새로운 희생자에게 옮는다. 광견병은 뇌를 징발해서 감염된 동물을 살코기에 대해 만족할 줄 모르는 식탐을 가진 포악한 야수로 바꾼다. 광견병 바이러스는 희생자가 다른 동물을 물도록 조작함으로써 다른 동물에게 옮을 수 있다.

광견병은 자신이 감염된 동물의 뇌에 존재한다는 사실을 떠들썩하게 알리고 다니는 반면, 단세포 기생충 톡소플라스마 곤디는 납작 엎드려 있는 쪽을 선호한다. 톡소플라스마가 온혈동물이면(이 기생충을 가진 30억 명의 사람을 포함해서) 어떤 것이든 감염시켜 그 뇌로 살그머니 들어가 잠재성 조직 낭종의 형태로 숙주의 몸속에 평생 자리 잡는다는 사실을 기억하자. 내 몸에 그런 기생충이 들어와 있다고 생각만 해도 불안해지지만, 이 낭종은 양성이라서 면역계가 약해진 사람한테만 문제를 일으킨다고 오랫동안 믿어왔다. 하지만 이런 가정은 1990년대에 들어 산산이 깨졌다. 당시 옥스퍼드대학교에 재직하던 조안 웹스터Joanne Webster가 톡소플라스마에 감염된 쥐에게 일어난 이상한 일을 발견했다. 놀랍게도 톡소플라스마에 지배당한 쥐는 고양이 냄새에 대한 선천적 두려움을 상실했다. 사실 감염된 쥐는 오히려 포식자의 냄새에 이끌리는 것 같았다. 웹스터는 이런 현상을 '고양이의 치명적 매력fatal feline attraction'이라고 이름 붙였다.

진화적 관점에서 보면 이것은 완전히 말이 된다. 이 기생충이 유성세대를 보내려면 고양잇과 동물의 몸속으로 들어가야 하기 때문이다. 톡소플라스마는 고양이의 내장이라는 로맨틱한(?) 환경을 만나야만 섹스를 할 수 있다. 바꿔 말하면 이 기생충이 설치류의 뇌에 무언가를 해서 자기를 사랑의 모텔로 데려다 줄 택시로 바꾸어놓는다는 얘기다. 그럼 이 기생충에 감염된 고양이는 배변상자, 모래상자, 정원, 개울가에 수십억 마리의 톡소플라스마 접합자oocyst를 배설한다. 이런 접합자들이 먹이사슬과 식수를 완전히 오염시켰다. 많은 사람이 뇌 속에 톡소플라스마를 가진 이유이기도 하다.

톡소플라스마가 설치류의 뇌를 조작할 수 있다면 우리 뇌에는 어떤 영향을 미칠까? 어떤 사람은 톡소플라스마가 설치류로 하여금 고양이에게 끌리게 만드니까 어쩌면 극성맞게 고양이를 끼고 사는 여자crazy cat lady들이 생기는 현상도 이것으로 설명할 수 있을지 모른다고 생각한다. 4장에서 언급했듯이 상관성 연구correlative study에서는 이 기생충에 감염되지 않은 사람에 비해 감염된 사람들 사이에서 일반적 성향이 드러나는 것으로 나온다. 가장 강력한 상관관계 중 하나는 톡소플라스마 감염과 신경학적 이상, 특히 조현병 발생 사이의 관련성이다. 톡소플라스마를 가진 사람은 불안을 더 잘 느끼고, 위험 감수 행동을 더 잘 받아들이는 경향이 있다. 하지만 성별에 따른 차이도 보고되고 있다. 감염된 남성은 더 내성적이고, 의심이 많고, 반항적인 반면, 감염된 여성은 더 외향적이고, 더 잘 신뢰하고, 순종적인 경향이 있다.

톡소플라스마가 우리의 어두운 면을 일깨우는 또 다른 요인이 될 수 있을까? 2016년의 연구에서 시카고대학교의 행동 신경과학자 에밀 코카로Emil Coccaro는 톡소플라스마에 감염된 사람이 간헐적 폭발 장애intermittent explosive disorder가 있을 가능성이 2배라는 것을 알아냈다. 간헐적 폭발 장애가 있는 사람은 자극이 거의 없는 상태에서도 공격성이 비이성적으로 분출되는 경향이 있다.

나를 나답게 만드는 것들

우리 안에 악마가 있을까?

수잔나 카할란Susannah Cahalan은 2009년에 24세가 될 때까지만 해도 정상적인 삶을 살았다. 그런데 이상한 문제들이 그녀를 괴롭히기 시작했다. 난데없이 말하기에 문제가 생겼다. 혀가 매듭처럼 꼬이기 시작했다. 이어서 카할란은 몸을 움직이는 데 문제가 생겼고 돌아다닐 때면 프랑켄슈타인의 신부처럼 휘청거렸다. 이런 신체적 문제에 더해 편집증과 폭력성이 생겼다. 그녀는 환각으로 고통받고, 완전히 다른 사람이 되기도 했다. 그녀는 아버지가 새엄마를 죽였다고 확신했다. 카할란은 급속히 상태가 악화되어 정신이상의 단계로 빠져들었고, 이 세상 소리가 아닌 듯한 소리를 내고, 한 달 안에 긴장증 상태에 도달했다.

이 젊고 활기 찬 여성이 이렇게 갑작스럽게 변한 것은 정말 끔찍하고 어떤 논리로도 설명이 안 되었다. 그녀는 머리 부상도 뇌종양도 감염도 독소 중독도 없었다. 그리고 그 어떤 정신질환 치료제도 도움이 되지 않았다. 알려진 원인들이 모두 배제된 상황이다 보니 악령의 빙의 말고는 설명이 불가능해 보였다.

다행히 그녀의 가족은 퇴마사 대신 신경과 전문의를 찾아갔다. 수헐 나자르Souhel Najjar는 한 번의 간단한 검사로 카할란의 병을 진단할 수 있었다. 그는 카할란에게 시계를 그려보라고 했다. 그러자 흥미롭게도 모든 숫자를 시계 앞면의 한쪽에 다 몰아넣었다. 그녀의 뇌가 제대로 기능하지 못한다는 증거였다. 나자르는 염증을 의심했고 이 병을 '불붙은 뇌brain on fire'라고 표현했다. 카할란은 미쳐갔던 경험을 나중에 회고록으로 냈고 이 문구를 책 제목으로 썼다. 국제 퇴마사 협회International Association of Exorcists에서는 통탄할 일이지만, 카할란의 병은 악령에 의한 것이 아니라 생물학적 원인에 의한 것이었다. 여타의 이상한 신경학적 증상처럼 말이다. 그녀가 제대로 진단 받지 못했다면 되돌릴 수 없는 뇌 손상이 일어나고, 나아가 혼수상태나 사망에 이르렀을 가능성이 높다.

카할란이 걸린 병은 불과 2년 앞서 처음 보고되었었다. 항-NMDA 수용체 뇌염anti-NMDA receptor encephalitis이다. 일찍이 2005년에 신경학자 호셉 달마우Josep Dalmau는 카할란이 걸렸던 것과 같이 귀신 들린 듯한 증상을 보이는 일군의 환자들을 연구하고 있었다. 무슨 일이 벌어지고 있는지 알아내기 위해 그는 환자들의 혈액과 뇌척수액cerebral spinal fluid을 채취해 쥐의 조직에 주입해보았다. 그리고 이 귀신 들린 듯한 환자들이 뇌, 구체적으로는 뉴런 표면에서 발견되는 NMDA 수용체라는 단백질에 달라붙는 물질을 가졌음을 발견했다.

NMDA는 'N-methyl-D-aspartate'의 약자다. 우리 몸에서 만들어내는 화학물질로 뇌에서 작용한다. NMDA 수용체는 기억과 학습에서 중요한 역할을 하고 신경세포들이 서로 소통하는 것을 돕는다. 아직 불분명한 이유로 운이 나쁜 일부 사람은 몸에서 이 수용체에 대한 항체를 만든다. 우리의 면역계는 외부 침입자와 싸우기 위해 항체를 만들어야 정상이다. 하지만 가끔 몸에서 자신의 일부에 대항하는 항체를 만든다(그래서 '자가면역' 질환이라고 한다). 이것은 아군에게 쉼 없이 총질을 하는 것과 비슷해 엄청난 희생을 치른다. 카할란의 자가면역질환은 악마의 가면을 쓴 새로운 유형의 뇌 손상이었다.

　　　　　　　　　　　나를 나답게 만드는 것들

뇌 세포 사이의 신호전달에 중요한 신경전달물질들은 NMDA 수용체를 통해 작용하는데 항체가 그 출입문을 막고 있으면 결합할 수 없다. 항-NMDA 수용체 항체는 신경의 신호 전달을 방해함으로써 뇌 속에 혼돈을 일으켰고, 이것이 결국 카할란의 정신과 증상으로 이어진 것이다. 이 질병이 발견된 후로 많은 정신병이 이것으로 진단받았다. 보고된 케이스를 보면 편집증, 환각, 자신과 타인에게 상해 가하기, 강박적 사고, 통제 불가능한 운동, 알아들을 수 없는 방언, 발작, 긴장증 상태, 기타 기이한 행동이 있다. 이 병에 걸린 환자들이 모두 해피엔드로 끝나지는 않는다. 하지만 카할란은 면역억제 치료를 받고 완전히 회복했다. 이런 약물들은 탄약을 빼앗아 아군에 대한 총질을 멈추게 해 면역 반응을 누그러뜨린다. 카할란의 몸이 항-NMDA 수용체 항체를 만들지 못하게 함으로써 신경 신호가 정상으로 회복될 수 있었다. 그녀의 사례는 과학이야말로 악마를 넘어설 수 있는 묘약임을 보여준다.

우리는 악마에게 연민을 느껴야 할까?

과학은 루돌프 사슴 코처럼 안개를 헤치고 나갈 빛을 비춰주며 우리 정신 속의 가장 어두운 비밀조차 몰아내고 있다. 더 이상 악마나 영혼의 빙의 같은 무의미하고 도움이 안 되는 설명에 매달릴 필요가 없다. 우리의 두려움과 악마는 유전적 성향, 태아 프로그래밍, 진화적 유산, 세대 간 후성유전 등 온갖 다양한 요소로 생겨난다. 어둠으로 빠져드는 사람은 사악한 귀신이 들린 것이 아니라 영양결핍, 중금속 중독, 머리 부상, 감염, 자가면역질환에 휘말린 것이다. 여기서 새겨들어야 할 교훈은 악마가 다른 세상에서 온 존재가 아니라 온전히 생물학에 뿌리를 둔 존재라는 점이다. 사람들이 그릇된 행동에 빠져드는 생물학적 원인을 밝히면서 범죄를 예방하고 범죄자를 갱생할 수 있는 더 효과적인 방법을 찾을 것이다. 이제 우리에게 남은 진정한 죄는 이런 사실을 무시하는 죄밖에 없다.

브래들리 월드롭은 한 여성을 살해하고, 아내를 야만적으로 공격하고, 아이에게 정서적 상처를 남겼다. 이런 내용을 타이핑하는 것만으로 저절로 주먹이 쥐어진다. 원초적 본능을 따르자면 당장이라도 정의의 사도가 되어 복수에 나서고 싶은 심정이다. 하지만 앞에서도 보았듯이 우리의 본능은 틀리는 경우가 많고 이성을 가지고 객관적으로 그 본능을 다시 평가해야 한다. 무고한 범죄의 희생자에게 슬픔을 느끼는 것은 자연스럽고 적절한 행동이다. 하지만 브래들리 월드롭도 일정 부분 연민을 받을 자격이 있을까? 희생자에게 느끼는 슬픔을 지우지 않고도 그런 살인자에게 연민을 느끼는 것이 가능할까? 우리에게는 양쪽 모두를 위해 흘릴 수 있는 눈물이 있을까?

폭력 범죄자들을 당장 감옥에서 풀어주어야 한다는 말이 아니다. 하지만 폭력 문제를 해결할 방법에 대해 고민하는 사람이라면 범죄자에게도 신경을 써야 한다. 월드롭에게 일어났던 그 모든 일들을 생각해보자. 그의 통제를 벗어나 있던 일들 말이다. 그는 무시무시한 아동학대의 희생자였다. 우리는 이것이 장래에 행동의 문제를 낳는 주요 위험 요인임을 알고 있다(부분적으로는 스트레스 반응에 대한 조

　　　　　　　　　　　나를 나답게 만드는 것들

절 능력을 약화시키는 후성유전적 변화 때문이다). 그는 우울증과 분노 장애 rage disorder도 앓았다. 유전자, 미생물총, 기생충 감염, 혹은 이런 것들의 조합으로 생긴 결과일 수 있다. 그는 유전적으로 공격적 성향을 타고났을 수 있다. 이런 것이 그가 겪었던 부정적 아동기 사건들을 악화시킨다. 또한 그는 유전적으로 알코올중독에 잘 빠지는 성향을 타고났는지도 모른다. 이 역시 그 운명의 밤에 그런 행동으로 이끈 또 하나의 요인이 될 수 있다.

월드롭은 불운의 폭풍우에 휘말리고 말았다. 그와 같은 배에 탄 사람이라면 대부분 비슷한 운명을 피하지 못했을 것이다. 범죄자들을 사악한 영혼이라며 무심히 경멸해버린다면 우리에게 희망이 없다. 하지만 월드롭에게 눈곱만큼의 연민이라도 느낄 수 있다면 앞으로의 비극을 예방할 수 있는 좀 더 생산적인 길로 첫걸음을 내딛은 것이다.

사회에서 모든 어린이가 안전한 환경에서 보살핌을 받으며 자랄 수 있는 효과적 수단을 마련하지 않는 한 우리는 미래에 있을 범죄 행동의 씨앗을 계속 뿌리는 셈이다. 우리의 대화가 좀도둑에 관한 것이든, 살인자나 테러리스트에 대한 것이든 한 가지 물어봐야 할 것이 있다. 그들이 어른이 되어 범죄를 저지르기를 기다렸다가 처벌하는 것이 옳을까, 아니면 아직 아이일 때 범죄에 빠져들지 않도록 돕는 것이 옳을까?

7

나의 짝과 만나다

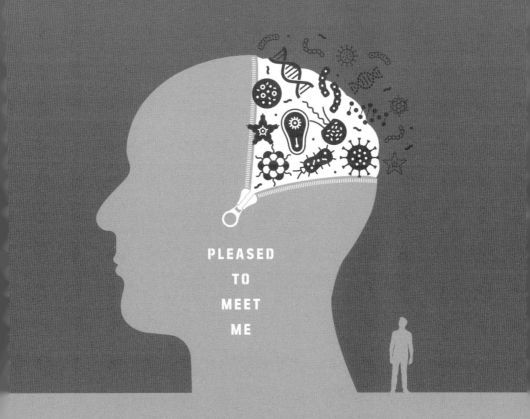

PLEASED
TO
MEET
ME

—— 66 ——

나는 그녀에게 내 마음을 주었고,
그녀는 내게 펜을 주었어요..

—— 99 ——

로이드 도블러, 영화 <금지된 사랑(Say Anything)>에서 십대였던 1980년 즈음 내 몸에 변화가 일어나고 있었다. 나는 사춘기 전에도 벌거벗은 여자를 본 적이 있지만(대부분 초등학교 도서관에 있던 〈내셔널지오그래픽〉에서 보았다), 호기심 수준을 벗어나지는 않았다. 그러다 케이블티비에서 영화 〈포키스Porky's〉를 보고는 새로운 감각을 경험했다. 그때까지만 해도 내 은밀한 신체 부위가 하는 일은 딱 한 가지밖에 없다고 생각했다. 내가 마신 청량음료를 몸 밖으로 빼내는 일이다. 하지만 사춘기 호르몬이 내 혈관에 끓어 넘치면서 그 은밀한 부위가 오락 시스템으로 바뀌었다. 마치 제다이의 포스가 깨어난 것처럼 나는 갑자기 이성에 강렬한 매력을 느꼈다. 통제할 수도, 의식적으로 선택할 수도 없는 느낌이었다.

　　나는 십대의 로맨스라는 이 당황스러운 신세계를 헤쳐 나가도록 도울 존재가 필요해 내가 믿고 따르는 스승을 찾아갔다. 음악이었다. 수많은 유명 가수들이 나처럼 사랑 때문에 혼란스러워한다는 것을 알고 어찌나 기뻤던지! 하워드 존스는 이렇게 물었다. "사랑은 무엇인가요?What Is Love?". 반 헤일런은 물었다. "이것이 왜 사랑일 수 없단 말인가?Why Can't This Be Love?". 티나 터너는 물었다. "사랑이 그거하고 무슨 상관이죠?^{What's Love Got to Do With It?}". 그리고 서바이버와 화이트스네이크는 궁금해했다. "이것이 사랑인가요?^{Is This Love?}". "사랑은 전쟁 Love Is a Battlefield", "남자 잡아먹는 여자^{Maneater}", "너는 사랑을 더럽혔어 You Give Love a Bad Name" 같은 노래를 듣다 보니 접근해 오는 여자에 대해 불안한 마음이 커졌다. 나는 전쟁에 나가고 싶지도, 여자한테 잡아먹히고 싶지도, 사랑을 더럽히고 싶지도 않았다.

나의 음반들은 사랑이 장엄한 마법 같다고 가르쳐주었지만, 생물학 선생님은 과학으로 내 눈을 멀게 했다. 수업 시간에 우리는 사랑이란 사실 그저 이기적인 유전자가 우리를 속여 자신의 유산을 보호하기 위해 수립한 은밀한 작전에 불과하다는 것을 배웠다. 밸런타인데이 카드에서 읽었던 것과 완전히 딴판이었다. 나는 사랑이 가슴속에 있다고 믿으며 자랐지만, 사랑은 머리 속에 있다는 것을 배웠다. 사랑은 결국 회백질^{gray matter}에 들어 있다. 세균, 멍게, 그리고 여러 정치인들처럼 뇌가 없는 생명체들은 사랑이라는 미친 짓거리^{crazy little thing called love}를 하지 않아도 잘만 산다. 하지만 어째서 우리에게 번식은 이리도 복잡한 일일까?

아기를 만드는 데 왜 두 사람이 필요할까?

세균과 아메바는 아기를 쉽게 만든다. 번식하려면 그냥 클론을 하나 뚝딱 복제하면 끝이다. 굳이 짝이 될 사람의 프로필을 스크롤하며 열심히 읽을 필요가 없고, 그 내용이 진짜일까 궁금해할 필요도

나를 나답게 만드는 것들

없다. 잘 차려 입을 필요도, 향수를 뒤집어 쓸 필요도, 따분하기 그지없는 상대방의 취미에 관심 있는 척 귀 기울이며 속으로는 예산을 초과한 식사비에 입이 바짝바짝 마를 필요도 없다. 세균은 그냥 자기 DNA만 풀어헤치면 그만이다. DNA의 가닥이 풀려 나오면 효소들이 그 복제본을 만들어 부모 세포에서 떨어져 나오는 딸세포에 집어넣는다. 거창한 신혼 첫날밤도 없고, 아침에 일어나서 사실은 할 줄 아는 요리가 시리얼밖에 없다고 고백할 필요도 없다.

세균의 복제는 쉽기만 한 것이 아니라 훨씬 생산적이다. 세균 하나는 30분 만에 2개로 증식할 수 있고, 그 2개가 4개로, 그다음엔 4개가 8개로, 이렇게 기하급수적으로 증식한다. 세균은 아침이면 이미 수백만 마리의 아기를 만들고, 이렇게 물어볼 필요도 없다. "어젯밤에 좋았어?" 그렇다면 자연은 왜 귀찮게 성^{sex}이라는 것을 만들었을까?

진화적 관점에서 보면 성을 통해 얻는 가장 큰 이득은 유전적 다양성$^{genetic\ diversity}$이다. 무성생식은 클론을 만든다. DNA 복제 오류로 생기는 무작위 돌연변이를 빼면 딸 세균은 엄마 세균과 동일하다. 이기적 유전자의 입장에서 보면 이것이야말로 궁극의 전략이다. 그런데 한 가지 문제가 있다. 만약 세균이 위협을 마주한다면, 예를 들어 페니실린을 분비하는 곰팡이균을 만난다면 무리 전체가 완전히 파괴될 수 있다. 하지만 옆 동네에 사는 세균 군집은 항생제를 파괴하는 효소를 만드는 유전자를 가져서 페니실린에 내성이 있을지도 모른다. 그 유전자를 얻어올 방법만 있다면! 여기서 성이 등장한다. 세균도 접합^{conjugation}이라는 일종의 섹스에 참여한다. 이 과정에서

한 세균이 선모pilus라는 관을 똑바로 세운 후 다른 세균에게 삽입해 DNA를 전달해준다. 좀 익숙한 장면 아닌가?

성은 카드를 맞바꾸듯 유전자를 교환할 목적으로 생겼다. 이기적 유전자의 입장에서 보면 큰 타협이다. 다음 세대로 자신의 유전자가 100퍼센트가 아닌 50퍼센트만 전달되니까. 나머지 50퍼센트는 섹스 파트너로부터 온다. 성은 개인의 유전자를 희석시키지만, 유전자의 혼합 덕분에 새 DNA 조합이 구축한 생존기계에 변이가 생긴다.

이런 변이가 왜 중요한가? 가장 주목받는 개념 중 하나는 붉은 여왕 가설Red Queen hypothesis이다. 이 이름은 아동도서의 고전인《거울나라의 앨리스Through the LookingGlass》에서 따온 것이다. 하지만 과학자들은 붉은 여왕과 앨리스 대신 생명체들이 자기를 감염시키는 기생충과 경주를 벌인다고 믿고 있다. 우리는 세균과 끊임없이 진화의 군비경쟁을 벌이고 있다. 우리가 균에게 저항력이 생기면 균은 보통 머지않아 적응해서 우리에게 새로운 위협을 가한다. 이런 감염을 물리치려면 생물종은 자신의 유전자 풀에 든 유전자들을 계속 섞어주는 것이 유리하다.

붉은 여왕 가설이 옳다는 증거는 생명체와 그 기생충들을 링에 올려놓고 싸움을 붙여보면 잘 드러난다. 인디애나대학교Indiana University에 재직 중일 때 생물학자 레비 모란Levi Morran은 예쁜꼬마선충Caenorhabditis elegans을 세라티아 마르세센스균Serratia marcescens이라는 병원성 세균과 함께 링 위에 올려놓고 싸우는 모습을 관찰했다. 예쁜꼬마선충은 유성생식과 무성생식을 모두 사용해 번식할 수 있고, 실험

나를 나답게 만드는 것들

자는 선충이 두 방식 중 어느 쪽을 선택할지 통제할 수 있다. 무성생식으로 번식하도록 강요받은 선충들은 불과 20세대 만에 세균과의 싸움에서 무릎을 꿇었다. 하지만 유성생식을 허용한 선충들은 세균 감염에 굴복하지 않았다. 다음에 섹스할 때는 이런 행동을 있게 해준 세균에게 고마운 마음을 갖도록 하자.

우리가 겉모습에 집착하는 이유

성은 이기적 유전자의 입장에서 봐도 득이 되는 타협이지만, 그럼에도 타협은 타협이다. 이기적 유전자는 유전자를 합칠 최고의 짝을 확인하기 위한 정보가 필요하다. 그래서 일부 신체적 특성을 DNA 광고판에 올려놓았다. 경쟁이 심한 자동차 세일즈맨들이 만드는 광고처럼 이 DNA 광고 중에는 아주 시끄럽고 불쾌하게 진화한 것도 있다.

신체적 특성은 우리가 짝을 판단할 때 얻을 수 있는 첫 번째 단서다. 이것을 통해 상대방이 가진 유전자의 상대적 질을 조잡하나마 신속히 판독할 수 있다. 동물계에서는 모든 종이 이런 신체적 단서를 이용해 잠재적인 짝을 오디션 본다. 그리고 이런 단서들은 잠재적 짝을 거부할지 받아들일지 좌우할 때가 많다. 이것이 선택압으로 작용해 이런 신체적 특성 중 일부는 어리석을 만큼 극단적인 형태로 진화하기도 했다. 가장 익숙한 사례가 아름답지만 지극히 비실용적인 수컷 공작의 꼬리깃털이다. 찰스 다윈조차 이렇게 쓸데없이 화려하기만 한 특성을 보고 의아하게 느꼈다. 화려한 꼬리는 만드는 데도 에너지가 낭비되고, 포식자의 눈에도 쉽게 띄기 때문이다.

다윈은 성선택sexual selection이라는 개념으로 이 수수께끼를 해결했다. 성선택은 생명체들이 순수하게 이성을 향해 자신의 매력을 높이기 위해 쓸모없어 보이는 특성들을 과시한다는 개념이다. 암컷 공작은 휘황찬란한 꼬리깃털을 가진 수컷 공작을 좋은 짝으로 인식할 것이다. 저렇게 육중한 깃털을 가지고도 지금까지 포식자를 잘 피해 다니며 살아남았다면 분명 대단히 강인하고 머리가 좋은 수컷일 것이다. 암컷은 이런 특성이 자식에게 유리하다고 인식할 수 있다. 또는 화려한 꼬리깃털 과시가 짝을 지을 준비가 되었다는 확실한 신호가 될 수도 있다. 더 멋지게 과시할수록 그 수컷(그리고 그 수컷이 낳은 수컷)은 짝을 유혹할 가능성이 높아진다. 자신의 유전자를 희석시켜야 할 암컷의 입장에서는 이런 수컷 공작의 DNA야말로 자신의 유전자 풀 안에서 헤엄칠 자격이 있다.

사람도 성선택에 영향을 주는 특성들이 있다. 예를 들면 얼굴과 몸의 대칭성이 있다. 영화 〈구니스Goonies〉에 나오는 얼굴이 비뚤어진 슬로스를 보고 우리가 처음에 움찔하는 데는 이유가 있다. 우리는 무의식적으로 비대칭성을 건강이 좋지 못한 것과 연관시킨다. 생후 몇 달밖에 안 된 아기도 대칭적이고 매력적인 얼굴로 시선이 가는 것으로 보아 이런 선호도는 태어날 때부터 타고나는 것으로 보인다. 우리는 겉모습만으로 사람을 판단하면 안 된다고 가르치지만, 외모가 매력적인 사람은 여전히 많은 특권을 누린다. 연구 결과를 보면 대칭성이 좋은 남성은 이른 나이에 짝을 찾고, 많은 여자친구를 사귀고, 심지어 여성 파트너가 오르가슴도 더 자주 느끼게 해준다. 거기에 더해 크기도 중요하다. 당신이 생각하는 그 크기는 아니다. 지갑이 큰 남자가 짝도 더 많이 끌어들이는 경향이 있다.

사람은 일반적으로 맑고 투명한 피부, 건강해 보이는 하얀 치아, 반짝이는 눈동자, 이가 없는 비단결 같은 머리카락을 가진 육체적으로 건강한 사람과 짝을 맺고 싶어 한다. 그렇지 않다면 나쁜 유전자를 갖고 있거나 감염이 있음을 암시하기 때문이다. 마찬가지로 대부분의 사람은 활력이 넘치고, 성격이 좋고, 똑똑하고, 발랄한 짝을 만나고 싶어 한다. 이것은 정신건강이 좋다는 신호이기 때문이다. 파릇파릇하던 젊은 시절이 지나가면서 얼굴에 생겨나는 주름과 빠지는 머리카락은 내가 더 이상 젊은이가 아니라는 신호를 보내게 된다. 젊음의 활력이 있음을 광고하기 위해 외모를 가꾸려는 우리의 선천적 욕망이 워낙 강하다 보니 수십억 달러 규모의 화장품 산업과 성형수술 산업이 탄생했다.

진화심리학자들은 남성과 여성이 역사적으로 서로에게 다른 특성을 원한 이유에 대해 이론을 더했다. 전 세계 어느 문화권을 막론하고 남성은 여성의 허리-엉덩이 둘레비waist-to-hip ratio를 정확히 알아내는 불가사의한 능력을 가졌다. 남성이 가장 선호하는 비율은 허리둘레가 엉덩이둘레의 70퍼센트인 경우다. 이 허리-엉덩이 둘레비가 생식력을 최대로 끌어올리는 이상적 비율이다. 연구를 보면 이 비율에서 벗어나는 몸매의 여성은 임신이 어렵고, 유산이 많고, 만성질환과 정신장애도 더 잘 생긴다.

과학자들은 남성이 여성의 큰 가슴을 보물상자 보듯 하는 이유가 원초적 무의식이 큰 가슴을 좋은 건강과 활력의 상징으로 보기 때문이라 추정한다. 이것은 자기 자식에게 영양을 공급할 사람이 갖추어야 할 중요한 자질이다. 한 연구에서는 이런 개념을 뒷받침할 실험을 진행해보았다. 배가 비었거나 불러 있는 남성에게 여성의 가슴을 보여주며 매력을 판단해보라고 요청했다. 그 결과 배가 고팠던 남성은 큰 가슴을 훨씬 매력적이라 평가했고, 배가 고프지 않았던 남성은 이런 편향을 보이지 않았다. 또한 남성은 어린 여성을 선호하는 경향이 있다. 다른 남자의 자식을 키우는 데 에너지를 소비하지 않는 처녀일 확률이 높기 때문이다. 여자도 이런 점을 알고 남자의 환심을 사려 할 때는 더 어려 보이려고 목소리 톤을 높인다.

여성은 일반적으로 사회적 지위와 경제력이 있는 남성에게 더 관심이 많다. 그런 자원이 자신과 자식에게 도움이 되기 때문이다. 대부분 여성은 멋쟁이처럼 차려입은 남성을 보면 사족을 못 쓰지만, 사내답게 생긴 사람에게도 끌린다. 그래서 어깨가 벌어지고, 턱선이 굵고, 눈썹뼈가 돌출한 남성을 선호한다. 이런 남성적 특성은 사춘기 동안 테스토스테론 수치가 높아져 만들어진다. 여성은 이를 보고 남성의 강인함과 힘을 신속하고 쉽게 읽어낸다.

우리의 남성 선조들은 사회적 위계에서 높은 지위를 차지하기 위해 야망, 지능, 인적 네트워크 형성 능력이 필요했고, 여성도 남성으로부터 이런 지적 특성을 적극적으로 찾아본다. 하지만 이런 특성을 평가하려면 굵은 턱선이나 떡 벌어진 어깨 같은 것을 판단할 때보다 시간이 더 걸린다. 그리고 여성은 남성보다 번식의 기회가 적기 때문에, 이것이 여성이 남성을 고를 때 시간이 더 오래 걸리는 이

나를 나답게 만드는 것들

유 중 하나로 추정된다.

　이런 진화적 지상과제가 문화적 태도로 옮겨질 때가 많다. 좋든 싫든 이런 문화적 태도는 여전히 견고하게 자리 잡고 있다. 옛말과 같이 여성은 성적 대상^{sex object}으로 보고, 남성은 성공의 대상^{success object}으로 보는 경우가 많다. 1980년대 노래 가사를 보면 남성은 여자를 밝히는 추잡한 존재로, 여성은 돈을 밝히는 물질적 존재로 묘사될 때가 많다. 그 반대 방향으로 사회적 진보가 이루어져왔음에도 많은 사람이 여전히 이런 식으로 행동한다. 그래서 사춘기가 지난 젊은 남녀가 서로를 탐색하면서부터는 이런 고정관념 속 패턴이 바로 드러난다. 일반적으로 십대 남자아이들은 가슴 큰 치어리더를 갈망하고, 십대 소녀들은 비싼 차를 모는 운동선수 같은 남자를 동경의 눈빛으로 본다.

　짝을 고를 때 겉모습에 집착하는 사람은 진화가 남긴 이런 오랜 흔적 때문에 그런지도 모르겠다. 하지만 과학을 통해 인간 본성에 대한 비밀이 드러나고 있으니 우리도 뇌가 무의식적으로 짝을 판단하는 방식에 결함이 있다는 사실을 더 잘 이해하면 좋겠다. 과거 우리 선조들에게는 이런 단순한 접근 방식이 효과적이었겠지만, 이제 우리는 짝을 고를 때 이기적 유전자의 욕망을 뛰어넘어 내면의 아름다움까지 판단할 수 있는 머리를 가졌다. 나는 구석기시대에서 살아남기에는 부족함이 많은 사람이지만, 이 시대와 이 나이에도 여전히 사랑과 애정을 찾을 수 있다. 그리고 영화 〈구니스〉의 슬로스도 비뚤어진 기괴한 얼굴을 가졌지만, 결국 모두에게 사랑받는 친구이자 영웅이 되었다.

누군가에게 홀딱 반한 사람이 제일 듣기 싫어하는 위로의 말이 있다. "우리 그냥 친구로 만나요." 과학은 당신이 이런 말을 너무 괴롭게 받아들일 필요가 없다고 말해준다. 누군가가 당신을 거절했다면 그것은 아마도 당신이 통제할 수 없는 생물학적 이유 때문일 것이다. 그러니 옷을 바꿔 입고, 머리를 새로 만지고, 얼굴을 뜯어 고칠 생각은 하지 말자. 그 답이 당신의 체취에 있는지도 모르기 때문이다.

동물의 매력에서 중요하게 작용하는 유형의 냄새는 페로몬 pheromone이다. 페로몬은 다른 동물이 감지할 수 있게 몸에서 환경으로 분비하는 화학물질이다. 대부분의 동물은 코에 보습코연골기관 vomeronasal organ이라는 특화된 감각 패드를 갖고 있다. 이 기관은 페로몬 메시지를 직접 뇌로 중계한다. 사람에게 페로몬이 작동한다는 증거는 1998년에 시카고대학교의 심리학자 마사 맥클린톡Martha McClintock의 연구에서 처음 제시되었다. 그녀는 함께 사는 여성들의 월경 주기가 겨드랑이 페로몬 때문에 동기화된다는 것을 밝혀 유명해졌다. 페로몬은 의식의 레이더를 피해 그 아래서 은밀하게 작용하기 때문에 조금 오싹하기도 하다. 남자와 여자가 만나서 서로에 대해 알기 위해 어색하게 대화하는 동안에도 한 무리의 화학적 정보가 코로 들어와 뇌의 무의식 영역을 활성화시킨다. 논리적으로 보면 모든 면에서 완벽해 보이는 사람과 대화를 나누고도 이상하게 이 사람은 아닌 것 같다고 느껴본 적이 있는가? 그 사람의 말이나 행동 때문이 아니다. 뇌에서 그냥 이렇게 말한다. "뭔가 느낌이 안 좋아." 아니면 상대방이 이런 느낌을 받았을지도 모르겠다. 어느 쪽이든 기분은 별로다. 하지만 누구의 탓도 아니라는 것을 알면 그나마 기분이 좀 풀릴 수 있겠다. 페로몬 때문인지도 모르니까.

우리 몸에서 방출하는 화학물질이 무의식적으로 우리의 연애 성향에 영향을 미친다는 이론은 여러 방식으로 검증되었다. 스위스 베른대학교^{Bern University}의 생물학자 클라우스 베데킨트^{Claus Wedekind}는 1995년에 더러운 티셔츠의 냄새를 맡아보게 하는 실험을 진행했는데 여성이 자기와 다른 면역 유전자를 가진 남성을 냄새로 알아낸다는 것이 밝혀졌다. 실험에 참가한 남성들에게 이틀 동안 면티를 입게 했고 그 후 용감한 여성들에게 그 면티의 겨드랑이 냄새를 맡고 점수를 매겨보게 했다. 그 결과 여성들이 자기와 다른 면역계 유전자를 가진 남자가 입었던 티셔츠의 냄새를 더 좋아했다. 여성은 자기와 비슷한 면역계 유전자를 가진 남성의 냄새에는 별로 매력을 느끼지 않았다.

자기와 다른 면역계 유전자를 가진 사람과 짝을 지으면 어째서 유리할까? 이야기는 다시 붉은 여왕 가설, 그리고 우리가 애초에 성을 가진 이유로 돌아간다. 우리 면역계는 신속한 돌연변이가 가능한 수많은 균에 대항해야 한다. 다양한 세균과 싸우기 위해서는 다양한 면역 유전자를 확보하는 것이 유리하다. 너무 비슷한 면역 유전자를 가지면 유산의 위험도 높아진다는 증거가 있다. 따라서 누군가에게 프러포즈했다가 거절당하는 것은 개인적 감정 때문이 아니다. 몸이 거부한다고 봐야 옳다.

여성의 냄새도 중요하다. 발정기에 새로운 사랑을 찾고 있다면 남성을 유혹하는 능력이 높아질지도 모른다. 동물원에서 원숭이를 본다면 어떤 암컷이 발정기에 들어갔는지 훤히 보인다. 하지만 사람을 상대로 임신 능력이 절정에 오른 여성을 가리기는 쉽지 않다. 일부 연구에 따르면 월경 기간 동안 여성의 체취가 오르내리며 그 변화를 남성이 알아차릴 수 있다고 한다. 2006년에 프라하 카렐대학교의 인류학자 얀 하블리체크[Jan Havlíček]는 여성 참가자들에게 월경 주기의 서로 다른 단계에서 겨드랑이에 면 패드를 차게 했다. 그리고 남성들에게 패드의 냄새를 맡고 상쾌한 정도를 점수 매기게 했다. 결과가 어땠을까? 가임 기간에 있던 여성이 착용했던 패드가 가장 매혹적이라는 점수를 받았다. 이것이 사실이라면 생물학은 배우자가 준비되었을 때 더 매력적으로 보이게 만드는 방법을 알고 있는 것이다.

우리가 이 은밀한 냄새에 조종당하고 있다는 것만으로는 그리 오싹한 기분이 들지 않는다고? 식생활도 영향을 미칠 수 있다는 증거가 나와 있다. 내가 먹는 것이 곧 나라는 말이 있다. 그리고 먹는 것이 비슷한 사람들끼리 끌린다. 당연한 얘기 아니냐고 생각할 수 있다. 엄격한 채식주의자가 육식의 대가와 어울릴 일은 별로 없을 테니까. 하지만 여기서 말하려는 바는 식생활이 제3자, 특히 미생물총을 통해 페로몬에 영향을 미칠 수 있다는 것이다.

텔아비브 대학교[Tel Aviv University]의 미생물학자 길 샤론[Gil Sharon]이 2010년에 진행한 연구를 보면 드로소필라[Drosophila]라는 초파리에서 장내세균이 짝 선택에 결정적 요인으로 작용한다는 것이 밝혀졌다. 당밀 식단을 먹은 초파리는 당밀을 먹은 다른 초파리를 좋아하는 반

나를 나답게 만드는 것들

면, 녹말 식단을 먹은 초파리는 녹말을 먹은 다른 초파리와 짝 짓기를 좋아했다. 하지만 초파리에게 항생제를 투여해 장내세균 양을 크게 줄이면 당밀 초파리나 녹말 초파리나 서로 가리지 않고 짝을 지었다. 샤론과 연구진은 식단이 장내세균에 영향을 미치고, 이 세균이 다시 초파리가 생산하는 페로몬에 영향을 미치고, 이 페로몬이 짝 선택에 영향을 미친다는 것을 발견했다. 인간의 경우는 여성이 채소를 더 많이 먹는 남성의 냄새를 선호한다는 것이 연구를 통해 밝혀졌다. 이 연구는 초미각자여서 채소를 먹지 않는 내가 여자친구를 사귀는 성적이 영 신통치 않았던 이유를 설명해준다.

마지막으로, 어린 시절의 경험을 떠올리는 냄새가 연애에 괴상한 영향을 미칠 수 있다. 이것은 1986년의 고전적 연구에서 처음 입증됐다. 연구자들은 어미 쥐에게 감귤 향수를 뿌린 후 새로 태어난 수컷들에게 그 어미의 젖을 빨게 했다. 그리고 젖을 뗀 후에는 어미에게 더 이상 감귤 향수를 뿌리지 않았다. 100일 후에 연구자들은 이 수컷 쥐들이 향수를 뿌리지 않은 암컷이나 향수를 뿌린 암컷과 어떻게 상호작용하는지 비교해보았다. 그 결과 지그문트 프로이트가 자랑스러워할 만한 결과가 나왔다. 감귤 냄새를 맡으며 어미의 젖을 빨았던 수컷들이 감귤 향수를 뿌린 암컷에 훨씬 쉽게 성적으로 흥분한 것이다.

2011년에 다른 연구진이 진행한 비슷한 연구에서 청소년기 암컷 쥐들이 아몬드 냄새나 레몬 냄새가 나는 다른 쥐들과 어울려 놀게 했다. 쥐들이 짝짓기 할 나이에 도달하자 암컷들은 청소년기의 놀이 친구와 비슷한 냄새가 나는 수컷을 더 좋아했다.

이런 연구들을 놓고 보면 유아기와 어린 시절의 냄새 경험이 어떤 파트너에게 홀딱 반하게 될지에 은밀히 영향을 미친다고 생각할 수 있다. 이것이 사람에게도 적용되는 이야기라면, 몸에서 마카로니 치즈 냄새가 나는 남자가 내 딸의 마음을 훔치는 데 훨씬 유리할 것이다.

짝 선택에서 냄새의 중요성이 과학을 통해 밝혀지고 있지만, 그럼에도 우리는 자신의 자연스러운 체취를 감추려고 갖은 노력을 하고 있다. 우리 중에는 피부 미생물에게 서식처를 제공하고 체취를 발산하는 데 도움을 주는 모발을 밀어버리는 사람이 많다. 그리고 매일 샤워를 해서 피부 미생물총을 모두 닦아낸 다음 온갖 향수와 체취제거제를 뒤집어쓰다시피 한다. 이런 성분들은 짝 후보감을 평가할 때 무의식적으로 이용하는 미생물 신호를 가려버린다. 이런 중요한 정보를 숨기는 것은 사람을 애초에 면접도 보지 않고 고용하는 것이나 마찬가지다. 비누나 체취제거제가 전하는 코의 즐거움을 빼앗자는 소리가 아니다. 하지만 짝을 결정할 때는 적어도 먼티 테스트를 해보거나, 그 사람이 보지 않을 때 빨래바구니에 코를 처박아 보아야 하는 것이 아닌가 싶다.

반대인 사람이 끌리지만 오래가지 않는 이유

자기와 정반대인 사람이 끌리는가? 분명 자기와 반대인 사람에게 끌릴 수는 있지만 빨리 뜨거워진 만큼 빨리 식는다. 이런 모습은 영

나를 나답게 만드는 것들

화 〈치어스Cheers〉의 샘과 다이앤, 영화 〈스타워즈〉의 한 솔로와 레아 공주, 그리고 폴라 압둘Paula Abdul과 맥 스캇 캣Mc Skat Kat에서도 보였다. 코넬대학교Cornell University의 행동생태학자 피터 버스턴Peter Buston과 스티븐 에믈렌Stephen Emlen은 대부분의 사람이 잠재적 짝을 가릴 때는 '비슷한 사람에게 끌리기likes-attract' 규칙을 따른다는 것을 보여주었다. 이기적 유전자 모형의 맥락에서 보면 비슷한 사람에게 끌리기 규칙은 말이 된다. 이기적 유전자가 자신의 영역 중 절반을 유성생식에 양보해야 하는 상황이라면 자기가 양보하는 유전자와 비슷한 유전자를 끌어들이는 것이 아무래도 유리하지 않겠는가? 같은 노래 안에 들어 있는 두 개의 구절처럼 서로를 보완하는 커플은 오래 지속될 확률이 그만큼 높다.

커플은 나이, 키, 체형, 성격이 비슷한 경향이 강하다. 인류학자들은 이를 '긍정적 동류교배positive assortative mating'라는 멋진 이름으로 부른다. 그리고 다른 동물들도 같은 원리를 따른다. 다음에 당신의 여자친구가 왜 자기와 사랑에 빠졌느냐고 물어보면, 그윽한 눈빛으로 마주보면서 세상에서 가장 섹시한 목소리로 귀에 대고 속삭여주자. "긍정적 동류교배 때문이지."

긍정적 동류교배는 우리가 자기 자손의 유전체를 다양화할 수 있는 짝을 무의식적으로 찾는다는 것을 암시해준 냄새 실험과 모순돼 보이기도 한다. 사랑이란 게 원래 이렇게 모순덩어리다! 경쟁하는 이 두 원리는 서로 반대편에서 저울의 균형을 잡아주는 추와 비슷하다. 즉 이상적인 짝은 당신과 비슷해야 하지만, 그렇다고 너무 비슷해서는 안 된다. 만약 스펙트럼에서 너무 비슷한 쪽으로 치우치면 이것은 유전자 레퍼토리를 풍성하게 하는 섹스의 원래 목적에 반한다. 가까운 가족에게는 본능적으로 연애감정을 거부하는 이유이기도 하다. 근친상간을 피하는 것은 인간 문화에서 가장 보편적인 터부 중 하나이고 식물계와 동물계 곳곳에서도 관찰된다. 청소년기에 가임능력이 절정에 도달했을 때 남매가 툭하면 으르렁대고 싸우는 이유도 이것으로 설명할 수 있을지 모른다.

근친상간에 본능적으로 거부감을 느끼도록 만들어진 중요한 생물학적 이유가 있다. 유전적으로 너무 비슷하면 유전체에서 나쁜 유전자를 솎아내지 못해 해로운 형질이 강화된 자손이 나오기 때문이다. 〈브라이튼 해변의 추억Brighton Beach Memoirs〉에서 스탠리는 유진에게 이렇게 경고한다. "네 사촌하고 결혼하면 머리가 아홉 달린 아이가 나올 거다." 거기에 더해 면역 유전자가 다양하지 못하면 감염과 싸우는 능력에 문제가 생긴다.

2008년에는 쌍둥이 사이에서 근친상간이 일어나는 놀라운 사례가 실제로 벌어져 긍정적 동류교배와 근친상간 터부를 모두 잘 보여주었다. 자기와 너무도 비슷한 완벽한 누군가를 만났는데 알고 보니 그 사람이 당신의 오빠 혹은 여동생이었다고 생각해보라. 〈스타워즈〉의 루크 스카이워커와 레아 공주의 경우처럼 영국에서 이란성 쌍둥이에게 이런 일이 실제로 일어났다. 두 사람은 태어날 때부터 헤어져 다른 가정에서 자랐다. 하지만 결혼한 후에야 충격적이게도 남매라는 것을 알게 됐고 바로 혼인을 취소했다.

나를 나답게 만드는 것들

젊은 사랑이 나이 든 사랑과
너무도 다르게 느껴지는 이유

젊은 사랑은 롤러코스터를 타는 것과 좀 비슷하다. 아래로 추락하듯 미끄러지는 과정이 무서우면서도 아주 신난다. 짜릿한 기분을 느끼지만 토가 나올 수도 있다. 삶이 온통 뒤흔들리면서 무대의 중심 자리를 당신 대신 다른 누가 차지해버린다. 신나면서도 사람을 미치게 만드는 이 이상한 감정이 결국 안정되리라는 것을 당신도 알지만, 자신이 정말 그렇게 안정되기를 원하는지는 본인도 아리송하다. 사랑에 빠지고, 사랑이 식을 때 뇌에서는 대체 어떤 일이 벌어질까?

이기적 유전자의 입장에서는 짝을 찾는 일이 가장 중요한 일이기 때문에 그들은 사랑 자체를 사랑하는 뇌를 만들어냈다. 사랑이 찾아왔을 때(바꿔 말하면 당신이 자신의 유전자와 패를 섞으면 좋겠다 싶은 유전자 패를 발견했을 때) 당신의 신경전달물질과 호르몬이 격렬히 요동친다. 2005년에 러트거즈대학교Rutgers University에서 말 그대로 사랑에 관한 책을 썼던 인류학자 헬렌 피셔Helen Fisher는 사랑에 빠져 정신을 못차리는 사람들을 대상으로 뇌 촬영을 진행했다. 사랑에 빠진 연인들이 서로를 생각할 때 가장 활성화되는 뇌 영역은 도파민이 관여하는 보상중추다. 코카인을 할 때도 젊은 사랑에 관여하는 것과 같은 뇌 영역들이 일부 활성화된다. 로버트 팔머Robert Palmer가 부른 '사랑에 중독되다Addicted to Love'라는 노래가 틀린 말이 아니었단 얘기다. 도파민 보상의 유혹은 너무도 강렬하기 때문에 이 유혹에 걸려들면 사랑을 찾아 지구 끝까지라도 찾아가게 된다. 역사에 남은 로맨틱한 시, 미술, 연극, 영화, 노래 모두 다 이 도파민 때문이다.

도파민에 더해 로맨스가 시작되면서 노르에피네프린의 폭주를 경험하게 된다. 사랑의 열병에 빠져 있는 동안 만신창이가 되는 이유를 이것으로 설명할 수 있다. 투쟁-도피 반응에 관여하는 노르에피네프린은 뺨이 붉게 달아오르고, 손에 땀이 나고, 심장이 팔딱거리고, 잠을 못 이루게 한다. 연애가 시작되려는 때에 분비하기에는 좀 이상한 호르몬이라 여겨질 수 있지만, 이것은 우리가 긴장을 놓지 않게 해 새로 찾아온 사랑의 기회를 망치지 않게 해준다. 젊은 사랑은 정말 위태위태할 수 있기 때문에 당신과 당신의 애인도 스트레스 호르몬인 코르티솔의 급증을 경험한다.

도파민과 노르에피네프린 수치가 상승하면서 기분을 조절하는 세로토닌의 수치는 떨어진다. 사랑에 빠진 연인들이 서로에게 짜증이 날 정도로 집착하는 이유를 세로토닌 수치 저하 때문이라 설명할 수 있다. 1999년의 고전적 연구에서 피사대학교^{University of Pisa}의 정신의학자 도나텔라 마라치티^{Donatella Marazziti}는 미친 듯이 사랑에 빠졌다고 말하는 새로운 커플의 세로토닌 수치가 강박장애^{obsessive-compulsive disorder}가 있는 사람에게나 보이는 낮은 수치로 곤두박질친 것을 발견했다. 젊은 연인들이 하루에도 천 번씩 전화를 걸어 "사랑해"라고 말하는 이유도 세로토닌의 감소 때문이다. 세로토닌은 수면 호르몬인 멜라토닌의 전구체이기도 해서 이웃집 젊은 연인의 침대가 밤새도록 들썩이는 이유도 세로토닌 감소 때문인지 모른다.

요약하자면 젊은 사랑은 스트레스에 지치고 잠도 제대로 잘 수 없는 강박적 중독자로 만든다. 하지만 사랑이 나쁜 약처럼 몸의 화

　　　　　　　　　　　　나를 나답게 만드는 것들

학만 바꾸어놓는 것은 아니다. 뇌에도 변화를 일으킨다. 사랑은 마치 마법에 걸린 것 같은 기분을 느끼게 한다. 생각이 흐려지기 때문이다. 뇌 촬영을 해보면 누군가에게 홀딱 반한 사람은 공포와 사회적 판단을 비롯한 부정적 감정에 관여하는 신경로가 비활성화된다. 그래서 상대방의 성격을 객관적으로 평가할 수 있는 능력이 줄어든다. 사랑에 빠지면 뇌는 분석을 내려놓고 당신과 당신이 원하는 대상 사이의 일체감을 강화한다. 말 그대로 사랑에 눈이 머는 것이다. 외부인이 보면 당신은 정신이 반쯤 나간 사람처럼 보인다. 마치 한밤중에 선글라스를 쓰고 있는 꼴이다.

사랑은 굉장히 빨리 움직인다. 몸속의 화학적 변화는 빨리 일어난다. 당신이 새 애인과 함께, 새 애인에게, 그리고 새 애인을 위해 하는 이상한 짓들도 이런 변화 때문에 생긴다. 어떤 면에서 보면 황홀하면서도 사람의 진을 빼는 이 화합물 칵테일이 변하기를 결코 원치 않을 것이다. 하지만 어떤 날에는 솔직히 이런 상태를 얼마나 유지할 수 있을까 하고 걱정도 한다. 단거리 육상선수가 그렇게 무한정 달릴 수 없듯이, 젊은 사랑도 영원히 이어질 수 없다. 진화는 열정의 불꽃을 끌 메커니즘을 만들어놓았다. 높은 수치의 코르티솔과 낮은 수치의 세로토닌을 계속 유지하면 건강에 이롭지 않기 때문이다. 더 중요한 것이 있다. 이제 세상에 나올 아이를 키우려면 에너지를 그쪽으로 돌리기 위해서라도 원래의 기저선으로 돌아올 필요가 있다. 무의식적으로 뇌는 이 모든 호들갑을 떨었던 목적이 아이를 키우기 위한 것이라 믿고 있다. 물론 우리 중에는 아이를 낳느니 차라리 굶주린 피라냐로 가득한 물에 뛰어들겠다는 사람도 있다. 하지만 뇌는 아이를 낳는 것이 궁극의 목표라고 가정하고 우리 몸의 생화학을 그에 맞추어 조정한다.

앞에서 젊은 사랑이 약물 중독과 어떻게 비슷한지 말했다. 약물 중독에 빠진 사람이 그 약물에 내성이 쌓이듯 젊은 연인도 서로에게 내성이 쌓일 수 있다. 시간이 지나면서 애인의 뺨만 봐도(뺨 대신 당신이 좋아하는 어느 부위든 여기에 적으면 된다) 끓어오르던 도파민 폭주는 점점 가라앉는다. 과도하게 분비되던 노르에피네프린과 코르티솔이 줄면서 당신이 미친 듯이 구애하느라 쏟아붓던 그 많은 에너지가 사그라지고, 합리적인 이성 회로에 다시 불이 들어온다. 이제 더 이상 꽃을 들고 가지 않는다. 분유를 사려면 돈을 아껴야 하니까.

다른 호르몬 변화도 서로에 대한 사랑이 시간의 흐름과 함께 바뀌는 이유를 설명해준다. 남성과 여성 모두 뜨겁게 타오르는 성욕에 기름을 붓는 핵심 호르몬은 테스토스테론이다. 남성은 테스토스테론 수치가 20대 초반에 제일 높다. 여성은 보통 배란할 때 테스토스테론 수치가 정점을 찍는다. 열정이 식는 한 가지 이유는 양쪽 성 모두 나이가 들면서 생산되는 테스토스테론의 양이 줄기 때문이다. 연인이 서로 익숙해짐에 따라 도파민도 더욱 감소한다. 일부 사람이 새로운 파트너나 하룻밤 정사를 찾아나서는 이유이기도 하다. 하지만 온라인 데이트 웹사이트를 찾지 않더라도 두 사람 관계에 무언가 새로운 요소를 도입한다면 도파민 엔진을 다시 가동할 수 있다.

우리가 복용하는 약도 우리 몸의 생화학을 바꾸어 로맨스를 꺼트릴 수 있다. 젊은 사랑에 빠지려면 세로토닌 수치가 낮아져야 하는데 우울증 치료에 사용하는 선택적 세로토닌 재흡수 차단제^{selective}

serotonin reuptake inhibitor, SSRI 같은 세로토닌 수치를 높이는 약이 그것을 차단해버린다. SSRI는 사랑에 빠지는 것을 더 어렵게 만들며 더 이상 자신의 파트너를 사랑하지 않는다고 착각하게 만들 수도 있다. SSRI는 감정반응을 무디게 만들어 무관심한 느낌을 만들 수 있다. 이것은 애정에 부정적 영향을 미칠 수 있다.

열렬한 사랑의 불꽃이 영원히 타오를 것이라 착각하지 않아야한다. 처음에는 사랑이 태풍처럼 우리를 뒤흔들어 놓지만, 결국 폭풍우는 잠잠해지고 고요한 바다 위를 즐겁게 항해할 수 있게 된다. 이것은 드문 일도 아니고 조바심 낼 일도 아니다. 전 세계 어느 문화에서든 욕정은 결국 사랑 앞에 무릎 꿇기 마련이다. 사랑이 끝내 승리를 거두려면 두 사람이 만족스러운 깊은 관계를 가꾸어가려는 의지가 있어야 한다.

우리는 일부일처제인가?

1987년에 팝스타 조지 마이클은 '난 너와 섹스하고 싶어 I Want Your Sex' 라는 곡으로 보수주의자들을 광분하게 만들었다. 오늘날의 기준으로 보면 지극히 평범한 노래지만, 당시만 해도 이 곡은 악마의 장송곡이나 마찬가지였고 수많은 라디오 방송에서 금지곡으로 지정됐다. 어떻게 모든 생명체가 반드시 해야 할 무언가를 원한다고 노래 부를 수 있다는 말인가? 마이클은 이 노래가 애정 관계에 욕정을 불어넣는 곡이라 주장하며 심지어 비디오에서 여성의 등에 립스틱으로 '일부일처제를 탐구하라explore monogamy'라고 쓰기도 했다. 당시에 나는 그저 한 명의 십대에 불과했고 섹스에 관한 일종의 대담한 태도를 말한다고 생각했다.

일부일처제는 동물계에서 예외적인 법칙에 해당한다. 포유류에서도 짝을 이루어 새끼를 함께 키우는 경우는 3퍼센트에 불과하다. 사람은 평생 오직 한 배우자하고만 일부일처제를 유지할 수 있지만, 실상 그렇지 않다는 것은 비밀도 아니다. 대다수의 사람은 평생 한 명 이상의 섹스 파트너를 만난다. 2002년에서 2015년 사이에 진행된 미국 가족성장 전국설문조사National Survey of Family Growth에 따르면 남성은 평생 평균 6명의 섹스 파트너를 만나고, 여성은 평균 5명을 만난다. 미국의 이혼율은 40퍼센트 주변을 맴돌고, 재혼한 사람은 이혼율이 훨씬 높다. 그렇다면 대체 왜 일부일처제를 고집하는 것인지 궁금하겠지만, 일부일처제가 가져다주는 이점을 고려하면 생각이 달라질 것이다.

우리 선조들이 일부일처제를 탐구하기 시작한 이유는 무력한 유아의 생존 가능성을 높이는 데 도움이 됐기 때문이다. 조류bird의 90퍼센트가 함께 머물며 한 팀으로 일한다는 사실도 이런 개념을 뒷받침한다. 알은 하루 24시간 내내 품어야 하는데, 한쪽은 알을 품고, 다른 한쪽은 벌레를 잡아먹어야 한다. 배를 불린 쪽이 둥지로 돌아오면 이번에는 굶고 있던 부모가 먹이 사냥을 나갈 수 있다. 자식을 키우는 데 손이 많이 가는 경우, 그 종은 일부일처제를 시행할 가능성이 더 높아진다. 또 다른 이점은 일부일처제가 성병 노출을 최소화한다는 점이다. 성병은 불임, 유산, 선천적 결손증을 유발할 수 있

나를 나답게 만드는 것들

다. 마지막으로 한 사람과 여러 명의 자식을 낳으면 나이가 다른 형제들이 나오고 형제들이 가족의 이익을 위해 함께 일할 수 있다.

이런 이점에도 불구하고 오랜 세월 함께하지 못하는 부부들이 있다. 어쩌면 '죽음이 우리 두 사람을 갈라놓을 때까지' 함께하기를 요구하는 것은 무리인지도 모르겠다. 2010년의 연구에서 뉴욕 주립대학교 빙엄턴 캠퍼스Binghamton University의 인류학자 저스틴 가르시아Justin Garcia는 성적 불륜sexual infidelity에 기여할지 모르는 도파민 수용체 DRD4 유전자 변이를 발견했다. DRD4 변이가 사람을 충동적이고 위험 감수를 잘하는 성향을 갖게 만든다는 것을 기억하자. 일부일처제라는 맥락에서 보면 DRD4 유전자 변이를 가진 사람은 성적 불륜의 가능성이 50퍼센트 이상 높다고 알려졌다.

긴팔원숭이gibbon, 백조, 비버 등 일부일처제를 고수하는 동물은 수컷과 암컷의 크기가 같다. 수컷이 짝을 찾기 위해 경쟁할 필요가 없으면 몸집이 더 크고 힘이 센 수컷이 진화의 선택을 받지 않는다는 것도 한 가지 이유다. 하나 이상의 짝을 만나는 일부다처제 동물에서는 암컷이 일반적으로 수컷보다 몸집이 작다. 사람의 경우는 보통 남성이 여성보다 크기 때문에 이런 기준에서 보면 우리(그리고 우리 선조)는 일부다처제의 프로필에 해당한다.

데이비드 바라시David Barash와 주디스 립튼Judith Lipton은 《일부일처제의 신화The Myth of Monogamy》라는 책에서 우리는 사회적으로socially(여기서의 '사회적'의 의미는 사람과 사람이 만나고 어울리는 것을 의미한다―옮긴이) 일부일처제지만, 성적으로는 일부일처제가 아니라고 주장했다. 우리는 대부분 짝을 지어 서로 사랑하는 안정적인 인간관계를 형성하고 오랫동안 유지하지만(사회적 일부일처제), 사실상 지구에 존재하는 거의 모든 동물과 마찬가지로 파트타임 연인을 찾아나서는 경향이 있다는 것이다(성적으로는 일부일처제가 아니다). 미시건대학교의 심리학자 테리 콘리Terri Conley는 일부일처제를 실천하는 사람과 합의에 의한 자유연애consensual open relationship를 실천하는 사람 사이에서 작동하는 인간관계를 비교했을 때 차이점을 거의 찾지 못했다. 또한 일반적인 믿음과 달리 이 연구는 자유연애를 하는 부부들이 밖에서 만나는 사람보다 자신의 진짜 배우자에게 더 큰 만족, 신뢰, 헌신, 열정을 유지한다는 것을 보여주었다.

이혼에 대해 연구한 헬렌 피셔는 전 세계 부부들의 이혼 성향을 보면 결혼 4년차인 경우, 20대 중반인 경우, 딸린 자식을 한 명 둔 경우가 많았다고 밝혔다. 대부분의 조류에 더해 짝을 이루어 새끼를 키우는 몇 안 되는 포유류 종에서는 연속적 일부일처제serial monogamy 라는 현상이 일어난다. 짝을 이룬 커플이 새끼가 자기 앞가림을 할 수 있을 정도(혹은 어미 혼자서 새끼를 돌볼 수 있을 정도)가 될 때까지만 함께한 다음 각자의 길로 가는 것이다. 피셔는 우리의 호미니드hominid 선조들은 현존하는 일부 수렵채집인 부족과 비슷하게 보통 4년 간격으로 아기를 낳았다고 주장했다. 4년이 지나면 대부분의 여성은 자녀가 독립할 때까지 아이 돌보는 일을 마무리할 수 있다. 결혼해서 4년 동안 아이를 키워오던 요즘 부부들 사이에서 일부일처제의 균열이 나타나는 것은 진화가 남긴 유물인지도 모른다. 사람은 평생 일부일처제를 유지할 수 있지만, 과거에는 연속적 일부일처제가 더 흔했을지 모른다. 아이를 키우기 위해 몇 년 동안만 짝을 이루다

나를 나답게 만드는 것들

가 같은 배우자와 다시 아이를 낳거나, 새로운 배우자를 만나 짝을 이루는 것이다. 연속적 일부일처제는 요즘에도 여전히 아주 흔히 볼 수 있다. 덕분에 이혼 전문 변호사들은 일감이 부족해질 일이 절대 없다.

많은 부부가 몇 년 동안은 결혼해서 잘 살다가 서로에 대해 분한 생각을 품기 시작하는 이유를 우리가 가진 연속적 일부일처제 성향 때문이라 설명할 수 있다. 한때는 그 사람을 사랑스럽게 보이게 만들었던 별난 성격들이 이제 사람 속을 긁는 단점으로 보이는 것이다. 한때는 당신의 웃음을 터트려주었던 농담이 이제 눈살을 찌푸리게 만든다. 한때는 눈물이 날 정도로 좋았던 섹스가 이제 지겨워서 눈물이 난다. 혹시 당신의 이기적 유전자가 사랑을 파탄시키는 것일까? 우리 몸은 자신의 유전자 포트폴리오를 다양화하기 위해 배우자를 한 명만 만들지 말라고 무의식적인 메시지를 보내도록 프로그램되어 있을까? 과연 우리는 이런 자연적인 충동에 맞서 싸울 수 있을까?(그리고 그래야 할까?)

많은 부부가 평생 함께하려고 노력하는 데는 칭찬받아 마땅한 이유가 존재한다. 하지만 그러기에 적합하지 않은 사람이 많다는 것이 과학을 통해 드러나고 있다. 사람과 사람 간의 관계에서 만병통치약 같은 해결책은 존재하지 않고, 모든 부부가 영원히 함께해야 한다고 스스로를 기만하는 일은 멈추어야 한다. 성공적인 결혼의 정의를 확장한다면, 한 지붕 아래 살든 그렇지 않든 서로가 사랑하며 다정한 관계를 유지하는 것을 포함시킬 수 있다.

모든 종은 번식 성공 가능성을 극대화하기 위한 자기만의 별난 기벽을 갖고 있다. 사랑은 아픈 것임을 증명하듯, 암컷 검정과부거미black widow spider는 사랑을 나눈 후 가엾은 수컷을 잡아먹는 경우가 많다. 조만간 나올 새끼들을 위해 추가로 영양을 공급하는 것이다. 깔따구midge라고 하는 곤충은 암컷과 섹스한 후 수컷의 성기가 부러지면서 암컷의 성기를 막아버린다. 다른 수컷이 이 암컷의 난자에 수정하지 못하게 막는 것이다. 다른 많은 종과 마찬가지로 거미와 곤충은 새끼들이 부모의 도움 없이 알아서 생존한다. 따라서 수정이 이루어진 후에는 수컷이 더 이상 필요 없다. 하지만 새끼를 돌보아야 하는 동물에서는 수컷의 존재가 더 유용하다. 2005년에 개봉한 영화〈펭귄—위대한 모험March of the Penguins〉에 담긴 감동적인 모습처럼 수컷 황제펭귄은 암컷이 낳은 알을 두 달 넘게 품으며 영하로 곤두박질치는 남극의 혹독한 날씨에도 알의 온도를 섭씨 37도로 유지한다. 그동안 수컷은 거의 굶다시피 하며 돌아올 암컷을 기다리느라 체중이 거의 절반 정도 빠진다.

만약 인간의 아기가 혼자서도 앞가림을 할 수 있다면 남자와 여자가 함께 붙어 있어야 할 이유는 훨씬 줄었을 것이다. 하지만 사람의 아기는 엄마 배에서 아홉 달이나 보내고 태어나서도 여전히 미숙한 상태이며 혼자서 생존할 가능성이 0퍼센트다. 듬성듬성 머리카락이 빠지고 눈은 새빨갛게 충혈되면서 아이를 키워본 부모라면 육아가 한시도 손을 뗄 수 없는 고된 일인 것을 너무나 잘 안다. 아이가 울 때 의지할 수 있는 배우자가 있다면 정말 도움이 된다. 함께 머물며 한 팀으로 움직이는 부모들은 과학자들이 암수 유대결합^{pair-bonding}이라 부르는 것을 실천하는 것이다. 암수 유대결합에는 협동이 필요하다. 이것이 흥미로운 진화의 수수께끼를 제시한다. 어떻게 이기적 유전자가 기꺼이 타자를 위해 희생하려는 생존기계를 만들 수 있을까?

암수 유대결합의 생물학은 연구가 쉽지 않았다. 대다수 종이 하지 않기 때문이다. 하지만 운 좋게도 연구자들은 우리를 하나로 단단히 이어주는 분자 접착제가 무엇인지 보여주는 두 유형의 들쥐^{vole}(햄스터처럼 생긴 귀여운 설치류)를 찾았다. 초원들쥐^{Microtus ochrogaster}라는 들쥐 종은 일부일처제의 암수 유대결합을 하는 반면, 목초지들쥐^{Microtus pennsylvanicus}는 그러지 않는다. 이 두 종의 들쥐는 유전적으로 거의 동일하기 때문에 암수 유대결합의 생물학적 메커니즘을 연구하기에 이보다 좋은 모형이 없다. 목초지들쥐는 문란한데 초원들쥐는 왜 그렇지 않을까?

1990년대 초반부터 신경과학자 토머스 인셀^{Thomas Insel}은 초원들쥐 쌍을 하나로 묶는 핵심 요소에 대해 선구적인 연구를 진행해왔다. 그것은 옥시토신^{oxytocin}과 바소프레신^{vasopressin}이라는 호르몬이다. 뇌하수체^{pituitary gland}가 이 호르몬들을 분비하며, 뇌를 포함해 몸 이곳저곳에 작용한다. 예를 들어 '신속한 분만'이라는 의미를 가진 옥시토신은 자궁을 수축시켜 분만을 돕고, 모유 수유를 가능하게 해준다. 과학자들은 옥시토신이 새로 태어난 아기를 돌보려는 동기를 엄마에게 부여한다는 것도 밝혔다.

자식에 대한 엄마의 사랑처럼 아름다운 것을 고작 화학물질로 환원할 수 있단 말인가? 호기심 많은 과학자들은 어려움에 처해 찍 찍거리는 다른 누군가의 새끼 쥐에 대해 아무런 사랑도 보여주지 않는 처녀 생쥐의 뇌에 옥시토신을 주사하면 어떤 일이 일어날지 궁금해졌다. 그랬더니 처녀 생쥐들은 더 이상 처녀처럼 행동하지 않고 어미처럼 행동했다. 옥시토신을 주사한 처녀 생쥐들은 자기 새끼도 아닌 어린 생쥐들을 보호하고 털을 고르며 곁을 지켰다. 놀랍게도 다른 연구에서는 어미에게 뇌에서 옥시토신의 작용을 차단하는 약을 투여했더니 자기 새끼에 대한 어미 쥐의 타고난 사랑을 지울 수 있었다. 사람에게도 옥시토신은 같은 방식으로 작동하는 듯 보인다. 임신 초기에 산모의 옥시토신 수치가 높을수록 엄마가 아기와 유대하는 활동을 더 많이 할 가능성이 커진다. 심지어는 아빠의 경우도 코를 통해 옥시토신을 흡수하면(이 옥시토신은 곧장 뇌로 이동한다) 아기와 놀 때 더 신경을 많이 쓴다.

옥시토신의 효과는 종의 경계를 뛰어넘을 수 있다. 강아지에 대한 사랑에 새로운 의미를 부여해주듯, 사람이 강아지를 키울 때는 당신과 강아지 모두에게서 옥시토신 수치가 올라간다. 당신이 애인과 격렬한 애무를 할 때도 같은 일이 일어난다. 오르가즘은 옥시토신의 폭발적 분비를 일으키는데 이것이 사랑하는 사람 사이의 애착관계를 발전시키는 것으로 보인다. 그래서 옥시토신을 '사랑'의 호르몬 혹은 '포옹'의 호르몬으로 부르기도 한다. 섹스하는 동안에 분비되는 옥시토신이 일부일처제 암수 유대결합에도 기여할 수 있을까? 초원들쥐의 경우에는 분명 그래 보인다. 마치 생화학적인 큐피드의

나를 나답게 만드는 것들

화살이라도 되는 것처럼, 옥시토신을 암컷 초원들쥐에게 투여하면 그 암컷이 자기와 짝짓기를 하지 않은 수컷과도 암수 유대결합을 하게 만든다. 만약 초원들쥐의 옥시토신 분비를 차단하면 더 이상 암수 유대결합을 하지 않는다. 옥시토신이 사라지면 초원들쥐도 문란한 목초지들쥐처럼 일회성 섹스를 하게 된다.

그럼 반대로 해보면 어떨까? 만약 포옹의 호르몬을 목초지들쥐에게 투여하면 그들을 사랑에 빠지게 만들 수 있을까? 약간의 유전공학적 조작 없이는 그리 되지 않았다. 유전적 차이 때문에 목초지들쥐는 뇌의 해당 영역에 이런 호르몬을 받아들일 수용체가 충분히 않은 것으로 밝혀졌다. 하지만 2004년에 에모리대학교의 신경생물학자 래리 영Larry Young은 바이러스를 이용해 목초지들쥐 뇌의 보상중추에 바소프레신 수용체 유전자를 삽입했다. 그러자 목초지들쥐가 초원들쥐와 비슷한 행동을 보였다. 일부일처제를 고수하는 소수종이 그러는 이유는 뇌에 애착 호르몬 수용체가 더 많이 발현되기 때문이다. 이것은 유전자를 조절하는 DNA 염기서열의 작은 변화에 좌우된다. 이런 간단한 돌연변이만 있으면 두 사람의 마음을 하나로 묶을 수 있다.

생물학이 우리에게 이 멋진 호르몬을 주어 충만한 사랑과 그에 따르는 만족을 주었다고 다행스럽게 여기는 사람이 많다. 하지만 한 가지 문제점이 있다. 유대결합이 짝과 그 자식들 사이의 관계는 강화해주지만, 본질적으로 보호 본능을 높여놓기 때문에 가족이나 집단을 위협할 수 있는 외부자에 대해서는 불신과 혐오를 촉진할 수 있다. 드라마 〈왕좌의 게임Game of Thrones〉에서 여왕 서세이는 자기네 라니스터 가문 사람들에게 말한다. "우리가 아닌 자들은 모두 적이야."

총각 초원들쥐의 뇌에 바소프레신을 주사하면 충성스러운 짝처럼 근처의 암컷에게 소유욕을 갖게 되어 외부자로부터 그 암컷의 공간을 공격적으로 지킨다. 문란한 목초지들쥐는 이런 유형의 공격성을 보이지 않고, 초원들쥐 수컷도 암컷과 섹스를 해 암수 유대결합을 하기 전에는 이런 행동을 보이지 않는다. 또한 이 암수 유대결합은 수컷으로 하여금 다른 암컷들도 쫓아내게 만든다. 이것을 보면 옥시토신이 남성을 자기 아내에게 충실할 수 있게 한다고 주장한 연구가 떠오른다. 2013년에 독일 본대학교University of Bonn의 정신의학자 르네 헐만René Hurlemann은 옥시토신을 주사한 남성의 뇌 속 보상중추는 다른 매력적인 여성의 얼굴보다 자기 파트너의 얼굴을 보았을 때 더 밝게 빛남을 보여주었다. 여자는 자기 남자에게 마법을 걸 수 있다는 말이 있는데, 아무래도 그 마법의 약은 주성분이 옥시토신 같다.

암수 유대결합 동안에 옥시토신이 만드는 공격적 성향은 가족에 대한 긍정적 느낌을 고양해주고, 이런 느낌이 동포에게로 확장될 수도 있다. 하지만 안타깝게도 외부자에 대해서는 부정적으로 느끼게 한다. 한 불편한 연구에서는 남성들에게 도덕적 딜레마를 겪을 과제를 제시했다. 사람 이름이 적힌 목록을 보여주고 인원이 한정된 구명보트에 태울 사람을 선택하는 등의 과제다. 그 결과 옥시토신을 투여한 남성들은 자신의 동포를 구출하고 외국인처럼 들리는 이름에는 자리를 주지 않으려는 성향이 강했다. 옥시토신을 투여하지 않은 남성은 이런 편향이 나타나지 않았다. 옥시토신은 우리 안에서 최선의 모습과 최악의 모습을 모두 이끌어내는 것 같다.

나를 나답게 만드는 것들

이런 발견 때문에 과학자들은 유전자에 붙인 별명에 당혹했던 것과 같은 이유로 '사랑의 호르몬'이라는 별명에 당혹스러워했다. 이 호르몬의 기능을 분류할 때 오해를 불러일으킬 만하다. 옥시토신과 바소프레신은 몸에서 다중의 역할을 한다. 그리고 그것이 행동에 미치는 영향이 선할지 악할지는 맥락에 따라 달라진다. 만약 이 '사랑의 호르몬'에 관해 암수 유대결합보다 자민족중심주의ethnocentrism라는 주제로 연구가 먼저 이루어졌다면 옥시토신의 별명은 '사랑'의 호르몬이 아니라 '인종차별' 호르몬이 되었을지 모른다.

일부일처제와 암수 유대결합은 절대 단순한 행동이 아니다. 여기서는 수많은 장치들이 작동하기 때문에 커플 관계의 지속 시간과 강도가 큰 차이를 보이는 이유를 어렵지 않게 이해할 수 있다. 옥시토신이나 바소프레신의 유전자(혹은 그 수용체 유전자)에 돌연변이가 생기면 산물, 그 산물의 양, 그 산물이 뇌에서 분포하는 시간과 장소가 변할 수 있다. 실제로 몇몇 유전자 변이가 바람기와 관련 있는 바소프레신 수용체를 만들어낸다.

분명 매력과 애착을 조절하는 다른 요소들이 아직 발견되지 않았을 것이고, 이런 호르몬들은 긴밀한 방식으로 함께 작용할 가능성이 크다. 높은 테스토스테론 수치는 바소프레신과 옥시토신을 줄일 수 있다. 그리고 테스토스테론 수치가 평균 이상인 남성은 싱글로 남거나 바람을 피울 가능성이 더 높다. 마지막으로 일부 보고에 따르면 후성유전적 요인도 이런 호르몬과 수용체의 발현에 영향을 미친다고 한다. 이것은 환경도 암수 유대결합의 내구성에 영향을 미친다는 의미다.

일부 사람이 동성에게 매력을 느끼는 이유

언뜻 보면 동성애는 생물학적으로 말이 안 되는 것 같다. 번식이라는 지상과제에 반기를 드는 행동이기 때문이다. 동성에게 육체적으로 매력을 느끼는 비율은 전체 인구의 10퍼센트 미만이고 역사적으로 비정상적이라 여겨졌다. 하지만 틀려도 이렇게 틀린 가정이 없다. 지금까지 확인된 것만 400종이 넘는 종에서 동성애가 확인되었다.

동성애는 하늘에도 있다. 레이산 알바트로스Laysan albatross, 콘도르vulture, 비둘기 같은 다양한 새를 비롯해 밀가루갑충flour beetles, 초파리 같은 곤충은 같은 성끼리 짝짓기를 한다. 사랑의 바다로 눈을 돌려보면 고래에서도 동성애 활동을 볼 수 있다. 그리고 육상으로 돌아오면 동성애는 아프리카 사바나에서 농장에 이르기까지 온갖 곳에 보인다. 숫양은 거의 열 마리당 한 마리 꼴로 암컷에 별로 관심이 없어서 차라리 수컷과 섹스한다. 동성애 행동은 코끼리, 기린, 하이에나, 사자, 우리의 사촌 격인 보노보 같은 영장류에서도 보고되었다. 보노보는 자유연애를 너무 좋아해서 '히피 유인원'으로도 불린다. 보노보는 수컷과 암컷 모두 양성애라서 섹스를 환영 인사나 갈등 해소 수단으로 사용한다(사람도 이랬다면 회사 인사과에서 정말 힘들었을 것이다). 여기서 핵심은 동성애가 동물계 전반에 널리 퍼진 현상이지만, 동물들이 의식적으로 동성애를 선택했다고 주장하는 사람은 없다는 것이다.

동성애가 가족이나 종 전체에 어떻게 이롭게 작용할 수 있는지 설명하기 위해 몇 가지 가설이 제시되었다. 이런 개념들 대부분은

나를 나답게 만드는 것들

친족선택의 개념이 그 중심에 자리 잡고 있다. 친족선택이란 우리가 가족의 유전자를 후대로 확실히 전달하려 노력한다는 것이다. 혈연관계가 없는 사람보다는 가족이 자신과 더 많은 유전자를 공유하기 때문에 자신의 핏줄을 지키려는 이기적인 경향이 존재한다. 동성애자 삼촌과 이모는 자신의 혈통을 뒷받침하고 보살피는 데 도움을 준다. 저명한 사회생물학자 E. O. 윌슨^{E. O. Wilson}이 상정한 또 다른 개념에서는 동성애가 인구 조절의 수단으로 기능할지 모른다고 주장한다. 종이 자신의 환경에서 가용한 자원을 가지고 생물학적 균형을 맞출 수 있게 한다는 것이다. 좀 더 최근의 유전학적 발견에서 나온 개념도 있다. 이 개념에서는 동성애를 '상충관계 형질^{trade-off trait}(어느 것을 얻으려면 다른 것을 희생해야 하는 관계—옮긴이)'로 본다. 예를 들면 여성에서 어떤 유전자는 가임능력을 끌어올리는 데 도움을 주지만 이 유전자가 남성에서 발현되면 그 남성은 동성애 성향이 강해진다.

과학자들은 동성애를 유발하는 요인에 가까이 다가서고 있다. 쌍둥이 연구는 동성에게 끌리는 데 유전적 요인이 작용하고 있음을 암시한다. 다만 그 기여가 딱 20퍼센트 정도다. 1993년에 미국국립보건원^{NIH}의 유전학자 딘 해머^{Dean Hamer}는 남성의 동성애를 X 염색체의 Xq28이라는 구간과 연관지어 '게이 유전자'를 발견했다고 주장해 유명해졌다. 2015년에는 다른 연구진이 훨씬 큰 규모로 연구를 진행해 Xq28, 더불어 8번 염색체의 한 영역이 남성의 성적 지향에 강한 영향을 미친다는 것을 확인했다.

이 염색체 구간에서 정확히 어떤 유전자가 그런 영향을 미치고, 어떻게 그 유전자가 보유자를 동성애로 이끄는지는 아직 밝혀지지 않았다. 동성애자와 이성애자의 유전체를 비교하기 위해 유전체 전체를 대상으로 연관성 연구가 진행 중이다. 이런 연구 중 하나에서는 8번 염색체에서 다시 변이를 발견했을 뿐만 아니라 SLITRK6라는 새로운 후보 유전자도 확인했다. 이 유전자는 사이뇌diencephalon라는 뇌 영역에서 발현된다. 사이뇌는 동성애자와 이성애자 사이에서 크기의 차이를 보인다. SLITRK6 유전자의 변이가 동성애에 영향을 미치는 뇌 구조 변화로 이어지는지에 대해서는 추가 연구가 필요하다.

생쥐 연구에서 성적 선호도에 영향을 미칠 수 있는 추가 유전자 후보들이 발견되었다. 2010년에 한국과학기술원KAIST의 생물학자 박찬규는 성적 선호도를 푸코오스 무타로타아제fucose mutarotase라는 효소와 연관 지었다(이 효소의 약자는 'FucM'이다. 어쩌면 유전적 요인을 부정하는 반대론자들을 비꼬려고 지은 이름이 아닌가 싶다). FucM 유전자를 암컷 생쥐에서 지우면 이 암컷은 암컷의 냄새에 더 끌리고, 수컷보다는 암컷에 올라타기를 더 좋아한다. 하버드대학교의 신경과학자 캐서린 듈락Catherine Dulac의 연구는 또 다른 유전자를 교란하면 암컷 생쥐가 수컷 생쥐처럼 행동하게 만들 수 있음을 보였다. 뇌세포에 존재하면서 페로몬 인식을 보조하는 TRPC2라는 유전자가 결여된 암컷 생쥐는 섹스에 환장한 수컷에서 나타나는 전형적인 행동을 보여준다. 이런 암컷은 수컷 같은 구애행동, 골반 내밀기 행동pelvic thrusting, 짝에게 올라타는 행동을 보였다.

지금까지 나온 증거를 바탕으로 보면 단일 유전자 하나가 성적 지향을 좌지우지할 가능성은 대단히 낮아 보인다. 이런 복잡한 행동은 여러 유전자와 환경으로부터의 영향력(특히 발달 중인 태아가 엄마의

나를 나답게 만드는 것들

배에서 경험하는 출생 전 환경)이 함께 작용하고 있을 가능성이 크다.

후성유전학은 게이 유전자를 찾기가 어려운 이유를 멋지게 설명한다. 그런 유전자가 존재할지는 몰라도 자궁 내 환경이 어떤 방아쇠를 당기기 전에는 활성화되지 않을 수 있다는 것이다. 후성유전학은 태어난 순서가 남성의 성적 취향에 영향을 미치는 이유도 설명할 수 있을지 모른다. 남성은 형이 한 명 추가될 때마다 게이가 될 확률이 3분의 1씩 높아진다. 한 가설에서는 아들을 임신할 때마다 엄마가 남성의 단백질에 더 강한 면역반응을 보이고, 이것이 후성유전적 변화를 통해 그 후에 임신하는 남성 태아의 유전자 발현에 영향을 미친다고 주장한다. 성적지향에서 후성유전학이 역할을 한다는 주장을 더욱 뒷받침하는 연구들이 있다. 몇몇 연구진에서는 동성애적 행동을 보이는 사람과 동물에게서 DNA 메틸화 표지의 분포 방식이 다르다는 점을 발견했다. 2015년에 메릴랜드대학교[University of Maryland]의 신경과학자 마거릿 매카시[Margaret McCarthy]는 DNA 메틸화를 방해하는 약을 주입함으로써 암컷 쥐에게 수컷 쥐의 뇌가 갖는 특성을 부여했다. 이 후성유전적 약물은 암컷 쥐를 해부학적으로는 암컷이지만, 성적으로는 수컷처럼 행동하게 만들었다.

지금은 성 정체성이 그 사람의 해부학적 성과는 별개라는 사실이 잘 확립되어 있다. 머리에서 자기에게 뭐가 달려 있다고 생각하는지가 중요하지, 허리띠 밑에 실제로 무엇이 달려 있는지는 중요하지 않은 것이다. 태아 발달 기간 동안에는 호르몬이 뇌에 영향을 미쳐 남성형이나 여성형, 혹은 스펙트럼의 두 양극단 사이의 어떤 형으로 만드는 결정적 시기가 존재한다.

태아가 엄마 배 속에 있는 동안 노출되는 호르몬의 유형과 양에는 많은 요인이 영향을 미친다. 안드로겐 불감 증후군Androgen insensitivity syndrome이라는 유전질환이 있는 남성은 테스토스테론을 수용할 기능성 수용체가 결여되어 있다. 안드로겐 불감 증후군이 있는 남성은 여성의 성기가 발달하고, 유전적으로는 남성XY이어도 여자로 자란다. 그리고 남성에게 끌린다. 이는 태아기 뇌를 남성화하기 위해서는 테스토스테론이 필요하다는 것을 말해준다. 만약 이런 남성화가 일어나지 않으면 아이는 자라서 남자에게 욕망을 느끼게 된다. 유사하게 선천성 부신과형성congenital adrenal hyperplasia이라는 유전질환이 있는 여성은 엄마 배에 있는 동안 테스토스테론 같은 안드로겐에 높은 수치로 노출이 되어 뇌가 남성화되고 레즈비언이 될 가능성이 커진다. 여성 태아를 니코틴이나 암페타민 같은 약물에 노출시켜도 레즈비언으로 태어날 가능성이 높아진다. 거기에 덧붙여 임신 기간 동안에 스트레스를 경험한 암컷 쥐는 자궁 속의 테스토스테론이 감소해서 동성애적 행동을 나타내는 수컷을 낳을 가능성이 더 커진다. 이런 호르몬의 끝없는 변화가 유전자 발현을 바꾸는 전사인자에 작용하거나, 태아의 후성유전적 프로그래밍을 통해 성적 지향에 영향을 미칠 가능성이 크다.

밑바탕에 깔려 있는 유전학이 무엇이든 간에 그로 인한 최종 결과가 임신 기간 동안에 호르몬의 변화를 유도하고, 이것이 태어날 때 뇌의 구성 방식에 영향을 미치는 것으로 보인다. 바꿔 말하면 게이인 남성은 여성의 뇌 구조와 더 비슷한 뇌를 갖고 있고, 레즈비언인 여성은 남성의 뇌와 더 비슷한 뇌를 갖고 있다는 것이다. 솔크

나를 나답게 만드는 것들

연구소^{Salk Institute}의 신경과학자 사이먼 르베이^{Simon LeVay}가 개척한 연구들이 이런 예측과 잘 맞아떨어진다. 앞쪽시상하부 제3사이질핵 interstitial nuclei of the anterior hypothalamus 3, INAH3이라는 특정 뇌 영역은 여성에 비해 남성이 2배에서 3배 크다. 1991년의 연구에서 르베이는 게이 남성의 이 뇌 영역이 여성에서 보이는 작은 크기에 더 가깝다는 것을 발견했다. 다른 연구자들이 쥐를 대상으로 진행한 실험에서도 수컷이 INAH3 뇌 영역에 손상을 입으면 짝에 대한 선호도가 바뀐다는 것을 확인했다.

이런 압도적인 증거들은 동성 간의 끌림이 이성애자들이 경험하는 끌림과 다르지 않다는 것을 보여준다. 양쪽 모두 생물학적 기반을 가졌고, 유전학과 환경 조건의 뒤섞인 영향력을 바탕으로 태어나기 전에 뇌에 프로그래밍되는 것이다. 이런 요인들 중 태아가 선택할 수 있는 부분은 없다. 이성애자가 어느 날 긴 산책을 나갔다가 이젠 자기와 성별이 같은 사람에게만 연애감정을 느끼기로 결심했던 날을 떠올리며 추억에 잠기는 경우는 없다. 성적 취향이라는 영역에서 사람들에게 주어진 선택권은 하나밖에 없다. 자기와 성적 취향이 다른 사람을 그들이 당연히 누려야 할 존중, 존엄, 평등으로 대할 것이냐는 선택이다. 우리는 모두 똑같은 사람이다.

소울메이트가 존재할까?

2011년 여론조사기관 마리스트 폴^{Marist Poll}의 조사에 따르면 미국인

중 거의 75퍼센트가 소울메이트soulmate의 존재를 믿는다고 한다. 이것은 당신이 햇살 아래를 걷는 것 같은 기분을 느끼게 만들 단 한 사람이 존재한다는 개념이다. 소울메이트라는 개념은 "그리하여 두 사람은 그 후로 오래오래 아주 행복하게 살았답니다"라는 말을 듣는 순간부터 우리의 뇌리에 박힌 완벽한 로맨스의 전형이다. 결점 하나 없는 짝을 만나 사랑에 빠지고 싶지 않은 사람이 누가 있을까? 영화, 텔레비전 드라마, 책을 보면 그런 일이 항상 일어나는데 나라고 생기지 말란 법이 있나?

사실 수학적으로 보면 힘들다. 《위험한 과학책What if》에서 랜들 먼로Randall Munroe의 계산에 따르면 소울메이트를 찾기 위해서는 1만 번 정도 살아야 한다는 결론이 나왔다. 바꿔 말하면 세상에 진정한 당신의 짝이 딱 한 명밖에 없다면 당신이 그 사람을 찾아낼 확률은 공항 화장실에서 제대로 작동하는 종이 타월 공급기를 발견할 확률과 비슷하다.

만약 딱 한 명밖에 없다는 조건을 풀면 어떨까? 우리 은하에 존재할 가능성이 있는 문명화된 행성의 숫자를 계산할 때 사용한 것과 같은 방정식을 이용해서(혹시나 궁금한 사람이 있을까 봐 말하자면 그런 행성의 숫자는 5만 2,000개 정도로 나온다) '똑똑해도 괜찮아It's Okay to Be Smart'의 유튜버 조 핸슨Joe Hanson은 뉴욕 시에만 871명의 소울메이트가 당신을 기다리고 있다고 계산했다. 더 나아지기는 했지만, 당신이 다음에 뉴욕을 방문했을 때 그 871명의 소울메이트 중 한 명과 우연히 마주칠 확률은 여전히 거의 0에 가깝다.

절망할 필요 없다. 소울메이트가 존재한다는 믿음이 관계에 해

　　　　　　　　　　나를 나답게 만드는 것들

롭게 작용하는 것으로 드러났다. 소울메이트가 존재한다고 확신하는 사람은 지금의 관계에 집중하기보다 자신의 지난 선택을 후회하며 보내는 시간이 너무 많다. 연구에 따르면 소울메이트를 믿는 커플은 함께하는 시간을 성장의 기회가 열리는 하나의 여정으로 보는 커플에 비해 갈등으로 싸우는 경우가 더 많다. 곧 죽어도 소울메이트를 믿는 사람은 서로의 관계에서 더 많은 불안을 경험하고, 다툰 후에도 용서를 잘 하지 않는다. 소울메이트에 대한 믿음은 파트너가 완벽한 사람이어야 한다는 기대감으로 이어진다. 그래서 소울메이트를 믿는 사람은 상대방이 완벽해 보이지 않으면 분명 자신이 기다리던 소울메이트가 아니라 생각하고 너무 성급하게 관계를 단념한다.

소울메이트라는 개념은 미신이나 초자연적인 현상에 대한 믿음과 마찬가지로 아이들에게 가르쳐서는 안 될 내용이다. 소울메이트를 믿는다면 게으른 것이다. 만족스러운 관계를 가꾸기를 원한다면 끈기 있게 물을 주고 벌레를 잡는 정원사가 되어야 한다. 그런 관계는 마냥 기다린다고 찾아오지 않는다. 다행스러운 점은 그런 관계를 함께 가꾸어갈 사람이 한 명이 아니라 많다는 것이다.

거의 천국

우리의 유전자, 진화의 역사, 문화, 후성유전학, 호르몬, 미생물총의 영향을 받는 끌림의 법칙은 결코 단순하지 않다. 하지만 사랑의 언어는 운명이 아니라 생물학으로 적혀 있다. 우리는 케미chemistry를 느낀다. 이것은 표면 밑에서 광범위한 정보 교환이 일어나면서, 뇌에게 그 사람이 필요한 자질을 갖추고 있는지 여부에 대한 신호를 보내는 것이다. 하지만 뇌가 겉모습에 집착하는 경향이 있음을 명심하자. 원시적인 뇌는 겉모습으로 짝을 판단한다. 내가 정말로 그 사람의 이야기 속 일부가 되기를 원하는지 판단하려면 뇌 속의 논리 회로를 돌려볼 필요가 있다. 화려한 꼬리깃털에 광분하는 뇌 영역이 지배하게 놔두어서는 안 된다.

평생 지속될 사랑에 관심이 있다면 과학의 말에 귀를 기울여보자. 허니문의 행복을 평생의 행복으로 바꿔줄 비밀이 과학을 통해 밝혀지고 있다. 장기간 성공적으로 관계를 이어온 부부들의 뇌 영상을 촬영해보면 공감 및 감정 조절과 관련된 뇌 영역에 활성이 고조되는 것으로 나온다. 우리는 열정적인 사랑이 시간이 지나면서 연민의 사랑으로 대체되는 것이 자연스럽다는 것을 알고 있다. 따라서 뜨거운 열정을 잃어버렸다고 불안해할 필요는 없지만, 그렇다고 그런 사랑을 아예 시도도 해보지 않고 포기할 필요는 없다. 수십 년을 함께하고도 여전히 사랑하는 나이 든 부부들을 상대로 조사해보면 유머, 섹스, 새로움에 대한 이야기가 많이 나온다. 계속 매력을 느껴보자. 이것이 도파민이 새롭게 뿜어 나오게 하는 원천이다. 도파민 분비를 유지하기 위해 어떤 부부는 모험을 즐긴다. 어떤 부부는 함께 번지점프를 한다. 어떤 부부는 급류 래프팅을 간다. 그리고 나와 내 아내는 토요일이면 용감하게 대형마트의 정글로 쇼핑을 간다!

유전자의 이기심으로 벼려진 사랑은 진화의 풍경에서 막강한 새

나를 나답게 만드는 것들

로운 힘으로 등장했고, 그 힘에는 한계가 없어 보인다. 항상 선견지명을 보여주었던 버트런드 러셀은 1930년대에 이렇게 적었다. "사랑은 자아^{ego}의 단단한 껍질을 깨뜨릴 수 있다. 사랑이란 서로의 감정이 있어야만 상대방의 본능적 목표를 충족시킬 수 있는 생물학적 협동의 한 형태이다." 이런 자아의 해체는 사랑하는 사람과 결실이 가득한 관계를 촉진해줄 뿐만 아니라 전 세계 사람의 행복을 증진하는 데 도움을 준다.

《사회생물학과 윤리$^{The\ Expanding\ Circle}$》이라는 책에서 철학자 피터 싱어$^{Peter\ Singer}$는 사랑, 이타심, 협동, 희생 같은 우리 본성 속의 선한 천사들이 자신의 유전적 유산을 보호하려는 생물학적 지상 과제로 생겨났지만, 결국 이것이 의식적 추진력으로 꽃을 피워 도덕적 관심사의 범위를 직계 가족으로부터 마을, 국가, 궁극적으로는 온 세상으로 확장시키고 있다고 주장했다.

이 모든 것이 수백만 년 전에 발생해 암수 유대결합을 용이하게 해주었던 몇몇 DNA 돌연변이에서 비롯되었다고? 정말 멋진 얘기다.

8

나의 정신과 만나다

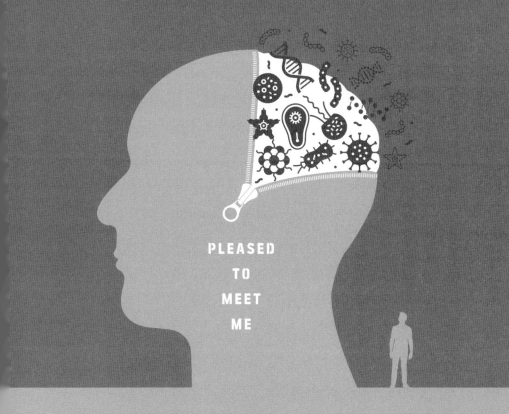

PLEASED
TO
MEET
ME

> 만약 인간의 뇌가 우리가 이해할 수 있을 만큼 단순했다면,
> 우리는 너무 단순해서 뇌를 이해할 수 없었을 것이다.

에머슨 M. 푸(Emerson M. Pugh),
《The Biological Origin of Human Values》

뇌는 정말 놀라운 존재이지만, 자신의 훌륭함을 깨닫는 데는 놀랄 정도로 오랜 시간이 걸렸다. 우리 선조의 뇌는 자기 머리 속에 들어 있는 젤라틴 같은 덩어리를 어떻게 이해해야 할지 몰랐다. 고대 이집트인은 뇌가 점액을 만든다고 생각했다. 뇌의 겉모습이나 뇌가 코, 목구멍과 가까이 있다는 점을 고려하면 이해할 만하다.

뇌에 대한 최초의 언급은 기원전 3000년경 이집트에서 쓰인 것으로 여겨지는 애드윈 스미스 파피루스Edwin Smith Papyrus에 등장한다. 여기서는 뇌가 사람이 걷는 것을 돕는다고 언급했다. 이 글을 쓴 사람은 뇌 손상과 반대편 몸의 마비 현상을 연관 지었다. 이것은 대단히 영리한 관찰이지만, 안타깝게도 시간의 모래 속에 묻히고 말았다.

그리고 그 후 선견지명이 있었던 그리스의 의사 히포크라테스는 뇌가 우리가 경험하는 모든 즐거움과 두려움의 원천이라고 가정했다. 동시대 사람이었던 의사 갈레노스는 로마 검투사들의 수술 담당 의사로 명성을 얻었고 온갖 종류의 응혈, 내장, 뇌 손상을 관찰할 귀한 기회를 얻었다. 갈레노스는 검투사의 상처를 치료하며 얻은 경험을 바탕으로 몸을 움직이는 데 뇌가 필수라는 결론을 내렸다.

위대한 철학자 아리스토텔레스는 의견이 달랐다. 그는 심장이야말로 신체에서 가장 중요한 구조물이라 믿었다. 심장은 배아 속에서 몸의 중심에 제일 처음 등장하는 기관이고 박동을 하기 때문이다. 더군다나 심장의 리드미컬한 박동이 멈추면 삶의 노래도 막을 내렸다. 그래서 그는 이 인상적인 심장 근육이 분명 우리의 생각을 담고, 몸을 조정하는 역할을 하며, 따분한 뇌는 그저 과열된 심장을 식히는 역할만 한다고 주장했다. 결국 아리스토텔레스의 개념이 승리를 거두었고, 그 후로 몇 세기 동안 아무도 뇌에 대해서는 생각해보지 않았다.

하지만 르네상스 시대에 접어들면서 생각에 대한 우리의 생각을 바꾸는 발견들이 이어졌다. 1485년 즈음에 레오나르도 다빈치는 마침내 심장이야말로 왕이라는 아리스토텔레스의 개념이 틀렸음을 입증했다. 그가 개구리의 척수를 잘랐더니 심장이 그 자리에서 바로 무력해졌다. 뇌 없이 심장은 아무것도 아니었다! 뇌에서 다른 모든 신체 부위로 신경이 뻗어나간다는 발견은 뇌가 사령관이며, 이 신경 섬유를 명령 전달의 통로로 사용한다는 것을 암시했다. 1700년대에 루이지 갈바니Luigi Galvani는 죽은 개구리의 다리 근육을 전기로 자극해 움직이게 만들 수 있었다.

1803년에 갈바니의 조카 조바니 알디니Giovanni Aldini는 방금 교수형으로 죽은 죄수의 시체와 배터리에 연결한 전극을 가지고 대중 앞에서 시연을 보여 수많은 사람을 놀라게 했다. 알디니는 전극을 시체의 입, 귀, 직장rectum에도 갖다 댔다. 이 전류 때문에 시체가 다리

나를 나답게 만드는 것들

를 휙 움직이고, 입을 벌리고, 눈을 번쩍 떴다. 실험은 정말 소름끼쳤지만, 뇌와 신경계가 전기신호를 이용해 몸을 움직인다는 것을 입증하여, 영혼이 몸을 움직이는 것이라는 오래된 믿음을 날려버렸다.

오늘날에는 뇌가 곧 나라는 것을 알고 있다. 실험실에서 새로운 몸을 만들어 생명을 연장할 수 있다고 해보자. 자신의 본질을 그대로 유지하고 싶다면 당신은 어떤 기관을 새로운 몸에 이식하고 싶은가? 췌장은 별로 도움이 안 될 것이다. 방광, 심지어 심장도 별 도움 안 된다(아리스토텔레스 선생님 미안합니다!). 당신이 당신으로 계속 살아가기 위해 필요한 기관은 뇌다. 당신의 기억, 느낌, 신념 등 당신의 성격과 행동에 영향을 미치는 것들은 모두 그 안에 들어 있다. 어깨 아래 신체부위에 부상을 입으면 그날 하루를 망치기는 하겠지만 심각한 뇌 손상과 달리 당신의 페르소나persona에는 근본적인 변화가 일어나지 않는다.

하지만 뇌가 완벽과는 거리가 먼 진화의 생물학적 산물임을 인정해야 한다. 사실 뇌는 문제점을 갖고 있고, 그 중에는 우리 모두를 죽음으로 내몰 수 있는 문제점도 있다.

당신의 뇌에 들어 있는 것

신경과학자 폴 맥린Paul MacLean이 제안한 삼위일체 뇌 모형triune brain model은 우리의 가장 중요한 기관이 어떻게 진화해왔고 기능하는지 대중에게 개념화해서 보여주는 방법이다. 이 모형의 설명을 돕기 위해 아이스크림선디(기다란 유리잔에 아이스크림을 넣고 시럽, 견과류, 과일 조각 등을 얹은 것—옮긴이) 비유를 이용하겠다.

아이스크림선디를 담는 그릇은 뇌줄기$^{brain\ stem}$를 구성하는 뉴런에 해당한다. 이 뉴런들은 호흡, 심장 박동, 그리고 반사행동이나 본능적 행동 같은 기초적인 불수의적 작동을 담당한다. '파충류의 뇌'로도 알려진 이 뇌 영역은 모든 동물에 존재한다. 아이스크림선디에 든 아이스크림은 감각 정보를 통합하고 거기에 반응하는 데 특화된 뉴런으로 이루어져 있다. 둘레계통$^{limbic\ system}$으로 알려진 이 뉴런들은 감정, 보상, 동기, 학습과 기억에 기여하는 화학적 메시지를 분비한다. 마지막으로 아이스크림 위에 얹은 휘핑크림은 새겉질^{neocortex}에 해당한다. 포유류에만 존재하는 이 뇌 영역은 추상적 사고 능력, 언어 능력, 계획수립 능력, 그리고 이 책을 읽을 수 있는 능력을 부여해준다. 인간의 겉질^{cortex}(피질)은 거대해서 뇌의 75퍼센트 이상을 차지한다. 겉질은 원시적인 뇌 영역에서 표출하는 반사작용에 이성을 가미할 수 있는 분석 능력을 갖추고 있다. E. O. 윌슨은 뇌줄기, 둘레계통, 겉질을 각각 심박^{heartbeat}, 심금^{heartstrings}, 무심^{heartless}으로 묘사했다.

삼위일체 뇌 모형은 뇌의 내부 작동 방식을 대단히 단순화한 관점이다. 서로 별개의 부분으로 표현되기는 했지만, 이 세 영역은 지속적으로 서로 소통하며 함께 작동한다. 이것을 잘 보여주는 사례가 둘레계통(감정과 기억)과 겉질(분석) 사이의 소통이 차단되는 뇌 손상을 입은 사람이다. 이런 부상을 입은 사람은 더 이상 무언가를 결정하거나 가치판단을 하지 못한다. 이런 사람은 시리얼 코너에서 어느 것을 골라야 할지 선택할 수 없어 하루 종일 생각에 잠겨 있게 된다. 〈스타트렉〉의 스팍과 달리 우리는 논리만으로 작동할 수 없는 존재인 것 같다. 우리는 어떤 결정을 내리기 위해서는 자신의 느낌과 기존의 경험에 접근할 수 있어야 한다.

또한 이 세 가지 주요 뇌 부위에는 뇌의 여러 세부 항목이 자리잡고 있다. 예를 들면 둘레계통은 편도체amygdala, 시상하부hypothalamus, 해마hippocampus, 띠겉질cingulate cortex의 하부시스템으로 구성되어 있다. 새겉질은 별개의 기능을 가진 엽으로 더 나뉜다. 하지만 여기서는 최대한 단순화시켜 설명하려고 한다.

뇌 속의 뉴런들은 전기화학적 신호를 서로 주고받으며 소통한다. 뉴런은 서로 직접 접촉하지 않고 그 사이 사이에 시냅스synapse라는 작은 간극이 존재한다. 활성화된 뉴런은 신경전달물질이라는 화학물질을 시냅스로 쏟아내 이웃 뉴런에게 신호를 전한다. 신호를 받는 쪽 뉴런은 세포 표면에 자리 잡은 수용체를 이용해 이 신경전달물질을 포착한다. 놀랍게도 우리가 가진 수십억 개의 뉴런은 이런 연결을 각 1만 개까지 운영할 수 있다. 일반적인 사람의 뇌에 들어있는 뉴런 간의 연결을 모두 세는 데 3,200만 년 정도가 걸릴 만큼 많다. 그런데도 여전히 우리가 못 푸는 십자말풀이 퍼즐이 존재한다는 사실이 신기하다.

가장 신비로운 기관인 뇌에 대해 우리가 아는 내용 중 상당 부분은 지난 일이십 년 사이에 알게 된 것들이지만, 이 정도로도 오랫동안 잘못 알려진 미신을 물리치기에는 충분하다. 첫째, 컴퓨터와 마찬가지로 뇌가 크다고 꼭 더 나은 것은 아니다. 사실 현대의 뇌는 1

만 5,000년 전의 뇌보다 오히려 3내지 4퍼센트 정도 작다. 어쩌면 뇌의 크기보다는 개별 뉴런 사이의 연결 숫자가 더 중요한지도 모른다. 우리가 무언가 배울 때는 뇌 세포가 더 추가되는 것이 아니라 기존에 존재하는 뇌 세포 사이의 연결이 증가한다.

둘째, 우리가 뇌의 10퍼센트만 사용한다는 것은 낭설이다. 우리의 뇌에서 사용하지 않는 영역이 있으니 2014년 영화 〈루시Lucy〉처럼 그 뇌 영역을 사용할 수 있다면 정신적 초능력을 갖게 되리라는 것은 잘못된 생각이다. 다음에 누가 이런 소리를 하거든 이렇게 물어보자. "그럼 사용하지 않는 당신의 뇌 90퍼센트는 잘라내도 상관없겠네요?"

셋째, 당신의 뇌는 멀티태스킹에 취약하다. 따라서 운전하는 동안에는 스마트폰을 갖고 놀지 말고, 일하는 동안에는 이메일 도착 알림을 꺼두자(연구에 따르면 사실 멀티태스킹에는 새가 사람보다 낫다고 한다!). 다른 연구를 보면 이 부분에서는 여성이 남성보다 그나마 좀 낫다고 한다. 하지만 폐경 후에는 이런 이점이 사라진다. 이는 에스트로겐 호르몬이 멀티태스킹에 도움이 된다는 것을 암시한다.

마지막으로, 뇌를 강화해준다고 해 인기를 얻고 있는 활동이나 음악, 게임이 당신을 천재로 만들어주지는 않는다. 여느 훈련과 마찬가지로 그 활동에 대한 수행 능력은 나아질 테지만, 그런 특화된 기술이 지능의 개선으로 이어진다는 증거는 없다. 심지어 1990년대에 부모들 사이에서 '모차르트 효과Mozart effect' 광풍이 불어서 너도나도 아기를 아인슈타인 같은 천재로 만들겠다고 클래식 음악을 들려주었지만, 근거 없는 낭설로 밝혀졌다. 과학에 따르면 뇌의 건강을 위해 할 수 있는 최고의 일은 잘 먹고, 잘 운동하고, 잘 자는 것이다. 이게 뭐야 싶겠지만, 사실이다.

그런데 뇌를 강화해주는 것으로 입증된 또 다른 활동이 있다. 들으면 놀랄 것이다. 바로 사람들과 어울리는 것socializing이다. 사회적 뇌 가설social brain hypothesis에서는 우리 뇌가 이렇게 발달한 이유가 대규모 사람 집단과 생산적으로 상호작용해야 했기 때문이라고 주장한다. 우리 선조들은 일상에서 포식자, 기근, 날씨 등의 위협을 막아내야 했고 사회의 위계질서에서 윗자리로 치고 올라가 최고의 짝을 만나려면 사회 내부에 복잡하게 뒤엉켜 있는 소문, 이단, 험담에도 대응해야 했다. 옛날에도 그랬지만, 지금도 사람과의 어울림은 훌륭한 정신적 훈련으로 남아 있다. 그러니 더 이상 지체할 것이 아니라 당장 친구들을 만나서 지금 읽고 있는 이 훌륭한 책에 대해 이야기하자!

아, 마지막으로 깨뜨려야 할 근거 없는 믿음이 한 가지 더 있다. 뇌가 정말 멋진 기관인 것은 사실이다. 하지만 뇌는 아직 미완성품이기 때문에 심각한 진화의 성장통을 겪고 있다.

뇌가 문제점을 가진 이유

뇌는 자기도취에 빠져 있는 일종의 프리마돈나다. 뇌는 자기에게 관심을 쏟기를 요구하고, 스스로를 사랑하고, 실수를 인정하지 않는다. 심지어 자기가 불멸이라 믿기도 한다. 먼저 관심을 독차지하는 부분부터 시작해보자. 우리 몸의 모든 기관 중 뇌가 가장 많은 에너지를 요구한다. 뇌는 몸의 연료 중 20퍼센트를 먹어댄다. 하는 일이라고는 잡지를 읽는 것밖에 없는 경우에도 말이다. 기특하게도 뇌는 에너지를 절약할 방법을 진화시켜왔지만, 그 반대급부로 정신적 능력을 조금 양보할 수밖에 없었다. 뇌는 항상 새로 입력되는 감각적 데이터를 처리하는 대신 패턴을 찾아 무언가를 가정하려 한다. 그리고 이런 가정을 어찌나 굳게 믿는지, 반대되는 명확한 증거를 제시해도 자기가 세운 가정에 더 매달린다.

뇌는 불확실성에 직면하면 당황한다. 애니메이션 〈피너츠〉에서 담요를 잃어버린 라이너스처럼 말이다. 마무리되지 않은 이야기는 불확실성을 낳는다. 당신이 좋아하는 드라마가 손에 땀을 쥐는 상황에서 이야기를 다음 편으로 넘겨버리는 이유이기도 하다. 그래야 당신이 다음 편도 이어 볼 테니까. 뇌는 이야기를 빈틈없이 종결하려는 욕구가 너무 강해서 당신의 지식에 빈틈이 존재하면 스스로 이야기를 지어내서라도 간극을 메우려 한다. 우리는 설명할 수 없는 사건이나 이상한 우연을 종교적 힘이나 다른 초자연적인 힘의 탓으로 돌릴 때마다 이런 일을 하고 있다. 자만심 강한 우리의 뇌는 죽음이라는 불확실성을 있는 그대로 직면하기보다 우리가 육신이 죽은 후에도 살아남을 영혼을 가졌다고 확신한다. 이것은 존재론적 질문에 마음을 뺏기지 않고 당장 눈앞에 있는 문제의 해결에 초점을 맞출 수 있게 해주는 아주 영리한 개념이다.

제멋대로인 자아 덕분에 우리의 프리마돈나 뇌는 자기가 실제보다 일을 더 잘한다고도 믿는다. 어떤 과제에 대한 처리 능력이 떨

나를 나답게 만드는 것들

어지는 사람은 그 일을 수행하는 자신의 능력을 과대평가하는 경향이 있다. 1999년에 이 현상을 처음으로 기술한 코넬대학교의 두 심리학자 이름을 따서 더닝-크루거 효과$^{Dunning-Kruger\ effect}$라고 한다. 〈무능력과 무인지: 무능력에 대한 인지 부족이 초래하는 과장된 자기평가$^{Unskilled\ and\ Unaware\ of\ It:\ How\ Difficulties\ in\ Recognizing\ One's\ Own\ Incompetence\ Lead\ to}$ $^{Inflated\ Self-Assessments}$〉라는 정신이 번쩍 드는 제목을 붙인 이들의 연구는 유머, 문법, 논리에서 낮은 점수를 받은 참가자들이 자신의 수행능력을 전적으로 과대평가한다는 것을 보여주었다. 〈아메리칸 아이돌〉에 참가한 음치 십대 청소년이 자기를 차세대 브루노 마스라고 생각하는 것과 비슷하다. 술을 마시면 더닝-크루거 효과가 증폭될 수 있다. 술 마시고 허세를 부리다 응급실 신세를 지는 사람이 많은 이유이기도 하다.

데이비드 더닝$^{David\ Dunning}$과 저스틴 크루거$^{Justin\ Kruger}$는 얼굴에 레몬주스를 바르면 CCTV에 포착되는 것을 피할 수 있다고 생각한 은행털이범에 대해 알고 난 후 이런 기벽에 대해 연구해보기로 했다. 이 모자란 은행 강도는 레몬잉크를 투명잉크로 사용하면 아무도 자기 얼굴을 볼 수 없으리라 생각했다(레몬즙으로 글을 쓴 후 뜨거운 조명 아래서 보면 글자가 나타난다—옮긴이). 이것은 자신의 범죄를 셀카로 촬영해 소셜미디어에 올리는 것과 비슷하다. 더닝과 크루거는 지적 능력이 떨어지는 사람이 너무 멍청해서 자기가 멍청하다는 것도 모른다고 주장했다. 만약 당신의 뇌가 멍청이라면 천재나 전문가에게 도전장을 내밀 것이다. 멍청이니까.

더닝-크루거 효과는 사람들이 백파이프 연주를 처음 듣자마자 자기도 연주할 수 있을 거라 생각하는 이유부터 과학서적 한 권 읽어본 적 없는 사람이 기후 변화는 다 허풍이라 생각하는 이유까지 모든 것을 설명한다. 그러니 부디 부탁한다. (1) 절대 백파이프는 연주하지 마라. 그럴 필요 없다. (2) 당신의 프리마돈나를 항상 감독하라. 공자가 말했다. "자기가 무엇을 모르는지 아는 것이야말로 진정으로 아는 것이다."

별 이유 없이 무언가를 하는 이유

주변 환경 때문에 자기도 모르게 어떤 방식으로 행동할 수밖에 없었다면 우리는 그 특정 행동을 하도록 길들여진 것이다. 역치하subliminal 메시지나 역치상supraliminal 메시지에 노출되었을 때도 이런 식으로 우리는 강요 받을 수 있다. 맛을 보고, 눈으로 보고, 냄새를 맡고, 만져보고, 들어볼 수 있는 자극은 역치상 자극이다. 배경음악처럼 우리는 그런 자극을 의식하지만, 집중하지는 않을 수 있다. 우리가 의식할 수 없는 자극은 역치하 메시지다. 예를 들어 영상이 눈앞에서 너무 빨리 번쩍이고 지나가면 의식이 아닌 무의식만 그것을 인식할 수 있다. 연구에 따르면 우리가 느끼기는 하지만 설명할 수는 없는 이상한 느낌은 이런 미묘한 메시지 때문에 일어날 수 있다고 한다.

　　로스앤젤레스 서던캘리포니아대학교University of Southern California의 저명한 심리학자 로버트 자욘스Robert Zajonc는 4밀리초 동안 깜박이는 행복한 얼굴이나 화난 얼굴을 보여준 후 어떤 상징을 보여주면 그 생소한 상징에 긍정적이거나 부정적인 느낌을 받는다는 것을 보여주었다. 참가자들은 자기가 얼굴을 봤다는 것을 절대 기억하지 못하고, 그 생소한 상징에 왜 그런 느낌을 받는지 설명하지 못한다. 더 나아가 그 상징에 느낀 감정이 고착된다. 이번에는 행복한 얼굴과 화난 얼굴을 바꿔서 실험했는데, 참가자들은 그 상징에 대해 원래의 의견을 고수한다. 이런 결과는 마음이 한 번 결정하고 나면 변화에 저항한다는 주장을 뒷받침한다. 뇌는 에너지를 아끼도록 만들어졌기 때문이다(그래서 첫인상이 정말로 중요하다!). 이것이 일상생활에서 의미하는 바는 우리가 이유도 모르면서 어떤 대상에 대해 잘 변하지 않는 의견을 형성할 수 있다는 것이다.

다른 연구진이 수행한 또 다른 기이한 연구에서는 우리가 애플 사의 로고에 영향을 받을 수 있는지 검사했다. '애플'은 뛰어난 창의력을 보이는 회사다. 애플의 로고나 IBM의 로고를 역치하 자극으로 노출시킨 후 참가자들에게 벽돌 하나를 얼마나 다양한 용도로 사용할 수 있는지 목록으로 적게 했다. 그랬더니 IBM 로고를 번쩍여 보여준 사람에 비해 애플 로고를 번쩍여 보여준 사람이 벽돌의 용도를 훨씬 많이 생각해냈다. 아무래도 1일 1애플 해주면 작가들도 막혔던 글이 줄줄 흘러나올 것이다.

시각뿐만 아니라 우리의 행동도 소리, 냄새, 온도, 맛, 촉각, 그리고 우리가 읽는 것에 은밀하게 영향 받을 수 있다. 와인을 사러 온 사람은 가게에서 특정 국가의 음악을 틀어주면 그 국가에서 온 와인을 더 많이 산다. 방에서 갓 청소한 냄새가 나면 음식을 먹고 흘린 부스러기를 치울 가능성이 훨씬 높아진다. 우리는 따뜻한 음료를 들고 있는 동안에 만난 낯선 사람은 따뜻하게 생각하지만, 아이스 음료를 들고 있는 동안에 만난 낯선 사람은 차갑게 생각하는 경향이 있다. 쓴 것을 맛본 상태에서는 의문스러운 행동을 도덕적으로 비난받을 일이라 판단할 가능성이 높다. 그리고 딱딱한 의자에 앉아 있을 때는 흥정을 세게 밀어붙일 가능성이 높다(그래서 자동차 영업사원은 우리를 편안하게 해주려고 노력한다). 금융 게임을 하기 전에 비즈니스 잡지를 읽으면 마치 구두쇠 스크루지처럼 행동하게 된다.

우리의 기분과 행동에 영향을 미치는 은밀한 힘은 소셜미디어 피드로부터도 나온다. 페이스북Facebook에서는 2012년에 논란이 많았던 실험을 진행했다. 사용자의 뉴스 피드를 의도적으로 조작해서 편향된 게시물을 잔뜩 올려놓은 것이다. 그 결과 페이지에 부정적 게시물이 많이 올라와 있으면 사람들이 부정적 게시물을 더 많이 올렸다. 그리고 긍정적 게시물이 많으면 사람들은 긍정적 게시물을 더 많이 올렸다.

역치하 점화subliminal priming의 효과가 모든 사람에게 같은 방식으로 미치지는 않는다. 역치하 메시지가 우리의 무의식으로 뚫고 들어갈지 여부는 성격에 좌우된다. 예를 들어 감각적인 것을 추구하는 사람은 레드불Red Bull 음료수 브랜드의 역치하 자극('날개를 달아주는' 에너지 음료)에 노출되면 감각을 추구하지 않는 사람보다 더 민감하게 반응한다.

어느 시점에서 우리 대부분은 자기가 책에서 읽거나, 영화에서 본 등장인물을 모방하고 있음을 발견할 때가 있다. 이런 행동은 프로그램을 정주행으로 몰아서 보는 경우가 많은 요즘에 더 관련이 깊

나를 나답게 만드는 것들

다. 나는 코미디 시트콤 〈필라델피아는 언제나 맑음It's Always Sunny in Philadelphia〉을 하룻밤 사이에 몰아 보고 난 다음 날 아침 교수회의에 들어갔는데, 하마터면 존경하는 동료 교수들 앞에서 시트콤에 나오는 말투를 그대로 따라 할 뻔했다. 이런 무의식적인 적응을 '경험 취하기experience-taking'라고 한다. 이는 사람마다 다른 영향을 미친다. 우리는 보통 그 시점에서 자기와 동일시하는 등장인물의 행동을 모방하기 때문이다. 나는 어릴 때 〈리지몬트 연애소동Fast Times At Ridgemont High〉을 보면서 그 학생들과 나를 동일시했다. 지금은 미스터 핸드Mr. Hand와 동일시한다. 흥미롭게도 자신의 진짜 정체성을 상기시켜주는 거울이 있는 쪽방에 들어가서 책을 읽으면 경험 취하기의 영향에 면역이 강해진다.

몸의 육체적 상태도 정신에 큰 영향을 미칠 수 있다. 우리는 커피 중독자가 그날 필요한 분량의 카페인을 섭취할 때까지 그 사람을 피해야 한다는 것을 안다. 아니면 까탈스러운 상전 모시듯 눈치 보면서 받들어 모셔야 한다. 우리는 방광이 차서 터질 것 같은데 사람을 붙잡고 일주일 동안 휴가 다녀온 얘기를 하고 싶어 하는 사람한테 인내심이 한계에 도달할 수 있다. 그리고 당이 떨어진 상황에서 화가 잘 나는 현상을 묘사하려고 '행그리hangry(배고픔을 의미하는 hungry와 화가 났다는 의미의 angry를 합성한 용어—옮긴이)'라는 용어도 나왔다.

배가 고파 짜증을 내면 대부분 그럴 수도 있지 하고 용서 받을 수 있다. 하지만 가석방 심사를 받는 수감자라면 행그리 현상이 심각한 파급 효과를 보일 수 있다. 2011년의 연구를 보면 수감자가 아침에 심사를 받으면 가석방될 확률이 65퍼센트였다. 하지만 점심시간 직전에 심사를 받으면 거의 예외 없이 가석방이 거부되었다. 그리고 점심식사 후에는 가석방을 받을 확률이 다시 65퍼센트로 돌아왔다. 아무래도 법원 심리, 수행능력 평가, 수술 일정은 점심시간 후로 다시 잡는 것이 좋겠다!

그리고 검은 옷을 입는 것도 좋지 않다. 영화 〈해리 포터〉의 스네이프 교수가 투덜거리는 것처럼 대부분의 사람은 어두운 색깔에 대해 무의식적으로 편견을 가진다. 이것은 우리 선조들이 어둠을 무서워했던 것에서 비롯되었는지도 모르겠다. 게인즈빌 플로리다대학교 University of Florida in Gainesville 의 그레고리 웹스터 Gregory Webster 는 검은색 유니폼을 입은 스포츠팀이 파울 선언을 훨씬 많이 받는다는 것을 입증했다(추측컨대 심판이 이 선수들이 더 공격적이라 인식해서 그런 것 같다). 같은 팀이 홈경기에서 밝은색을 입으면 파울 선언에서 이런 편견이 보이지 않는다. '화염과 분노'에 오랫동안 연관되었던 색인 빨간색도 사람들의 인식에 현실적인 영향을 미친다. 권투 경기에서 사람들은 빨간색을 입은 선수가 파란색이나 초록색을 입은 선수보다 시합에서 이기리라 판단하는 경우가 많다. 심지어는 약 색깔도 당신의 느낌에 영향을 미칠 수 있다. 환자들은 빨간색 약이나 주황색 약은 자극적인 약으로 인식하고, 파란색 약이나 초록색 약은 진정시키고 차분하게 만드는 약이라 인식한다. 그 약이 약물 활성이 전혀 없는 위약이어도 말이다. 항우울제의 색깔을 밝은 노란색으로 만들면 효과가 더 좋아진다. 이 책의 마감 시간이 폭주기관차처럼 나를 향해 달려오고 있는 지금, 나는 아무래도 마음을 진정시키는 초록색 대신

나를 나답게 만드는 것들

소방차 같은 새빨간 색으로 사무실 벽을 다시 칠해야 하지 않을까 진지하게 고민 중이다.

자기가 역치하 메시지로 맹공격을 받고 있다고 믿는 사람이 꼭 피해망상에 사로잡혀 있는 것이라 말할 수는 없다. 우리의 감각은 매일 광고를 통해 셀 수 없이 많은 자극에 시달리고 있다. 그리고 분명 이런 자극들은 행동에 영향을 미칠 수 있다. 우리가 인식하지도 못하는 자극의 영향을 받아서 수많은 결정을 내리고 있음을 깨달으면 왠지 당황스럽고 초라해지는 기분이 든다. 하지만 역치하 메시지가 정상적으로는 하지 않았을 일까지 하게 만든다는 강력한 증거는 나와 있지 않다는 것이 중요하다. 목이 마르지 않은 상태에서는 콜라의 역치하 메시지가 영향을 미치지 않는다. 그리고 당신이 정신병자가 아닌 한 오락물에서 보이는 폭력성이 큰 영향을 미치지도 않는다.

어떤 사람은 더 똑똑한 이유

어떤 사람은 드라마 〈왕좌의 게임〉에 나오는 수많은 등장인물을 파악하는 데 아무 어려움이 없다. 그런데 어떤 사람은 주인공이 혼자 무인도에 조난당하는 영화 〈캐스트 어웨이Cast Away〉의 등장인물 파악도 어려워한다. 왜 어떤 사람의 뇌는 등대 불빛처럼 밝고, 어떤 사람은 손전등 불빛처럼 약할까?

여러 쌍둥이 연구를 통해서 사람의 지능 중 50에서 80퍼센트 정도는 유전자로 설명할 수 있음이 일관되게 입증되었다(그렇다면 20에서 50퍼센트 정도는 외부의 힘에 영향 받는다는 의미다). 그래서 '똑똑이smart' 유전자를 찾기 위한 사냥이 시작됐다. 2017년에 암스테르담 자유대학교의 유전학자 다니엘 포스투마Danielle Posthuma는 거의 8만 명에 이르는 사람을 분석해 지능과 관련된 수십 가지 유전자 변이를 찾아냈다. 이 중에는 뇌에서 활성화되는 것으로 알려진 유전자 변이도 많이 포함되었다. 흥미롭게도 이 유전자들 중 하나인 SHANK3은 뉴런들 사이의 연결을 촉진하는 단백질을 만든다.

프린스턴대학교Princeton University의 신경생물학자 조셉 첸Joseph Tsien이 1999년에 수행한 초기 연구에서는 생쥐에게 NR2B라는 유전자 복사본을 더 많이 주면 더 똑똑하게 만들 수 있다는 것을 보였다. 생쥐들은 정상적인 다른 쥐들보다 워낙 똑똑했고 드라마 〈천재 소년 두기Doogie Howser〉의 이름을 따서 '두기 생쥐'라는 별명을 얻었다. 두기 생쥐들은 학습능력과 기억력이 뛰어나서 미로와 퍼즐을 다른 정상 쥐들보다 훨씬 빨리 풀었다.

NR2B는 NMDAN-methyl-D-aspartate 수용체를 암호화한다. 이 수용체는 악령이 빙의하는 증상을 나타내는 일부 환자에서 기능이 상실되었던 그 뇌 수용체다(6장 참고). 이 뇌 수용체의 발현이 증가하면 뉴런들 사이의 소통이 증가하는 것으로 보인다. 다른 연구자들의 초기 연구에서 어린 생쥐가 학습할 때는 이 수용체가 신속히 활성화되지만, 나이 든 생쥐에서는 느리게 활성화되었다(늙은 개에게 새로운 재주를 가르치기 힘든 이유가 이 때문인지도 모른다). 그럼 아기들한테 유전공학으로 이 유전자를 많이 집어넣어 주면 좋겠다고? 여기에는 반대급

나를 나답게 만드는 것들

부가 존재한다. 두기 생쥐들은 정상 쥐보다 공포반응이 두드러졌다. 아마도 부정적인 사건들을 너무 잘 기억해서 그럴 것이다.

지능 방정식에서 환경적 요소는 수정의 순간부터 시작된다. 납이나 영양결핍 같은 환경 오염원은 뇌의 발달에 심각한 해악을 미쳐 인지기능이 평생 저하될 수 있다. 미국인들은 납, 수은, 그리고 대부분의 살충제에 들어 있는 유기 인산 화합물organophosphate에 노출되는 바람에 IQ 점수를 총 4,100만 점 정도 손해 보는 것으로 추산된다. 소량이라도 임신 기간에 마약이나 알코올을 섭취하면 배 속 태아에게 영구적인 정신적 결함이 생길 위험이 크게 높아진다. 2017년에는 쥐를 대상으로 진행된 놀라운 연구에서 아빠가 마약을 해도 자식의 학습장애로 이어질 수 있다는 결과가 나왔다. 아마도 정자의 DNA 변화로 인한 것일 듯하다. 펜실베이니아대학교의 심리학자 R. 크리스토퍼 피어스Christopher Pierce는 짝짓기에 앞서 수컷 쥐가 코카인을 하면 그 새끼의 뇌에서 후성유전적 변화가 동반된다는 것을 보여주었다. 이런 후성유전적 변화가 기억 형성에 중요한 유전자의 발현을 바꾸어놓았다. 생쥐 모형에서는 어미의 스트레스도 어미의 질 내 미생물총을 바꾸어 새끼의 뇌 발달에 영향을 미칠 수 있다.

로스앤젤레스 서던캘리포니아대학교의 심리학자 로버트 자욘스의 연구에 따르면 태어나는 순서도 지능에 영향을 미칠 수 있다. 새로운 아이가 태어날 때마다 IQ 점수가 3점까지 떨어진다. 주요 이유는 첫째 아이가 이후에 태어나는 아이보다 더 많은 관심을 받는 것과 관련된 것으로 보인다. 일부 연구에서는 모유 수유를 한 아이가 그렇지 않은 아이보다 IQ 점수가 평균 8점 높아질 수 있음을 보였다. 모유 수유를 하면 장내세균총이 다르게 자리 잡고 뇌 발달과 기능에 영향을 미치는 것 같다. 또 다른 연구에서는 부모가 아이를 연중 어느 시기에 갖기로 결심하는지도 뇌 발달에 영향을 미칠 수 있다고 한다. 겨울에 태어난 아이는 학습장애 발생 비율이 더 높다. 몸이 햇빛으로부터 비타민D를 합성하려면 잠깐씩 몸을 자외선에 노출시켜야 하는데 임산부가 겨울 동안 태아를 위해 충분한 비타민D를 만들지 못해서 그럴 수 있다고 연구자들은 추측한다.

문화적 차이와 성 고정관념gender stereotype도 학습과 수행 능력에 영향을 미친다. 남성과 여성 사이에 수학 능력 차이는 사실상 존재하지 않음을 보여주는 수많은 연구가 있지만, 수학은 남자가 더 잘한다는 고정관념이 여전히 남아 있다. 여기에는 아무런 생물학적 근거가 없지만, 고정관념 자체가 일부 여성에게 불이익을 준다. 수학 시험을 보기 전에 자신의 성별을 밝힐 것을 요청받은 여성은 성별에 대해 질문받지 않은 여성에 비해 수학 성적이 낮았다. 고정관념은 남성에게도 부정적인 영향을 미쳐 자신의 수학 능력을 부풀려 생각하게 된다. 연구는 또한 남성이 과학과 공학 쪽 직업을 구하려는 이유도 자신의 수학 능력을 과대평가하기 때문이라고 밝혔다.

연구자들은 학습 환경이 학업 성취도가 서로 다른 학생들의 동기와 수행 능력을 극적으로 바꾼다는 것을 알아냈다. 성취도가 높은 학생은 단어 시험이 자신의 성적에 포함된다고 믿을 때 가장 뛰어난 성적을 보였다. 하지만 성취도가 낮은 학생은 똑같은 단어 시험을 그냥 재미로 하는 퍼즐이라 믿을 때 더 나은 성적을 보였다. 이상하게도 단어 시험이 그냥 재미로 보는 것이라 생각하는 성취도 높은

　　　　　　　　나를 나답게 만드는 것들

학생은 점수가 신통치 않았다. 마찬가지로 단어 시험 점수가 성적에 포함된다고 생각한 성취도 낮은 학생 역시 성적이 신통치 않았다. 이런 연구 결과는 일률적인 교육 방식이 많은 학생에게 폐를 끼치고 있음을 보여준다. 학생 개개인의 동기와 목표에 따른 맞춤형 교육이야말로 더욱 긍정적 결과를 낳을 가능성이 크다.

통제할 수 없는 수많은 영향이 지능에 영향을 미치고 있지만, 결국 가장 중요한 것은 학습을 포기하지 않는 것이다. 오히려 자신의 능력을 잘 알아야 지능의 향상이 가능해진다. 그러지 않으면 자기충족적 예언self-fulfilling prophecy에 사로잡힌 노예가 될 수 있다. 스탠퍼드 대학교의 심리학자 캐롤 드웩Carol Dweck은 학생들에게 지능이 고정되어 있지 않고 성장하고 나아진다고 알려주면, 학교 성적이 더 좋아진다는 것을 입증했다. 드웩은 이 '성장형 사고방식growth mind-set'이 학업 성취에 가난이 미치는 부정적 영향을 상쇄하는 데 도움이 된다는 것을 보였다. 등대 불빛이든 손전등 불빛이든 자신의 뇌를 더 밝게 만들려는 노력은 항상 가치 있고 보람 있다.

당신의 뇌에는 천재가 잠자고 있는가?

1988년 영화 〈레인맨Rain Man〉에서 더스틴 호프만Dustin Hoffman은 킴 픽이라는 서번트savant(전반적으로는 정상인보다 지적 능력이 떨어지지만, 특정 분야에서는 비범한 능력을 보이는 사람—옮긴이)에서 영감을 받아 연기했다. 킴 픽은 뇌의 양쪽 반구를 연결하는 신경다발인 뇌들보corpus callosum

가 없이 태어났다. 픽은 스스로 옷을 입고 이를 닦는 데 필요한 소근육 운동fine motor skill이 전혀 발달하지 못했고, IQ도 낮았다. 하지만 트리비얼 퍼슈트Trivial Pursuit(일반상식, 대중문화, 스포츠, 예술 등의 카테고리에서 질문에 정답을 맞히는 게임—옮긴이) 게임에서는 백과사전 수준의 지식으로 사람들을 압도했다. '킴퓨터Kimputer'라는 별명이 붙은 그는 통상 수준을 훨씬 뛰어넘는 사진처럼 정확한 기억력을 갖고 있어서 자기가 읽은 책(1만 2,000권이었다고 한다!)이나 들었던 노래의 내용을 거의 기억할 수 있었다. 그리고 그는 인간 GPS라서 미국 전역 모든 주요 대도시의 도로지도를 놀라울 만큼 자세히 암기했다.

서번트의 초자연적 재능은 정말 다양하다. 선천적으로 시각장애와 자폐증을 안고 태어난 엘런 부드로우Ellen Boudreaux는 음악을 딱 한 번만 듣고도 흠 하나 없이 연주했다. 자폐증 서번트인 스티븐 윌트샤이어Stephen Wiltshire는 풍경을 몇 초만 보면 순전히 기억만으로 세세한 부분까지 그려낼 수 있다. 그래서 그는 '인간 카메라'라는 별명을 얻었다.

이런 초인적 능력이 부러울지도 모르겠다. 하지만 이런 능력에는 보통 큰 대가가 뒤따른다. 뇌의 한 영역이 뛰어나려면 다른 뇌 영역들이 사용할 자원을 상당 부분 끌어와야 한다. 영화 〈레인맨〉에서 보았듯이 서번트 중 거의 절반은 자폐증 비슷한 성격을 가졌고, 사회생활에 어려움을 겪는다. 일부 서번트는 뇌 손상이 너무 심해 걷지도, 자기 앞가림도 못한다. 반면 대니얼 태멋Daniel Tammet은 고기능 자폐증 서번트high-functioning autistic savant다. 그는 간질을 앓았고, 정상적인 사람처럼 멀쩡하게 행동하다가 원주율 값을 소수점 22,514자

나를 나답게 만드는 것들

리까지 암송하거나, 자기가 아는 11개 언어 중 하나로 말한다. 독일의 수학 마술사 뤼디거 감^{Rüdiger Gamm} 같은 인간 계산기는 뇌가 비정상인 서번트처럼 보이지 않는다. 감의 재능은 확인되지 않은 유전자 돌연변이 때문이라 여겨진다.

아마 이보다 더 매력적인 경우는 완벽히 정상적인 삶을 살다가 일종의 머리 손상 후 서번트 같은 능력을 얻은 사람들일 것이다. 정상인이 뇌진탕, 뇌졸중, 낙뢰 피격 후 갑자기 특출한 재능을 가진 사례는 전 세계적으로 30건 정도밖에 안 된다. 이들이 새로 발견한 재능은 사진처럼 정확한 기억력일 수도 있고, 음악적 능력, 수학적 천재성, 미술적 재능일 수도 있다. 여기서 흥미로운 질문이 떠오른다. 당신의 뇌에는 어떤 종류의 재능이 숨어 있을까? 만약 이런 재능이 풀려 나온다면 당신도 카니예 웨스트처럼 랩을 하거나, 마이클 잭슨처럼 춤추고 노래할 수 있을까? 아니면 마리암 미르자카니^{Maryam Mirzakhani}처럼 수학을 잘하거나, 밥 로스^{Bob Ross}처럼 행복한 어린 나무들을 잘 그릴 수 있을까?

후천적으로 습득한 예술적 능력과 알츠하이머병 같은 일부 형태의 치매 사이에도 신기한 상관관계가 존재한다. 신경퇴행성 질환이 정신의 고차원적 기능을 파괴함에 따라 그림 그리기에서 특출한 재능이 등장하기도 한다. 알츠하이머병 환자에게 새로운 예술적 능력이 등장하는 것과 서번트 사이의 또 다른 유사점은 사회성과 언어 능력을 희생하고 오로지 자신의 재능에만 외곬으로 전념한다는 점이다. 이런 사례들을 바탕으로 일부 연구자들은 분석적 사고와 언어에 관련된 뇌 영역이 파괴되면서 잠재되어 있던 창의적 능력이 빛을 발한다는 가설을 제시하고 있다.

호주 시드니대학교의 신경과학자 앨런 스나이더^{Allan Snyder}는 머리에 전극을 갖다 대고 약한 전류를 쏘아서 뇌의 일부를 일시적으로 잠잠하게 만드는 비침습적 방법을 연구해왔다. 그가 실험 참가자들을 상대로 예술가로 변신한 알츠하이머병 환자의 파괴된 분석 영역과 같은 영역의 활성을 억누르자 참가자들은 퍼즐을 더 잘 풀고, 틀에 갇히지 않은 창의적 사고 능력도 습득했다(신경학 장치를 만드느라 수천 달러를 쏟아부은 스나이더 교수에게 딴지를 걸고 싶지는 않지만, 나는 싸구려 와인 한 병이면 이것과 똑같은 결과를 얻을 수 있다). 어쨌든 이런 연구 결과로 스나이더는 우리 모두가 서번트 같은 능력을 가졌지만, 뇌가 의도적으로 그런 능력을 억누르고 있다고 믿게 됐다.

모든 사람이 자기 뇌 속 지하감옥에 꼬마 레인맨을 사슬로 묶어두고 있는 것인지, 만약 그렇다면 그런 기적 같은 힘을 해방시키는 방법을 알기까지는 갈 길이 멀다. 하지만 그런 사례가 등장하는 경우가 드물고, 이런 미친 재능과 함께 그 반대급부로 파괴적인 증상이 함께 찾아올 때가 많다는 점을 놓고 보면, 지금으로서는 그 능력을 일깨워보겠다고, 벽에 머리를 찧고 싶은 생각은 없다.

_____ **자꾸 까먹는 이유**

영화 〈다운튼 애비^{Downton Abbey}〉에서 집사 카슨이 골똘히 생각에 잠겨 이렇게 말한다. "인생이란 결국 추억을 만드는 일이지. 결국 남는

　　　　　　　　　　　　　나를 나답게 만드는 것들

것은 추억밖에 없어." 실제로 추억은 우리 마음이 모으는 것 중 가장 소중하다. 그저 정서적인 가치만이 아니라 생존을 위한 가치를 따져 봐도 그렇다. 우리는 기억이 어떻게 형성되는지 완전히 이해 못 하고 있고, 그 기억을 어떻게 다시 떠올리는지에 대해서는 더욱 모른다(때로는 여러 해가 흘러 뇌라는 다락방 속 선반 위에 먼지가 가득 쌓인 후에도 기억이 떠오른다). 하지만 우리는 기억이 공허한 개념 같아 보이기는 해도 분명 물질적인 뇌가 만든 산물임을 알게 됐다.

현재는 기억을 두 단계로 생각하고 있다. 단기기억short-term memory 혹은 작업기억working memory, 그리고 장기기억long-term memory 혹은 저장기억stored memory이다. 단기기억은 임시로 붙잡아둔 기억이다. 그러다 뇌가 이것이 장기 저장해야 할 정도로 중요하다고 판단하면 보통 잠을 자는 동안에 단기기억에서 장기기억으로 전환된다. 반복은 장기기억을 만드는 방법 중 하나다. 반복하면 뇌에서 구조적 변화가 일어나는 것을 볼 수 있다. 미로 같은 런던 시내 도로를 암기한 런던의 택시 운전사들은 해마hippocampus라는 뇌 영역이 평균보다 크다. 전문 바이올린 연주자는(아마도 내 아들과 그의 게임 친구들도) 손놀림과 관련된 겉질 영역이 커져 있다. 이런 활동을 하는 동안에 흥분하는 활성 뉴런들은 뉴런 사이의 연결을 용이하게 하고 주변 영역의 성장을 도모하는 물질을 분비하는 것으로 보인다.

기억을 떠올릴 때가 오면 뇌는 기억을 스마트폰에 녹화된 동영상처럼 재생하지 않는다. 뇌는 기억을 회상할 때마다 기억을 재구성해야 한다. 기억이 완벽하지 않은 이유를 이런 재구성 과정 때문이라 설명할 수 있다. 우리가 머릿속에서 기억을 새로 창조할 때마다 조금씩 다른 세부사항이 그 안에 끼어들 수 있다. 기억 인출^{memory} retrieval은 '전화 게임'과 아주 비슷하다. 아이들이 둥글게 둘러앉아 옆 아이의 귀에 대고 짧은 이야기를 속삭여 전달한다. 이런 식으로 한 바퀴를 돌아 마지막 아이가 이야기를 들었을 때는 원본과 달라져 있을 때가 많다. 이야기의 핵심 줄거리는 똑같이 남아 있지만, 세부사항은 종종 크게 달라진다. 우리의 기억도 같은 함정에 빠질 수 있다. 그래서 고등학교 동창회에서 만난 오랜 친구들이 가끔씩 학교 도서관에서 함께 벌을 받았던 날에 있었던 구체적인 사건에 대해 설전을 벌이기도 한다.

기억 인출은 시간과 간섭^{interference}에 영향을 받는다. 시간은 우리의 기억을 뒤흔들어놓는다. 정기적으로 다시 떠올려주지 않으면 대부분의 기억은 흐릿해지다가 결국 삭아버린다. 간섭 현상은 기존의 기억 위에 그와 비슷한 사건들이 기억으로 암호화될 때 일어난다. 그럼 두 기억 사이에서 혼란이 생긴다(이것 때문에 깨진 커플이 많다).

대부분 경험하듯이, 반복적으로 들었던 내용을 잘 기억하는 것처럼 강력한 감정이 동반된 기억도 떠올리기가 쉽다. 내가 80년대 노래들을 거의 빠짐없이 따라 부를 수 있지만, 내 아내가 가게 갔다 오는 길에 사 달라고 부탁한 라즈베리를 깜박하는 이유이다. 나는 정말 기억할 필요가 있을 때는 내가 잘 아는 80년대 노래 가사에 그 내용을 담으려고 한다. 예를 들어 프린스의 '라즈베리 베렛^{Raspberry Beret}'을 이렇게 바꿔 부른다. "그녀는 오늘 라즈베리가 필요해. 식료품 가게에 가면 살 수 있지." 이러면 문제 해결이다.

뇌 손상은 기억에 문제를 일으킨다. 이것만 봐도 기억이 순수한

　　　　　　　　　　나를 나답게 만드는 것들

신경학적 현상이라는 것이 입증된다. 가장 흔히 인용되는 사례 중 하나가 환자 H.M.이다. 이 사람은 1950년대에 심각한 간질을 치료하기 위해 관자엽temporal lobe(측두엽)을 제거했다. 이런 과격한 치료 덕분에 증상은 잡을 수 있었지만, 새로운 기억을 형성하는 능력이 사라지고 말았다. 영화 〈메멘토Memento〉의 주인공 레오나드와 비슷하게 H.M.은 매일 아침 눈을 뜰 때마다 지금이 수술받기 전이라 생각한다. 그는 수술받기 10년 전 일도 모두 기억할 수 있지만, 새로운 기억은 형성하지 못한다. 그는 12시에 아내와 인사를 나누고도 12시 15분에 다시 인사한다. 이미 아내를 보았다는 사실을 기억하지 못한다. 그는 2008년에 사망했는데, 그때까지도 여전히 해리 트루먼이 미국 대통령이라 믿었다. 기억에 문제를 일으키는 더욱 흔한 뇌 손상 요인으로는 뇌졸중, 약물 남용 또는 알츠하이머병이나 루이소체 치매Lewy body dementia 같은 질병이 있다.

뇌에 손상을 입지 않았다면 아내가 머리를 손질했다는 사실을 깜박했을 때 어떤 변명을 댈 수 있을까? 아내가 믿어줄지 자신할 수는 없지만, 기억에 중요하다고 입증된 유전자를 하나 탓해볼 수는 있다. CREB는 유전자 네트워크를 조절하는 전사인자이다. CREB의 기능을 강화하거나 약화시키는 유전자 변이는 각각 장기기억을 개선하거나 저해한다. ZIF268은 기억에 중요한 또 다른 전사인자로, 단기기억을 장기기억으로 전환하는 데 필수적이다. 다른 연구에서는 뇌유래신경영양인자Brainderived neurotrophic factor, BDNF라는 유전자 변이가 과거 사건 기억과 관련 있음을 보였다.

후성유전도 본능적 행동을 비롯해 학습과 기억에 기여한다는 증거가 있다. 살 때부터 어플이 잔뜩 깔린 신제품 스마트폰처럼 모든 생명체는 이미 뇌 속에 프로그래밍된 선천적 행동을 가지고 있다. 아기가 우는 것, 새들이 지저귀는 것, 꿀벌이 춤을 추는 것 모두 그런 선천적 행동이다. 호주 퀸즐랜드대학교^{University of Queensland}의 신경생물학자 스테파니 비에르간스^{Stephanie Biergans}의 2017년 연구는 꿀벌이 먹이의 위치를 기억할 때 일종의 GPS로 사용하는 복잡한 춤의 움직임을 이용했다. 비에르간스는 벌의 뇌에서 일어나는 DNA 메틸화를 방해하는 약물을 투여해 벌의 기억을 방해했다. DNA 메틸화가 태아 프로그래밍과도 관련 있다는 것을 기억할 것이다. 부모 쥐가 체리 냄새와 전기 충격을 같이 경험하면 태아 프로그래밍을 통해 그 새끼는 체리 냄새를 두려워하는 기억을 안고 태어난다(6장 참고). 이런 연구들을 통해 본능, 그리고 어쩌면 다른 학습된 행동도 후성유전적 메커니즘을 이용해서 뉴런에 기억을 정리한다는 도발적인 개념이 나왔다.

기억 기능에는 DNA의 수정뿐만 아니라 DNA와 엮여 있는 히스톤^{histone} 단백질의 화학적 수정 역시 중요하다. 기억이 형성되는 동안 CREB, BDNF, ZIF268 유전자가 많이 발현되려면 유전자 발현을 활성화하는 히스톤 아세틸화가 필요하다. 질병이 있는 사람이나 노인에게는 히스톤 아세틸화의 감소가 기억력 저하와 함께 일어난다. 히스톤에서 아세틸기를 제거하는 히스톤 탈아세틸화효소^{histone deacetylase, HDAC}를 억제하는 약물을 생쥐에게 투여하면 히스톤 아세틸화가 복구되어 기억력이 개선된다.

심지어 우리의 미생물총도 기억 능력에 영향을 미칠 수 있다. 미

나를 나답게 만드는 것들

생물총이 없는 무균 생쥐는 장내세균을 가진 정상 생쥐와 비교하면 기억에 장애를 보인다. 거기에 더해서 토론토대학교의 미생물학자 필립 셔먼^{Philip Sherman}의 연구는 생쥐의 소화관에서 일어난 세균 감염이 정상적인 미생물총을 교란해 감염이 깨끗이 나은 후에도 뇌의 학습능력과 기억력에 영구적 손상을 야기할 수 있음을 보였다. 미생물총이 기억력에 영향을 미치는 방법 중 하나는 해마에서 BDNF의 발현을 강화하는 것이다. 감염이 일어나면 BDNF 수치가 떨어진다. 하지만 셔먼이 감염이 일어나는 동안 생쥐에게 프로바이오틱스를 먹였더니 BDNF의 수치 저하가 나타나지 않았고, 감염에 의한 학습 장애와 기억장애에 저항할 수 있었다.

여기서 꼭 기억해야 할 것을 한 가지 꼽으라면 사람들은 여러 가지 뜻하지 않은 이유로 잘 까먹으며, 그것이 그들의 잘못이 아니라는 점이다. 이제 우리는 스마트폰에 우리를 대신해서 이런 것을 기억해줄 개인비서를 둘 수 있다. 거기에 기록하는 것만 까먹지 않으면 된다.

당신이 환상에 불과한 이유

우리의 뇌라는 특별한 기관은 다른 대부분의 생명체가 갖지 못한 새로운 속성, 즉 자유의지를 제공하는 것으로 보인다. 오늘 밤 춤을 추러 갈지, 그냥 집에 있을지 생각할 때 우리는 자기가 그런 결정의 책임을 맡은 자유로운 주체로 느낀다. 하지만 당신이 인식하지 못하는 요소들을 바탕으로 무의식이 이미 그런 결론에 도달한 다음 마치 당신이 그런 결정을 내린 것처럼 착각하게 만드는 것이라면?

우리가 이런 괴상한 시나리오를 생각한 이유는 벤저민 리벳 Benjamin Libet이 1980년대에 시작한 실험 때문이다. 리벳은 사람들이 손가락을 언제 들어 올릴지 결심할 때의 뇌 활성을 측정했다. 리벳은 참가자들에게 결심을 내리는 순간 그 사실을 자기에게 말해달라고 요청했다. 그러자 놀라운 결과가 나왔다. 결심을 인식하기 전에 뇌 활성이 먼저 나타났다. 이 실험은 더 정교한 장치를 통해 개선되어왔고, 이제는 연구자가 뇌 촬영 영상을 검토해서 그 사람이 실제로 결심을 내리기 10초 전에 그 결심을 미리 예측할 수 있을 정도까지 발전했다. 이 실험은 우리 머릿속 무대 뒤에서 아주 많은 일들이 일어나고 있음을 보여준다. 우리는 거기서 일어난 일을 일이 벌어지고 난 후에야 접근할 수 있다. 우리가 내리는 결정은 우리가 의식하기 전에 이미 결정된 것으로 보인다. 그리고 우리 머릿속에서 속삭이는 목소리는 뇌가 이미 결정한 내용을 전달하는 메아리일 뿐이다. 이 메아리는 마치 우리가 그런 결심을 이끌어낸 것처럼 느끼게 한다. 바꿔 말하면 영화의 대본은 이미 나와 있고, 우리가 느끼는 자아감은 아이맥스 영화관에서 상영되는 영상에 불과하다는 의미다. 이런 면에서 보면 우리의 의사결정 과정은 심장 박동이나 호흡처럼 불수의적인 것으로 보인다.

앞에서도 언급했듯이 뇌의 일차적 기능은 저 바깥세상을 머리뼈 속으로 갖고 들어와 뇌가 거기에 반응할 수 있도록 현실을 시뮬레이션하는 것이다. 우리가 '자아'라고 부르는 것도 이 복제 세상 속의 또

나를 나답게 만드는 것들

다른 등장인물에 불과하며, 뇌는 우리가 무언가를 하기 전에 무엇을 할지 알고 있는 것으로 보인다. 이것이 사실이라면 자아와 자유의지라는 느낌은 환상이다.

그럼 누가 무슨 짓을 저지르건 책임을 물을 수 없다는 생각에 심란해진 사람들을 위해 자유의지free will 대신 자유거부free won't를 주장하는 학설도 있다. 일부 연구자들은 우리의 의식이 무의식이 내리는 결정에 대해 통제권이 없지만, 거부권은 가졌다고 주장한다. 바꿔 말하면 무의식은 의회에서 법안의 초안을 작성하는 것과 비슷하고, 의식은 대통령과 비슷하다. 우리는 어떤 법안이 만들어질지 결정할 수는 없지만, 어떤 법안을 쓰레기통으로 보낼지는 결정할 수 있다.

자유의지든 자유거부든 진실은 이것이다. 삶에 뇌가 반드시 필요한 것은 아니지만, 삶에 가치를 부여해주는 것은 뇌다.

9

.

나의 신념과 만나다

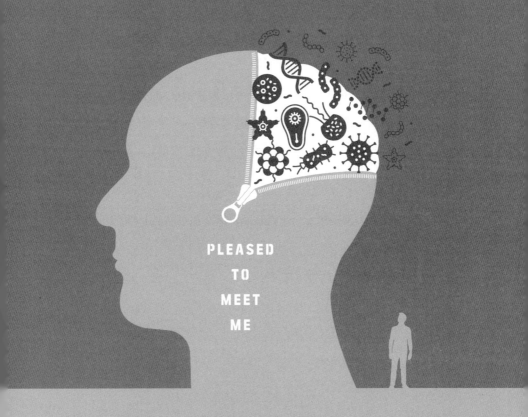

PLEASED
TO
MEET
ME

> 데이터가 생기기 전에는 절대 이론을 세우지 말게.
> 그럼 십중팔구 사실에 맞춰서 이론을 세우는 대신,
> 이론에 맞춰서 사실을 왜곡하게 될 테니까.

아서 코난 도일, 《셜록 홈즈의 모험(The Adventures of Sherlock Holmes)》에서

유전자가 단백질을 만들 듯, 우리 뇌는 생각을 만든다. 다른 뇌들이 이 생각을 비판하고, 그럼 이 생각은 살아남아 번식하기 위해 싸운다. 유전자와 마찬가지로 유용한 생각은 표출되고, 효과가 없는 생각은 잠잠해진다. 특정 생각을 지지하는 뇌가 많아지면, 그 생각은 문화 속으로 스며들어 신념이 될 가능성이 커진다.

생각을 신념으로 바꾸거나 한물간 신념을 끌어내리기 위해서는 뇌들이 함께 일해야 한다. 하지만 프리마돈나 같은 여러 뇌에게 협동을 요구하면 이상한 일들이 일어난다. 한 생각을 두고 좋은지 나쁜지 평가하는 것은 복잡할 것 없는 논리적 활동이라 생각할 수도 있다. 생각의 성공을 정량화해서 측정할 방법이 있을 테니까. 하지만 신념이라는 것과 관련해서는 객관적이고 합리적인 사람을 찾기가 힘들다. 심리 실험을 통해 우리의 뇌가 어떻게 다른 뇌와 함께 어우러져 인간의 행동과 신념을 빚어내는지에 관해 조금은 흥미롭고, 때로는 우울하기도 한 내용들이 밝혀졌다.

그럼 어째서 많은 사람들이 나쁜 생각에 반기를 들고 일어나 비판하기가 어려운지 먼저 살펴보자.

거울을 보고 썩은 미소를 날리면서 이 사회 체제를 무너뜨리려고 단단히 마음먹은 거친 반역자를 흉내 내면 참 재미있다. '누가 이곳의 대장인지 보여주지. 그리고 이 세상을 정복하겠어. 음…… 그런데 요즘 보는 드라마가 있어서 그거 한 편만 더 보고……' 솔직히 말하면 평범한 사람은 반체제적인 행동을 한다고 해봐야 기껏 10개 이하의 제품만 결제해주는 마트 소액계산대 앞에 몰래 11개를 가지고 줄을 서는 정도다. 우리는 죄수복을 입고 있지는 않지만, 우리보다 한 발 앞선 사람들이 만들어놓은 새장 안에 감금돼 종신형을 살고 있다. 우리는 진화적으로 오랜 역사 동안 평지풍파를 일으키지 않으면서 살아왔다. 이런 순응적 행동의 기원은 인간 이전의 선조로 거슬러 올라간다.

영장류의 뇌는 수백만 년에 걸쳐 함께 어울려 사는 방법을 진화시켜왔고, 그리하여 결국 서열에 따르는 위계 구조에 정착하게 됐다. 침팬지들은 우리 인간처럼 복잡한 사회적 그물 속에 얽혀 들어가 있고, 사회적 지위가 높은 개체들을 중심으로 동맹을 결성한다. 침팬지 사회의 우두머리 수컷alpha male이 보이는 두드러진 특성으로는 육체적 강인함, 교활함, 충성스러운 친구를 모으는 능력이 있다. 우두머리 수컷에 대한 도전은 치명적 실수가 될 수 있다. 우리가 반란에 가담하기 주저하는 이유를 뇌에 깊이 새겨진 이런 두려움으로 설명할 수도 있다. 평지풍파에 가담했다가는 자칫 골로 가는 수가 있다. 따라서 생존과 번식이라는 면에서 보면 튀지 말고 바짝 엎

드러서 벙어리처럼 있는 것이 벙어리 같은 자식을 하나라도 더 낳는 효과적인 방법이다.

또한 우리는 놀랍게도 권위자에게 복종하는 성향도 가졌다. 그 권위자가 부모든 교사든 사제든 경찰이든 족장이든 말이다. 진화적 관점에서 보면 경험 많은 사람의 말에 귀 기울이는 것은 말이 된다. 그들의 지식이 생존과 번식을 도울 가능성이 높다. 하지만 권위를 잘 받아들이는 우리의 습성에는 불편한 함정도 있다.

예일대학교의 스탠리 밀그램Stanley Milgram은 1963년에 우리의 복종심을 테스트하는 고전적인 실험을 진행했다. 피터 가브리엘의 노래 '우리는 시킨 일을 한다We Do What We're Told(Milgram's 37)'는 이 실험 결과에 영감을 받아 나왔다. 밀그램의 연구는 뉘른베르크 전범 재판에서 자극을 받아 이루어졌다. 이 재판에서 피고인들은 그저 명령을 따른 것뿐이었다는 변명으로 자신의 극악무도한 행동을 변호했다. 폭력적이지 않은 평범한 사람이 그저 권위자가 시켰다는 이유만으로 낯선 사람에게 해를 입힐 수 있을까? 밀그램은 실험을 하나 고안했다. 참가자들은 자기가 학생들의 학습 능력 향상을 돕고 있다고 믿었다. 학생이 오답을 말하면 실험을 통제하는 권위자(실험자)는 참가자에게 버튼을 눌러 학생에게 약한 전기충격을 주라고 지시했다. 실험 참가자들은 모르고 있었지만, 사실 이 실험자와 학생은 배우들이었다. 학생이 오답을 말하는 것처럼 연기하면 실험자는 전기충격의 강도를 올려야 한다고 말했다. 그럼 학생은 통증으로 움찔 놀랐다. 그리고 충격의 강도가 세지면 고통으로 신음소리를 냈다. 이것 역시 모두 연기였다. 만약 실험 참가자가 울고 있는 학생에게 더 큰 통중을 가하는 것이 옳은지 의문을 표시하면 실험자는 참가자에게 이 실험을 마무리하는 것이 얼마나 중요한지 상기시켰다. 충격적이게 도 참가자 중 3분의 2가 학생에 대한 고문을 계속 이어갔고, 전기충 격의 강도가 사람을 죽일 수 있는 수준이라는 얘기를 듣고도 멈추지 않았다.

이 실험 참가자들은 학생들에게 목숨을 위협할 수도 있는 전기 충격을 가하면서 무슨 생각을 했을까? 어쩌면 아무 생각도 없었는지 모른다. 나중에 다른 연구자들은 우리가 명령을 따를 때 뇌의 활동 이 줄어든다는 것을 알아냈다. 강요를 당하면 뇌는 주체 의식이 줄 어드는 경험을 한다. 자신의 행동에 책임감을 덜 느낀다는 의미다.

실화를 바탕으로 2012년에 나온 영화 〈컴플라이언스Compliance〉 는 권위자가 명령을 내린다고 믿을 때 우리가 얼마나 쉽게 가증스러 운 행동으로 빠져드는지 잘 보여준다. 이 영화는 1992년에서 2004 년 사이에 70곳의 패스트푸드 레스토랑으로 걸려온 여러 통의 장난 전화 중 하나를 묘사하고 있다. 전화를 건 사람은 자기를 경찰이라 주장하며 레스토랑 매니저를 설득해서 절도 혐의로 고용인을 구금 할 수 있었다. 또는 전화를 건 사람이 법 집행을 도와달라고 매니저 를 설득해 훔친 물건을 찾는다는 명목으로 무고한 고용인의 옷을 벗 겨 체강검색cavity search(불법 약물, 무기 등을 찾기 위해 콧구멍, 귀, 배꼽, 음경, 항문, 질 등의 체강을 육안 및 손으로 검색하는 것—옮긴이)까지 하게 만들 수 있었다.

사회적 동물인 우리는 특정 집단과 동조하기 위해 순응할 때가 많다. 집단적 규범에 순응하려면 몰개성화deindividuation가 필요하다.

나를 나답게 만드는 것들

몰개성화가 이루어지면 개개의 구성원은 자기가 누구이고, 어떻게 정상적으로 행동했었는지 잊어버린다. 필립 짐바르도^{Philip Zimbardo}의 유명한 1971년 스탠퍼드 감옥 실험은 우리가 얼마나 쉽게 집단 정체성^{group identity}의 포로가 되는지 잘 보여준다. 스탠퍼드대학교의 학생들이 가짜 감옥에 들어가 일부는 죄수 역을 맡고, 일부는 간수 역을 맡도록 무작위로 배정되었다. 그런데 일주일도 안 돼서 실험을 중단해야 했다. 간수를 연기하는 학생들이 죄수를 연기하는 학생들을 너무 가혹하게 학대하는 바람에 죄수 학생들이 반란을 시도했다가 실패로 돌아갔고, 심지어 일부 학생은 우울증과 정신신체질환 ^{psychosomatic illness}(정신적 요인으로 신체적 증상이 나타나는 것—옮긴이)으로 고통받았다.

　감옥 실험은 표본 규모가 작고, 엄격한 실험 재현이 이루어지지 않는 등 문제점이 있었다. 더군다나 일부 사람은 이 실험의 결과를 다르게 해석한다. 마리아 코니코바^{Maria Konnikova}는 이렇게 적었다. "스탠퍼드 감옥 실험의 교훈은 무작위로 뽑은 사람 누구나 사디즘과 포악 행위로 빠져들 수 있다는 것이 아니라, 그런 행동을 요구하는 기관과 환경이 존재하고, 그 때문에 사람이 바뀔 수도 있다는 점이다." 바꿔서 생각하면, 우리가 다른 사람이 기대하는 대로 행동하는 성향이 있다면, 그런 기대를 바꿈으로써 더 생산적인 방식으로 행동할 수 있다는 것이다.

　이런 사례들에서 얻을 수 있는 교훈은 우리 뇌가 집단의 기대에 대단히 순응을 잘 하고, 권위자에게 잘 복종한다는 것이다. 핵심은 우리가 무정부 상태로 빠져들어야 한다는 것이 아니라, 복종하고 순응하는 우리의 선천적 성향을 불순한 의도를 가진 사람이 이용할수 있음을 깨닫자는 것이다. 이런 연구는 악질적인 장난을 치는 사람이나 전범을 용서하자는 것이 아니라 우리 뇌의 취약성을 아는 것이 곧 힘이라는 것이다. 우리는 항상 경계하면서 스스로 판단해야 한다.

언젠가 우리 뇌는 우리 사회의 위계구조가 여러 사람을 희생시켜 소수만 이득을 챙겨가는 거대한 피라미드식 책략이라는 것을 깨닫게 될지도 모른다.

집단은 어떻게 양극화되는가

뇌가 다른 뇌와 만나다 보면 어떤 뇌는 생각이 같고, 어떤 뇌는 아예딴 세상에 사는 것처럼 생각이 다르다는 것이 분명해진다. 우리 뇌는 프리마돈나답게 생각이 비슷한 뇌들과 끼리끼리 모이기를 좋아한다. 우리 정치계가 이토록 실망스러운 이유도 이렇게 편향된 뇌 때문이라 설명할 수 있다. 의회에서 매일 목격하듯 '집단순응사고 groupthink'는 이성과 협상을 공격하는 일종의 다원주의적 또래압력peer pressure으로 작용한다. 집단순응사고는 둘이나 그 이상의 집단의 의견이 다를 때 각 집단의 구성원들이 자기 집단의 의견을 가장 엄격하고 극단적인 버전으로 밀어붙여 집단을 높은 위계로 올리려고 경쟁할 때 발생한다. 더 온건한 의견을 가진 집단 구성원들은 극단주의자에게 순응하거나, 점점 급진적으로 변해가는 집단에서 배척당

나를 나답게 만드는 것들

할 위험이 있다. 집단 내부의 조화와 충성심을 보존하기 위해 이성은 뒷전으로 밀릴 때가 많다. 그 결과로 타협 가능성이 사실상 제로인 극단적인 관점에 휘말린 고도로 양극화된 집단을 형성하게 된다.

집단순응사고는 양 정파 모두에게 손해를 끼치는 결과를 낳는다. 이제 양 정파는 스스로 만든 교착상태에서 서로를 탓하며 경멸한다. 법안이 가까스로 통과돼도 이것은 개인들 간의 사려 깊은 논의를 통한 것이 아니라 군중심리에서 비롯된 극단주의적 정책이기 쉽다. 정파 간의 균열이 워낙 커지다 보니 이제 법률의 제정을 정치적인 '승리'나 '패배'라 말하게 된다. 수백만 명의 사람을 통치하는 것이 마치 게임인 것처럼 말이다. 이를 고치려면 집단순응사고를 경계하고 극단주의적 관점에 순응하는 위험을 조심해야 한다. 우리가 모두 같은 편이라는 것을 잊은 사람은 팀에서 빼야 한다.

영국 랭커스터대학교의 심리학자 마크 레빈Mark Levine은 이런 지식을 선하게 사용할 수 있는 방법을 보여주었다. 이 실험을 이해하려면 영국 축구 프리미어리그의 맨체스터유나이티드(맨유)와 리버풀이 라이벌이라는 것을 알아야 한다. 레빈은 맨유 팬들에게 맨유 팀과 그 충성스러운 팬에 대한 설문을 작성하게 했다. 그다음에는 다른 건물로 가서 출석하라고 했다. 팬들이 건물로 걸어가는데 한 배우가 조깅을 하다 넘어지고 고통으로 울부짖는 척 연기했다. 이 사람이 맨유 셔츠를 입고 있다면 운이 좋았다. 거의 모든 맨유 팬이 그를 돕는다. 하지만 조깅하는 사람이 팀 로고가 없는 민무늬 셔츠를 입었다면 맨유 팬 중 3분의 1만 멈춰 그 사람을 도왔다. 더 우울한 점은 조깅하는 사람이 리버풀 셔츠를 입었다면 도우러 가는 맨유 팬의 숫자가 훨씬 적었다는 것이다. 이 실험 결과는 인간 본성의 수치스러운 면을 보여준다. 당신의 뇌는 그 사람이 입은 셔츠에 상관없이 누구든 도왔을 것이라 주장했을 것이다. 그랬을지도 모른다. 하지만 당신의 프리마돈나 뇌가 자신에게 얼마나 쉽게 거짓말을 하는지 기억해야 한다. 뇌는 당신이 인간 본성이 허용하는 것보다 더 나은 사람이라 착각할 때가 많다. 만약 조깅하다 쓰러진 사람이 반대쪽 정당의 사람이라면? 당신의 사업을 망하게 만든 회사의 직원이라면? 당신의 종교에서 악이라 말하는 사람이라면? 너무 조바심낼 것 없다. 해피엔드가 기다리고 있다. 레빈은 다른 맨유 팬들을 데리고 다시 실험해보았다. 하지만 이번에는 특정 팀이 아니라 축구 팬 전체의 동지애를 생각하게 하는 설문을 했다. 이번에는 맨유와 리버풀 셔츠를 입은 사람 모두에게 행운이 돌아갔다. 반면 민무늬 셔츠를 입은 사람은 그렇지 못했다.

나는 이것이 희망적인 교훈이라 생각한다. 우리가 협소한 동맹 관계를 벗어나 외부 사람에게도 품위 있게 행동할 수 있음을 보여주기 때문이다. 더 큰 집단의 일부임을 스스로 계속 상기한다면 우리는 양극화된 정치의 손아귀에서 빠져나올 수 있다. 그리고 우리가 조금이라도 양식 있는 사람이라면 그런 동지애를 우주의 창백한 푸른 점, 이 지구 위에 사는 모든 인류에게로 확장할 수 있다.

나를 나답게 만드는 것들

_____ 정치 논쟁만 벌어지면 머리카락을 쥐어뜯고 싶은 이유

보수 우파로 기운 사람이든 진보 좌파로 기운 사람이든 자신의 정치적 신념으로 대부분 자신을 정의한다. 우리는 자기가 객관적이고 비판적인 사고를 통해 현재 자신의 정치적 신념에 도달했다고 생각한다. 현 시국의 중요한 문제에 대해 확고한 입장을 가지고 있고, 반대편 사람들이 왜 자기처럼 세상을 보지 않는지 도저히 이해하지 못한다(물론 자신의 관점이 옳다고 생각한다). 과학이 이 깊은 수렁에 빛을 비춰줄 수 있을까? 보수와 진보를 가르는 생물학적 기반이 존재할까?

다른 많은 경우에서 보았듯이 어떤 유전자 변이는 특정 성격을 띠기 쉽게 만든다. 정치 성향도 예외가 아니다. 정치적 신념은 이란성 쌍둥이보다 일란성 쌍둥이에서 더 비슷하다는 것이 연구를 통해 밝혀졌다. 이것은 유전적 요인이 설문조사에 응하는 태도, 자동차 범퍼에 붙이는 스티커의 종류, 선호하는 뉴스 채널에 영향을 미친다는 개념을 뒷받침한다. 놀랍게도 태어나면서 떨어져 다른 환경에서 자란 일란성 쌍둥이도 다시 만났을 때 정치적 문제에 대한 의견이 여전히 일치했다. 캘리포니아대학교 샌디에이고 캠퍼스의 정치과학자 제임스 파울러James Fowler는 정치 성향과 관련된 유전자를 찾는 것을 '유전자 정치학genopolitics'이라고 부른다.

특히 여러 연구에서 계속 얼굴을 내밀었던 한 유전자가 우리의 투표 성향과 긴밀한 상관관계를 갖고 있다. 지금쯤이면 어느 유전자인지 당신도 추측할 수 있을지 모르겠다. 전에도 몇 번 보았던 DRD4다. DRD4가 도파민 수용체를 암호화하며, 이것의 변이가 탐험, 실험, 새로움 추구를 좋아하는 과감한 행동을 만든다는 것을 기억할 것이다. 추측대로 진보적인 사람은 보수적인 사람보다 사람을 과감하게 만드는 DRD4 변이를 가진 경우가 더 흔하다. 또한 유전자는 뇌의 구축 방식에도 기여하는데, 뒤에서 보겠지만, 신경학자들은 보수주의자와 진보주의자의 뇌에서 흥미로운 차이점을 발견했다. 그렇다면 우리는 선거 포스터를 처음 보기도 전에 이미 정치적 성향이 한쪽으로 이미 기울어진 것처럼 보인다. 하지만 최근의 여론조사를 보면 정치 성향에 유전자만 관여하는 것이 아님을 알 수 있다. 보수주의자 중에서도 히말라야 산맥에서 스키를 즐기는 사람이 있고, 진보주의자 중에서도 자기 집에서 한 발짝도 나가지 않으려는 사람이 있다.

우리의 정치 성향이 선천적인지 검사해볼 가장 좋은 방법 중 하나는 아주 어린 아이의 성격을 평가한 다음 수십 년 후 그 아이에게 공화당원(보수)인지 민주당원(진보)인지 물어보는 것이다. 그런데 운이 좋게도 그런 실험이 이미 진행되었다! 캘리포니아대학교 버클리 캠퍼스의 심리학자 잭 블록Jack Block과 장 블록Jeanne Block은 유아원 아이들의 성격을 검사한 다음 20년 후에 이들을 추적해 정치적 함축이 담긴 질문을 해보았다. 그 결과는 걸음마 아기 때의 성격 특성이 장래의 정치 성향과 강력한 상관관계가 있음을 보였다. "상대적으로 진보적인 젊은 남성들은 20년 전 유아원에 있을 때 선생님들에게 지략이 있고, 혁신적이고, 자율적이고, 이제 막 꽃을 피우기 시작한 자신의 성취에 자랑스러워하고, 자신감이 넘치고, 스스로 참여하는 아이라는 인상을 남겼다. 반면 상대적으로 보수적인 젊은 남성들은 어

나를 나답게 만드는 것들

렸을 때 선생님에게 눈에 띄게 일탈적이고, 스스로 가치가 없다고 느껴 쉽게 죄책감을 느끼고, 모욕감을 느끼고, 불확실성을 마주했을 때 쉽게 불안을 느끼고, 상대방을 불신하고, 생각이 많고, 스트레스를 받으면 경직되었다."

여성과 관련해서는 다음과 같은 결과가 나왔다. "상대적으로 진보적인 젊은 여성은 20년 전 유아원에서 일관성 있는 일련의 특성을 가졌다고 평가받았다. 이들은 자기주장이 강하고, 말이 많고, 호기심이 강하고, 부정적 느낌도 공개적으로 표현하고, 장난을 잘 치고, 밝고, 경쟁적이고, 기준이 높았다. 상대적으로 보수적인 젊은 여성들은 20년 전 유아원에 있을 때 평가자들에게 다음과 같은 인상을 남겼다. 이들은 우유부단하고, 괴롭힘을 잘 당하고, 감정 표현을 잘 안 하고, 눈물을 잘 흘리고, 자랑을 잘 안 하고, 어른을 찾고, 수줍음이 많고, 말쑥하고, 말을 잘 듣고, 애매한 것을 만나면 불안을 느끼고, 겁이 많았다."

각 정당 구성원들의 행동방식에도 근본적 차이가 있다. 빳빳하게 풀 먹인 셔츠를 즐겨 입는 사람은 누구고, 히피 록 그룹 그레이트풀 데드 티셔츠를 즐겨 입는 사람은 누구일 것 같은가? 연구에 따르면 보수적인 학생들은 다리미판, 국기, 스포츠 포스터를 갖고 있고 기숙사가 깔끔한 경우가 많은 반면, 진보적인 학생들은 쌓아올린 책 더미와 세계지도, 다양한 음반을 갖고 있고, 기숙사가 덜 정돈된 경우가 많았다. 성격 프로필을 보면 일반적으로 진보주의자들은 마음이 더 열려 있고, 창의적이고, 호기심이 많고, 새로움을 추구하는 반면, 보수주의자들은 더 질서정연하고, 관습을 따르고, 더 짜임새가 있다. 대체적으로 진보주의자들은 새로운 단서가 제시되었을 때 변화를 선호하는 반면, 보수주의자들은 전통을 바탕으로 한 안정을 선호한다. 놀랄 이야기도 아니지만 보수주의자들은 종교적 성향이 있고, 진보주의자들은 회의주의적 성향이 있는 이유이기도 하다.

네브라스카대학교University of Nebraska의 정치과학자 존 히빙John Hibbing의 연구에 따르면 불쾌한 이미지나 사람을 놀라게 하는 소리에 보수주의자와 진보주의자의 반응이 달랐다. 보수주의자는 불쾌한 자극에 더 강한 생리학적 반응을 보였다. 위협적인 소리에 과민하게 반응하는 실험 참가자는 국방비 지출, 사형제도, 애국심, 전쟁에 찬성하는 반면, 덜 과민했던 사람은 해외 원조, 자유로운 이민 정책, 평화주의, 총기 규제에 찬성했다.

그렇다면 텔레비전 화면에 나와서 세상의 종말이 오기라도 한 것처럼 호통치며 방송하는 대부분의 보수주의자와 비슷하게 그런 방송에 귀 기울이는 사람도 이런 과도한 공포 반응 때문에 더 편집증적인 성향이 있다고 볼 수 있다. 반면 진보주의자의 토크쇼는 그에 비해 따분한 편이다. 진보주의자들은 일반적으로 분별 있고 차분하기 때문이다. 진짜 위협이 과소평가되고 있다면 이런 성격은 역효과를 일으킬 수 있다. 진보주의자는 일반적으로 불확실성을 잘 견디고 문제의 복잡성을 잘 이해하는 반면, 보수주의자는 일반적으로 깊이 생각하지 않고 빠른 결정을 내린다. 세상을 더 단순하게 흑백논리로 본다. 어느 한 방법이 꼭 다른 방법보다 나은 것은 아니다. 어떤 상황에서는 신속한 결정이 필요하고, 어떤 상황에서는 좀 더 사려 깊은 접근이 필요하다. 이상적으로 보면 두 접근방식 사이에서

나를 나답게 만드는 것들

균형을 잡고 겸손과 진솔함으로 접근해야 할 것이다. 하지만 상대방에 대한 모욕과 악담으로 가득한 이 싸움판에서 누가 그 부분을 심판할 것인가?

세상을 보는 진보주의자와 보수주의자의 관점 차이는 공공의료와 정책에도 실질적인 영향을 미친다. 민주당원과 공화당원에게 미국에 비만이 유행한 원인을 물어본 2017년 연구에서도 이런 점이 잘 드러났다. 공화당원들은 나쁜 생활방식을 선택했고, 의지력이 약한 당사자를 비난하는 경향을 보인 반면, 민주당원들은 이 문제가 그보다 복잡함을 이해하고 유전자가 문제의 요소로 작용하고 있음을 인정했다. 그 결과 공화당원들은 비만인 사람을 돕기 위해 정부가 개입하는 것을 탐탁지 않게 여기는 편이었고, 민주당원들은 정크푸드를 억제하기 위해 설탕이나 청량음료에 세금을 부과하는 것에 찬성하는 편이었다. 추가 연구를 통해 보수주의자는 규제를 광범위하게 적용해 잠재된 부정적 결과를 피하려는 반면, 진보주의자는 긍정적 결과를 고취하려는 희망을 가지고 표적을 정해 개입하는 쪽을 선호한다는 것이 밝혀졌다.

배우 콜린 퍼스는 2010년 영화 〈킹스 스피치The King's Speech〉에서 조지 6세 왕을 연기해 오스카상 후보에 올랐고 바로 과학자들에게 과제를 던졌다. 중요한 정치적 문제에서 자기와 뜻이 다른 사람들이 대체 생물학적으로 뭐가 잘못된 것인지 밝혀달라고 요구한 것이다. 유니버시티칼리지런던의 신경과학자 저레인트 리스Geraint Rees가 도전을 받아들여 진보주의자와 보수주의자의 뇌 구조를 검사하고, 콜린 퍼스를 연구의 공저자로 올렸다.

리스가 발견한 구조적 패턴은 워낙 일관적이었고 연구자들은 머지않아 실험 참가자의 뇌 영상을 보는 것만으로도 정당 지지 성향을 72퍼센트의 정확도로 예측할 수 있었다. 보수주의자들은 공포와 불안을 느낄 때 활성화되는 뇌 영역인 편도체가 더 커진 경향이 있는 반면, 진보주의자들은 본능적인 생각을 비판적으로 분석하는 데 관여하는 뇌 영역인 앞쪽 띠겉질anterior cingulate cortex이 더 커진 경향이 있었다. 중도층이나 무당파의 뇌 구조를 들여다보는 것도 흥미롭다. 언뜻 생각하면 이들의 편도체와 앞쪽 띠겉질은 그 중간 비율로 똑같이 활성화되어 공포와 이성 사이에서 균형을 이루고 있으리라 예측할 수 있다. 하지만 흥미롭게도 중도에서 관망하는 사람 역시 편도체가 커진 것으로 밝혀졌다. 이런 사람들이 판단을 계속 유보하는 이유를 이것으로 설명할 수 있을지도 모른다. 이들은 자신의 행동이 부정적 결과를 만들어낼까 봐 두려워한다. 정치적 맥락에서 보면 현상황을 뒤흔들거나 전통을 파괴하는 새로운 개념에 보수주의자와 진보주의자가 태도를 달리하는 이유를 이것으로 설명할 수 있을지 모른다.

이제는 우리가 올려놓은 똑똑한 밈이 반대 진영에 속하는 페이스북 친구들의 생각을 바꾸지 못하는 이유를 알 수 있다. 그저 생각을 바꾸라는 요구를 넘어, 뇌 자체를 바꾸라는 요구이다. 이런 연구 결과는 뇌의 구조가 잠재적 위협, 스트레스 갈등에 대한 반응 방식에 중요한 역할을 하며, 이것이 다시 우리의 정치적 성향과 관련 있음을 보여준다.

우리 종은 정치적 스펙트럼 위에 다양한 개인이 혼재한다. 그런

나를 나답게 만드는 것들

데는 그럴 만한 진화적 이유가 있다. 보수주의자는 발생 가능한 위협을 감지하는 데 뛰어나다. 진보주의자는 위험을 평가하는 데 뛰어나다. 협력이 잘 이루어지는 사회에서는 상호보완된 능력이 문명의 발전에 필요한 도구를 제공한다. 하지만 오늘날의 문제는 서로에게 등을 돌리게 만드는 극단주의자 때문에 서로의 재능을 더 이상 존중하지 않게 되었다는 점이다. 상대방의 말을 사려 깊게 귀담아 듣기보다는 서로를 얼간이라 비난하며 외면하는 편이 훨씬 쉽다. 우리는 자기편의 관점에만 매몰되는 집단순응사고가 가져다주는 단기적 도파민 보상 중독을 끊어내야 한다. 그리고 논리와 이성을 통해 합의에 도달할 때 찾아오는 장기적 보상을 얻기 위해 싸워야 한다. 1991년에 록밴드 라이브^{Live}는 흑백의 세상에서 사는 삶을 경고했다. 이제 우리는 '회색의 아름다움'을 보는 법을 배워야 한다.

─────────── 생각을 바꾸기는 어렵지만 불가능하지 않은 이유

생각을 바꾸는 문제만큼은 어린 사람에게 영향을 미칠 가능성이 높은 편이다. 뇌는 20대 중반이 되어서야 성숙 과정이 마무리된다. 그리고 그때를 지나면 특정 문제에 대해서는 딱딱하게 굳어버린 용암처럼 변화에 완고히 저항하게 된다. 이 시점이 되면 우리의 인지가 요새처럼 되어 뚫고 들어가기 어려운데 그 이유는 무엇일까? 때로는 산더미 같은 증거와 완벽한 논리를 제시해도 거짓이 분명한 믿음을 흔들지 못할 때가 있다.

뇌 영상 촬영은 자신이 소중히 여기는 신념에 대한 통찰을 제공한다. 새롭지만, 실망스러운 부분도 있다. 정치적으로 진보 성향인 사람을 대상으로 한 연구에서 참가자들에게 몇 가지 정치적 진술(예를 들면 "낙태를 합법화해야 한다")과 몇 가지 비정치적 진술(예를 들면 "매일 종합비타민을 복용하면 건강이 좋아진다")을 제시했다. 그리고 참가자들에게 각 진술에 동의하는지 여부를 말하게 한 후 각 진술에 대한 반론을 제시했다.

결과가 흥미로웠다. 참가자들은 비정치적 진술에 대해서는 자신의 입장을 재평가하는 데 일반적으로 아무런 문제가 없었다. 하지만 정치적 진술에 대해서는 의견을 전혀 바꾸려 하지 않았다. 정치적 신념에 의문이 제기될 경우 참가자들은 위협을 인지한 것처럼 편도체의 활성이 높아졌다. 다른 위협들과 마찬가지로 감정이 기갑부대처럼 들고 일어나 의사결정 과정에 침입해 들어온다. 거기에 더해 정치적 신념에 문제가 제기되면 자기 표상self-representation과 관련된 뇌영역에 불이 들어온다. 이는 우리 뇌가 이런 신념을 자신의 자아상과 분리시켜 생각하는 데 큰 어려움이 있다는 의미다. 바꿔 말하면 자신의 정치적 입장이나 자신의 정치적 지도자에 대한 도전은 곧 자신의 정체성에 대한 도전이 된다는 것이다. 우리의 프리마돈나 뇌는 그런 도전을 받아들일 수 없다! 우리는 정체성의 위기를 직면하기보다는 증거를 부정하거나 불쾌한 눈으로 바라본다.

우리는 누가 자기와 같은 의견을 말하는 것을 들을 때마다 도파민 보상을 받는다. 따라서 자신의 신념을 뒷받침해줄 논거를 열심히 찾아 나서는 것은 당연한 일이다. 다행히도(혹은 불행히도) 인터넷

나를 나답게 만드는 것들

덕분에 아무리 비정상적인 신념을 갖고 있어도 함께 나눌 누군가를 찾기는 어렵지 않다. 우리의 프리마돈나 뇌는 자신의 신념을 뒷받침하는 증거에는 축배를 올리지만, 어긋나는 증거에는 그 얼굴에 술을 끼얹어버린다. 이런 꼴사나운 행동을 확증편향confirmation bias이라고 한다.

유니버시티칼리지런던의 신경과학자 탈리 샤롯Tali Sharot의 2016년 연구는 확증편향이 어떻게 머리를 내미는지 잘 보여준다. 샤롯은 인간의 활동이 기후 변화를 가속시킨다고 믿는지 여부에 따라 참가자들을 두 집단으로 나누었다. 그리고 각 집단의 일부 사람에게 과학자들이 데이터를 재평가해보았더니 기후 변화가 원래 생각했던 것보다 더 빠른 속도로 일어나고 있음이 밝혀졌다고 말했다. 그리고 각 집단의 나머지 사람들에게는 분석해보니 기후 변화가 실제로는 원래 생각했던 것만큼 나쁘지 않은 상태라고 말했다. 누가 어떻게 믿었을지 추측해보자. 기후 변화를 믿는 사람 중에 상황이 그리 나쁘지 않다는 말을 들은 사람은 새 분석을 비웃었지만, 기후 변화 상황이 더 안 좋아지고 있다는 말을 들은 사람은 새 분석을 받아들였다. 기후 변화를 부정하는 사람은 정반대였다. 그런 사람 중 문제가 더 심각하다는 말을 들은 사람은 그 분석을 거부했지만, 문제가 그리 심각하지 않다는 말을 들은 사람은 분석을 받아들였다. 바꿔 말하면 우리 뇌는 자신의 현재 믿음을 강화해주는 증거만 받아들이는 성향을 가졌다는 것이다. 우리 대부분과 같이 이 연구의 참가자들도 토머스 헉슬리Thomas Huxley가 남긴 지혜의 말을 따라 살고 있지는 않은 것 같다. "내가 할 일은 내 염원들이 사실에 순응하도록 가르치는 것이지, 사실을 비틀어 나의 염원과 조화를 이루게 만드는 것이 아니다."

확증편향은 애초에 뇌를 가진 목적 자체를 부정하는 고약한 습관이다. 하지만 이런 습관이 지속되는 이유는 뇌에서 감정을 담당하는 부분이 먼저 진화했고 새로 진화한 추론 능력보다 훨씬 오랫동안 우리와 함께 해왔기 때문이다. 여전히 논리보다 감정이 이길 때가 많은 이유도 이 때문인지 모른다. 에모리대학교의 심리학자 드루 웨스턴Drew Westen은 확증편향에 대해 철저히 조사해보았다. 실험 참가자가 따르는 정당 지도자가 자기모순에 빠졌다는 분명한 증거를 제시했더니 뇌에서 분석을 담당하는 영역이 쥐 죽은 듯 조용해졌다. 이때 활성화되었던 뇌 영역은 감정적 반응에 관여하는 부분이었다. 그리고 참가자가 선호하는 정치인에 대해 긍정적인 말을 해주었더니 뇌의 보상중추에서 많은 양의 축하 색종이를 분비하는 것을 관찰했다. 웨스턴은 다음과 같이 요약했다. "본질적으로 특정 지도자를 열렬히 지지하는 사람은 자기가 원하는 결론이 나올 때까지 인지의 만화경을 계속 돌리는 것처럼 보였다." 프리마돈나를 나빠 보이게 만드는 데이터는 가짜 뉴스라며 묵살되었다. 진보주의자와 보수주의자 모두에게서 결과가 같았으니 적어도 이 둘 사이에 공통점이 하나는 있는 셈이다. 확증편향이 있으면 제아무리 훌륭한 논증도 소귀에 경 읽기다.

상황이 절망적으로 보이지만 고등학교 교사들은 토론회에서 사용하는 잠재적 해결책을 갖고 있다. 한 주제를 두고 자기 쪽의 주장을 방어하는 대신, 상대 쪽의 주장을 방어하는 것이다. 서로 상대방

나를 나답게 만드는 것들

이 칭찬할 만한 주장을 이해하기 시작하면 더 건강한 대화를 통해 합의에 도달할 수 있다. 증거만으로는 생각을 굳힌 사람을 설득하기 어렵다는 점을 인정한 탈리 샤롯은 사람의 감정, 호기심, 문제 해결 능력을 이용하는 접근방식을 지지한다. 예를 들면 백신을 자폐증과 연관시키는 사기성 연구를 여전히 믿고 있는 백신 접종 거부자들은 둘 사이에 아무런 상관관계가 없음을 입증해 보이는 수백 편의 연구에 눈과 귀를 닫기로 악명이 높다. 하지만 이들에게 홍역, 볼거리, 풍진의 잠재적 해악을 떠올려주면 세 배나 많은 사람이 백신 접종에 대한 태도를 바꾼다. 의견이 엇갈리는 지점에 쏠려 있던 대화의 초점을 공통의 목적으로 전환함으로써 더 생산적인 토론이 가능해질 수 있다.

우리는 왜 종교를 믿는가?

거의 종교 그 자체만큼이나 신비로운 사실이 있다. 지구에 사는 대부분의 사람이 종교를 믿는다는 것이다. 언어, 교역, 도구 사용 같은 인간의 특성처럼 어떤 종교는 지구 곳곳의 모든 문화권에서 보인다. 당신이 하얀 수염을 달고 있는 남성 단일신을 믿든, 은하연합 Galactic Confederacy의 외계인 리더 제뉴Xenu, 포스Force, 불 뿜는 달팽이의 제자들을 믿든 간에 종교를 믿는 사람들 사이에서 공통적인 주제는 보이지 않는 것에 대한 믿음이다. 우리 대부분은 무신론자로 태어났지만, 종교적 가르침을 아주 잘 받아들이는 것처럼 보인다. 마치 영적인 장치의 플러그를 꽂을 수 있는 소켓을 타고난 것처럼 말이다.

우리가 아무것도 묻지도 따지지도 않고 기꺼이 종교를 받아들이는 이유 중 하나는 부모처럼 권위 있는 존재에게 복종하려는 본능 때문이다. 많은 사람이 산타클로스라는 믿기 어려운 이야기를 믿으며 자란다. 우리가 부모의 말을 얼마나 맹목적으로 받아들이는지를 보여주는 전형적인 사례. 종교적 개념이 더 오래 지속되는 이유는 우리 뇌가, 예를 들어 우리가 죽을 때 일어나는 일 같은 불확실성을 도저히 견디지 못하기 때문이다. 선물을 계속 받는 한 우리는 산타 없이도 세상을 감당할 수 있다. 하지만 뇌가 죽음이라는 자신의 마지막 커튼콜을 생각한다면 어느 프리마돈나 뇌라도 미쳐버릴 수밖에 없다. 나 없이도 세상이 계속 돌아간다고? 그럴 리가! 내가 얼마나 중요한 사람인데! 난 영원히 살 거야! 우리 안에 있는 불멸의 영혼이 육체의 소멸에도 살아남으리라는 생각은 대단히 매력적이다. 우리의 존재가 레이더 위에 찍혔다 사라지는 점 하나에 불과할 가능성에 대해 고민하기보다는 다른 것에 정신을 팔게 해준다. 철학자 알베르트 까뮈는 말했다. "인간은 자신의 존재가 부조리하지 않음을 확신하기 위해 평생을 애쓰며 사는 동물이다." 종교는 프리마돈나의 정신을 위한 치킨수프인 셈이다.

역사를 통틀어 머리에 가격을 당하거나, 이상한 버섯을 먹었거나, 환상적인 꿈을 꾸었거나, 간질 발작을 겪었던 많은 사람들이 우리가 머물고 있는 의식의 차원을 뛰어넘는 무언가가 존재한다고 확신했었다. 상상 밖의 세상이 존재한다는 실질적인 증거가 없음에도 그런 경험은 영적 세계에 대한 믿음에 불을 지폈다. 최근의 뇌 연구

나를 나답게 만드는 것들

는 영성에 대한 우리의 감각이 말 그대로 모두 머릿속에서 나왔음을 입증했다. 유체이탈 체험이나 다른 영적 경험은 전극으로 뇌를 간질이거나 뇌를 취하게 만드는 환각제만 복용해도 인위적으로 촉발할 수 있다. 사후세계의 증거로 종종 인용되는 임사체험near-death experience도 틀린 주장임이 입증되었다. 뇌는 생징후 모니터에서 박동이 사라진 후에도 잠시 동안 작동한다. 쥐를 대상으로 한 연구에서는 죽어가는 뇌에서의 신경 연결 급증이 정상적인 의식 상태에서 보이는 양을 뛰어넘는 것으로 나왔다. 죽어가는 환자에게서도 비슷한 뇌 전기 활성의 급증이 기록되었다. 이것이 의미하는 바는 포유류의 뇌가 죽어가는 동안 의식의 고조를 경험한다는 것이다. 사람들이 생생한 영적 경험을 하거나, 저승에서 돌아왔다고 느끼는 이유를 이것으로 설명할 수 있을 것이다.

유체이탈 체험을 검증해보기 위해 2014년에 기발한 연구가 진행됐다. 이 연구에서는 종합병원 심폐소생실에서 꼭대기 선반 위에 물체를 올려놓았다. 물체들은 금방 눈에 띄는 특이한 것이지만, 위에서 내려다보아야만 보이는 위치에 있기 때문에 소생한 환자가 병실 위에 떠 있었다고 주장하는 경우 연구자가 거기서 이상한 물체를 보았는지 물어볼 수 있도록 설정한 것이다. 그런데 병원과 관련된 평범한 것만(의사, 간호사, 의료장비) 기술할 뿐 이 연구 대상 중 누구도 특이한 물체를 보았다는 사람은 없었다(아쉽게도 자신의 주변 환경을 가장 정확히 묘사한 환자의 경우에는 소생하는 순간에 그 특이한 물체가 준비되어 있지 않았다).

우리 뇌는 저승의 것이나 영적인 것으로 오해하기 쉬운 이미지를 잘 만들어낸다. 그러니 종교적 개념을 받아들이는 사람이 많은 것도 이해할 만하다.

그리고 우리는 실제로 종교를 받아들였다! 전 세계적으로 종교는 4,000가지가 넘고, 모든 종교가 진심으로 자신의 종교야말로 진짜 종교라 확신하고 있다. 우리 중 거의 대다수가 부모가 가르쳐준 종교를 고수한다는 점은 시사하는 바가 크다. 모국어를 자신이 선택할 수 없듯이 대부분 종교적 신념 역시 선택이 아니다. 자기에게는 종교를 바꿀 권리가 있다고 주장할 수 있겠지만, 일부 종교에서는 다른 종교에 눈을 돌렸다는 이유만으로 파문하거나 심지어 죽이기도 한다. 하지만 당신이 종교를 선택할 권리를 부여받았다고 해도 어린 시절에 종교를 받아들이는 것은 뇌에 문신을 새기는 것과 비슷하기 때문에, 이를 지우기는 엄청나게 어렵고 고통스럽다.

종교는 실존적 위기를 달래주지만 뇌의 에너지를 절약한다는 점에서도 진화적 이점을 제공한다. 《Voice Crying in the Wilderness》이라는 책에서 저자 에드워드 애비Edward Abbey는 이렇게 적었다. "우리는 쉽게 이해할 수 없는 것은 무엇이든 다 신이라 부른다. 그리고 이것은 뇌 조직의 소모를 크게 줄여준다." 종교는 접착테이프처럼 우리가 단기적으로 해결할 가망이 거의 없는 문제에 임시변통을 제공한다. 예를 들면, 우리는 어디서 왔고, 삶의 의미는 무엇이며, 죽으면 무슨 일이 일어나는지 등의 문제다. 종교는 우리 지식에 뚫려 있는 성가신 구멍들을 땜질해 뇌를 자유롭게 해준다. 그래서 생존과 번식이라는 일차적 임무와 관련이 깊은 당면한 문제에 집중할 수 있게 한다.

　　　　　　　　　　　　　나를 나답게 만드는 것들

하지만 인류가 농업과 노동력 절감 기술을 발달시키면서 우리는 저녁 식탁에 무엇을 올리고, 누구와 짝을 맺을까 하는 문제 외로 더 큰 인생의 질문에 대해 생각할 시간을 갖게 됐다. 그리고 일부 사람은 땜질용 접착테이프를 만지작거리면서 더 나은 해결책을 궁리하기 시작했다. 그러다 계몽주의 시대 이후로 종교는 마지못해 자신의 자리를 내어주기 시작했고, 그리하여 사실상 암흑시대라는 인류 역사의 암울한 시기가 막을 내리게 됐다.

우리는 접착테이프를 대신해줄 믿기 어려운 진리를 발견했다. 신이 모든 생명체를 지금의 모습으로 창조한 것이 아니었다. 진화가 자연선택을 통해 조각한 것이었다. 신이 갑자기 한낮에 어둠을 내린 것이 아니었다. 그것은 일식 때문에 나타나는 현상이었다. 신이 지구를 뒤흔드는 것이 아니었다. 지진은 땅 속 암반이 깨져서 단층을 만들며 지진파를 발생시키는 것이었다. 나병은 신이 내린 병이 아니었다. 나균Mycobacterium leprae에 의한 병이었다. 이런 이야기는 계속 이어진다.

과학이 이룩한 기념비적인 발견에도 불구하고 일부 사람들은 여전히 접착테이프에 집착한다. 이들은 그 접착테이프가 자신의 털 많은 피부에 붙어 있기라도 한 것처럼 반응한다. 그 테이프를 떼어낼 때 느끼는 고통이 인지부조화cognitive dissonance다. 이것은 당신의 세계관과 충돌하는 지식을 가리키는 심리용어다. 당신의 프리마돈나 뇌는 세상이 자기가 알고 있는 모습 그대로이기를 바란다. 그런데 자신이 가장 소중히 여기는 신념을 뒤집는 새로운 발견이 등장하면 인지부조화가 생긴다. 영화 〈스타워즈〉에서 다스베이더가 자신이 루크의 아버지임을 밝히자 루크 스카이워커가 결코 믿지 않으려 했던 것을 기억하는가? 이것이 젊은 스카이워커에게는 거대한 인지부조화였다. 새로운 진실이 건물을 철거하는 쇳덩이처럼 우리의 신념을 깨부수고 들어올 때 우리도 비슷한 충격을 경험한다.

인지부조화의 힘을 과소평가하지 말아야 한다. 역사에서 가장 크고 가장 민망한 사건 중에서도 이 인지부조화 때문에 일어난 것이 있다. 갈릴레오에게 일어났던 일을 생각해보면 인지부조화가 우리를 얼마나 한심하게 만드는지 이해할 수 있다. 1600년대에 갈릴레오는 자신의 망원경을 이용해 지구가 우주의 중심이 아니라는 이단적 개념을 입증해 보였다. 이 사실이 폭로되자 교회의 가르침과 어긋나는 내용이었기 때문에 엄청난 인지부조화가 발생했다. 교회는 반박 불가능한 이 사실을 받아들이는 대신 자신의 눈과 귀를 닫는 쪽을 택했다. 갈릴레오는 가택연금을 선고 받고 당시의 중세 고문 기구를 접한 후 자신의 발견을 포기하도록 강요받았다. 그로부터 350년 후에 교회가 갈릴레오를 사면함으로써 마침내 인류 역사에서 가장 오래되고, 가장 수치스러운 인지부조화 및 현실 부정의 사례가 막을 내렸다.

신념에 대한 우리의 개인적 애착 때문에 오늘날에도 인지부조화는 여전히 불가피해 보인다. 미래 세대에게 망신을 당하거나 웃음거리가 되지 않으려면 아무리 소중히 여기는 종교적 신념이라 해도 신념과는 거리를 두는 것이 좋다. 종교적 신념은 불안에 떠는 뇌를 진정시키기 위해 아주 오래전에 만들어진 초자연적 이론이지만, 지금은 그 이론이 틀렸음을 입증해 보이는 증거가 산더미처럼 쌓여 있음

나를 나답게 만드는 것들

을 깨달아야 한다. 이런 덫에 빠지지 않으려면 모든 것을 진리가 아닌 가설로 여기고 생각을 유연하게 유지해야 한다. 뇌가 자신을 극복하고 불확실성을 받아들이도록 훈련하자. 이것이야말로 학습을 위해 반드시 거쳐야 할 단계이다. 우리가 지금 현재 가용한 증거를 바탕으로 삶을 살아간다면 누구도 그 논리를 흠잡을 수 없다. 증거를 무시하면서 살아가는 것은 비논리적이다. 비논리적인 삶은 비난받아 마땅하다.

내 영혼은 어디에?

우리가 육신이 사라져도 남는 비물질적인 영혼을 갖고 있다는 개념은 아주 오래된 것이다. 기독교가 탄생하기 수백 년 전 플라톤이 쓰기를 영혼은 생각, 느낌, 기억, 상상 등 우리가 볼 수 없는 것들을 생겨나게 하는 비물리적인 존재라고 했다. 우리가 물질(육신)과 비물질(정신)로 구성되었다는 개념은 이원론dualism이다. 이것은 철학자 르네 데카르트가 1600년대에 체계화시킨 이후로 대중에게 공감받아온 개념이다. 이원론에서는 육신이 나뉠 수 있고 썩을 수 있지만, 영혼은 나뉘지 않는 영원한 존재라고 주장했다.

데카르트가 지금까지 살아서 분리 뇌 증후군split-brain syndrome이 있는 사람에게 무슨 일이 일어나는지 보았다면 어땠을까? 분리 뇌 증후군은 간질 발작을 통제하기 위해 좌반구와 우반구를 절단해서 생긴다. 1960년대에 로저 스페리Roger Sperry의 분리 뇌 환자 연구는 데카르트가 틀렸음을 입증했다. 정상적인 사람에게 물체를 뇌의 한쪽 반구에 보여주면 양쪽 반구 모두 그 물체를 볼 수 있다. 하지만 분리 뇌 환자는 좌우 반구가 더 이상 연결되어 있지 않아 한쪽 반구에 보여준 물체가 반대쪽 반구에서는 인식되지 않는다. 스페리의 연구는 뇌가 다른 신체 부위와 마찬가지로 나뉠 수 있음을 보여주었다. 더 놀라운 점은 나뉘고 나면 두 개의 의식이 있는 것처럼 양 반구가 각자 독립적으로 작동한다는 것이다. 만약 우리가 나뉘지 않는 영혼을 갖고 있다면 이런 일이 일어날 리가 없다. 분리 뇌 환자의 왼손과 오른손이 각자 다른 일을 하고 싶어 하는 것은 하나의 뇌에 두 개의 정신이 깃들 수 있음을 보여주는 사례다. 이런 환자 중 어떤 사람은 옷을 입으려고 할 때, 한 손은 이 옷을 집어 들고, 반대 손은 저 옷을 집어 드는 경우가 있다고 보고된 바 있다. 저명한 신경과학자 V. S. 라마찬드란^{V. S. Ramachandran}은 우반구가 신을 믿지만, 좌반구는 신을 믿지 않는 환자에 대해 기술한 적이 있다. 천국의 문을 지키는 문지기는 이 사람을 천국에 들여야 할지 말아야 할지 꽤 골치가 아플 것이다.

좀 더 최근에는 '보이지 않는' 요소인 생각 과정, 기억, 감정도 뇌 영상을 통해 보인다는 것이 밝혀졌다. 사람이 단어 문제를 풀고 있거나, 대화를 나눌 때, 그리고…… 맞다. 섹스를 하는 동안에도 실시간으로 그 사람의 뇌 영상을 볼 수 있다는 것은 정말 매력적이다. 실험 참가자가 이런 다양한 활동에 참여하면 뇌의 서로 다른 영역들이 구식 아케이드처럼 불이 들어온다. 오르가즘을 느낄 때의 뇌는 헤로인에 취한 뇌와 아주 비슷하게 보인다. 이것을 보면 마약을 하지 않는 사람도 마약에 취하는 것이 얼마나 기분 좋은 일이며, 마약에 중

나를 나답게 만드는 것들

독된 사람이 약을 끊기가 왜 그리 어려운지 이해할 수 있다.

유체이탈 체험 실험을 했을 때와 비슷하게 신경과학자들은 전기 자극으로 뇌 조직의 서로 다른 영역을 건드리는 것만으로도 강력한 감정, 감각, 기억을 일깨울 수 있었다. 전류로 이런 반응을 이끌어냄으로써 영혼이 해야 할 모든 것을 사실은 뇌가 담당하고 있음을 밝힐 수 있었다. 형체가 없는 생각과 느낌이 실제로는 마법이 아니라 물질에서 만들지는 것이었다. 프랑스의 생리학자 피에르 카바니스 Pierre Cabanis의 말을 빌리면 "간이 담즙을 분비하듯, 뇌는 생각을 분비한다."

이런 관찰을 통해 이원론이 틀렸음을 형식적으로 증명할 수도 있지만, 마음과 몸이 하나라는 증거는 거듭해서 제시되어왔었다. 뇌가 손상을 입으면 성격도 손상을 입을 수 있다. 이런 손상은 뇌진탕, 신경퇴행, 뇌졸중, 암, 감염의 형태로 올 수 있다. 만성 외상성 뇌질환, 뇌종양, 알츠하이머병, 광견병에 걸린 사람에게 보이는 행동 변화를 생각해보자. 만약 우리의 영혼이 비물질적이고 불변의 것이라면 뇌에 물리적 손상을 입는다고 해도 우리의 본성은 변하지 않아야 한다. 만약 영혼에 기억과 경험이 담겨 있다면 알츠하이머병이 있는 사람의 뇌에 생긴 신경반plaque으로 기억이 지워지는 일은 없어야 한다. 만약 우리의 영혼이 뇌와 분리된 것이라면 전두엽 절제술lobotomy은 효과가 없어야 한다. 마취도 효과가 없어야 한다. 국소마취제 노보카인Novocain도 효과가 없어야 한다. 어쩌면 그 무엇보다 강력한 증거는 사람이 신경장애나 신경질환으로 생긴 뇌의 변화 때문에 종교적 신념을 잃거나 얻을 수 있다는 점일 것이다.

우리가 평생 뇌가 온전한 상태에서 살아간다고 해도 영원불멸의 영혼이라는 개념에 대해 생각하면 실용적인 의문이 떠오른다. 우리는 나이가 들면서 변한다. 때로는 변화가 극적일 때도 있다. 그럼 어느 버전의 영혼이 영원히 살아남는 것일까? 젊은 나인가, 늙은 나인가? 엘비스 프레슬리의 히트곡 '제일하우스 록Jailhouse Rock'을 천국에서 부르고 있는 사람은 젊은 엘비스일까, 늙은 엘비스일까? 심각한 정신장애가 있는 사람은? 그런 사람은 사후세계에서도 여전히 장애를 안고 살아갈까? 그렇지 않다면 그건 자신의 본질이 근본적으로 변하는 것 아닌가? 사후세계의 아내는 농담을 할 때마다 웃음을 터트리며 잘 받아주던 신혼 시절의 아내일까, 아니면 시답잖은 농담은 그만두고 차고나 청소하라고 눈을 흘기던 중년의 아내일까? 만약 배우자가 죽은 후 재혼했다면 천국에서 영원의 시간을 함께 보낼 배우자는 대체 어느 쪽일까?

당신의 본질을 포착할 수는 없다. 끊임없이 요동치며 변하기 때문이다. 당신의 정체성은 하나가 아니다. 당신은 누군가에게는 자식이고, 누군가에게는 아내, 어머니, 여동생, 친한 친구, 상사, 이모, 테니스 선수이고, 누군가에게는 최악의 악몽이고, 1980년대 헤어밴드의 수집광일 수도 있다. 서로 다른 이 모든 역할을 하다 보면 과연 변하지 않는 고정적인 자아라는 것이 존재하는지 의문이 들 수밖에 없다. 우리는 상황에 따라, 누구하고 어울리느냐에 따라 다르게 행동한다. 이 수많은 버전의 당신 중 영원히 존재를 이어갈 버전은 대체 어느 것이란 말인가?

우리의 본질이 육신과 분리된 것이라면 몸에 영향을 미치는 화

나를 나답게 만드는 것들

학물질들이 우리의 본질에 영향을 미쳐서는 안 된다. 하지만 어떤 버섯, LSD 등은 인생을 바꿀 만한 환각을 만들어낸다. 아세트아미노펜acetaminophen은 공감 능력을 감소시키는 것으로 드러났다. 파킨슨병에 쓰는 약은 사람을 강박적인 도박꾼으로 바꿀 수 있다. 스타틴Statin은 현저한 기분 변화를 일으킬 수 있다. 영양결핍, 탈수, 피로도 우리가 생각하고 행동하는 방식에 극적인 영향을 미칠 수 있다. 만약 영혼이 비물질적인 것이라면 육신을 바꾸어놓는 물질에 영향을 받지 않아야 한다. 하지만 이런 물질들은 우리의 행동과 성격을 바꾼다.

이 책을 통해 배웠듯이 생각, 감정, 기억을 비롯해 우리를 정의하는 모든 것이 뇌에서 만들어진다. 이런 활동들이 어떻게 기능하는지 아직 완전히 이해하지는 못하지만, 이런 기능에 영혼이 필요하지 않다는 것은 알고 있다. 1950년대에 DNA를 공동 발견한 사람 중 한 명인 프랜시스 크릭Francis Crick은 1994년에 《놀라운 가설The Astonishing Hypothesis》이라는 책에서 이 개념을 분명히 표현했다. 크릭의 말을 빌리면 "당신, 당신의 기쁨과 슬픔, 당신의 기억과 야망, 당신의 개인적 정체성과 자유의지는 사실 신경세포와 관련 분자들의 거대한 조합이 만들어내는 행동에 불과하다." 또 다른 저명한 과학자 스티븐 호킹Stephen Hawking도 영혼과 사후세계의 가능성에 대해 한마디 거들었다. "나는 뇌가 부품이 고장 나면 작동을 멈추는 하나의 컴퓨터라 생각한다. 고장 난 컴퓨터를 위한 천국이나 사후세계는 존재하지 않는다. 그것은 암흑을 두려워하는 사람을 위해 지어낸 동화일 뿐이다." 우리 모두는 죽고 난 다음의 느낌이 어떨까 궁금해한다. 하지만 사실 우리는 이미 알고 있다. 그것은 우리가 태어나기 전의 느낌과 똑같을 것이다. 아무런 느낌도 없을 것이다. 더 이상 존재하지 않기 때문이다.

이 무슨 김빠지는 소리인가! 우리에게 영혼이 없다는 것을 깨닫고 나면 처음에는 충격적이고 우울하게 느껴질 것이다. 하지만 암흑 속에 남아 있기보다는 진리의 밝은 빛 속에서 사는 것이 낫다. 더군다나 영혼의 잿더미로부터 좋은 소식이 등장하고 있다. 일탈 행동과 존경스러운 행동은 모두 오랫동안 영혼 자체가 사악하거나 자애로워서 그런 것이라 잘못 여겨지는 바람에, 행동의 생물학적 토대를 이해하기 위한 연구의 초점에서 비껴나 있었다. 폭력, 중독, 우울증 같은 바람직하지 못한 행동들은 비물질적인 영혼에서 비롯되지 않는다. 뇌 속의 물질적 문제에서 비롯된다. 이것은 긍정적인 소식이다. 물질적 문제는 고칠 수 있지만, 비물질적인 영혼의 문제는 고칠 수 없기 때문이다.

영혼의 열렬 지지자들 입장에서 보면 당신이 느끼는 두려움과 불안은 진짜다. 나도 안다. 나도 그랬으니까. 우리 뇌는 무의미한 우연에 지배되는 세상을 경계한다. 우리는 우리에게 닥치는 일들이 아무런 까닭도 이유도 없다는 사실을 받아들이기보다 차라리 신의 큰 계획, 업보, 천국과 지옥 같은 근거 없는 개념을 믿어버린다.

뇌가 세상을 공평하다고 착각하는 것을 '공평한 세상의 오류just-world fallacy'라고 한다. 마구잡이로 일어난 잔혹행위에 누가 다치면 우리 뇌는 그 희생자가 분명 무언가 한 짓이 있어서 그런 운명을 맞이했을 것이라 결론 내린다. 당신이 노숙자들은 그냥 일을 하면 될 것이 아니냐고 생각하고, 비만인 사람은 그냥 숟가락을 내려놓으면 된

　　　　　　　　　　　　나를 나답게 만드는 것들

다고, 알코올중독인 사람은 술을 안 마시면 된다고, 노출이 심한 여성은 강간해달라고 말하는 것이나 다름없다고, 가난한 나라는 일을 열심히 하면 된다고 생각하고 있다면 당신도 공평한 세상의 오류에 빠져 있는 것이다. 이 희생자들을 역경에 처하게 만들었거나, 상황에 대처할 능력을 상실하게 만든 통제 불가능한 일이 있었을지 모르는데 그런 부분을 무시하고 있는 것이다. 희생자를 비난한다면 그렇지 않아도 안 좋은 상황을 더 악화시킬 뿐만 아니라, 지금 당장 고통받고 있는 사람을 위해 취할 수 있는 생산적인 일에 집중하지 못하게 만든다. 그리고 다른 사람도 같은 일을 당하지 않도록 막는 조치를 하지 못하게 한다.

마찬가지 이유로 뇌는 자신의 승리를 자화자찬하기 위해 공평한 세상의 오류를 끌어들인다. 운이 좋아 성공을 거두었을지도 모른다는 점을 무시하는 것이다. 일부 사람이 소득불평등에 무관심한 이유도 공평한 세상의 오류로 설명할 수 있다. 뇌는 부자들이 그럴 만한 행동을 했으니 부자가 됐을 것이고, 누구든 정신 바짝 차리고 열심히 노력하면 부자나 유명한 사람처럼 살 수 있다고 가정하는 경향이 있다. 공평한 세상이라는 사고방식을 깨뜨리면 세상의 불행과 불평등을 고쳐야 할 책임이 그 책임을 마땅히 져야 할 존재에게 돌아간다. 바로 우리다.

인생은 속편이 없는 원-테이크 영화라는 것을 깨닫고 나면 더 잘 살아야겠다는 절박함이 생겨난다(이것은 스티브 잡스의 말에도 은연중에 드러나 있다. "죽음이야말로 인생 최고의 발명품이 아닐까 싶다."). 우리의 사소한 차이점들도 새로운 관점에서 바라보게 된다. 당신이 영혼이라는 개념을 버리고 온갖 초자연적인 것들의 속박에서 벗어난다면 인생이 혼란에 빠지는 일은 없을 것이라고 내 경험으로 말해줄 수 있다. 종교적 구속에서 자유로워진 비종교적인 사회는 세상에서 가장 행복하고 건강한 사회라 할 수 있다. 2005년에 고생물학자 그레고리 폴Gregory Paul은 미국 같은 친종교적인 사회와 비교했을 때 비종교적 민주주의 국가가 사회적 기능 장애의 발생 비율이 낮다는 눈에 띄는 분석을 발표했다.

《The Soul Fallacy》라는 책에서 줄리앙 무솔리노Julien Musolino가 분명하게 표현한 바와 같이, 영혼이라는 개념은 범죄행위, 중독, 낙태, 죽을 권리 등을 다스리는 합리적이고 인간적인 법을 고안할 수 있는 능력을 더럽히고 말았다. 인간 본성에 관한 한 영혼은 틀린 가설이었다. 영혼은 이제 역사 속으로 은퇴해야 할 개념 중 하나다. 그리고 이 개념을 폐기함으로써 우리는 과학을 통해 자신의 행동을 훨씬 잘 이해할 것이다. 영혼이라는 개념을 폐기한다고 해서 인생의 의미가 사라지지는 않는다. 오히려 인생의 의미에 한 발 더 다가가게 된다. 스티븐 핑커Steven Pinker는 이렇게 지적했다. "의식이 깨어 있는 모든 순간이 깨지기 쉬운 소중한 선물이라는 깨달음만큼 인생에 큰 의미를 불어넣어 주는 것은 없다."

과학자들은 고스트버스터즈처럼 우리의 기계 속에 존재할지 모를 유령을 제거했다. 자신을 우주의 다른 모든 것들과 별개라고 본다면 한심할 정도로 큰 착각이고, 건강하지 못한 생각이다. 과학은 우리가 우주의 구조와 긴밀하게 하나로 얽혀 있고, 세상 모든 것, 세상 모든 사람과 연결되어 있음을 보여주었다. 우리는 유전자로부터

나를 나답게 만드는 것들

만들어지지만, 그 유전자가 어떻게 발현될지는 자신이 현재 처한 상황과 선조들의 경험에 달려 있다. 우리의 생존 기계는 우리 몸속에 사는 수없이 많은 미생물 그리고 우리 뇌에 살고 있는 문화적 밈과의 긴밀한 관계에 영향 받는다. 수정되는 순간 우리 유전자와 뇌는 셀 수 없이 많은 방식으로 빚어질 수 있었지만, 우리만의 독특한 환경과 경험이 지금의 우리를 빚어냈다. 이 말은 다시 한 번 반복할 가치가 있다. 우리는 자신의 유전자도, 그 유전자가 후성유전적으로 어떻게 프로그래밍될지도 선택한 적이 없다. 우리의 미생물총도 우리가 선택한 것이 아니다. 우리의 뇌도 우리가 선택한 것이 아니다. 우리의 출생 전 환경이나 어린 시절의 환경도 우리가 선택하지 않았다. 우리가 교육받은 종교체계도 마찬가지다. 따라서 우리를 지금의 우리로 만든 요인 중 상당 부분은 우리 소관이 아니었다. 이것이 자신에 대해 겸손하고, 타인에 대해 연민을 느껴야 할 이유가 아니라면 대체 무엇이 그 이유일 수 있을까?

우리는 무엇을 믿어야 하는가?

우리가 자신의 신념에 더 이상 매달리지 않는다면 더 잘 살 수 있을 것이다. 이런 신념은 우리의 발목을 붙잡는 닻과 비슷하다. 기원후 600년경에 중국 선종의 3대 조사 승찬僧璨은 이렇게 적었다. "진리가 자기 앞에 명확하게 떠오르기를 원한다면, 그 무엇도 찬성하거나 반대하지 말아야 한다. 찬성과 반대 사이의 몸부림이야말로 가장 악독한 마음의 병이다." 바꿔 말하면 그 무엇도 믿지 말라는 얘기다. 우리는 무언가를 믿는 대신 가용한 정보를 바탕으로 결론을 끌어내야 한다. 하지만 우리 뇌는 신념과 결혼해버렸다. 그래서 신념과의 이별이 고통스럽기 그지없다. 반면 결론과의 잠자리는 한 번 만나고 헤어지는 가벼운 만남에 더 가깝다. 결론을 끌어내는 행위의 아름다움은 새로운 데이터가 등장할 때마다 새로운 결론으로 갈아탈 수 있다는 것이다.

초자연적 현상에 대해 옥신각신하는 것처럼 시간 낭비, 에너지 낭비인 것도 없다. 우리 앞에는 하루 빨리 해결해야 할 진짜 문제가 이미 넘쳐난다. 종교는 우리들 사이에 보이지 않는 벽을 세워 사람들 사이에 존재하지도 않는 인위적 차이를 만들었다. 우리가 서로를 상대로 싸워서는 안 된다. 우리는 우리를 돌보지 않는 냉혹한 우주와 싸워야 한다. 어쩌면 미래 세대에 물려줄 수 있는 최고의 선물은 그들의 비옥한 마음을 더 이상 영혼이나 귀신 같은 것으로 채우지 않는 것일지도 모른다. 우리 아이들에게 더 푸르른 지구와 더 푸르른 마음을 물려주자.

나를 나답게 만드는 것들

10

나의 미래와 만나다

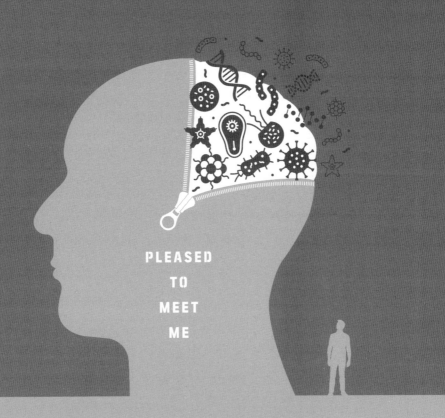

PLEASED
TO
MEET
ME

"

우리의 본성(nature)을 이해할수록

보육(nurturing)도 더 나아질 것이다.

"

스티븐 존슨(Stephen Johnson), '사회생물학과 당신', <더 네이션(The Nation)>

19세기 후반에 뉴잉글랜드는 패
닉에 빠졌다. 로드아일랜드 주 엑세터에서 일어난 끔찍한 사건들 때
문이다. 머시 브라운^{Mercy Brown}이라는 이름의 여성이 흡혈귀라는 주
장이 나왔다. 죽기 전에 이 불가사의하고 창백한 여성은 밤이 되면
떠돌아다녔고, 입과 옷에 피가 묻어 있을 때가 많았다. 그 여자에게
감히 접근한 사람은 누구든 마찬가지로 곧 피에 굶주린 밤의 존재가
되리라 여겨졌다.

　여자가 죽은 다음에도 흡혈귀에 대한 공포가 들불이 번지듯 마
을로 계속 퍼졌다. 소문에 따르면 브라운이 밤이면 무덤에서 일어
나 자신의 남동생을 비롯해 살아 있는 자들로부터 피를 빨아 먹는다
고 했다. 광기에 사로잡힌 마을 사람들은 브라운의 장례식이 지나고
얼마 지나지 않아 그녀의 시신을 무덤에서 꺼냈고, 시신의 심장에서
응고되어 있는 피를 발견했다. 이것이 그녀가 흡혈귀였다는 증거라
믿은 마을 사람들은 그녀의 심장을 찢어서 태운 후 그 재를 아파 누
워 있던 그녀의 남동생에게 먹였다. 오호통재라. '치료법'은 효과가
없었고, 가엾은 소년은 오래지 않아 죽고 말았다.

　한편 독일에서는 로베르트 코흐^{Robert Koch}라는 과학자가 폐결핵이

라는 이상한 병의 원인을 확인하기 위해 연구하고 있었다. 폐결핵은 피부가 창백해지고, 잠을 못 이루고, 기침할 때 피를 토하는 진행형 폐질환으로 전염성이 있었다. 그의 몇몇 동료는 이 증상을 흡혈귀의 것이라 오해했지만, 코흐는 이런 말도 안 되는 이야기를 무시하고 현실적인 설명을 찾아내려 했다. 1882년에 드디어 그의 고된 연구를 통해 이 병의 진정한 원인이 밝혀졌다. 원인은 그가 결핵균Mycobacterium tuberculosis이라 이름 붙인 세균이었다.

앞에서 보았듯이 과학은 행동이 몸속에 머무는 실체를 알 수 없는 영혼에서 비롯된다는 전통적 관점을 박살냈다. 행동이 기계적, 생물학적 기반에서 비롯된다는 것이 드러나면서 인간의 방정식에는 세포와 생화학물질 이상의 무엇이 분명 있으리라는 생각에 익숙하던 사람들 사이에서 복잡하게 뒤섞인 감정이 생겼다. 우리의 행동을 설명하는 문제로 오면 우리 중 일부는 로베르트 코흐와 비슷한 사고방식을 따르며 행동이 생물학의 산물이라 확신한다. 반면 어떤 사람들은 엑세터 마을 사람들 같은 사고방식에 여전히 발목을 붙잡혀 초자연적 설명이 위험천만한 지적 함정임을 깨닫지 못한다.

이 책 전반에서 우리는 유전자, 후성유전, 미생물, 무의식이 성격, 신념 그리고 사실상 우리가 말하고 행동하는 모든 것들에 어떻게 영향을 미치는지, 신비로운 그 여러 가지 방식들에 대해 살펴보았다. 이제 이 숨겨져 있던 힘들을 밝은 곳으로 끌어냈으니, 한 발더 나아가 이런 힘들보다 한 수 앞서 나갈 수 있는 방법을 찾을 수는 없을까? 이렇게 드러난 내용들은 참으로 놀라운 것들이었다. 하지만 좋은 소식이 있다. 우리 행동의 밑바탕에 깔린 진리를 아는 것이

　　　　　　　　　　　나를 나답게 만드는 것들

그에 대해 무언가 조치를 취하는 데 반드시 필요한 전제조건이라는 것이다.

사람을 비만이나 약물 남용으로 이끄는 유전자나 미생물총을 바꿀 수 있다면 정말 멋진 일이 아닐까? 스마트 알약^{smart pill}(캡슐 형태로 몸 안에 투입하면 혈관을 따라 이동하면서 목표로 하는 질병 부위를 찾아가 공격하거나, 약물을 방출하거나, 필요한 의학 정보를 수집한다―옮긴이)이나 임플란트라고 불리는 이식물을 뇌에 집어넣어 인지 능력을 향상시킬 수는 없을까? 이런 지식을 이용해 기분장애나 범죄행동을 고친다면? 아주 먼 미래에나 가능할 일로 들리겠지만, 어쩌면 생각보다 더 가까이 다가와 있는지도 모른다.

유전자를 바꾸는 법

우리의 유전적 구성을 변경할 수 있는 힘이 있다면 사소한 문제(초미각자도 브로콜리를 맛있게 먹게 하기)에서 심각한 문제(헌팅턴병을 일으키는 유전자 변이를 수정하기), 그리고 논란이 있는 문제(지능을 강화하는 유전자나, 뒤통수에도 눈을 붙여주는 유전자를 추가하기)에 이르기까지 다양한 문제에 대처할 수 있는 잠재력을 갖게 된다.

엄밀히 말하면 우리는 식물과 동물을 선택적으로 사육함으로써 1만 년 넘게 유전자 변형 농산물^{genetically modified organism, GMO}을 만들어왔다. 선택적 사육을 통해 우리는 진화의 운전대를 잡고 생명체를 우리의 목적에 더 알맞은 형태로 유도해왔다. 몇 가지 사례를 들자면 우리는 토마토의 크기를 키우고, 사과의 당도를 높이고, 사람 말을 더 잘 듣는 개를 만들고, 더 포동포동한 닭을 만들었다. 아직 애완용 곰이 나오지 않았다는 사실에서 알 수 있듯이 이 과정은 고통스러울 정도로 느리고, 모든 종이 우리 뜻대로 바뀌는 것도 아니다.

1950년대에 DNA가 생명의 청사진이라는 것이 밝혀진 후로 과학자들은 이 청사진을 개량할 더 효율적인 방법을 고안해왔다. 이들은 작은, 정말 작은 것부터 시작했다. 대장균E. coli이라는 세균을 바꾸어본 것이다. 1973년에 스탠리 코언Stanley Cohen과 허버트 보이어Herbert Boyer는 외부의 DNA를 흡수해서 읽는 세균을 만들 수 있었다. 개구리의 DNA 조각을 대장균에 삽입해 유전공학에 의해 만들어진 최초의 생명체를 창조한 것이다. 그다지 실용적인 창조는 아니었지만, 중요한 도약이었다. 이 세균은 개구리 DNA를 읽어서 개구리의 단백질을 만들어냈다. 그다음에는 세균을 이용해서 인슐린, 사람성장호르몬human growth hormone, 백신 단백질 등 우리가 사용할 수 있는 단백질을 만들었다. 1년 후에는 루돌프 재니시Rudolf Jaenisch와 베아트리체 민츠Beatrice Mintz가 생쥐 배아에 유전자를 삽입해 최초의 유전자 조작 동물을 만들었다. 그 후로 과학자들은 식물, 곰팡이, 회충, 물고기, 곤충, 쥐, 원숭이의 유전자를 조작했다. 이제 다음 대상은 인간이다.

역설적이게도 초창기에 사람의 DNA를 수정하는 유전자 치료gene therapy가 시도되었던 것과 때를 같이해 1997년에 〈가타카Gattaca〉라는 영화가 개봉됐다. 유전자 치료는 사람에게 작동성 유전자 복사본을 주는 것이다. 듣기에는 쉬워 보이지만, 사실 정말 어려운 일이다. 그냥 유전자 알약을 삼켜서 되는 일이 아니다. 유전자가 수정을 필요로 하는 세포 내부로 들어가지 않으면 작동하지 않기 때문이다. 영화 〈마이크로 결사대Fantastic Voyage〉(1966)처럼 의사들을 현미경으로나 볼 수 있는 수준으로 줄여서 작은 잠수함을 타고 환자의 몸 속을 돌아다니게 할 수 있다면, 그 의사들이 유전자를 필요로 하는 세포에만 배달할 수도 있을 것이다. 불가능한 일로 보이지만 과학자들이 무릎을 치는 순간이 찾아왔다. 바이러스는 이 소형 잠수함처럼 작동해서 감염시킨 세포로 자신의 DNA 화물을 운반한다. 잘하면 바이러스를 이용해 치료용 유전자를 환자의 세포로 실어 나를 수 있다.

바이러스를 길들이기는 늑대와 춤을 추는 것과 비슷하다. 바이러스를 통해 유전자를 인체로 배달할 수 있지만, 바이러스는 여전히 해를 입힐 수 있는 예측 불가능한 감염원이다. 이 분야의 연구는 1999년에 벽에 부딪혔다. 18세의 제시 겔싱어Jesse Gelsinger가 유전자 치료 실험을 하다가 사망한 것이다. 연구자들이 겔싱어가 필요로 하는 좋은 유전자 복사본을 가진 아데노바이러스를 주사했는데 그것이 며칠 후에 치명적인 면역반응을 일으켰다.

2000년에는 너무 심각한 면역결핍을 안고 태어나 무균실을 벗어날 수 없었던 아동들이 유전자 치료를 통해 치료되었다. 하지만 치료를 받은 아동 중 몇 명이 이 치료 때문에 백혈병 비슷한 질병을 갖게 됐다. 이 실험에서는 레트로바이러스retrovirus가 이용됐다. 이 바이러스는 좋은 유전자를 세포로 배달해줄 뿐만 아니라 그 유전자를 환자의 DNA에 이어 붙여 영원히 자리 잡게 해준다. 그런데 불행하게도 환자가 필요로 하는 유전자를 DNA에 이어 붙이는 과정에서 다른 유전자가 손상되었고 암 발생 위험이 높아졌다.

성공과 실패가 함께 찾아오는 실망스러운 결과를 마주하자 바이러스를 사용하는 방식에 의문이 제기되었다. 과연 바이러스라는 이 작고 거친 맹수를 길들이는 게 가능할까? 지난 20년간 연구자들은 바이러스를 무장해제할 수 있는 새로운 방법을 발견했다. 이런 고된 노력들이 결실을 맺어 이제 유전자 치료가 다시 돌아오고 있다.

2017년에 유전자 치료는 부신백질형성장애증adrenoleukodystrophy, ALD 의 치료에 성공하면서 완전한 승리를 거두었다. ALD는 영화 〈로렌조 오일Lorenzo's Oil〉에 나왔던 그 병이다. ALD는 완치가 불가능한 희귀한 신경퇴행성질환으로, 다른 면에서는 건강했던 아동에게 만 7세 정도에 발병한다. 질병이 진행됨에 따라 아이는 근육을 통제하는 능력을 상실하고 걷고 말하기가 불가능해지고 심지어 영양보급관 feeding tube 없이는 먹지도 못하게 된다. ALD는 ABCD1이라는 유전자의 돌연변이로 야기된다. ABCD1은 지방 분자를 뇌세포의 분해실로 보내는 단백질을 만드는 유전자다. 이 단백질이 작동하지 않으면 지방이 축적되고 면역 반응이 유도돼 뇌에 손상을 입힌다.

ALD 치료의 개념은 단순하다. 환자에게 ABCD1 유전자의 정상적인 복사본을 주어서 이 지방이 원래 자연이 의도했던 대로 분해될 수 있게 하는 것이다. 연구자들은 렌티바이러스lentivirus라는 레트로바이러스를 개조해서 ABCD1 유전자의 작동성 복사본을 환자에게서 추출한 골수 줄기세포로 배달하는 데 성공했다. 그리고 이 줄기세포에 유전자를 삽입한 후 다시 환자에게 주입했다. 줄기세포는 미분화 세포다. 이는 우리 몸의 어떤 유형의 세포도 될 수 있는 잠재력

나를 나답게 만드는 것들

이 있다는 의미다. 유전공학으로 조작한 이 줄기세포의 일부가 문제의 지방을 처리할 수 있는 뇌세포로 발달했다.

그리고 이어서 만 7세 아동에게서 물집표피박리증epidermolysis bullosa, EB이라는 병을 치료하는 데 성공함으로써 유전자 치료는 또 하나의 성공을 거두었다. EB는 피부가 너무 약해서 잘 찢어지고 쉽게 감염되는 희귀한 질병이다. EB가 있는 아이는 절반 정도가 운전자 면허를 딸 수 있는 나이까지 살아남지 못한다. 과학자들은 유전자 치료를 이용해 환자에게서 채취한 줄기세포의 돌연변이 유전자를 수정했다. 이렇게 수정된 줄기세포를 피부세포로 발달시켜 실험실에서 키운 후 충분히 커지면 환자에게 피부 이식을 한다.

바이러스를 사용하는 더 안전하고 효율적인 배달 시스템이 개발되면서 유전자 치료는 베타지중해빈혈beta-thalassemia, 일부 형태의 선천적 시각장애, 출혈장애인 혈우병 등에서도 유망한 결과를 보였다. 그리고 유전자 편집 방법을 확장하면서 더 많은 성공이 가시화되고 있다. CRISPR/Cas9이라는 최신 유전자 편집기술은 사람들을 엄청난 흥분으로 몰아넣었고 이제 이 단어는 거의 일상용어로 자리 잡게 되었다. 세균 면역계의 구성요소에서 유래한 CRISPR/Cas9는 뉴클레오티드(DNA나 RNA 같은 핵산을 이루는 단위체_편집자) 수준의 정확도로 DNA를 가위처럼 잘라내 나쁜 유전자를 파괴하고 새로운 유전자를 삽입하는 역할을 한다.

2015년에 중국 중산대학교의 황쥔주Junjiu Huang와 연구진은 CRISPR/Cas9로 베타지중해빈혈을 야기하는 베타-글로빈beta-globin 유전자의 나쁜 복사본을 수정해 최초의 유전자 조작 인간 배아를 만들었다(이 연구에 이용한 배아는 생존 가능한 배아viable embryo가 아니었다).
CRISPR/Cas9와 유사한 징크핑거 뉴클레아제zinc finger nucleases, ZFN도
DNA의 특정 위치를 잘라내 새로운 유전자를 삽입할 수 있다. 그리
고 맹렬히 연구가 이루어지고 있는 또 다른 유전자 치료 전략이 있
다. 면역치료immunotherapy다. 사람의 면역계를 유전공학으로 조작하
여 림프종lymphoma 같은 암을 인식하고 싸울 수 있게 하는 방법이다.
키메라항원수용체chimeric antigen receptor, CAR T세포 치료라는 면역치료 접
근 방식에서는 환자의 T세포를 추출한 다음 유전자 수준에서 편집해
환자의 악성 세포를 인식하는 데 사용되는 특별한 수용체를 만든다.
이렇게 수정된 혹은 '재프로그래밍'된 T세포를 환자에게 다시 주입
하면 마치 고용된 암살자처럼 작동해서 암세포를 사냥해 죽인다.

　이렇게 유전자 편집 도구가 발달하면서 우리는 더 이상 그저
DNA를 읽기만 하는 것이 아니라 쓸 수도 있게 됐다(아직은 그 언어를
배우고 있는 단계이다). 아직 학교도 가지 않은 아이에게 원고의 편집을
맡기지 않는 것과 같은 이유로 대부분의 과학자는 생존 가능한 배
아나 성세포에서 유전자 조작을 금지하는 데 찬성한다. 이런 조작은
유전이 가능하고, 해당 개인이나 잠재적으로는 미래 세대에도 예측
불가능한 부정적 영향을 미칠 수 있다. 더군다나 허용했다가는 머지
않아 유전자를 편집해서 의학적 치료를 넘어 맞춤아기designer baby를
만들려는 사람이 나올 수 있으므로 온갖 윤리적 문제가 부상할 수
있다.

앞에서 유전자 염기서열의 변이 때문이 아니라 유전자 발현의 양에서 나타나는 차이 때문에 생기는 여러 가지 행동상의 문제를 얘기했다. 환경은 DNA 메틸화나 유전자와 상호작용하는 히스톤 단백질의 화학적 변경 같은 후성유전 메커니즘을 통해 유전자 발현의 수준에 영향을 미칠 수 있다. 과학자들이 이런 후성유전적 변경을 쓰고 읽고 지우는 효소들을 밝혀냄에 따라 이 효소를 약물의 표적으로 삼을 수 있음이 분명해졌다. 그 기본 전제는 유전자 X가 메틸화되면 기능이 멈춘다는 것이다. 만약 유전자 X가 꺼질 때 안 좋은 일이 생긴다면 DNA 메틸화를 방지하는 약물을 이용해 유전자 X의 기능을 되돌린다.

후성유전학은 신생 연구 분야지만, 미국 식품의약국Food and Drug Administration, FDA에서는 이미 다양한 질병 치료에 사용할 몇 가지 후성유전학 약물들을 승인했다. 최초의 약은 2004년에 승인 받은 골수이형성증후군myelodysplastic syndrome의 치료제 아자시티딘azacitidine이다. 이 병은 〈굿모닝 아메리카Good Morning America〉의 공동 앵커인 로빈 로버츠Robin Roberts가 자신의 진단을 알리면서 주목 받은 희귀한 골수장애bone marrow disorder다. 아자시티딘은 DNA 메틸화 효소를 억제한다. 그 결과로 DNA 메틸화가 감소하면서 유전자 발현이 증폭된다. 이 약은 유전자를 선택적으로 골라서 활성화시키지는 않지만 혈액 세포의 성숙에 필요한 몇몇 유전자들이 그 영향을 받기 때문에 혈액세포 숫자가 올라가고 일부 환자에게서 증상이 완화된다.

2006년에 FDA에서는 히스톤 탈아세틸화효소histone deacetylase, HDAC 억제제라는 두 번째 부류의 후성유전학 약물을 승인했다. 이 약물은 림프종이나 다발성골수종multiple myeloma을 치료하는 데 사용되지만, 고형종양을 치료하는 새로운 유도체가 현재 임상 실험에 있다. 아세틸화된 히스톤과 연관된 유전자가 활발히 발현된다는 사실을 떠올려보자. HDAC 효소가 아세틸기를 제거하면 유전자의 발현이 줄거나 중단된다. HDAC 억제제는 히스톤에서 아세틸기를 제거하는 효소를 중단시키기 때문에 유전자를 활성화 상태로 유지해준다.

HDAC 억제제가 어떻게 암을 치료할까? 우리 DNA에는 종양억제유전자tumor suppressor gene라는 무기가 장착되어 있다. 이 유전자는 반역을 일으킨 세포를 찾아 죽이는 저격수 같은 단백질을 만든다. 공격적인 암세포는 종양억제유전자를 끔으로써 이런 운명을 피할 수 있다. 그런데 HDAC 억제제는 이 종양억제유전자를 계속 켜놓는 역할을 할지도 모른다는 주장이 있다. 유전자 발현의 변화는 여러 유형의 질병과 관련 있기 때문에 HDAC 억제제가 조현병 같은 신경 장애, 또는 비만, 심혈관질환 같은 대사장애, 심지어는 노화를 역전시키는 데도 유용할지 모른다는 희망이 있다.

후성유전학 약물들은 출생 전이나 아동기 초기에 DNA가 프로그래밍되는 방식을 바꿀 수 있을지도 모른다. 5장에서 새끼를 방치하는 어미 쥐에서 태어난 새끼들이 DNA 메틸화 수준이 더 높다는 것을 보여준 마이클 미니의 실험을 떠올려보자. DNA 메틸화 수준이 높아지면 적절한 스트레스 반응에 필요한 유전자가 비활성화되어 새끼들이 과도한 불안에 휩싸인다. 미니는 이 새끼 쥐들에게

나를 나답게 만드는 것들

HDAC 억제제를 투여해서 스트레스 반응 유전자의 볼륨을 원래 도달해야 할 크기로 높여줌으로써 이런 행동 문제를 되돌려놓을 수 있었다.

〈캘빈과 홉스Calvin and Hobbes〉라는 만화에서 캘빈은 자신의 어휘 단어를 기억하려고 판지상자 '변신기transmogrifier'를 이용해서 자신을 코끼리로 바꾸어놓는다. 분명 기억력을 향상시키는 방법 중에는 이렇게 튀지 않는 방법도 존재할 것이다. 후성유전학 약물이 학습 능력과 기억력을 증진시키는 방식으로 우리 유전자를 변신시킬 수 있음이 밝혀졌다. 대뇌허혈cerebral ischemia(뇌졸중)과 알츠하이머병의 설치류 모형에서 HDAC 억제제를 투여했더니 뇌 손상이 최소화되고 기억 인출과 기억 유지memory retention가 강화됐다. HDAC 억제제는 또한 질병으로 인한 결함이 없는 정상 쥐에서도 기억력과 학습 능력을 고취시켰다.

럿거스대학교Rutgers University의 신경과학자 카시아 비에슈차드Kasia Bieszczad의 2015년 연구는 HDAC 억제제가 신경연결을 강화해준다는 것을 보여주었다. 이 약물을 투여 받은 쥐의 기억력이 강화된 이유를 이것으로 설명할 수 있을지도 모른다. 여기서의 개념은 우리가 과제에 집중하고 있을 때 기억을 구축하는 뇌 속 유전자 네트워크가 부분적으로 그 유전자와 연관된 히스톤 단백질의 아세틸화를 통해 활성화된다는 것이다. HDAC 억제제는 이 아세틸기를 제거하는 효소를 중단시킨다. 즉 기억 형성에 필요한 유전자 네트워크가 더 오랫동안 활성화된 상태로 머문다는 의미다.

모든 후성유전학 약물과 마찬가지로 여기서도 특이성specificity이 문제가 된다. 이 약은 엘리베이터에서 자기가 갈 층의 버튼 하나만 누르지 않고 모든 층의 버튼을 눌러놓는 장난꾸러기 아이와 비슷하다. 바꿔 말하면 후성유전학 약물은 변경이 필요한 유전자에만 영향을 미치지 않고 모든 유전자에 영향을 미칠 수 있다. 이 분야의 선구자 중 한 명인 MIT 피카우어 학습기억연구소Picower Institute for Learning and Memory의 신경과학자 차이 리훼이Li-Huei Tsai는 이 문제를 잘 인식하고 있고, 우리 몸에 있는 20개 정도의 HDAC 유전자 중 정확히 어느 것이 기억에 관여하는지 확인하는 연구를 진행 중이다. 2009년에 그녀와 그녀의 연구진은 HDAC2가 생쥐에서 기억 형성의 음성조절자negative regulator임을 알아냈다. 이는 HDAC2만 표적으로 삼는 HDAC 억제제가 나오면 부작용을 줄일 수 있다는 의미다.

약물에 의존하지 않고 유전자 발현을 통제하는 또 다른 방법이 있다. 식생활과 운동 등 환경을 바꾸는 것이다. 앞에서 보았듯이 환경은 어느 유전자가 켜지고 꺼질지에 중요한 영향을 미친다. 생활 방식을 바꿈으로써 유전자 발현에 어느 정도의 통제력을 행사할 수 있다. 운동은 여러 가지 질병을 물리치는 최고의 명약이다. 운동은 근육을 강화하고, 심장을 보호하고, 콜레스테롤 수치를 낮추고, 건강한 체중 유지를 돕는다. 그런데 지금까지도 제대로 이해하지 못하고 있었던 부분이 있다. 운동이 후성유전을 통해 유전자 발현도 바꿔준다.

당신이 헬스장에서 헉헉대고 있는 동안 격렬한 신체 활동이 후성유전학 장치를 가동시켜 유전체를 새로 프로그래밍한다. 스톡홀름 카롤린스카 연구소Karolinska Institute의 과학자들은 참가자들에게 3

나를 나답게 만드는 것들

개월간 일주일에 4회, 한 번에 45분씩 한쪽 다리만 운동시켜보았다. 반대편 다리는 운동을 시키지 않았다. 아마도 이 실험의 참가자들을 알아보기는 어렵지 않았을 것 같다. 근육이 불끈 솟은 한쪽 다리와 젓가락처럼 앙상한 반대쪽 다리로 절뚝거리며 길을 걷고 있었을 테니까. 훈련 기간이 끝나고 운동을 열심히 한 다리를 훈련 전과 비교해보니 DNA 메틸화에 수천 가지 차이점이 드러났다. 그중에는 대사와 면역반응을 더 건강하게 만드는 유전자의 차이도 보였다. 반면 게을렀던 다리는 훈련 전후로 DNA 메틸화에 별 차이가 없었다.

신체 활동은 근육 강화에 그치지 않고 뇌도 함께 강화한다는 것이 여러 연구를 통해 입증됐다. 운동은 후성유전적 변화를 통해서도 뇌에 이로운 영향을 미친다. 앞에서 언급했던 히스톤 탈아세틸화효소 HDAC2를 기억하는가? 이것은 학습과 기억에 부정적 영향을 미치는 효소다. 2016년의 연구에서는 운동이 몸에서 베타하이드록시뷰티레이트β-hydroxybutyrate라는 생화학물질을 만든다는 것을 알아냈다. 알고 보니 이 화학물질은 HDAC2를 표적으로 하는 HDAC 억제제였다. 그 결과 HDAC2가 억제되어 BDNF(뇌유래신경영양인자)의 발현이 촉진되었다. 이것은 기억을 강화하고 뉴런의 성장을 자극하는 것으로 알려진 단백질이다.

운동의 후성유전적 혜택은 자신의 뇌 기능을 증진하는 데 국한되지 않고, 자식을 더 똑똑하게 만드는 데도 도움이 될지 모른다. 괴팅겐의 독일 신경퇴행성질환 연구소German Center for Neurodegenerative Diseases의 유전학자 안드레 피셔André Fischer가 이끈 2018년 연구에서는 운동을 하는 수컷 생쥐의 정자가 게으른 생쥐의 정자와 비교해 후성유전적으로 다름을 입증했다. 수컷 쥐를 두 집단으로 나누었다. 한 집단은 빈 우리에 두었고, 다른 집단은 생쥐용 헬스클럽 같은 환경이 갖춰진 우리에 두었다. 그 결과 육체적으로 건강한 생쥐의 새끼는 운동을 하지 않은 아빠 생쥐의 새끼에 비해 학습능력이 더 뛰어났다. 이 더 똑똑한 새끼들은 학습에서 중요한 뇌 영역인 해마hippocampus에서 뉴런들 사이의 소통이 더 증진되어 있었다. 운동하는 아빠 쥐에서 나온 정자에서 보이는 후성유전적 차이가 새끼 쥐의 뇌 발달에 이롭게 작용한 것으로 보인다.

운동에 덧붙여 마음챙김 명상도 고려해볼 만하다. 마음챙김 명상은 자신의 호흡에만 초점을 맞추면서 고요함을 유지하는 것이다. 불교 수도승과 제다이 기사들이 수련하는 종류의 명상이다. 연구자들은 마음챙김 명상이 HDAC2를 감소시켜 히스톤 아세틸화 수치를 바꿈으로써 염증촉진 유전자pro-inflammatory gene의 발현을 감소시킨다는 것을 알아냈다. 이런 연구 결과들이 명상가가 다른 사람보다 스트레스에 더 잘 대처하는 생물학적 토대가 된다.

미생물 하객 목록을 통제하는 방법

앞에서 우리 몸속에 살고 있는 세균, 곰팡이, 기생충이 깜짝 놀랄 방식으로 우리의 행동에 영향을 미치는 다양한 사례들을 살펴보았다. 이 미생물들은 수천 가지 생화학물질을 만들며, 그중에는 우리가 느끼고 갈망하고 행동하는 방식에 영향을 미치는 신경전달물질도 포

나를 나답게 만드는 것들

함되어 있다. 어떤 미생물이 어떤 일을 하는지에 관해 더 많은 것들이 밝혀지면서 이미 사람들의 생각은 '어떻게 이 미생물을 조작해서 혜택을 볼 수 있을까'라는 주제로 넘어갔다. 결국 파티를 주최하는 사람은 우리니까 어떤 미생물을 파티에 초대할지도 우리가 결정할 수 있지 않을까?

미생물 중에는 전체 인구 3분의 1 정도의 뇌에서 어정거리고 있는 톡소플라즈마 기생충처럼 분명 우리가 원치 않는 손님도 있다. 우리와 공생관계를 유지하는 친화적 세균과 달리 톡소플라즈마 같은 병원체는 우리에게 소속감이 전혀 없으므로 쫓아내야 한다. 그런데 문제는 이 기생충이 우리 세포 내부에 자리 잡고 살면서 낭포벽^{cyst wall}이라는 기생충 단백질에 요새처럼 둘러싸여 있다는 점이다. 이 기생충을 죽이려면 약물이 먼저 뇌에 접근할 수 있어야 한다. 그런데 뇌는 혈액뇌관문^{blood-brain barrier}으로 보호막이 쳐져 있다. 마치 영화 〈반지의 제왕〉에서 마법사 간달프가 모리아 광산에서 발록에게 "너는 이곳을 통과하지 못하리라"라고 외치던 것처럼 말이다. 그리고 둘째, 약물이 이 관문을 통과했다고 해도 그다음에는 감염된 뉴런 안으로 들어갈 수 있어야 한다. 셋째, 이 약물이 기생충을 둘러싸고 있는 두터운 낭포벽을 뚫고 들어갈 수 있어야 한다. 그리고 마지막으로 약물이 기생충 자체로 침투할 수 있어야 한다. 약물이 갖추어야 할 조건이 이렇게나 많다.

그럼에도 인디애나대학교 의과대학에 있는 나의 연구실에서는 생쥐 감염 모형에서 톡소플라즈마 뇌 낭포의 제거를 목표로 실험적 치료 방법을 연구하고 있다. 2015년에 이만 벤메르조가^{Imaan}

Benmerzouga가 이끄는 실험에서 혈액뇌관문을 통과하는 오래된 고혈압치료제 구아나벤즈guanabenz가 감염된 생쥐의 뇌에서 기생충 낭포의 숫자를 현저히 줄였음을 발견했다. 구아나벤즈가 사람 환자에게도 같은 효과를 보이면 좋겠다. 하지만 현재로서는 애초에 감염되지 않는 것이 톡소플라즈마를 관리하는 최고의 방법이다. 그러기 위해서는 고양이 주인들의 책임감이 필요하고, 길고양이에 대한 관리도 필요하다.

우리 소화관 속에 살고 있는 공생 미생물에 대해서는 연구자들이 현재 어느 종이 우리의 건강과 행동에 어떤 영향을 미치는지 확인하는 연구를 진행 중이다. 프로바이오틱스를 이용해 우리의 미생물총을 바꿔주는 선구적인 연구들을 통해 유망한 연구 결과가 나와 있는 상태다. 그리고 거기에 덧붙여 '대변이식fecal transplant'이 바람직한 세균을 다른 사람의 내장에 접종해줄 수단으로 등장했다. 지금까지 가장 성공적으로 대변이식을 적용한 사례는 클로스트리듐 디피실리균Clostridium difficile의 치료였다. 대부분의 항생제에 천연적으로 내성이 있는 이 세균은 유순한 세균종이 격감했을 경우에(환자가 오랜 기간 동안 항생제를 복용했을 때 일어날 수 있다) 통제불능으로 증식하고 결장을 아수라장으로 만들 수 있다. 건강한 공여자에서 채취한 세균을 결장에 다시 보충해주면 장내세균총이 새로 자리를 잡아 클로스트리듐 디피실리균을 억제할 수 있다. 이 치료법의 성공으로 다음과 같은 질문이 떠올랐다. 우리의 장내세균총을 조작해서 다른 건강상의 혜택을 얻을 수 있을까?

아일랜드 코크대학교University College Cork의 신경약리학자 겸 미생물군유전체 전문가 존 크라이언John Cryan은 그렇다고 생각한다. 사실 그는 의사들이 머지않아 신체검사에서 일상적인 혈액검사와 함께 미생물총도 검사할 것이라 믿고 있다. 크라이언은 또한 정신 건강에 긍정적인 영향을 미칠 것으로 추측하는 생균으로 구성된 '사이코바이오틱스psychobiotics'라는 세균 기반 약물을 설계하고 사용할 구상도 하고 있다. 사이코바이오틱스는 대변이식을 지시하는 것과 효과는 비슷할 테지만, 대변은 사용하지 않는다. 의료용 세균과 곰팡이를 그냥 실험실 배양기에서 키운 다음 소화관 건강을 위해 복용하는 다른 프로바이오틱스처럼 가공할 수 있다. 여기서 가장 중요한 문제는 어떤 미생물을, 얼마나 많이 포함시킬 것이며, 과연 이 미생물들이 정말로 부작용 없이 뇌에 효과를 나타낼 것인가 하는 문제다.

　현재 단계에서는 과학자들이 특정 세균 종과 그 세균이 뇌와 행동에 미치는 영향 사이의 상관관계를 찾기 위해 노력하는 중이다. 프로바이오틱스의 형태로 투여한 락토바실러스 헬베테커스Lactobacillus helveticus와 비피도박테리움 롱굼Bifidobacterium longum, 이 두 세균 종의 조합이 스트레스 호르몬인 코르티솔을 감소시켜 사람의 불안을 줄인다고 입증됐다. 비피도박테리움 인팬티스Bifidobacterium infantis 세균 종은 쥐에게서 항우울 특성을 보였다. 장내세균이 자폐 스펙트럼 장애autism spectrum disorder 관련 증상과 상관있는지 여부도 상당한 관심을 모으고 있다. 캘리포니아공과대학교California Institute of Technology의 생물학자 사르키스 마즈마니안Sarkis Mazmanian이 진행한 2013년의 도발적인 연구에서는 생쥐 모형에서 박테로이데스 프라길리스Bacteroides fragilis라는 세균을 투여하면 자폐 증상이 역전되는 것으로 나왔다.

미생물총의 상태는 아동기에 경험한 것이든, 전장에서 경험한 것이든 정신적 외상에 대한 감수성에도 영향을 미칠지 모른다. 콜로라도대학교의 생리학자 크리스토퍼 로리[Christopher Lowry]는 2017년 연구에서 외상 후 스트레스 장애로 고통 받는 사람들이 가진 미생물 종류를, 비슷한 정신적 외상을 경험했지만 외상 후 스트레스 장애가 생기지 않은 사람과 비교해보았다. 아동기 정신적 외상을 경험한 사람과 외상 후 스트레스 장애를 가진 성인들은 방선균류[Actinobacteria], 렌티스파이라문[Lentisphaerae], 우미균류[Verrucomicrobia] 등 몇몇 문[門, phyla]의 세균이 결핍되어 있었다. 이런 세균은 면역계의 균형을 맞추는 역할을 하므로, 외상 후 스트레스 장애가 있는 사람들에게서 염증 같은 문제가 종종 생기는 이유를 부분적으로 설명할 수 있을지도 모르겠다.

프리바이오틱스[prebiotics] 등 우리 소화관에서 도움이 되는 세균의 성장을 촉진하는 다른 방법도 있다. 프리바이오틱스는 식이섬유 같은 우리 식단의 구성요소로, 소화관 안에서 우리에게 호의적인 미생물 집단의 성장을 도와준다. 거름이 정원을 건강하게 만들어주듯, 당신이 먹는 음식도 미생물총을 건강하게 만든다. 대부분의 프리바이오틱 식이요법은 다양한 과일과 채소를 먹고 설탕, 소금, 지방이 과도하게 든 가공음식을 피하라는 건강 식생활의 상식을 그대로 따른다.

프리바이오틱스의 잠재력은 2017년에 진행한 연구에서 잘 드러났다. 이 실험에서는 12주에 걸쳐 지중해식 식생활을 하는 것이 주우울증을 앓는 사람들에게 도움이 되는지 시험해 보았다. 그 결과

나를 나답게 만드는 것들

이런 식생활이 참가자 중 30퍼센트의 증상 개선에 도움이 되는 것으로 나타났다. 건강에 좋은 음식에 들어 있는 프리바이오틱스가 미생물총을 어떻게 조절해서 기분에 이런 이로운 영향을 만드는지 알기 위해 현재 많은 연구가 진행 중이다. 식생활의 변화만으로 대부분의 우울증 환자에게 완벽한 효과를 볼 가능성은 높지 않지만, 프리바이오틱스와 프로바이오틱스가(이미 이런저런 바이오틱스가 많이 나왔지만, 이 번에는 이 둘을 조합해 다시 신바이오틱스synbiotics라는 말을 만들었다) 머지않아 정신과 치료의 중요한 요소로 자리 잡을 수도 있다.

우리 미생물총 하객 목록을 통제한다는 것은 파티에 필요한 무언가를 가져올 세균을 초대해야 한다는 것이다. 과학자들은 페닐케톤뇨증phenylketonuria을 앓는 사람을 도울 세균을 만들고 있다. 페닐케톤뇨증은 희귀한 유전질환으로, 이 병이 있는 사람은 페닐알라닌phenylalanine이라는 아미노산을 분해하는 데 필요한 효소가 결핍되어 단백질을 먹기가 거의 불가능하다. 신로직Synlogic은 페닐알라닌의 효소를 암호화하는 유전자를 가진 세균을 유전공학으로 만드는 회사다. 이 연구는 페닐케톤뇨증 환자가 페닐알라닌 분해 세균을 함께 섭취하면 단백질을 먹을 수 있을지 모른다는 아이디어에서 출발했다.

유전공학, 후성유전학, 미생물총에 대한 기대가 커지면서 이 최첨단 과학 분야에 대한 과대 선전의 분위기가 무르익었다는 점을 명심해야 한다. 이 분야들은 아직 유아기에 머물고 있고, 초기 연구에서 약속한 내용들을 현실화하기 위해서는 아주 많은 연구가 필요하다. 현재는 일부 사기꾼들의 엉터리 약, 대안의학, 혹은 이상한 뉴에이지 활동 같은 것이 당신의 유전체, 후성유전, 미생물총을 건강하게 조절해주리라는 증거가 충분히 나와 있지 않다. 오히려 해를 입힐 수도 있다.

뇌를 해킹하는 방법

뇌를 전자장치와 결합시키는 혁명은 이미 진행 중이다. 이 혁명은 1960년대에 돌진해 들어오는 황소를 리모컨 단추 하나만 눌러 멈춘 신경과학자 호세 델가도에 의해 촉발됐다(6장 참고). 그로부터 30년 후인 1990년대에 필 케네디[Phil Kennedy]가 컴퓨터를 인간의 뇌와 융합하는 첫 시도를 진두지휘했다.

실험 참가자는 조니 레이[Johnny Ray]라는 사람이었다. 그는 52세의 나이에 뇌줄기에 뇌졸중이 생겨 완전히 마비되었다. 뇌졸중에 의한 것이든, 근위축성 축삭경화증[amyotrophic lateral sclerosis](루게릭병)에 의한 것이든, 불행한 사고에 의한 것이든 레이 같은 상황에 처한 사람을 보통 '감금'되어 있다고 표현한다. 이들은 더 이상 움직일 수 없는 육신 안에서 의식이 완전히 깨어 있는 상태로 갇혀 있다. 레이의 뇌와 컴퓨터 사이를 전극으로 이어줌으로써 케네디는 최초의 뇌-컴퓨터 인터페이스[brain-computer interface]를 만들어냈다. 마치 마술처럼 레이는 뇌-컴퓨터 인터페이스를 이용해 오로지 생각만으로 컴퓨터 화면 속의 커서를 움직였다. 그리고 머지않아 레이는 생각으로 커서를 화면 위 글자로 움직여 단어를 타이핑할 수 있게 됐고, 뇌졸중 이후 처음으로 사랑하는 사람들과 대화를 나눌 수 있었다.

나를 나답게 만드는 것들

조니 레이는 생물학적 기계와 사람이 만든 기계를 연결한 최초의 '인간 사이보그human cyborg'라는 특별함을 인정받을 자격이 있다. 그리고 공상과학 이야기에서 묘사하는 악몽 같은 비전과 달리 컴퓨터를 우리의 정신과 융합시켰어도 레이의 인간성이 훼손되기는커녕 오히려 인간성 회복에 도움이 되었다.

2006년에 브라운대학교Brown University의 신경과학자 존 도너휴John Donoghue는 브레인게이트BrainGate를 발명했다. 이것은 사지마비quadriplegia가 있는 환자의 운동겉질motor cortex에 삽입하는, 수백 개의 전극이 들어 있는 작은 임플란트다. 그다음에는 브레인게이트를 그의 머리 꼭대기에 튀어나와 있는 포털portal을 통해 컴퓨터와 연결할 수 있다. 컴퓨터에 연결하자 그는 생각을 이용해서 이메일을 열고, 탁구 게임을 즐기고, 텔레비전 채널도 바꿀 수 있었다.

존스홉킨스대학교Johns Hopkins University 응용물리학연구소Applied Physics Lab의 과학자들은 뇌-컴퓨터 인터페이스를 이용해 모듈식 인공팔다리modular prosthetic limb를 개발하고 있다. 팔다리를 잃은 환자의 뇌에서 나오는 신호를 그 신호에 맞추어 보철물을 움직일 수 있게 한 맞춤제작 소켓으로 보낸다. 가장 최근에 나온 로봇 팔은 무려 26개의 관절을 가졌고, 생각만으로 20킬로그램까지 들어 올릴 수 있다. 현재의 연구들은 사지절단 환자가 벨크로의 질감이나 국물의 온도 같은 감각을 느낄 수 있도록 거꾸로 팔다리에서 뇌로 정보를 보내는 부분에 초점을 맞추고 있다. 그와 유사하게 다른 연구 그룹에서도 카메라 헤드셋에서 가져온 시각정보를 해석하는 뇌 임플란트를 장착해 시각장애인을 도우려고 노력하는 중이다.

요즘의 과학자들은 침습적인 뇌 임플란트는 피하고 대신 격자 전극electrode grid을 뇌의 표면(겉질뇌파검사)electrocorticography, ECoG에 설치하거나, 더 낮게는 두피(뇌파검사)electroencephalography, EEG에 설치하는 뇌-컴퓨터 인터페이스를 개발 중이다. 두피에 설치하는 뇌파검사 전극은 수영 모자처럼 생겼다. 거기에 부착된 백 개 이상의 전극이 컴퓨터로 정보를 전송한다. 양쪽 방식 모두 더 광범위한 뇌 활동을 스캔해 거기서 나온 패턴을 말이나 동작으로 번역하려고 시도하고 있다. 독심술과 비슷하다.

이런 일이 가능한 이유는 뇌를 구성하는 수십 억 개 뉴런들이 각자 활성화될 때마다 작은 전기펄스를 방출하기 때문이다. 한 무리의 뉴런이 활성화되면 집단적으로 신경 진동neural oscillation을 방출한다. 이것을 뇌파brain wave라고도 한다. 사람이 무슨 생각을 하느냐에 따라 구분 가능한 뇌파 패턴이 등장한다. 그럼 EEG가 컴퓨터를 통해 전기 활성 그래프를 읽고 행동으로 번역한다. 생각만으로 드론을 날린다고 상상해보라. 이 놀라운 기술이 그런 판타지를 현실로 만들어놓았다.

뇌-컴퓨터 인터페이스는 생각을 통해 다른 사람을 통제하는 데도 사용된다. 심지어 두 사람이 서로 다른 장소에 있더라도 말이다. 연구자들은 한 사람이 자신의 생각을 이용해 다른 사람이 하는 과녁 쏘기 비디오게임을 통제하게 만들 수 있었다. 1번 사람은 EEG 모자를 쓰고 게임을 하면서 과녁이 등장하면 쏘기 버튼을 눌렀다. 그리고 이 사람의 생각에서 만들어진 뇌파를 인터넷을 통해 2번 사람에게로 보낸다. 2번 사람은 컴퓨터와 연결되어 있지만, 비디오게임을 등지고 있어서 볼 수 없다. 2번 사람은 1번 사람과 다른 건물에 있고 비디오게임을 볼 수 없었지만, 1번 사람의 생각 덕분에 과녁에 정확히 쏠 수 있었다. 대체 언제나 나올지 모르겠지만, 영화 〈아바타 Avatar〉 후속편이 나올 때쯤이면 그 영화는 더 이상 SF 영화가 아니라 리얼리즘 영화가 될지도 모른다.

필 케네디는 언젠가 뇌를 로봇에 담아서 육신에서 자유로워진 상태로 영원히 살 수 있을 것이라 예상한다. 그가 미생물총이 우리 마음에 미치는 영향을 어떻게 옮겨 담을지는 모르겠다. 하지만 그때가 되면 화장을 위해 미용 크림보다는 도색용 스프레이 페인트를 구입하지 않을까 싶다.

투우장에서 있었던 델가도의 고전적 실험에서 유래한 또 다른 신경의학neuromedicine 가지가 있다. 뇌심부자극술deep brain stimulation이다. 뇌심부자극술은 이제 주우울증, 강박장애, 혹은 파킨슨병 같은 운동장애가 있는 환자의 치료에 일상적으로 사용되고 있다. 심장의 심박조율기에 비교되기도 하는 뇌심부자극술은 전기펄스를 뇌로 방출하는 전극을 이식하는 방법이다. 정확한 메커니즘은 아직 연구 중이지만, 뇌에서 일어나는 문제 있는 전기활성을 장치에서 나오는 전기펄스가 방해하거나 리셋해주는 것으로 보인다.

뇌 속에 전극을 설치하는 위치는 치료하려는 신경장애가 무엇인가에 좌우된다. 전극은 바늘처럼 생긴 길고 가는 탐침으로 환자가 깨어 있는 동안 뇌 속으로 삽입된다(환자가 운동장애가 있어서 가만히 있지 못하는 경우가 아니면). 그래도 되나 싶겠지만, 육체적으로 고통스러운 과정은 아니다. 뇌에는 통증수용기pain receptor가 없기 때문이다. 거기에 더해 환자를 깨어 있게 하면 시스템이 제대로 작동하고 있는지에 대해 환자가 말로 의사에게 알려줄 수 있으니 도움이 된다.

나이가 들다 보면 소중한 추억들이 구체적인 부분까지 생각나지 않아 애를 먹기도 한다. 이것을 해결해줄 임플란트도 있을까? 서던캘리포니아대학교의 생의학 공학자^{biomedical engineer} 시어도어 버거^{Theodore Berger}는 뇌와 직접 인터페이스할 수 있는 기억 강화기를 연구하는 과학자다. 기억은 실체가 없는 존재처럼 보이지만, 뉴런들 사이의 전기신호를 통해 전달되는 생물학적 현상이다(8장 참고). 해마라는 뇌 영역이 작업기억과 단기기억을 장기기억으로 전환한다. 이론적으로는 우리가 이런 전기 활동에서 만들어지는 뇌파의 언어를 읽을 수만 있다면 기억 해독이 가능하다. 반면 해마를 통해 뇌로 기억을 보내는 것도 가능해질 것이다. 1990년 영화 〈토탈리콜^{Total Recall}〉에서 아놀드 슈왈제네거가 연기한 주인공이 겪었던 일처럼 말이다. 하지만 이 경우는 우리가 보내는 기억들이 셰익스피어 작품 전집, 외국어로 말하는 방법, 좋아하는 드라마의 예전 시즌 스토리를 되짚어주는 내용이 되지 않을까 싶다.

때로는 해마의 신호전달에 문제가 생겨 기억에 문제가 생기기도 한다. 버거와 연구진이 기억의 언어를 배우기 위해 눈을 돌린 곳도 해마다. 이들은 쥐와 원숭이가 과제를 배우고 있는 동안 해마에서 방출되는 전기신호를 기록했다. 그 과제는 어느 레버를 눌러야 맛있는 간식이 나오는지 학습하는 등의 간단한 것이었다. 이 전기신호를 메모리칩에 프로그램해서 그 칩을 해마에 이식했다. 그다음에 메모리칩을 끄면서 이 동물들에게 장기기억 인출을 차단하는 약물을 투

나를 나답게 만드는 것들

여했다. 그러면 이 동물은 어느 레버를 눌러야 간식이 나오는지 까먹었다. 하지만 메모리칩을 켜면 약을 투여해도 어느 레버를 눌러야 간식이 나오는지 알았다. 이 희망적인 연구 결과가 기억에 문제가 생긴 사람을 도울 길을 열어주리라 희망한다.

때로는 기억을 잊을 수 없어서 문제가 되기도 한다. 미국 사람들 중 외상 후 스트레스 장애를 앓는 사람은 8퍼센트에 이른다. 외상 후 스트레스 장애는 정신적 외상을 주는 경험의 기억을 떨치지 못해 생기는 고약한 병이다. 8장에서 배웠듯이 기억은 우리가 그 기억을 떠올릴 때마다 재구성되고, 이런 기억들은 재응고화reconsolidation(기억 장치에 다시 적는 것)되면서 왜곡될 수 있다. 과학자들은 재응고화가 이루어지는 동안에 기억을 바꾸어줌으로써 이런 과정을 이용할 수 있을지도 모른다고 추측한다. 한 가지 방법은 베타차단제beta-blocker를 이용하는 것이다. 베타차단제는 심박수와 불안을 줄인다. 암스테르담대학교University of Amsterdam의 심리학자 메렐 킨트Merel Kindt의 2009년 연구에서는 참가자들에게 거미 사진을 보여주면서 동시에 약한 충격을 주었다. 하루 뒤에 참가자 중 절반은 베타차단제를 주고, 나머지 절반에게는 가짜 약을 준 다음 거미 사진을 보여주면서 기억을 재활성화시켜보았다. 이번에는 충격을 주지 않았다. 그러자 양쪽 집단 모두 그림에 똑같이 깜짝 놀랐다. 그런데 며칠 후 다시 거미 사진을 보여주자 놀라운 일이 일어났다. 기억을 재활성화하는 동안 베타차단제를 복용한 사람은 거미 사진을 보여주었을 때 그리 많이 놀라지 않았다. 반면 가짜 약을 먹은 참가자는 거미 사진을 다시 보고 여전히 많이 놀랐다.

영국 드라마 〈블랙 미러Black Mirror〉의 한 에피소드에서 본 사람도 있을 텐데, 과학자들 역시 인터넷을 머릿속으로 옮겨놓으려고 노력하는 중이다. 어쩌면 지금으로부터 몇 십 년 후에는 십대들이 이렇게 말하면서 웃을지도 모르겠다. "옛날에는 스냅챗에 디저트 사진을 올리려고 무슨 장치 같은 것을 들고 다녔대. 정말 웃기지 않아?" 이미 많은 사람들이 인터넷을 제2의 뇌처럼 사용하고 있다. 궁금한 것이 있으면 구글에 물어보고, 캘린더도 인터넷으로 확인하고, 예전에 올려놓은 페이스북 사진들을 보며 기억을 더듬는다. 그런 정보들을 눈을 통해 머리에 입력하는 대신 스마트폰을 뇌와 직접 하나로 합쳐놔도 별다를 것이 없을 것이다. 이런 자원을 생각에 활용할 수 있다면 정말 멋지지 않을까? 아니면 하다 못해 하드드라이브라도 뇌에 연결하면 기억을 더 많이 저장하고 잘 떠올릴 수 있지 않을까? 과학자들은 앞으로 30년에서 50년 정도 사이에 기억과 지능을 증강하는 새로운 기술이 온라인에 등장할 것이라 예측한다. 그리고 사이보그 기반의 새로운 바이러스나 악성 소프트웨어들이 머지않아 그 뒤를 쫓아 등장할 것이다. 그럼 미래의 IT 인력들은 신경과학 박사 학위 취득이 필수 조건이 될지도 모른다.

증거에 기반한 삶을 살아야 하는 이유

유전자를 편집하고, 후성유전학 약물로 유전자 발현을 조절하고, 미생물총을 관리하고, 뇌-컴퓨터 인터페이스를 사용하는 것은 앞으로

나를 나답게 만드는 것들

인간의 삶을 개선해줄 흥미진진한 기술들이다. 어떤 사람들은 이런 경이로운 기술들을 기적이라 할 테지만, 기적이라는 표현은 잘못된 것이다. 이런 발전은 과학적 방법론을 채용함으로써 생기는 직접적인 결과이다. 이것들은 인간 생리학 밑바탕에 깔린 메커니즘을 이해하고자 수 세기에 걸쳐 이루어진 고된 연구로 얻은 보상이다. 이런 환원주의적 지식은 인간의 존엄을 갉아먹는 대신 고통을 완화하고 삶을 개선하는 데 도움을 준다.

2017년 4월에 사망하기 전까지 117세의 엠마 모라노Emma Morano는 세계에서 가장 나이가 많은 사람 중 한 명이었다. 그녀는 뉴잉글랜드의 흡혈귀 소동 당시에 태어났다. 이것만 봐도 그 사건이 얼마나 최근에 일어났던 일인지 다시금 느낄 수 있다. 칼 세이건Carl Sagon의 말을 조금 바꾸어 표현하면 우리는 악령이 출몰하던 세상의 그늘에서 그리 멀리 벗어나지 못했다. 사실 너무도 많은 사람이 여전히 그 어두운 그늘 아래 머물고 있다. 2017년 10월에 아프리카 말라위에서 집단 폭력이 발생하면서 사람들이 흡혈귀라 믿은 여덟 명이 살해된 사건이 발생했다.

감염성 질환과의 전쟁에서 이룬 진척을 보면 과학적 행동과 미신적 행동 사이의 차이가 무엇이며, 어느 쪽이 장래의 안녕에 더 도움이 되는지 확실히 드러난다. 그리 오래지 않은 과거에는 초자연적 힘이 생명을 위협하는 역병을 만든다고 믿었다. 분노한 신, 앙심을 품은 마녀, 괴물이 개인이나 한 마을이 병에 걸리는 이유로 지목되기에 십상이었다. 그래서 사람들은 기도를 하고, 마녀로 고발된 무고한 사람을 화형하고, 무의미하고 때로는 해롭기까지 한 미신을 맹

목적으로 믿는 방식으로 대처했지만, 모두 비참한 실패로 끝났다.

하지만 1800년대 중반에 미생물을 발견하면서 사람들이 기침하며 피를 토하거나, 농포투성이가 되는 진짜 이유가 밝혀졌다. 질병의 밑바탕에 깔려 있는 생물학을 이해하면서 우리는 그 문제에 실질적인 조치를 취할 수 있는 입장에 서게 되었고, 그리하여 1900년대 초반에는 당시 '기적의 약물'로 알려진 항생제 페니실린을 발견하기에 이르렀다. 페니실린은 셀 수 없이 많은 사람의 목숨을 살렸다. 하지만 이를 기적이라 말한다면 사람들이 병에 걸리는 진짜 이유를 밝히기 위해 오랜 시간 노력해온 호기심 많고 성실한 과학자들에 대한 모욕이다. 이들은 병을 초자연적 원인으로 돌린 전통적 가설을 거부한 용감한 사람들이다. 문제를 초자연적 원인으로 돌리면 도움이 될만한 일을 아무것도 할 수 없다. 하지만 우리가 팔을 걷어붙여 실험을 하고 증거를 모으고 비판적으로 생각하면 진보가 이루어진다.

오늘날에도 설명되지 않는 행동에 대해 마찬가지 원리를 적용할 수 있다. 우리가 지금의 모습으로 존재하고, 지금처럼 행동하는 데는 우리의 생물학에 새겨진 논리적 이유가 존재한다. 우리의 행동이 기원한 진정한 원천을 확인하면 우리가 정말로 누구인지, 그리고 어떤 존재가 될 수 있는지 밝힐 수 있다. 데이터에 주의를 기울이면 막연한 가정 대신 증거에 입각한 삶을 살 수 있다.

증거에 기반한 삶을 사는 데 따르는 혜택을 보여주는 사례는 많다. 하지만 내가 가장 주목하는 것은 젊은이의 삶을 개선하는 것과 관련된 사례들이다. 태아기와 아동기가 성인이 되어 행복하고 건강한 삶을 누리는 데 절대적으로 중요하다는 것을 우리는 이 책에서

나를 나답게 만드는 것들

거듭 확인했다. 십대가 제멋대로 행동하고 약물을 남용하는 문제에 증거 기반의 삶을 적용한 사례를 살펴보자.

십대 청소년이 제일 예의 바른 곳이 어느 나라일까? 아이슬란드다. 하지만 항상 그랬던 것은 아니다. 1990년대에는 아이슬란드의 십대 청소년 중 40퍼센트 이상이 음주를 했고, 20퍼센트 가까이가 마리화나를 했다. 요즘은 그 비율이 거의 5퍼센트로 떨어졌다. 아이슬란드는 어떻게 이런 성공을 거두었을까? 종교 혹은 약물 남용에 대한 무관용 정책 덕분이 아니었다. 생물학을 이해하는 데서 나온 성공이었다. 4장에 나왔던 유명한 쥐 공원 실험을 기억하는가? 쥐들에게 재미있게 즐길 수 있는 것들을 주면 주변에 놓여 있는 코카인을 피한다.

1990년대에 아이슬란드의 관료들은 '자아발견 프로젝트Project Self-Discovery'로 그와 비슷한 것을 시도했다. 이 프로젝트는 십대 청소년들에게 약물로 유도된 황홀감이 아니라 천연적인 황홀감을 경험하는 기회를 제공하는 프로그램이었다. 국가에서 후원하는 방과 후 프로그램이 가동되어 십대들에게 피아노 연주, 조각, 탱고 배우기 등 무언가 새로운 것을 학습할 기회가 주어졌다. 청소년들은 무술을 배우거나 스포츠를 즐길 수도 있었다. 이런 활동들은 이 프로그램이 시작되기 전까지는 일반 가정에서 감당하기 어려운 활동들이었다. 더군다나 아이들은 생활 기술 훈련life skill training에도 참여했고, 부모들은 십대 청소년을 키우는 팁을 가르쳐주는 학습에 참여했다. 밤 10시 이후에는 십대들이 밖으로 나오지 못하게 하는 통행금지령도 시행되었다.

미국에서는 잘사는 부유한 가정이나 그런 호화로운 활동을 즐길 형편이 되며 일반적으로 효과도 본다. 연구에 따르면 십대들은 이런 과외 활동을 통해 공급되는 도파민을 갈망한다. 만약 모든 학구 school district에서 아이들에게 천연적인 황홀감을 제공할 수 있는 공평한 자원을 가진다면 범죄와 마약 중독에 어떤 변화가 일어날지 상상해보라. 각 아동에게 적절한 영양, 지휘와 조언, 마약과 섹스에 대한 지식을 제공하는 데 드는 투자비용이 성인이 되어서 생기는 문제를 해결하는 데 드는 비용보다 훨씬 저렴하다. 이것은 인간적인 조치일 뿐 아니라 가장 경제적인 조치이기도 하다.

콜로라도대학교 건강과학연구센터University of Colorado Health Sciences Center의 데이비드 올즈David Olds에게도 그런 비슷한 생각이 스쳐갔다. 그는 아동 육아에서 작은 보살핌과 교육이 어디까지 효과를 볼 수 있는지 검증해보았다. 올즈는 뉴욕 하층계급 지역에서 처음 아이를 임신한 산모 400명을 연구에 참여시켰다. 참가자들은 임신 기간 동안 약 10차례에 걸쳐 가정 방문 의료 지도를 받았고, 아이가 태어나고 2년 동안에는 약 20차례 방문을 받았다. 그리고 그 아이들이 만 15세가 되는 13년 후에 그 아이들의 진척 상황을 관찰해보았다. 가정 방문을 하는 동안에 엄마들은 자신과 아기의 적절한 영양에 대한 상담을 받았고, 양육 기술에 대한 교육도 받았다.

결과는 기대를 훨씬 뛰어넘었다. 임신 기간과 아동기 초기에 비용도 많이 들지 않는 이런 간단한 가정 방문 지도만으로 후속임신 subsequent pregnancy 수, 사회복지 서비스 이용 횟수, 아동학대 및 방치, 범죄행동이 극적으로 줄었다. 이것은 1997년에 발표된 연구다. 언젠

나를 나답게 만드는 것들

가는 우리가 그 증거를 활용할 수 있을 정도로 현명하고 연민을 가진 존재가 될 수 있다.

과학은 누구든 자기가 원하는 것은 다 될 수 있다는 개념을 떨쳐냈다. 선천적으로 타고난 것과 후천적인 환경에서 큰 불평등이 존재하기 때문에 우리 모두는 기울어진 운동장에서 경기를 해야 한다. 하지만 이런 불평등을 최소화할 실용적인 조치를 통해 모든 사람이 자신의 잠재력을 최대로 펼치며 살게 할 수 있다. 이 세상을 함께 살아가는 사람들, 특히나 우리 아이들에게 주어진 선택이 물속으로 가라앉을 것이냐, 헤엄쳐 나올 것이냐가 되어서는 안 된다. 헤엄쳐 나올 것이냐, 구조 받을 것이냐가 되어야 한다. 결국 이것이 더욱 강하고 건강한 사회를 만들 것이다.

·

새로운 나와 만나다

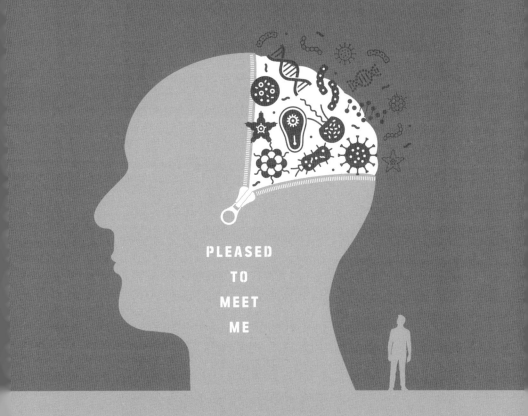

PLEASED

TO

MEET

ME

사람들을 비난하는 대신, 그들을 이해하려 해보자.
그들이 그런 행동을 하는 이유를 파악하려고 노력해보자.
그것이 비난보다 훨씬 유익하고 흥미롭다.
그리고 그것이 공감, 관용, 친절을 낳는다.

데일 카네기, 《데일 카네기 인간관계론(How to Win Friends and Influence People)》

당신도 이제 알겠지만, 우리가 왜 지금처럼 행동하는지를 이해하기란 결코 간단한 일이 아니다! 단 한 가지 설명으로 우리의 모든 행동을 이해할 방법은 절대 없다. 인생의 성공과 실패 역시 자신의 능력 혹은 능력 부족만으로 설명할 수 없다. 우리의 행동과 성격은 유전자(당신의 후성유전적 프로그램도 포함해서), 미생물총, 호르몬, 신경전달물질, 환경 사이의 어지러운 상호작용으로 생긴다. 또한 현재의 우리를 빚어낸 진화압이 남긴 지저분한 지문, 특히나 살아남아 번식하려는 강력한 무의식적 욕망에 대해 알지 않고는 현재 우리의 행동을 제대로 볼 수 없다.

하지만 다 글러먹었다. 이제 우리는 우리가 유전자를 위해 만들어진 정교한 생존기계라는 것을 안다. 우리는 수십 억 년에 걸친 유전자의 복제 게임을 이어가기 위해 만들어진 존재에 불과하다. 우리의 DNA 창조자를 만나 그가 유전자를 계속 살려가기 위해 우리에게 사용한 온갖 속임수에 대해 듣는 것은 쉬운 일이 아니었다. 왕자든 거지든 우리는 모두 DNA의 노예다. 우리는 생명을 선물 받아 깨어났지만, 자기 몸에 꼭두각시 줄이 붙어 있는 것을 보고 절망한 피노키오와 비슷한 신세다.

오랫동안 우리는 스스로 자유의지를 가진 주체라 생각해왔는데, 결국 우리의 행동이 전부는 아닐지언정 대부분이 자신의 의지에 따른 것이 아님을 깨닫게 됐다. 그저 꼭두각시 줄이 이끄는 대로 행동해왔을 뿐이다. 그 줄 중 하나는 DNA다. 그리고 또 하나는 후성유전이다. 그리고 또 하나는 미생물총이다. 거기에 하나 더 있는 것이 무의식이다. 그리고 아직 우리가 모르는 방식으로 행동에 영향을 미치는 줄들이 더 많이 발견되고 있다. 예를 들어 유전자가 단백질로 전사될 때 유전자의 지시는 전령 RNA$^{messenger RNA, mRNA}$라는 분자에 담겨 전달된다. mRNA도 DNA가 메틸화될 수 있는 것처럼 화학적 변경이 가능하다. mRNA의 화학적 변경을 연구하는 학문을 후성전사체학^{epitranscriptomics}이라고 한다. 그리고 이런 변화는 mRNA로부터 단백질이 만들어지는 양과 시기에 영향을 미친다. 단백질 자체도 화학적 변경을 통해 안정성, 기능, 세포 속 위치 등이 변화할 수 있다. 이 모든 추가적인 조절 단계 때문에 유전자 염기서열만으로 한 사람의 행동을 예측하기가 점점 더 어려워진다.

한때 우리 눈에 보이지 않았던, 우리를 통제하는 꼭두각시 줄이 지금은 보인다. 거기서 더 나아가 우리는 유전자 편집, 후성유전학 약물, 미생물총 리모델링, 뇌와 컴퓨터의 합병을 통해 꼭두각시 줄을 자를 수 있는 강력한 방법을 발견하고 있다. 지금까지 꼭두각시를 조종하는 주인 역할을 해온 존재는 진화였다. 하지만 스스로 조종하는 법을 배운 꼭두각시처럼 과학은 우리에게 스스로 진화시킬 능력을 부여했다. 인류의 꼭두각시 쇼가 히트작이 될지, 실패작이 될지는 오직 시간이 알려줄 수 있다.

나를 나답게 만드는 것들

피노키오가 올바른 길로 가도록 어깨 너머에서 조언해주던 귀뚜라미 지미니 크리켓의 역할을 역사에 맡긴다면 성공의 가능성을 높일 수 있다. 인간의 본성은 이기적 유전자로부터 탄생했지만, 이제 이기적 유전자는 한물간 존재다. 이기적 유전자라는 질병은 오만한 자아, 탐욕, 부정직, 사기, 우리 편이 아니면 적이라는 이분법, 수십억의 사람들이 가난의 굴레에서 고통 받는 동안 소수의 사람이 세상의 부를 독차지하게 만드는 사회적 위계에 대한 내성의 형태로 우리 종을 계속 괴롭히고 있다. 이런 이기적 유전자들이 뇌에서 프리마돈나를 만들어냈다. 이 프리마돈나가 거의 언제나 우리를 곤경에 빠뜨리고, 타인에게 고통을 안기는 역할을 맡고 있다.

하지만 이런 유전자들은 또한 자신과 자기가 살고 있는 우주를 더 잘 이해하게 해줄 수단으로 과학적 방법론을 고안한 뇌도 창조해냈다. 천문학에서 동물학에 이르기까지 시간의 흐름 속에서 과학은 프리마돈나가 거만하게 올라 서 있던 발판에서 우리를 내렸다. 〈캘빈과 홉스〉라는 만화가 이런 현실과 타협하는 부분을 훌륭하게 잘 포착했다. 캘빈이 교만한 목소리로 별이 빛나는 밤 하늘에 대고 고함친다. "나는 중요해!" 그리고 이렇게 중얼거린다. "……라고 먼지 알갱이가 외쳤습니다."

그렇다. 과학은 우리의 에고^{ego}를 박살내는 존재다. 하지만 현실에 안주하는 우리가 가끔 한 번씩 정신을 바짝 차리게 해주면 우리를 겸허히 단결시켜 프리마돈나 뇌에 이롭게 작용할 수 있다. 우리의 에고는 자기편이라 생각하는 사람과 나머지 사람들 사이에 쓸데없는 벽을 세웠다. 이런 에고를 파괴하면 우리를 가르고 있는 무의미한 선을 지워, 움켜쥐고 있던 주먹을 풀고 손을 내밀 수 있게 해줄 것이다.

협동이 개인이나 사회 전반에 엄청나게 더 큰 이익이 된다는 것을 역사는 입증해 보였다. 팀을 이루어 분업하는 것을 배운 종들은 아주 오래전에 개개의 유전자들이 DNA 속에서 하나의 팀을 꾸려서 했던 일을 흉내 내고 있는 것이다. 더 큰 공공의 선을 위해 약간의 자율성은 희생된다. 하지만 그 공공의 선으로부터 개인(그리고 그 친척)이 이득을 볼 때가 많기 때문에 긍정적 피드백이 형성된다.

자연의 대다수는 이빨과 발톱이 붉은 피로 물들어 있어 다른 존재의 안녕 따위는 신경 쓰지 않는다. 하지만 일부 종은 이런 논리를 거꾸로 뒤집어놓았다. 우리 인간이 바로 그런 종이다. 그래서 이제 인간은 공감 능력의 결여를 정신질환으로 보는 지경까지 왔다. '네가 내 등을 긁어주면 나도 네 등을 긁어줄게' 전략은 지금까지 우리에게 큰 도움이 되었고, 앞으로의 번영을 위해서도 핵심적인 부분이다. 자신과의 유전적 등가성equivalency에 상관없이 다른 사람을 돕는 것은 이기적 유전자를 향한 궁극의 반란이다. 나만 중시하는 원초적인 욕구에 저항함으로써 우리는 이기적 유전자를 극복하고 타고난 본성이 아닌 학습한 본성에 따르는 삶을 살 수 있다.

나는 이것이야말로 우리 모두의 도전 과제라고 생각한다.

지금쯤이면 독자도 눈치챘을 테지만 내가 이 책을 쓴 이유는 내게 달리 선택권이 없었기 때문이다. 지금이면 당신도 알고 있겠지만 무無에서는 아무 일도 일어나지 않는다. 그래서 이 책을 쓰는 과정에서도 많은 사람들의 노력이 곁들여졌다. 제일 먼저 우리 부모님께 감사드리고 싶다. 당연히 부모님은 내게 유전자를 물려주셨지만, 거기서 그치지 않고 쉬지 않고 호기심을 채우려 하는 내 뇌를 만족시킬 건강한 환경도 제공해주셨다. 수많은 서적과 음반에서 내 데이터맨 계산기와 내 코모도어 64Commodore 64 컴퓨터에 이르기까지, 부모님은 운동을 끔찍이도 싫어하는 자식을 양육하고 기운을 북돋아주기 위해 많은 부분을 희생하셨다.

나는 많은 훌륭한 스승님들과 지도 교수님들께, 특히 윌리엄 배일William Vail, 데이비드 루스David Roos, 척 스미스Chuck Smith, 셰리 퀴너Sherry Queener 박사님에게 신세를 졌다. 이분들은 나를 흥미진진한 생의학 연구로 이끌어 비판적으로 생각하는 방법을 가르쳐주셨다. 이분들이 없었다면 나는 록밴드를 결성해서 수백만 장이 팔린 멀티플래티넘 음반을 내고, 전 세계로 투어를 돌며 수백 번의 콘서트를 하며 매진 사례를 누렸을 것이다. 그럼…… 이분들께 고마워하는 것이 맞나?

이상한 말이지만, 나는 톡소플라즈마 곤디에게도 감사의 말을 전해야 한다. 1994년부터 이 기생충을 연구해왔다. 이 기생충은 우리가 통제할 수 없는 것들이 우리의 행동에 영향을 미친다는 개념을 내게 소개해주었다. 내가 실험실에 있는 동안에 칼 짐머Carl Zimmer가 내 지도 교수님과 톡소플라즈마에 대해 인터뷰하고 난 후 기념비적인 책《기생충 제국Parasite Rex》을 썼다. (그 책 118쪽에서 짐머가 언급한 "루스 교수님의 대학원생Roos's graduate students"이 바로 나다!) 나는 언젠가 대중 과학서적을 쓰면 재미있겠다는 생각을 했다. 그 일을 하는 데 시간이 그렇게 오래 걸린 이유는 재레드

다이아몬드Jared Diamond 교수님 때문이다. 출판 사인회에서 나는 그에게 내 포부에 대해 얘기했다. 그러자 그는 공감하는 눈빛으로 나를 지긋이 바라보며 이런 현명한 조언을 남겼다. "종신재직 교수 자리에 오를 때까지는 기다렸다가 쓰게."

마지막으로 이 당시에 내가 필라델피아에 있지 않았다면 로리Lori를 만나지 못했을 것이다. 그녀는 나와 한 팀을 이루어 지금까지 해온 것 중 가장 위대한 실험을 해보기로 했다. 바로 아이를 갖는 것이었다. 콜린Colin과 소피아Sophia를 통해 나는 유전학이 어떻게 펼쳐지는지 직접 목격하며 연구할 수 있었다.

인디애나폴리스는 과학자와 과학 마니아들의 커뮤니티 활동이 활발한 곳이다! 그들이 나를 초대해준 덕분에 가끔씩 연구실을 나와 생물학에 대한 재미있는 이야기들을 주저리주저리 풀어낼 기회를 얻을 수 있었다. 감사한 마음이다. 센트럴 인디애나 과학 봉사단Central Indiana Science Outreach을 창립한 멜라니 폭스Melanie Fox는 2016년에 나를 '핀트 오브 사이언스Pint of Science'에 초대했다. 나는 그곳에서 "우리가 알고 있던 자유의지의 종말(그래도 나는 괜찮다) It's the End of Free Will as We Know ItAnd I Feel Fine"라는 제목으로 강연했고, 이 책의 밑바탕이 됐다. 지원과 격려를 아끼지 않고 대중과 과학에 대해 소통할 자리를 마련해준 다음의 분들에게도 감사의 마음을 전한다. 레바 보이드 우든Reba Boyd Wooden[Center for Inquiry], 레베카 스미스Rebecca Smith와 인디애나 주립박물관Indiana State Museum, 카리 루이스-트시노보이Cari Lewis-Tsinovoi(사이언스 북스 클럽 'Books, Booze, and Brains'의 창립자), 마크 케슬링Mark Kesling('The daVinci Pursuit'의 창립자), 루푸스 코클란Rufus Cochran('Indiana Science Communication and Education Foundation; March for Science'의 창립자).

나는 과학 소통이라는 예술에 헌신하는 환상적인 사람들과 함께 일하는 특권을 누렸다. 특히 PLOS SciComm의 동료 편집자 제이슨 오르간Jason Organ과 크리스타 호프만-롱틴Krista Hoffmann-Longtin에게 신세를 졌다. 볼품없었던 초기 원고를 참아내며 도움이 되는 조언을 아끼지 않았던 제이슨에게 특히 감사드린다. 그리고 이 책의 초기 개념들을 다듬도록 돕고, 나와 함께 'THE SCOPE'라는 모험적 블로그를 공동으로 창립한 마크 라스버리Mark Lasbury에게도 감사드린다. 이 블로그는 내 글쓰기 근육을 튼튼히 하는 데 큰 도움을 주었다.

정형화된 과학 논문을 쓸 때는 글길이 막히는 경우가 드물다. 하지만 대중 과학 서적을 쓰는 동안에는 여러 번 글길이 막혀 고생했다. 이런 인지 장벽을 녹여줄, 아니면 적어도 그 장벽을 잠시나마 잊게 도와줄 맛있는 묘약을 만들어준 인디애나폴리스의 맥주회사 'Deviate Brewing'의 천재들에게 감사한다.

나는 로리 애브케메이어[Laurie Abkemeier]와 디피오레 앤 컴퍼니[DeFiore and Company]의 팀이 나를 대표해주고 있어 정말 운이 좋다고 생각한다. 로리는 첫날부터 이 프로젝트를 지치지 않고 옹호해주었고, 이 초보 저자가 민망하지 않은 출판제안서 초고를 쓰도록 참을성 있게 도와주었다. 책이 모양을 잡아가자 로리는 이 책이 전달하려는 개념에 초점을 맞추고 쓸데없는 농담은 솎아내게 도왔다. 재능 있는 편집자 힐러리 블랙[Hilary Black]과 앨리슨 존슨[Allyson Johnson]은 CRISPR/Cas9 같은 효율성으로 글을 다듬었고, 주제에 대한 열정을 내게 전염시켰다. 내셔널지오그래픽의 나머지 팀에게도 감사드린다. 멜리사 패리스[Melissa Farris](크리에이티브 디렉터), 니콜 밀러[Nicole Miller](디자이너), 주디스 클라인[Judith Klein](선임 제작편집인), 제니퍼 손튼[Jennifer Thornton](편집 주간), 헤더 맥엘웨인[Heather McElwain](교열 담당자).

이 책의 제목에 영감을 불어넣고 300페이지짜리 책만큼이나 인간의 행동에 대한 통찰을 불어넣는 곡을 만들어준 록밴드 리플레이스먼츠[Replacements]에게 감사드린다.

그리고 마지막으로, 인간의 지식을 발전시키는 일에 헌신해온 과학자들이 없었다면 이 책에는 아무것도 쓸 것이 없었을 것이다. 당신들과 함께 이 거대한 퍼즐 조각들을 발견하고 맞출 수 있어서 큰 영광이다.

1장 나의 창조주와 만나다

Borghol, N., M. Suderman, W. McArdle, A. Racine, M. Hallett, M. Pembrey, C. Hertzman, C. Power, and M. Szyf. "Associations With Early-Life Socio-Economic Position in Adult DNA Methylation." *International Journal of Epidemiology* 41, no. 1 (Feb. 2012): 62–74.

Human Microbiome Project, Consortium. "Structure, Function and Diversity of the Healthy Human Microbiome." *Nature* 486, no. 7402 (June 13, 2012): 207–14.

Kioumourtzoglou, M. A., B. A. Coull, E. J. O'Reilly, A. Ascherio, and M. G. Weisskopf. "Association of Exposure to Diethylstilbestrol During Pregnancy With Multigenerational Neurodevelopmental Deficits." *JAMA Pediatrics* 172, no. 7 (July 1, 2018): 670–77.

Lax, S., D. P. Smith, J. Hampton-Marcell, S. M. Owens, K. M. Handley, N. M. Scott, S. M. Gibbons, et al. "Longitudinal Analysis of Microbial Interaction Between Humans and the Indoor Environment." *Science* 345, no. 6200 (Aug. 29, 2014): 1048–52.

Meadow, J. F., A. E. Altrichter, A. C. Bateman, J. Stenson, G. Z. Brown, J. L. Green, and B. J. Bohannan. "Humans Differ in Their Personal Microbial Cloud." *PeerJ* 3 (2015): e1258.

Sender, R., S. Fuchs, and R. Milo. "Revised Estimates for the Number of Human and Bacteria Cells in the Body." *PLoS Biology* 14, no. 8 (Aug. 2016): e1002533.

Simola, D. F., R. J. Graham, C. M. Brady, B. L. Enzmann, C. Desplan, A. Ray, L. J. Zwiebel, et al. "Epigenetic (Re)Programming of Caste-Specific Behavior in the Ant *Camponotus floridanus*." *Science* 351, no. 6268 (Jan. 1, 2016): aac6633.

2장 나의 입맛과 만나다

Allen, A. L., J. E. McGeary, and J. E. Hayes. "Polymorphisms in TRPV1 and TAS2RS Associate With Sensations From Sampled Ethanol." *Alcoholism: Clinical and Experimental Research* 38, no. 10 (Oct. 2014): 2550–60.

Anderson, E. C., and L. F. Barrett. "Affective Beliefs Influence the Experience of Eating Meat." *PLoS One* 11, no. 8 (2016): e0160424.

Bady, I., N. Marty, M. Dallaporta, M. Emery, J. Gyger, D. Tarussio, M. Foretz, and B. Thorens. "Evidence From Glut2-Null Mice That Glucose Is a Critical Physiological Regulator of Feeding." *Diabetes* 55, no. 4 (Apr. 2006): 988–95.

Basson, M. D., L. M. Bartoshuk, S. Z. Dichello, L. Panzini, J. M. Weiffenbach, and V. B. Duffy. "Association Between 6-N-Propylthiouracil (Prop) Bitterness and Colonic Neoplasms." *Digestive Diseases and Sciences* 50, no. 3 (Mar. 2005): 483–89.

Bayol, S. A., S. J. Farrington, and N. C. Stickland. "A Maternal 'Junk Food' Diet in Pregnancy and Lactation Promotes an Exacerbated Taste for 'Junk Food' and a Greater Propensity for Obesity in Rat Offspring." *British Journal of Nutrition* 98, no. 4 (Oct. 2007): 843–51.

Ceja-Navarro, J. A., F. E. Vega, U. Karaoz, Z. Hao, S. Jenkins, H. C. Lim, P. Kosina, et al. "Gut Microbiota Mediate Caffeine Detoxification in the Primary Insect Pest of Coffee." *Nature Communications* 6 (July 14, 2015): 7618.

Cornelis, M. C., A. El-Sohemy, E. K. Kabagambe, and H. Campos. "Coffee,

Cyp1a2 Genotype, and Risk of Myocardial Infarction." *JAMA* 295, no. 10 (Mar. 8, 2006): 1135–41.

Eny, K. M., T. M. Wolever, B. Fontaine-Bisson, and A. El-Sohemy. "Genetic Variant in the Glucose Transporter Type 2 Is Associated With Higher Intakes of Sugars in Two Distinct Populations." *Physiological Genomics* 33, no. 3 (May 13, 2008): 355–60.

Eriksson, N., S. Wu, C. B. Do, A. K. Kiefer, J. Y. Tung, J. L. Mountain, D. A. Hinds, and U. Francke. "A Genetic Variant Near Olfactory Receptor Genes Influences Cilantro Preference." *arXiv.org* (2012).

Hodgson, R. T. "An Examination of Judge Reliability at a Major U.S. Wine Competition." *Journal of Wine Economics* 3, no. 2 (2008): 105–13.

Knaapila, A., L. D. Hwang, A. Lysenko, F. F. Duke, B. Fesi, A. Khoshnevisan, R. S. James, et al. "Genetic Analysis of Chemosensory Traits in Human Twins." *Chemical Senses* 37, no. 9 (Nov. 2012): 869–81.

Marco, A., T. Kisliouk, T. Tabachnik, N. Meiri, and A. Weller. "Overweight and CpG Methylation of the Pomc Promoter in Offspring of High-Fat-Diet-Fed Dams Are Not 'Reprogrammed' by Regular Chow Diet in Rats." *FASEB Journal* 28, no. 9 (Sep. 2014): 4148–57.

McClure, S. M., J. Li, D. Tomlin, K. S. Cypert, L. M. Montague, and P. R. Montague. "Neural Correlates of Behavioral Preference for Culturally Familiar Drinks." *Neuron* 44, no. 2 (Oct. 14, 2004): 379–87.

Mennella, J. A., A. Johnson, and G. K. Beauchamp. "Garlic Ingestion by Pregnant Women Alters the Odor of Amniotic Fluid." *Chemical Senses* 20, no. 2 (Apr. 1995): 207–09.

Munoz-Gonzalez, C., C. Cueva, M. Angeles Pozo-Bayon, and M. Victoria Moreno-Arribas. "Ability of Human Oral Microbiota to Produce Wine Odorant Aglycones From Odourless Grape Glycosidic Aroma Precursors." *Food Chemistry* 187 (Nov. 15, 2015): 112–19.

Pirastu, N., M. Kooyman, M. Traglia, A. Robino, S. M. Willems, G. Pistis, N.

Amin, et al. "A Genome-Wide Association Study in Isolated Populations Reveals New Genes Associated to Common Food Likings." *Reviews in Endocrine and Metabolic Disorders* 17, no. 2 (June 2016): 209–19.

Pomeroy, R. "The Legendary Study That Embarrassed Wine Experts Across the Globe." *Real Clear Science*, accessed February 22, 2018, www.realclearscience.com/blog/2014/08/the_most_infamous_study_on_wine_tasting.html.

Rozin, P., L. Millman, and C. Nemeroff. "Operation of the Laws of Sympathetic Magic in Disgust and Other Domains." *Journal of Personality and Social Psychology* 50, no. 4 (1986): 703–12.

Tewksbury, J. J., and G. P. Nabhan. "Seed Dispersal. Directed Deterrence by Capsaicin in Chilies." *Nature* 412, no. 6845 (July 26, 2001): 403–04.

Vani, H. *The Food Babe Way: Break Free From the Hidden Toxins in Your Food and Lose Weight, Look Years Younger, and Get Healthy in Just 21 Days!* New York: Little, Brown and Company, 2015.

Vilanova, C., A. Iglesias, and M. Porcar. "The Coffee-Machine Bacteriome: Biodiversity and Colonisation of the Wasted Coffee Tray Leach." *Scientific Reports* 5 (Nov. 23, 2015): 17163.

Womack, C. J., M. J. Saunders, M. K. Bechtel, D. J. Bolton, M. Martin, N. D. Luden, W. Dunham, and M. Hancock. "The Influence of a Cyp1a2 Polymorphism on the Ergogenic Effects of Caffeine." *Journal of the International Society of Sports Nutrition* 9, no. 1 (Mar. 15, 2012): 7.

3장 나의 식욕과 만나다

Afshin, A., M. H. Forouzanfar, M. B. Reitsma, P. Sur, K. Estep, A. Lee, et al., and Global Burden of Disease 2015 Obesity Collaborators. "Health Effects of Overweight and Obesity in 195 Countries over 25 Years." *New England Journal of Medicine* 377, no. 1 (July 6, 2017): 13–27.

Ahmed, S. H., K. Guillem, and Y. Vandaele. "Sugar Addiction: Pushing the Drug- Sugar Analogy to the Limit." *Current Opinions in Clinical Nutritition and Metabolic Care* 16, no. 4 (July 2013): 434–39.

Backhed, F., H. Ding, T. Wang, L. V. Hooper, G. Y. Koh, A. Nagy, C. F. Semenkovich, and J. I. Gordon. "The Gut Microbiota as an Environmental Factor That Regulates Fat Storage." *Proceedings of the National Academy of Sciemnces of the United States of America* 101, no. 44 (Nov. 2, 2004): 15718–23.

Barton, W., N. C. Penney, O. Cronin, I. Garcia-Perez, M. G. Molloy, E. Holmes, F. Shanahan, P. D. Cotter, and O. O'Sullivan. "The Microbiome of Professional Athletes Differs From That of More Sedentary Subjects in Composition and Particularly at the Functional Metabolic Level." Gut (Mar. 30, 2017).

Blaisdell, A. P., Y. L. Lau, E. Telminova, H. C. Lim, B. Fan, C. D. Fast, D. Garlick, and D. C. Pendergrass. "Food Quality and Motivation: A Refined Low-Fat Diet Induces Obesity and Impairs Performance on a Progressive Ratio Schedule of Instrumental Lever Pressing in Rats." *Physiology & Behavior* 128 (Apr. 10, 2014): 220–25.

Bressa, C., M. Bailen-Andrino, J. Perez-Santiago, R. Gonzalez-Soltero, M. Perez, M. G. Montalvo-Lominchar, J. L. Mate-Munoz, et al. "Differences in Gut Microbiota Profile Between Women With Active Lifestyle and Sedentary Women." *PLoS One* 12, no. 2 (2017): e0171352.

Clement, K., C. Vaisse, N. Lahlou, S. Cabrol, V. Pelloux, D. Cassuto, M. Gourmelen, et al. "A Mutation in the Human Leptin Receptor Gene Causes Obesity and Pituitary Dysfunction." *Nature* 392, no. 6674 (Mar. 26, 1998): 398–401.

De Filippo, C., D. Cavalieri, M. Di Paola, M. Ramazzotti, J. B. Poullet, S. Massart, S. Collini, G. Pieraccini, and P. Lionetti. "Impact of Diet in Shaping Gut Microbiota Revealed by a Comparative Study in Children

From Europe and Rural Africa." *Proceedings of the National Academy of Sciences of the United States of America* 107, no. 33 (Aug. 17, 2010): 14691–96.

den Hoed, M., S. Brage, J. H. Zhao, K. Westgate, A. Nessa, U. Ekelund, T. D. Spector, N. J. Wareham, and R. J. Loos. "Heritability of Objectively Assessed

Daily Physical Activity and Sedentary Behavior." *American Journal of Clinical Nutrition* 98, no. 5 (Nov. 2013): 1317–25.

Deriaz, O., A. Tremblay, and C. Bouchard. "Non Linear Weight Gain With Long Term Overfeeding in Man." *Obesity Research* 1, no. 3 (May 1993): 179–85.

Derrien, M., C. Belzer, and W. M. de Vos. "*Akkermansia muciniphila* and Its Role in Regulating Host Functions." *Microbial Pathogenesis* 106 (May 2017): 171–81.

Dobson, A. J., M. Ezcurra, C. E. Flanagan, A. C. Summerfield, M. D. Piper, D. Gems, and N. Alic. "Nutritional Programming of Lifespan by Foxo Inhibition on Sugar-Rich Diets." *Cell Reports* 18, no. 2 (Jan. 10, 2017): 299–306.

Dolinoy, D. C., D. Huang, and R. L. Jirtle. "Maternal Nutrient Supplementation Counteracts Bisphenol A-Induced DNA Hypomethylation in Early Development." *Proceedings of the National Academy of the Sciences USA* 104, no. 32 (Aug. 7, 2007): 13056–61.

Donkin, I., S. Versteyhe, L. R. Ingerslev, K. Qian, M. Mechta, L. Nordkap, B. Mortensen, et al. "Obesity and Bariatric Surgery Drive Epigenetic Variation of Spermatozoa in Humans." *Cell Metabolism* 23, no. 2 (Feb. 9, 2016): 369–78.

Everard, A., V. Lazarevic, M. Derrien, M. Girard, G. G. Muccioli, A. M. Neyrinck, S. Possemiers, et al. "Responses of Gut Microbiota and Glucose and Lipid Metabolism to Prebiotics in Genetic Obese and Diet-

Induced Leptin-Resistant Mice." *Diabetes* 60, no. 11 (Nov. 2011): 2775–86.

Farooqi, I. S. "Leptin and the Onset of Puberty: Insights From Rodent and Human Genetics." *Seminars in Reproductive Medicine* 20, no. 2 (May 2002): 139–44.

Grimm, E. R., and N. I. Steinle. "Genetics of Eating Behavior: Established and Emerging Concepts." *Nutrition Reviews* 69, no. 1 (Jan. 2011): 52–60.

Hehemann, J. H., G. Correc, T. Barbeyron, W. Helbert, M. Czjzek, and G. Michel. "Transfer of Carbohydrate-Active Enzymes From Marine Bacteria to Japanese Gut Microbiota." *Nature* 464, no. 7290 (Apr. 8, 2010): 908–12.

Johnson, R. K., L. J. Appel, M. Brands, B. V. Howard, M. Lefevre, R. H. Lustig, F. Sacks, et al. "Dietary Sugars Intake and Cardiovascular Health: A Scientific Statement From the American Heart Association." *Circulation* 120, no. 11 (Sep. 15, 2009): 1011–20.

Jumpertz, R., D. S. Le, P. J. Turnbaugh, C. Trinidad, C. Bogardus, J. I. Gordon, and J. Krakoff. "Energy-Balance Studies Reveal Associations Between Gut Microbes, Caloric Load, and Nutrient Absorption in Humans." *American Journal of Clinical Nutrition* 94, no. 1 (July 2011): 58–65.

Levine, J. A. "Solving Obesity Without Addressing Poverty: Fat Chance." *Journal of Hepatology* 63, no. 6 (Dec. 2015): 1523–24.

Ley, R. E., F. Backhed, P. Turnbaugh, C. A. Lozupone, R. D. Knight, and J. I. Gordon. "Obesity Alters Gut Microbial Ecology." *Proceedings of the National Academy of the Sciences USA* 102, no. 31 (Aug. 2, 2005): 11070–05.

Loos, R. J., C. M. Lindgren, S. Li, E. Wheeler, J. H. Zhao, I. Prokopenko, M. Inouye, et al. "Common Variants Near Mc4r Are Associated With Fat Mass, Weight and Risk of Obesity." *Nature Genetics* 40, no. 6 (June 2008): 768–75.

Mann, Traci. *Secrets From the Eating Lab*. Harper Wave, 2015.

Moss, Michael. *Salt Sugar Fat: How the Food Giants Hooked Us*. New York:

Random House, 2013.

Ng, S. F., R. C. Lin, D. R. Laybutt, R. Barres, J. A. Owens, and M. J. Morris. "Chronic High-Fat Diet in Fathers Programs Beta-Cell Dysfunction in Female Rat Offspring." *Nature* 467, no. 7318 (Oct. 21, 2010): 963–66.

O'Rahilly, S. "Life Without Leptin." *Nature* 392, no. 6674 (Mar. 26, 1998): 330–31.

Pelleymounter, M. A., M. J. Cullen, M. B. Baker, R. Hecht, D. Winters, T. Boone, and F. Collins. "Effects of the Obese Gene Product on Body Weight Regulation in Ob/Ob Mice." *Science* 269, no. 5223 (July 28, 1995): 540–43.

Puhl, R., and Y. Suh. "Health Consequences of Weight Stigma: Implications for Obesity Prevention and Treatment." *Current Obesity Reports* 4, no. 2 (June 2015): 182–90.

Ridaura, V. K., J. J. Faith, F. E. Rey, J. Cheng, A. E. Duncan, A. L. Kau, N. W. Griffin, et al. "Gut Microbiota From Twins Discordant for Obesity Modulate Metabolism in Mice." *Science* 341, no. 6150 (Sep. 6, 2013): 1241214.

Roberts, M. D., J. D. Brown, J. M. Company, L. P. Oberle, A. J. Heese, R. G. Toedebusch, K. D. Wells, et al. "Phenotypic and Molecular Differences Between Rats Selectively Bred to Voluntarily Run High Vs. Low Nightly Distances." *American Journal of Physiology-Regulatory Integrative and Comparative Physiology* 304, no. 11 (June 1, 2013): R1024–35.

Schulz, L. O., and L. S. Chaudhari. "High-Risk Populations: The Pimas of Arizona and Mexico." *Current Obesity Reports* 4, no. 1 (Mar. 2015): 92–98.

Shadiack, A. M., S. D. Sharma, D. C. Earle, C. Spana, and T. J. Hallam. "Melanocortins in the Treatment of Male and Female Sexual Dysfunction." *Current Topics in Medicinal Chemistry* 7, no. 11 (2007): 1137–44.

Stice, E., S. Spoor, C. Bohon, and D. M. Small. "Relation Between Obesity and Blunted Striatal Response to Food Is Moderated by Taqia A1 Allele."

Science 322, no. 5900 (Oct. 17, 2008): 449–52.

Trogdon, J. G., E. A. Finkelstein, C. W. Feagan, and J. W. Cohen. "State- and Payer-Specific Estimates of Annual Medical Expenditures Attributable to Obesity." *Obesity* (Silver Spring) 20, no. 1 (Jan. 2012): 214–20.

Trompette, A., E. S. Gollwitzer, K. Yadava, A. K. Sichelstiel, N. Sprenger, C. Ngom- Bru, C. Blanchard, et al. "Gut Microbiota Metabolism of Dietary Fiber Influences Allergic Airway Disease and Hematopoiesis." *Nature Medicine* 20, no. 2 (Feb. 2014): 159–66.

Turnbaugh, P. J., M. Hamady, T. Yatsunenko, B. L. Cantarel, A. Duncan, R. E. Ley, M. L. Sogin, et al. "A Core Gut Microbiome in Obese and Lean Twins." *Nature* 457, no. 7228 (Jan. 22, 2009): 480–84.

Turnbaugh, P. J., R. E. Ley, M. A. Mahowald, V. Magrini, E. R. Mardis, and J. I. Gordon. "An Obesity-Associated Gut Microbiome With Increased Capacity for Energy Harvest." *Nature* 444, no. 7122 (Dec. 21, 2006): 1027–31.

Voisey, J., and A. van Daal. "Agouti: From Mouse to Man, From Skin to Fat." *Pigment Cell & Melanoma Research* 15, no. 1 (Feb. 2002): 10–18.

Wang L., S. Gillis-Smith, Y. Peng, J. Zhang, X. Chen, C. D. Salzman, N. J. Ryba, and C. S. Zuker. "The Coding of Valence and Identity in the Mammalian Taste System." *Nature* 558, no. 7708 (June 2018): 127–31.

Yang, N., D. G. MacArthur, J. P. Gulbin, A. G. Hahn, A. H. Beggs, S. Easteal, and K. North. "Actn3 Genotype Is Associated With Human Elite Athletic Performance." *American Journal of Human Genetics* 73, no. 3 (Sep. 2003): 627–31.

Zhang, X., and A. N. van den Pol. "Rapid Binge-Like Eating and Body Weight Gain Driven by Zona Incerta GABA Neuron Activation." *Science* 356, no. 6340 (May 26, 2017): 853–59.

Anstee, Q. M., S. Knapp, E. P. Maguire, A. M. Hosie, P. Thomas, M. Mortensen, R.Bhome, et al. "Mutations in the Gabrb1 Gene Promote Alcohol Consumption Through Increased Tonic Inhibition." *Nature Communications* 4 (2013): 2816.

Bercik, P., E. Denou, J. Collins, W. Jackson, J. Lu, J. Jury, Y. Deng, et al. "The Intestinal Microbiota Affect Central Levels of Brain-Derived Neurotropic Factor and Behavior in Mice." *Gastroenterology* 141, no. 2 (Aug. 2011): 599–609.e3.

Dick, D. M., H. J. Edenberg, X. Xuei, A. Goate, S. Kuperman, M. Schuckit, R. Crowe, et al. "Association of Gabrg3 With Alcohol Dependence." *Alcoholism: Clinical and Experimental Research* 28, no. 1 (Jan. 2004): 4–9.

DiNieri, J. A., X. Wang, H. Szutorisz, S. M. Spano, J. Kaur, P. Casaccia, D. Dow-Edwards, and Y. L. Hurd. "Maternal Cannabis Use Alters Ventral Striatal Dopamine D2 Gene Regulation in the Offspring." *Biological Psychiatry* 70, no. 8 (Oct. 15, 2011): 763–69.

Egervari, G., J. Landry, J. Callens, J. F. Fullard, P. Roussos, E. Keller, and Y. L. Hurd. "Striatal H3k27 Acetylation Linked to Glutamatergic Gene Dysregulation in Human Heroin Abusers Holds Promise as Therapeutic Target." *Biological Psychiatry* 81, no. 7 (Apr. 1, 2017): 585–94.

Finkelstein, E. A., K. W. Tham, B. A. Haaland, and A. Sahasranaman. "Applying Economic Incentives to Increase Effectiveness of an Outpatient Weight Loss Program (Trio): A Randomized Controlled Trial." *Social Science & Medicine* 185 (July 2017): 63–70.

Flagel, S. B., S. Chaudhury, M. Waselus, R. Kelly, S. Sewani, S. M. Clinton, R. C. Thompson, S. J. Watson, Jr., and H. Akil. "Genetic Background and Epigenetic Modifications in the Core of the Nucleus Accumbens Predict Addiction-Like Behavior in a Rat Model." *Proceedings of the National Academy of the Sciences USA* 113, no. 20 (May 17. 2016): E2861–70.

Flegr, J., and R. Kuba. "The Relation of Toxoplasma Infection and Sexual Attraction to Fear, Danger, Pain, and Submissiveness." *Evolutionary Psychology* 14, no. 3 (2016).

Flegr, J., M. Preiss, J. Klose, J. Havlicek, M. Vitakova, and P. Kodym. "Decreased Level of Psychobiological Factor Novelty Seeking and Lower Intelligence in Men Latently Infected With the Protozoan Parasite Toxoplasma gondii Dopamine, a Missing Link Between Schizophrenia and Toxoplasmosis?" *Biological Psychology 63*, no. 3 (July 2003): 253–68.

Frandsen, M. "Why We Should Pay People to Stop Smoking." theconversation. com/why-we-should-pay-people-to-stop-smoking-84058.

Giordano, G. N., H. Ohlsson, K. S. Kendler, K. Sundquist, and J. Sundquist. "Unexpected Adverse Childhood Experiences and Subsequent Drug Use Disorder: A Swedish Population Study (1995–2011)." *Addiction* 109, no. 7 (July 2014): 1119–27.

Kippin, T. E., J. C. Campbell, K. Ploense, C. P. Knight, and J. Bagley. "Prenatal Stress and Adult Drug-Seeking Behavior: Interactions With Genes and Relation to Nondrug-Related Behavior." *Advances in Neurobiology* 10 (2015): 75–100.

Koepp, M. J., R. N. Gunn, A. D. Lawrence, V. J. Cunningham, A. Dagher, T. Jones, D. J. Brooks, C. J. Bench, and P. M. Grasby. "Evidence for Striatal Dopamine Release During a Video Game." *Nature 393*, no. 6682 (May 21 1998): 266–68.

Kreek, M. J., D. A. Nielsen, E. R. Butelman, and K. S. LaForge. "Genetic Influences on Impulsivity, Risk Taking, Stress Responsivity and Vulnerability to Drug Abuse and Addiction." *Nature Neuroscience 8*, no. 11 (Nov. 2005): 1450–57.

Leclercq, S., S. Matamoros, P. D. Cani, A. M. Neyrinck, F. Jamar, P. Starkel, K. Windey, et al. "Intestinal Permeability, Gut-Bacterial Dysbiosis, and

Behavioral Markers of Alcohol-Dependence Severity." *Proceedings of the National Academy of the Sciences USA* 111, no. 42 (Oct. 21, 2014): E4485–93.

Matthews, L. J., and P. M. Butler. "Novelty-Seeking DRD4 Polymorphisms Are Associated With Human Migration Distance Out-of-Africa After Controlling for Neutral Population Gene Structure." *American Journal of Physical Anthropology* 145, no. 3 (July 2011): 382–89.

Mohammad, Akikur. *The Anatomy of Addiction: What Science and Research Tell Us About the True Causes, Best Preventive Techniques, and Most Successful Treatments.* New York: TarcherPerigee, 2016.

Osbourne, Ozzy. *Trust Me, I'm Dr. Ozzy: Advice from Rock's Ultimate Survivor.* New York: Grand Central Publishing, 2011.

Peng, Y., H. Shi, X. B. Qi, C. J. Xiao, H. Zhong, R. L. Ma, and B. Su. "The ADH1B Arg47His Polymorphism in East Asian Populations and Expansion of Rice Domestication in History." *BMC Evolutionary Biology* 10 (Jan. 20, 2010): 15.

Peters, S., and E. A. Crone. "Increased Striatal Activity in Adolescence Benefits Learning." *Nature Communications* 8, no. 1 (Dec. 19, 2017): 1983.

Ptacek, R., H. Kuzelova, and G. B. Stefano. "Dopamine D4 Receptor Gene DRD4 and Its Association With Psychiatric Disorders." *Medical Science Monitor* 17, no. 9 (Sep. 2011): RA215–20.

Repunte-Canonigo, V., M. Herman, T. Kawamura, H. R. Kranzler, R. Sherva, J. Gelernter, L. A. Farrer, M. Roberto, and P. P. Sanna. "Nf1 Regulates Alcohol Dependence-Associated Excessive Drinking and Gamma-Aminobutyric Acid Release in the Central Amygdala in Mice and Is Associated With Alcohol Dependence in Humans." *Biological Psychiatry* 77, no. 10 (May 15, 2015): 870–79.

Reynolds, Gretchen. "The Genetics of Being a Daredevil." *New York Times*, well. blogs.nytimes.com/2014/02/19/the-genetics-of-being-a-daredevil/?_r=0.

Schumann, G., C. Liu, P. O'Reilly, H. Gao, P. Song, B. Xu, B. Ruggeri, et al.

"KLB Is Associated With Alcohol Drinking, and Its Gene Product Beta-Klotho Is Necessary for FGF21 Regulation of Alcohol Preference." *Proceedings of the National Academy of the Sciences USA* 113, no. 50 (Dec. 13, 2016): 14372–77.

Stoel, R. D., E. J. De Geus, and D. I. Boomsma. "Genetic Analysis of Sensation Seeking With an Extended Twin Design." *Behavior Genetics* 36, no. 2 (Mar. 2006): 229–37.

Substance Abuse and Mental Health Services Administration. "Substance Use and Dependence Following Initiation of Alcohol of Illicit Drug Use"," *The NSDUH Report*, Rockville, MD, 2008.

Sutterland, A. L., G. Fond, A. Kuin, M. W. Koeter, R. Lutter, T. van Gool, R. Yolken, et al. "Beyond the Association. Toxoplasma gondii in Schizophrenia, Bipolar Disorder, and Addiction: Systematic Review and Meta-Analysis." *Acta Psychiatrica Scandinavica* 132, no. 3 (Sep. 2015): 161–79.

Szalavitz, Maia. *Unbroken Brain: A Revolutionary New Way of Understanding Addiction*. New York: St. Martin's Press, 2016.

Tikkanen, R., J. Tiihonen, M. R. Rautiainen, T. Paunio, L. Bevilacqua, R. Panarsky, D. Goldman, and M. Virkkunen. "Impulsive Alcohol-Related Risk-Behavior and Emotional Dysregulation Among Individuals With a Serotonin 2b Receptor Stop Codon." *Translational Psychiatry* 5 (Nov. 17, 2015): e681.

Vallee, M., S. Vitiello, L. Bellocchio, E. Hebert-Chatelain, S. Monlezun, E. Martin-Garcia, F. Kasanetz, et al. "Pregnenolone Can Protect the Brain From Cannabis Intoxication." *Science* 343, no. 6166 (Jan. 3, 2014): 94–98.

Webb, A., P. A. Lind, J. Kalmijn, H. S. Feiler, T. L. Smith, M. A. Schuckit, and K. Wilhelmsen. "The Investigation Into CYP2E1 in Relation to the Level of Response to Alcohol Through a Combination of Linkage and Association Analysis." *Alcoholism: Clinical and Experimental Research*

35, no. 1 (Jan. 2011): 10–18.

5장 나의 기분과 만나다

Aldwin, C. M., Y. J. Jeong, H. Igarashi, and A. Spiro. "Do Hassles and Uplifts Change With Age? Longitudinal Findings From the Va Normative Aging Study." *Psychology and Aging* 29, no. 1 (Mar. 2014): 57–71.

Amin, N., N. M. Belonogova, O. Jovanova, R. W. Brouwer, J. G. van Rooij, M. C. van den Hout, G. R. Svishcheva, et al. "Nonsynonymous Variation in NKPD1 Increases Depressive Symptoms in European Populations." *Biological Psychiatry* 81, no. 8 (Apr. 15, 2017): 702–07.

Bravo, J. A., P. Forsythe, M. V. Chew, E. Escaravage, H. M. Savignac, T. G. Dinan, J. Bienenstock, and J. F. Cryan. "Ingestion of Lactobacillus Strain Regulates Emotional Behavior and Central Gaba Receptor Expression in a Mouse Via the Vagus Nerve." *Proceedings of the National Academy of the Sciences USA* 108, no. 38 (Sep. 20, 2011): 16050–55.

Brickman, P., D. Coates, and R. Janoff-Bulman. "Lottery Winners and Accident Victims: Is Happiness Relative?" *Journal of Personality and Social Psychology* 36, no. 8 (Aug. 1978): 917–27.

Cameron, N. M., D. Shahrokh, A. Del Corpo, S. K. Dhir, M. Szyf, F. A. Champagne, and M. J. Meaney. "Epigenetic Programming of Phenotypic Variations in Reproductive Strategies in the Rat Through Maternal Care." *Journal of Neuroendocrinology* 20, no. 6 (June 2008): 795–801.

Caspi, A., K. Sugden, T. E. Moffitt, A. Taylor, I. W. Craig, H. Harrington, J. McClay, et al. "Influence of Life Stress on Depression: Moderation by a Polymorphism in the 5-HTT Gene." *Science* 301, no. 5631 (July 18, 2003): 386–89.

Chiao, J. Y., and K. D. Blizinsky. "Culture-Gene Coevolution of Individualism-Collectivism and the Serotonin Transporter Gene."

Proceedings of the Royal Society of London B: Biological Sciences 277, no. 1681 (Feb. 22, 2010): 529–37.

Claesson, M. J., S. Cusack, O. O'Sullivan, R. Greene-Diniz, H. de Weerd, E. Flannery, J. R. Marchesi, et al. "Composition, Variability, and Temporal Stability of the Intestinal Microbiota of the Elderly." *Proceedings of the National Academy of the Sciences USA* 108 Suppl. 1 (Mar. 15, 2011): 4586–91.

Claesson, M. J., I. B. Jeffery, S. Conde, S. E. Power, E. M. O'Connor, S. Cusack, H. M. Harris, et al. "Gut Microbiota Composition Correlates With Diet and Health in the Elderly." *Nature* 488, no. 7410 (Aug. 9, 2012): 178–84.

Converge Consortium. "Sparse Whole-Genome Sequencing Identifies Two Loci for Major Depressive Disorder." *Nature* 523, no. 7562 (July 30, 2015): 588–91.

Cordell, B., and J. McCarthy. "A Case Study of Gut Fermentation Syndrome (Auto-Brewery) With Saccharomyces Cerevisiae as the Causative Organism." *International Journal of Clinical Medicine* 4 (2013): 309–12.

Dreher J. C., S. Dunne S, A. Pazderska, T. Frodl, J. J. Nolan, and J. P. O'Doherty. "Testosterone Causes Both Prosocial and Antisocial Status-Enhancing Behaviors in Human Males." *Proceedings of the National Academy of the Sciences USA* 113, no. 41 (Oct. 11, 2016): 11633–38.

Ford, B. Q., M. Tamir, T. T. Brunye, W. R. Shirer, C. R. Mahoney, and H. A. Taylor. "Keeping Your Eyes on the Prize: Anger and Visual Attention to Threats and Rewards." *Psychological Science* 21, no. 8 (Aug. 2010): 1098–105.

Gruber, J., I. B. Mauss, and M. Tamir. "A Dark Side of Happiness? How, When, and Why Happiness Is Not Always Good." *Perspectives on Psychological Science* 6, no. 3 (May 2011): 222–33.

Guccione, Bob. "Fanfare for the Common Man: Who Is John Mellencamp?" SPIN, 1992.

Hing, B., C. Gardner, and J. B. Potash. "Effects of Negative Stressors on DNA

Methylation in the Brain: Implications for Mood and Anxiety Disorders." *American Journal of Medical Genetics B: Neuropsychiatric Genetics* 165B, no. 7 (Oct. 2014): 541–54.

Hyde, C. L., M. W. Nagle, C. Tian, X. Chen, S. A. Paciga, J. R. Wendland, J. Y. Tung, et al. "Identification of 15 Genetic Loci Associated With Risk of Major Depression in Individuals of European Descent." *Nature Genetics* 48, no. 9 (Sep. 2016): 1031–36.

Jansson-Nettelbladt, E., S. Meurling, B. Petrini, and J. Sjolin. "Endogenous Ethanol Fermentation in a Child With Short Bowel Syndrome." *Acta Paediatrica* 95, no. 4 (Apr. 2006): 502–04.

Kaufman, J., B. Z. Yang, H. Douglas-Palumberi, S. Houshyar, D. Lipschitz, J. H. Krystal, and J. Gelernter. "Social Supports and Serotonin Transporter Gene Moderate Depression in Maltreated Children." *Proceedings of the National Academy of the Sciences USA* 101, no. 49 (Dec. 7, 2004): 17316–21.

Kelly, J. R., Y. Borre, O' Brien C, E. Patterson, S. El Aidy, J. Deane, P. J. Kennedy, et al. "Transferring the Blues: Depression-Associated Gut Microbiota Induces Neurobehavioural Changes in the Rat." *Journal of Psychiatric Research* 82 (Nov. 2016): 109–18.

Kim A., and S. J. Maglio. "Vanishing Time in the Pursuit of Happiness." *Psychonomic Bulletin and Review* 25, no. 4 (Aug. 2018): 1337–42.

LaMotte, S. "Woman Claims Her Body Brews Alcohol, Has DUI Charge Dismissed." *CNN*, www.cnn.com/2015/12/31/health/auto-brewery-syndrome -dui-womans-body-brews-own-alcohol/index.html.

Lohoff, F. W. "Overview of the Genetics of Major Depressive Disorder." *Current Psychiatry Reports* 12, no. 6 (Dec. 2010): 539–46.

McGowan, P. O., A. Sasaki, A. C. D'Alessio, S. Dymov, B. Labonte, M. Szyf, G. Turecki, and M. J. Meaney. "Epigenetic Regulation of the Glucocorticoid Receptor in Human Brain Associates With Childhood Abuse." *Nature*

Neuroscience 12, no. 3 (Mar. 2009): 342–48.

Messaoudi, M., R. Lalonde, N. Violle, H. Javelot, D. Desor, A. Nejdi, J. F. Bisson, et al. "Assessment of Psychotropic-Like Properties of a Probiotic Formulation (Lactobacillus helveticus R0052 and Bifidobacterium longum R0175) in Rats and Human Subjects." *British Journal of Nutrition* 105, no. 5 (Mar. 2011): 755–64.

Minkov, M., and M. H. Bond. "A Genetic Component to National Differences in Happiness." *Journal of Happiness Studies* 18, no. 2 (2017): 321–40.

Moll, J., F. Krueger, R. Zahn, M. Pardini, R. de Oliveira-Souza, and J. Grafman. "Human Fronto-Mesolimbic Networks Guide Decisions About Charitable Donation." *Proceedings of the National Academy of the Sciences USA* 103, no. 42 (Oct. 17, 2006): 15623–28.

Naumova, O. Y., M. Lee, R. Koposov, M. Szyf, M. Dozier, and E. L. Grigorenko. "Differential Patterns of Whole-Genome DNA Methylation in Institutionalized Children and Children Raised by Their Biological Parents." *Development and Psychopathology* 24, no. 1 (Feb. 2012): 143–55.

Nesse, R. M. "Natural Selection and the Elusiveness of Happiness." *Philosophical Transactions of the Royal Society London B: Biological Sciences* 359, no. 1449 (Sep. 29, 2004): 1333–47.

Okbay, A., B. M. Baselmans, J. E. De Neve, P. Turley, M. G. Nivard, M. A. Fontana, S. F. Meddens, et al. "Genetic Variants Associated With Subjective Well-Being, Depressive Symptoms, and Neuroticism Identified Through Genome-Wide Analyses." *Nature Genetcis* 48, no. 6 (June 2016): 624–33.

Pena, C. J., H. G. Kronman, D. M. Walker, H. M. Cates, R. C. Bagot, I. Purushothaman, O. Issler, et al. "Early Life Stress Confers Lifelong Stress Susceptibility in Mice Via Ventral Tegmental Area Otx2." *Science* 356, no. 6343 (June 16, 2017): 1185–88.

Pronto, E., and Pswald A. J. "National Happiness and Genetic Distance: A

Cautious Exploration." ftp.iza.org/dp8300.pdf.

Romens, S. E., J. McDonald, J. Svaren, and S. D. Pollak. "Associations Between Early Life Stress and Gene Methylation in Children." *Child Development* 86, no. 1 (Jan.–Feb. 2015): 303–09.

Rosenbaum, J. T. "The E. Coli Made Me Do It." *The New Yorker*, www.new yorker.com/tech/elements/the-e-coli-made-me-do-it.

Singer, Peter. *The Expanding Circle: Ethics and Sociobiology.* Princeton, NJ: Princeton University Press, 1981.

Steenbergen, L., R. Sellaro, S. van Hemert, J. A. Bosch, and L. S. Colzato. "A Randomized Controlled Trial to Test the Effect of Multispecies Probiotics on Cognitive Reactivity to Sad Mood." *Brain, Behavior, and Immunity* 48 (Aug. 2015): 258–64.

Sudo, N., Y. Chida, Y. Aiba, J. Sonoda, N. Oyama, X. N. Yu, C. Kubo, and Y. Koga. "Postnatal Microbial Colonization Programs the Hypothalamic-Pituitary-Adrenal System for Stress Response in Mice." *Journal of Physiology* 558, no. Pt. 1 (July 1, 2004): 263–75.

Sullivan, P. F., M. C. Neale, and K. S. Kendler. "Genetic Epidemiology of Major Depression: Review and Meta-Analysis." *American Journal of Psychiatry* 157, no. 10 (Oct. 2000): 1552–62.

Swartz, J. R., A. R. Hariri, and D. E. Williamson. "An Epigenetic Mechanism Links Socioeconomic Status to Changes in Depression-Related Brain Function in High-Risk Adolescents." *Molecular Psychiatry* 22, no. 2 (Feb. 2017): 209–14.

Tillisch, K., J. Labus, L. Kilpatrick, Z. Jiang, J. Stains, B. Ebrat, D. Guyonnet, et al. "Consumption of Fermented Milk Product With Probiotic Modulates Brain Activity." *Gastroenterology* 144, no. 7 (June 2013): 1394–401.e4.

World Health Organization. "Depression." www.who.int/mediacentre/factsheets/fs369/en.

Zhang, L., A. Hirano, P. K. Hsu, C. R. Jones, N. Sakai, M. Okuro, T. McMahon, et al. "A PERIOD3 Variant Causes a Circadian Phenotype and Is Associated With a Seasonal Mood Trait." *Proceedings of the National Academy of the Sciences USA* 113, no. 11 (Mar. 15, 2016): E1536–44.

6장 나의 악마와 만나다

Aizer, A., and J. Currie. "Lead and Juvenile Delinquency: New Evidence From Linked Birth, School and Juvenile Detention Records." National Bureau of Economic Research, www.nber.org/papers/w23392.

Arrizabalaga, G., and B. Sullivan. "Common Parasite Could Manipulate Our Behavior." Scientific American MIND, www.scientificamerican.com/article/ common-parasite-could-manipulate-our-behavior.

Berdoy, M., J. P. Webster, and D. W. Macdonald. "Fatal Attraction in Rats Infected With Toxoplasma gondii." *Proceedings of the Royal Society: Biological Sciences* 267, no. 1452 (Aug. 7, 2000): 1591–94.

Bjorkqvist, K. "Gender Differences in Aggression." *Current Opinion in Psychology* 19 (Feb. 2018): 39–42.

Brunner, H. G., M. Nelen, X. O. Breakefield, H. H. Ropers, and B. A. van Oost. "Abnormal Behavior Associated With a Point Mutation in the Structural Gene for Monoamine Oxidase A." *Science* 262, no. 5133 (Oct. 22, 1993): 578–80.

Burgess, E. E., M. D. Sylvester, K. E. Morse, F. R. Amthor, S. Mrug, K. L. Lokken, M. K. Osborn, T. Soleymani, and M. M. Boggiano. "Effects of Transcranial Direct Current Stimulation (Tdcs) on Binge Eating Disorder." *International Journal of Eating Disorders* 49, no. 10 (Oct. 2016): 930–36.

Burt, S. A. "Are There Meaningful Etiological Differences Within Antisocial Behavior? Results of a Meta-Analysis." *Clinical Psychology Review* 29, no. 2 (Mar. 2009): 163–78.

Cahalan, Susannah. *Brain on Fire: My Month of Madness*. New York: Simon & Schuster, 2013.

Cases, O., I. Seif, J. Grimsby, P. Gaspar, K. Chen, S. Pournin, U. Muller, et al. "Aggressive Behavior and Altered Amounts of Brain Serotonin and Norepinephrine in Mice Lacking Maoa." *Science* 268, no. 5218 (June 23, 1995): 1763–66.

Caspi, A., J. McClay, T. E. Moffitt, J. Mill, J. Martin, I. W. Craig, A. Taylor, and R. Poulton. "Role of Genotype in the Cycle of Violence in Maltreated Children." *Science* 297, no. 5582 (Aug. 2, 2002): 851–54.

Chen, H., D. S. Pine, M. Ernst, E. Gorodetsky, S. Kasen, K. Gordon, D. Goldman, and P. Cohen. "The Maoa Gene Predicts Happiness in Women." *Progress in Neuropsychopharmacology & Biological Psychiatry* 40 (Jan. 10, 2013): 122–25.

Coccaro, E. F., R. Lee, M. W. Groer, A. Can, M. Coussons-Read, and T. T. Postolache. "Toxoplasma gondii Infection: Relationship With Aggression in Psychiatric Subjects." *Journal of Clinical Psychiatry* 77, no. 3 (Mar. 2016): 334–41.

Crockett, M. J., L. Clark, G. Tabibnia, M. D. Lieberman, and T. W. Robbins. "Serotonin Modulates Behavioral Reactions to Unfairness." *Science* 320, no. 5884 (June 27, 2008): 1739.

Dalmau, J., E. Tuzun, H. Y. Wu, J. Masjuan, J. E. Rossi, A. Voloschin, J. M. Baehring, et al. "Paraneoplastic Anti-N-Methyl-D-Aspartate Receptor Encephalitis Associated With Ovarian Teratoma." *Annals of Neurology* 61, no. 1 (Jan. 2007): 25–36.

Dias, B. G., and K. J. Ressler. "Parental Olfactory Experience Influences Behavior and Neural Structure in Subsequent Generations." *Nature Neuroscience* 17, no. 1 (Jan. 2014): 89–96.

Faiola, A. "A Modern Pope Gets Old School on the Devil." The Washington Post, www.washingtonpost.com/world/a-modern-pope-gets-old-school-

on-the-devil/2014/05/10/f56a9354-1b93-4662-abbb-d877e49f15ea_story.
html?utm_term=.8a6c61629cd5.

Feigenbaum, J.J., and C. Muller. "Lead Exposure and Violent Crime in the Early Twentieth Century." *Explorations in Economic History* 62 (2016): 51–86.

Flegr, J., J. Havlicek, P. Kodym, M. Maly, and Z. Smahel. "Increased Risk of Traffic Accidents in Subjects With Latent Toxoplasmosis: A Retrospective Case-Control Study." *BMC Infectious Diseases* 2 (July 2, 2002): 11.

Gatzke-Kopp, L. M., and T. P. Beauchaine. "Direct and Passive Prenatal Nicotine Exposure and the Development of Externalizing Psychopathology." *Child Psychiatry and Human Development* 38, no. 4 (Dec. 2007): 255–69.

Gogos, J. A., M. Morgan, V. Luine, M. Santha, S. Ogawa, D. Pfaff, and M. Karayiorgou. "Catechol-O-Methyltransferase-Deficient Mice Exhibit Sexually Dimorphic Changes in Catecholamine Levels and Behavior." *Proceedings of the National Academy of the Sciences USA* 95, no. 17 (Aug. 18, 1998): 9991–96.

Gunduz-Cinar, O., M. N. Hill, B. S. McEwen, and A. Holmes. "Amygdala FAAH and Anandamide: Mediating Protection and Recovery from Stress." *Trends in Pharmacological Sciences* 34, no. 11 (Nov. 2013): 637–44.

Hawthorne, M. "Studies Link Childhood Lead Exposure, Violent Crime." *Chicago Tribune*, www.chicagotribune.com/news/ct-lead-poisoning-science-met -20150605-story.html.

Heijmans, B. T., E. W. Tobi, A. D. Stein, H. Putter, G. J. Blauw, E. S. Susser, P. E. Slagboom, and L. H. Lumey. "Persistent Epigenetic Differences Associated With Prenatal Exposure to Famine in Humans." *Proceedings of the National Academy of the Sciences USA* 105, no. 44 (Nov. 4, 2008): 17046–49.

Hibbeln, J. R., J. M. Davis, C. Steer, P. Emmett, I. Rogers, C. Williams, and J. Golding. "Maternal Seafood Consumption in Pregnancy and Neurodevelopmental Outcomes in Childhood (Alspac Study): An Observational Cohort Study." *Lancet* 369, no. 9561 (Feb. 17, 2007): 578–85.

Hodges, L. M., A. J. Fyer, M. M. Weissman, M. W. Logue, F. Haghighi, O. Evgrafov, A. Rotondo, J. A. Knowles, and S. P. Hamilton. "Evidence for Linkage and Association of GABRB3 and GABRA5 to Panic Disorder." *Neuropsychopharmacology* 39, no. 10 (Sep. 2014): 2423–31.

Hunter, P. "The Psycho Gene." *EMBO Reports* 11, no. 9 (Sep. 2010): 667–69.

Ivorra, C., M. F. Fraga, G. F. Bayon, A. F. Fernandez, C. Garcia-Vicent, F. J. Chaves, J. Redon, and E. Lurbe. "DNA Methylation Patterns in Newborns Exposed to Tobacco in Utero." *Journal of Translational Medicine* 13 (Jan. 27, 2015): 25.

Kelly, S. J., N. Day, and A. P. Streissguth. "Effects of Prenatal Alcohol Exposure on Social Behavior in Humans and Other Species." *Neurotoxicology and Teratology* 22, no. 2 (Mar.–Apr. 2000): 143–49.

Li, Y., C. Xie, S. K. Murphy, D. Skaar, M. Nye, A. C. Vidal, K. M. Cecil, et al. "Lead Exposure During Early Human Development and DNA Methylation of Imprinted Gene Regulatory Elements in Adulthood." *Environmental Health Perspectives* 124, no. 5 (May 2016): 666–73.

Mednick, S. A., W. F. Gabrielli, Jr., and B. Hutchings. "Genetic Influences in Criminal Convictions: Evidence From an Adoption Cohort." *Science* 224, no. 4651 (May 25, 1984): 891–94.

Neugebauer, R., H. W. Hoek, and E. Susser. "Prenatal Exposure to Wartime Famine and Development of Antisocial Personality Disorder in Early Adulthood." *JAMA* 282, no. 5 (Aug. 4, 1999): 455–62.

Ouellet-Morin, I., C. C. Wong, A. Danese, C. M. Pariante, A. S. Papadopoulos, J. Mill, and L. Arseneault. "Increased Serotonin Transporter Gene (Sert) DNA Methylation Is Associated With Bullying Victimization and Blunted Cortisol Response to Stress in Childhood: A Longitudinal Study of

Discordant Monozygotic Twins." *Psychological Medicine* 43, no. 9 (Sep. 2013): 1813–23.

Ouko, L. A., K. Shantikumar, J. Knezovich, P. Haycock, D. J. Schnugh, and M. Ramsay. "Effect of Alcohol Consumption on CpG Methylation in the Differentially Methylated Regions of H19 and IG-DMR in Male Gametes: Implications for Fetal Alcohol Spectrum Disorders." *Alcoholism: Clinical and Experimental Research* 33, no. 9 (Sep. 2009): 1615–27.

Raine, A., J. Portnoy, J. Liu, T. Mahoomed, and J. R. Hibbeln. "Reduction in Behavior Problems With Omega-3 Supplementation in Children Aged 8–16 Years: A Randomized, Double-Blind, Placebo-Controlled, Stratified, Parallel-Group Trial." *Journal of Child Psychology and Psychiatry* 56, no. 5 (May 2015): 509–20.

Ramboz, S., F. Saudou, D. A. Amara, C. Belzung, L. Segu, R. Misslin, M. C. Buhot, and R. Hen. "5-HT1B Receptor Knock Out—Behavioral Consequences." *Behavioral Brain Research* 73, no. 1–2 (1996): 305–12.

Ramsbotham, L. D., and B. Gesch. "Crime and Nourishment: Cause for a Rethink?" *Prison Service Journal* 182 (Mar. 1, 2009): 3–9.

Sen, A., N. Heredia, M. C. Senut, S. Land, K. Hollocher, X. Lu, M. O. Dereski, and D. M. Ruden. "Multigenerational Epigenetic Inheritance in Humans: DNA Methylation Changes Associated With Maternal Exposure to Lead Can Be Transmitted to the Grandchildren." *Scientific Reports* 5 (Sep. 29, 2015): 14466.

Tiihonen, J., M. R. Rautiainen, H. M. Ollila, E. Repo-Tiihonen, M. Virkkunen, A. Palotie, O. Pietilainen, et al. "Genetic Background of Extreme Violent Behavior." *Molecular Psychiatry* 20, no. 6 (June 2015): 786–92.

Torrey, E. F., J. J. Bartko, and R. H. Yolken. "Toxoplasma gondii and Other Risk Factors for Schizophrenia: An Update." *Schizophrenia Bulletin* 38, no. 3 (May 2012): 642–47.

Weissman, M. M., V. Warner, P. J. Wickramaratne, and D. B. Kandel. "Maternal

Smoking During Pregnancy and Psychopathology in Offspring Followed to Adulthood." *Journal of the American Academy of Child and Adolescent Psychiatry* 38, no. 7 (July 1999): 892–99.

7장 나의 짝과 만나다

Acevedo, B. P., A. Aron, H. E. Fisher, and L. L. Brown. "Neural Correlates of Long-Term Intense Romantic Love." *Social Cognitive and Affective Neuroscience* 7, no. 2 (Feb. 2012): 145–59.

Barash, D. P., and J. E. Lipton. *The Myth of Monogamy: Fidelity and Infidelity in Animals and People.* New York: W. H. Freeman, 2001.

Buston, P. M., and S. T. Emlen. "Cognitive Processes Underlying Human Mate Choice: The Relationship Between Self-Perception and Mate Preference in Western Society." *Proceedings of the National Academy of the Sciences USA* 100, no. 15 (July 22, 2003): 8805–10.

Ciani, A. C., F. Iemmola, and S. R. Blecher. "Genetic Factors Increase Fecundity in Female Maternal Relatives of Bisexual Men as in Homosexuals." *Journal of Sexual Medicine* 6, no. 2 (Feb. 2009): 449–55.

Conley, T. D., J. L. Matsick, A. C. Moors, and A. Ziegler. "Investigation of Consensually Nonmonogamous Relationships." *Perspectives on Psychological Science* 12, no. 2 (2017): 205–32.

De Dreu, C. K., L. L. Greer, G. A. Van Kleef, S. Shalvi, and M. J. Handgraaf. "Oxytocin Promotes Human Ethnocentrism." *Proceedings of the National Academy of Sciences USA* 108, no. 4 (Jan. 25, 2011): 1262–66.

Feldman, R., A. Weller, O. Zagoory-Sharon, and A. Levine. "Evidence for a Neuroendocrinological Foundation of Human Affiliation: Plasma Oxytocin Levels Across Pregnancy and the Postpartum Period Predict Mother-Infant Bonding." *Psychological Science* 18, no. 11 (Nov. 2007): 965–70.

Fillion, T. J., and E. M. Blass. "Infantile Experience With Suckling Odors Determines Adult Sexual Behavior in Male Rats." *Science* 231, no. 4739 (Feb. 14, 1986): 729–31.

Finkel, E. J., J. L. Burnette, and L. E. Scissors. "Vengefully Ever After: Destiny Beliefs, State Attachment Anxiety, and Forgiveness." *Journal of Personality and Social Psychology* 92, no. 5 (May 2007): 871–86.

Fisher, H., A. Aron, and L. L. Brown. "Romantic Love: An fMRI Study of a Neural Mechanism for Mate Choice." *Journal of Comparative Neurology* 493, no. 1 (Dec. 5, 2005): 58–62.

Fisher, Helen. *Anatomy of Love: A Natural History of Mating, Marriage, and Why We Stray.* New York: W. W. Norton & Company, 2016.

Fraccaro, P. J., B. C. Jones, J. Vukovic, F. G. Smith, C. D. Watkins, D. R. Feinberg, A. C. Little, and L. M. DeBruine. "Experimental Evidence That Women Speak in a Higher Voice Pitch to Men They Find Attractive." *Journal of Evolutionary Psychology* 9, no. 1 (2011): 57–67.

Garcia, J. R., J. MacKillop, E. L. Aller, A. M. Merriwether, D. S. Wilson, and J. K. Lum. "Associations Between Dopamine D4 Receptor Gene Variation With Both Infidelity and Sexual Promiscuity." *PLoS One* 5, no. 11 (Nov. 30, 2010): e14162.

Ghahramani, N. M., T. C. Ngun, P. Y. Chen, Y. Tian, S. Krishnan, S. Muir, L. Rubbi, et al. "The Effects of Perinatal Testosterone Exposure on the DNA Methylome of the Mouse Brain Are Late-Emerging." *Biology of Sex Differences* 5 (2014): 8.

Gobrogge, K. L., and Z. W. Wang. "Genetics of Aggression in Voles." *Advances in Genetics* 75 (2011): 121–50.

Hamer, D. H., S. Hu, V. L. Magnuson, N. Hu, and A. M. Pattatucci. "A Linkage Between DNA Markers on the X Chromosome and Male Sexual Orientation." *Science* 261, no. 5119 (July 16, 1993): 321–27.

Hanson, Joe. "The Odds of Finding Life and Love." It's Okay to Be Smart, www.youtube.com/watch?time_continue=254&v=TekbxvnvYb8.

Havlíček, J., R. Dvořáková, L. Bartoš, and J. Flegr. "Non-Advertized Does Not Mean Concealed: Body Odour Changes Across the Human Menstrual Cycle." *Ethology* 112, no. 1 (2006): 81–90.

Kimchi, T., J. Xu, and C. Dulac. "A Functional Circuit Underlying Male Sexual Behaviour in the Female Mouse Brain." *Nature* 448, no. 7157 (Aug. 30, 2007): 1009–14.

Lee, S., and N. Schwarz. "Framing Love: When It Hurts to Think We Were Made for Each Other." *Journal of Experimental Social Psychology* 54 (2014): 61–67.

LeVay, S. "A Difference in Hypothalamic Structure Between Heterosexual and Homosexual Men." *Science* 253, no. 5023 (Aug. 30, 1991): 1034–37.

Lim, M. M., Z. Wang, D. E. Olazabal, X. Ren, E. F. Terwilliger, and L. J. Young. "Enhanced Partner Preference in a Promiscuous Species by Manipulating the Expression of a Single Gene." *Nature* 429, no. 6993 (June 17, 2004): 754–57.

Marazziti, D., H. S. Akiskal, A. Rossi, and G. B. Cassano. "Alteration of the Platelet Serotonin Transporter in Romantic Love." *Psychological Medicine* 29, no. 3 (May 1999): 741–45.

Marazziti, D., H. S. Akiskal, M. Udo, M. Picchetti, S. Baroni, G. Massimetti, F. Albanese, and L. Dell'Osso. "Dimorphic Changes of Some Features of Loving Relationships During Long-Term Use of Antidepressants in Depressed Outpatients." *Journal of Affective Disorders* 166 (Sep. 2014): 151–55.

Meyer-Bahlburg, H. F., C. Dolezal, S. W. Baker, and M. I. New. "Sexual Orientation in Women With Classical or Non-Classical Congenital Adrenal Hyperplasia as a Function of Degree of Prenatal Androgen Excess." *Archives of Sexual Behavior* 37, no. 1 (Feb. 2008): 85–99.

Morran, L. T., O. G. Schmidt, I. A. Gelarden, R. C. Parrish, II, and C. M.

Lively. "Running With the Red Queen: Host-Parasite Coevolution Selects for Biparental Sex." *Science* 333, no. 6039 (July 8, 2011): 216–18.

Munroe, Randall. *What If?: Serious Scientific Answers to Absurd Hypothetical Questions.* New York: Houghton Mifflin Harcourt, 2014.

Ngun, T. C., and E. Vilain. "The Biological Basis of Human Sexual Orientation: Is There a Role for Epigenetics?" *Advances in Genetics* 86 (2014): 167–84.

Nugent, B. M., C. L. Wright, A. C. Shetty, G. E. Hodes, K. M. Lenz, A. Mahurkar, S. J. Russo, S. E. Devine, and M. M. McCarthy. "Brain Feminization Requires Active Repression of Masculinization Via DNA Methylation." *Nature Neuroscience* 18, no. 5 (May 2015): 690–97.

Odendaal, J. S., and R. A. Meintjes. "Neurophysiological Correlates of Affiliative Behaviour Between Humans and Dogs." *Veterinary Journal* 165, no. 3 (May 2003): 296–301.

Paredes-Ramos, P., M. Miquel, J. Manzo, and G. A. Coria-Avila. "Juvenile Play Conditions Sexual Partner Preference in Adult Female Rats." *Physiology & Behavior* 104, no. 5 (Oct. 24, 2011): 1016–23.

Paredes, R. G., T. Tzschentke, and N. Nakach. "Lesions of the Medial Preoptic Area/Anterior Hypothalamus (MPOA/HA) Modify Partner Preference in Male Rats." *Brain Research* 813, no. 1 (Nov. 30, 1998): 1–8.

Park, D., D. Choi, J. Lee, D. S. Lim, and C. Park. "Male-Like Sexual Behavior of Female Mouse Lacking Fucose Mutarotase." *BMC Genetics* 11 (July 7, 2010): 62.

Pedersen, C. A., and A. J. Prange, Jr. "Induction of Maternal Behavior in Virgin Rats After Intracerebroventricular Administration of Oxytocin." *Proceedings of the National Academy of the Sciences USA* 76, no. 12 (Dec. 1979): 6661–65.

Ramsey, J. L., J. H. Langlois, R. A. Hoss, A. J. Rubenstein, and A. M. Griffin. "Origins of a Stereotype: Categorization of Facial Attractiveness by

6-Month- Old Infants." *Developmental Science* 7, no. 2 (Apr. 2004): 201–11.

Rhodes, G. "The Evolutionary Psychology of Facial Beauty." *Annual Review of Psychology* 57 (2006): 199–226.

Sanders, A. R., G. W. Beecham, S. Guo, K. Dawood, G. Rieger, J. A. Badner, E. S. Gershon, et al. "Genome-Wide Association Study of Male Sexual Orientation." *Scientific Reports* 7, no. 1 (Dec. 7, 2017): 16950.

Sanders, A. R., E. R. Martin, G. W. Beecham, S. Guo, K. Dawood, G. Rieger, J. A. Badner, et al. "Genome-Wide Scan Demonstrates Significant Linkage for Male Sexual Orientation." *Psychological Medicine* 45, no. 7 (May 2015): 1379–88.

Sansone, R. A., and L. A. Sansone. "Ssri-Induced Indifference." *Psychiatry (Edgmont)* 7, no. 10 (Oct. 2010): 14–18.

Scheele, D., A. Wille, K. M. Kendrick, B. Stoffel-Wagner, B. Becker, O. Gunturkun, W. Maier, and R. Hurlemann. "Oxytocin Enhances Brain Reward System Responses in Men Viewing the Face of Their Female Partner." *Proceedings of the National Academy of the Sciences USA* 110, no. 50 (Dec. 10, 2013): 20308–13.

Sharon, G., D. Segal, J. M. Ringo, A. Hefetz, I. Zilber-Rosenberg, and E. Rosenberg. "Commensal Bacteria Play a Role in Mating Preference of *Drosophila melanogaster.*" *Proceedings of the National Academy of the Sciences USA* 107, no. 46 (Nov. 16, 2010): 20051–56.

Singh, D. "Female Mate Value at a Glance: Relationship of Waist-to-Hip Ratio to Health, Fecundity and Attractiveness." *Neuro Endocrinology Letters* 23 Suppl. 4 (Dec. 2002): 81–91.

Singh, D., and D. Singh. "Shape and Significance of Feminine Beauty: An Evolutionary Perspective." *Sex Roles* 64, no. 9–10 (2011): 723–31.

Stern, K., and M. K. McClintock. "Regulation of Ovulation by Human Pheromones." *Nature* 392, no. 6672 (Mar. 12, 1998): 177–79.

Swami, V., and M. J. Tovee. "Resource Security Impacts Men's Female Breast

Size Preferences." *PLoS One* 8, no. 3 (2013): e57623.

Thornhill, R., and S. W. Gangestad. "Facial Attractiveness." *Trends in Cognitive Sciences* 3, no. 12 (Dec. 1999): 452–60.

Walum, H., L. Westberg, S. Henningsson, J. M. Neiderhiser, D. Reiss, W. Igl, J. M. Ganiban, et al. "Genetic Variation in the Vasopressin Receptor 1a Gene (AVPR1A) Associates with Pair-Bonding Behavior in Humans." *Proceedings of the National Academy of the Sciences USA* 105, no. 37 (Sep. 16, 2008): 14153–56.

Wedekind, C., T. Seebeck, F. Bettens, and A. J. Paepke. "Mhc-Dependent Mate Preferences in Humans." *Proceedings: Biological Sciences* 260, no. 1359 (June 22, 1995): 245–49.

Weisman, O., O. Zagoory-Sharon, and R. Feldman. "Oxytocin Administration to Parent Enhances Infant Physiological and Behavioral Readiness for Social Engagement." *Biological Psychiatry* 72, no. 12 (Dec. 15, 2012): 982–89.

Williams, J. R., C. S. Carter, and T. Insel. "Partner Preference Development in Female Prairie Voles Is Facilitated by Mating or the Central Infusion of Oxytocin." *Annals of the New York Academy of Sciences* 652 (June 12, 1992): 487–89.

Winslow, J. T., N. Hastings, C. S. Carter, C. R. Harbaugh, and T. R. Insel. "A Role for Central Vasopressin in Pair Bonding in Monogamous Prairie Voles." *Nature* 365, no. 6446 (Oct. 7, 1993): 545–48.

Witt, D. M., and T. R. Insel. "Central Oxytocin Antagonism Decreases Female Reproductive Behavior." *Annals of the New York Academy of Sciences* 652 (June 12, 1992): 445–47.

Zeki, S. "The Neurobiology of Love." *FEBS Letters* 581, no. 14 (June 12, 2007): 2575–79.

Zuniga, A., R. J. Stevenson, M. K. Mahmut, and I. D. Stephen. "Diet Quality and the Attractiveness of Male Body Odor." *Evolution & Human Behavior* 38, no. 1 (2017): 136–43.

8장 나의 정신과 만나다

Bellinger, D. C. "A Strategy for Comparing the Contributions of Environmental Chemicals and Other Risk Factors to Neurodevelopment of Children." *Environmental Health Perspectives* 120, no. 4 (Apr. 2012): 501–07.

Bench, S. W., H. C. Lench, J. Liew, K. Miner, and S. A. Flores. "Gender Gaps in Overestimation of Math Performance." *Sex Roles* 72, no. 11–12 (2015): 536–46.

Biergans, S. D., C. Claudianos, J. Reinhard, and C. G. Galizia. "DNA Methylation Mediates Neural Processing After Odor Learning in the Honeybee." *Scientific Reports* 7 (Feb. 27, 2017): 43635.

Brass, M., and P. Haggard. "To Do or Not to Do: The Neural Signature of Self-Control." *Journal of Neuroscience* 27, no. 34 (Aug. 22, 2007): 9141–45.

Bustin, G. M., D. N. Jones, M. Hansenne, and J. Quoidbach. "Who Does Red Bull Give Wings To? Sensation Seeking Moderates Sensitivity to Subliminal Advertisement." *Frontiers in Psychology* 6 (2015): 825.

Claro, S., D. Paunesku, and C. S. Dweck. "Growth Mindset Tempers the Effects of Poverty on Academic Achievement." *Proceedings of the National Academy of the Sciences USA* 113, no. 31 (Aug. 2, 2016): 8664–68.

Danziger, S., J. Levav, and L. Avnaim-Pesso. "Extraneous Factors in Judicial Decisions." *Proceedings of the National Academy of the Sciences USA* 108, no. 17 (Apr. 26, 2011): 6889–92.

Else-Quest, N. M., J. S. Hyde, and M. C. Linn. "Cross-National Patterns of Gender Differences in Mathematics: A Meta-Analysis." *Psychological Bulletin* 136, no. 1 (Jan. 2010): 103–27.

Fitzsimons, G. M., T. Chartrand, and G. J. Fitzsimons. "Automatic Effects of Brand Exposure on Motivated Behavior: How Apple Makes You 'Think Different.' " *Journal of Consumer Research* 35 (2008): 21–35.

Gareau, M. G., E. Wine, D. M. Rodrigues, J. H. Cho, M. T. Whary, D. J.

Philpott, G. Macqueen, and P. M. Sherman. "Bacterial Infection Causes Stress-Induced Memory Dysfunction in Mice." *Gut* 60, no. 3 (Mar. 2011): 307–17.

Graff, J., and L. H. Tsai. "The Potential of HDAC Inhibitors as Cognitive Enhancers." *Annual Review of Pharmacology and Toxicology* 53 (2013): 311–30.

Hariri, A. R., T. E. Goldberg, V. S. Mattay, B. S. Kolachana, J. H. Callicott, M. F. Egan, and D. R. Weinberger. "Brain-Derived Neurotrophic Factor Val66Met Polymorphism Affects Human Memory-Related Hippocampal Activity and Predicts Memory Performance." *Journal of Neuroscience* 23, no. 17 (July 30, 2003): 6690–94.

Hart, W., and D. Albarracin. "The Effects of Chronic Achievement Motivation and Achievement Primes on the Activation of Achievement and Fun Goals." *Journal of Personality and Social Psychology* 97, no. 6 (Dec. 2009): 1129–41.

Jasarevic, E., C. L. Howerton, C. D. Howard, and T. L. Bale. "Alterations in the Vaginal Microbiome by Maternal Stress Are Associated With Metabolic Reprogramming of the Offspring Gut and Brain." *Endocrinology* 156, no. 9 (Sep. 2015): 3265–76.

Jones, M. W., M. L. Errington, P. J. French, A. Fine, T. V. Bliss, S. Garel, P. Charnay, et al. "A Requirement for the Immediate Early Gene Zif268 in the Expression of Late LTP and Long-Term Memories." *Nature Neuroscience* 4, no. 3 (Mar. 2001): 289–96.

Kaufman, G. F., and L. K. Libby. "Changing Beliefs and Behavior Through Experience-Taking." *Journal of Personality and Social Psychology* 103, no. 1 (July 2012): 1–19.

Kida, S., and T. Serita. "Functional Roles of CREB as a Positive Regulator in the Formation and Enhancement of Memory." *Brain Research Bulletin* 105 (June 2014): 17–24.

Kramer, M. S., F. Aboud, E. Mironova, I. Vanilovich, R. W. Platt, L. Matush, S. Igumnov, et al. "Breastfeeding and Child Cognitive Development: New Evidence From a Large Randomized Trial." *Archives of General Psychiatry* 65, no. 5 (May 2008): 578–84.

Krenn, B. "The Effect of Uniform Color on Judging Athletes' Aggressiveness, Fairness, and Chance of Winning." *Journal of Sport and Exercise Psychology* 37, no. 2 (Apr. 2015): 207–12.

Kruger, J., and D. Dunning. "Unskilled and Unaware of It: How Difficulties in Recognizing One's Own Incompetence Lead to Inflated Self-Assessments." *Journal of Personality and Social Psychology* 77, no. 6 (Dec. 1999): 1121–34.

Kuhn, S., D. Kugler, K. Schmalen, M. Weichenberger, C. Witt, and J. Gallinat. "The Myth of Blunted Gamers: No Evidence for Desensitization in Empathy for Pain After a Violent Video Game Intervention in a Longitudinal fMRI Study on Non-Gamers." *Neurosignals* 26, no. 1 (Jan. 31, 2018): 22–30.

Letzner, S., O. Gunturkun, and C. Beste. "How Birds Outperform Humans in Multi-Component Behavior." *Current Biology* 27, no. 18 (Sep. 25, 2017): R996-R98.

Libet, B., C. A. Gleason, E. W. Wright, and D. K. Pearl. "Time of Conscious Intention to Act in Relation to Onset of Cerebral Activity (Readiness-Potential). The Unconscious Initiation of a Freely Voluntary Act." *Brain* 106 (Pt. 3; Sep. 1983): 623–42.

Mackay, D. F., G. C. Smith, S. A. Cooper, R. Wood, A. King, D. N. Clark, and J. P. Pell. "Month of Conception and Learning Disabilities: A Record-Linkage Study of 801,592 Children." *American Journal of Epidemiology* 184, no. 7 (Oct. 1, 2016): 485–93.

Miller, B. L., J. Cummings, F. Mishkin, K. Boone, F. Prince, M. Ponton, and C. Cotman. "Emergence of Artistic Talent in Frontotemporal Dementia."

Neurology 51, no. 4 (Oct. 1998): 978–82.

Murphy, S. T., and R. B. Zajonc. "Affect, Cognition, and Awareness: Affective Priming with Optimal and Suboptimal Stimulus Exposures." *Journal of Personality and Social Psychology* 64, no. 5 (May 1993): 723–39.

Robinson, G. E., and A. B. Barron. "Epigenetics and the Evolution of Instincts." *Science* 356, no. 6333 (Apr. 7, 2017): 26–27.

Rydell, R. J., A. R. McConnell, and S. L. Beilock. "Multiple Social Identities and Stereotype Threat: Imbalance, Accessibility, and Working Memory." *Journal of Personality and Social Psychology* 96, no. 5 (May 2009): 949–66.

Sniekers, S., S. Stringer, K. Watanabe, P. R. Jansen, J. R. I. Coleman, E. Krapohl, E. Taskesen, et al. "Genome-Wide Association Meta-Analysis of 78,308 Individuals Identifies New Loci and Genes Influencing Human Intelligence." *Nature Genetics* 49, no. 7 (July 2017): 1107–12.

Snyder, A. W., E. Mulcahy, J. L. Taylor, D. J. Mitchell, P. Sachdev, and S. C. Gandevia. "Savant-Like Skills Exposed in Normal People by S*uppressing the Left Fronto-Temporal Lobe.*" Journal of Integrative Neuroscience 2, no. 2 (Dec. 2003): 149–58.

Soon, C. S., M. Brass, H. J. Heinze, and J. D. Haynes. "Unconscious Determinants of Free Decisions in the Human Brain." *Nature Neuroscience* 11, no. 5 (May 2008): 543–45.

Stein, D. J., T. K. Newman, J. Savitz, and R. Ramesar. "Warriors Versus Worriers: The Role of Comt Gene Variants." *CNS Spectrums* 11, no. 10 (Oct. 2006): 745–48.

Tang, Y. P., E. Shimizu, G. R. Dube, C. Rampon, G. A. Kerchner, M. Zhuo, G. Liu, and J. Z. Tsien. "Genetic Enhancement of Learning and Memory in Mice." *Nature* 401, no. 6748 (Sep. 2, 1999): 63–69.

Webster, G. D., G. R. Urland, and J. Correll. "Can Uniform Color Color Aggression? Quasi-Experimental Evidence From Professional Ice Hockey." *Social Psychological and Personality Science* 3, no. 3 (2011):

274–81.

Wimmer, M. E., L. A. Briand, B. Fant, L. A. Guercio, A. C. Arreola, H. D. Schmidt, S. Sidoli, et al. "Paternal Cocaine Taking Elicits Epigenetic Remodeling and Memory Deficits in Male Progeny." *Molecular Psychiatry* 22, no. 11 (Nov. 2017): 1641–50.

9장 나의 신념과 만나다

Blanke, O., and S. Arzy. "The Out-of-Body Experience: Disturbed Self-Processing at the Temporo-Parietal Junction." *Neuroscientist* 11, no. 1 (Feb. 2005): 16–24.

Block, J., and J. H. Block. "Nursery School Personality and Political Orientation Two Decades Later." *Journal of Research in Personality* 40 (2006): 734–49.

Borjigin, J., U. Lee, T. Liu, D. Pal, S. Huff, D. Klarr, J. Sloboda, et al. "Surge of Neurophysiological Coherence and Connectivity in the Dying Brain." *Proceedings of the National Academy of the Sciences USA* 110, no. 35 (Aug. 27, 2013): 14432–37.

Carney, D. R., J. T. Jost, S. D. Gosling, and J. Potter. "The Secret Lives of Liberals and Conservatives: Personality Profiles, Interaction Styles, and the Things They Leave Behind." *Politicial Psychology* 29, no. 6 (2008): 807–40.

Caspar, E. A., J. F. Christensen, A. Cleeremans, and P. Haggard. "Coercion Changes the Sense of Agency in the Human Brain." *Current Biology* 26, no. 5 (Mar. 7, 2016): 585–92.

Chawla, L. S., S. Akst, C. Junker, B. Jacobs, and M. G. Seneff. "Surges of Electroencephalogram Activity at the Time of Death: A Case Series." *Journal of Palliative Medicine* 12, no. 12 (Dec. 2009): 1095–100.

Eidelman, S., C. S. Crandall, J. A. Goodman, and J. C. Blanchar. "Low-Effort Thought Promotes Political Conservatism." *Personality and Social*

Psychology Bulletin 38, no. 6 (June 2012): 808–20.

Emory University. "Emory Study Lights Up the Political Brain." www.emory.edu/ news/Releases/PoliticalBrain1138113163.html.

Haider-Markel, D. P., and M. R. Joslyn. " 'Nanny' State Politics: Causal Attributions About Obesity and Support for Regulation." *American Politics Research* 46, no. 2 (2017): 199–216.

Holstege, G., J. R. Georgiadis, A. M. Paans, L. C. Meiners, F. H. van der Graaf, and A. A. Reinders. "Brain Activation During Human Male Ejaculation." *Journal of Neuroscience* 23, no. 27 (Oct. 8 2003): 9185–93.

Horne, Z., D. Powell, J. E. Hummel, and K. J. Holyoak. "Countering Antivaccination Attitudes." *Proceedings of the National Academy of the Sciences USA* 112, no. 33 (Aug. 18, 2015): 10321–24.

Janoff-Bulman, R. "To Provide or Protect: Motivational Bases of Political Liberalism and Conservatism." *Psychological Inquiry* 20, no. 2–3 (2009): 120–28.

Kanai, R., T. Feilden, C. Firth, and G. Rees. "Political Orientations Are Correlated With Brain Structure in Young Adults." *Current Biology* 21, no. 8 (Apr. 26, 2011): 677–80.

Kaplan, J. T., S. I. Gimbel, and S. Harris. "Neural Correlates of Maintaining One's Political Beliefs in the Face of Counterevidence." *Scientific Reports* 6 (Dec. 23, 2016): 39589.

Konnikova, Maria. "The Real Lesson of the Standford Prison Experiment." www.newyorker.com/science/maria-konnikova/the-real-lesson-of-the-stanford-prison-experiment.

Levine, M., A. Prosser, D. Evans, and S. Reicher. "Identity and Emergency Intervention: How Social Group Membership and Inclusiveness of Group Boundaries Shape Helping Behavior." *Personality and Social Psychology Bulletin* 31, no. 4 (Apr. 2005): 443–53.

Musolino, Julien. The Soul Fallacy: What Science Shows We Gain From

Letting Go of Our Soul Beliefs. Amherst, NY: Prometheus Books, 2015.

Oxley, D. R., K. B. Smith, J. R. Alford, M. V. Hibbing, J. L. Miller, M. Scalora, P. K. Hatemi, and J. R. Hibbing. "Political Attitudes Vary With Physiological Traits." *Science* 321, no. 5896 (Sep. 19, 2008): 1667–70.

Parnia, S., K. Spearpoint, G. de Vos, P. Fenwick, D. Goldberg, J. Yang, J. Zhu, et al. "Aware-Awareness During Resuscitation-a Prospective Study." *Resuscitation* 85, no. 12 (Dec. 2014): 1799–805.

Paul, G. S. "Cross-National Correlations of Quantifiable Societal Health With Popular Religiosity and Secularism in the Prosperous Democracies." *Journal of Religion and Society* 7 (2005).

Pinker, S. "The Brain: The Mystery of Consciousness." TIME, http://content.time.com/time/magazine/article/0,9171,1580394-1,00.html.

Sample, Ian. "Stephen Hawking: 'There Is No Heaven; It's a Fairy Story.' " *The Guardian*, www.theguardian.com/science/2011/may/15/stephen-hawking-interview-there-is-no-heaven.

Settle, J. E., C. T. Dawes, N. A. Christakis, and J. H. Fowler. "Friendships Moderate an Association Between a Dopamine Gene Variant and Political Ideology." *Journal of Politics* 72, no. 4 (2010): 1189–98.

Sharot, Tali. *The Influential Mind: What the Brain Reveals About Our Power to Change Others*. New York: Henry Holt and Co., 2017.

Sunstein, C. R., S. Bobadilla-Suarez, S. Lazzaro, and T. Sharot. "How People Update Beliefs About Climate Change: Good News and Bad News." *Social Science Research Network* (2016): https://ssrn.com/abstract=2821919.

Westen, D., P. S. Blagov, K. Harenski, C. Kilts, and S. Hamann. "Neural Bases of Motivated Reasoning: An fMRI Study of Emotional Constraints on Partisan Political Judgment in the 2004 U.S. Presidential Election." *Journal of Cognitive Neuroscience* 18, no. 11 (Nov. 2006): 1947–58.

10장 나의 미래와 만나다

Anderson, S. C., J. F. Cryan, and T. Dinan. *The Psychobiotic Revolution: Mood, Food, and the New Science of the Gut-Brain Connection.* Washington, D.C.: National Geographic, 2017.

Armstrong, D., and M. Ma. "Researcher Controls Colleague's Motions in 1st Human Brain-to-Brain Interface." *UW News*, Aug. 27, 2013.

Benito E., C. Kerimoglu, B. Ramachandran, T. Pena-Centeno, G. Jain, R. M. Stilling, M. R. Islam, V. Capece, Q. Zhou, D. Edbauer, C. Dean, and A. Fischer. "RNA-Dependent Intergenerational Inheritance of Enhanced Synaptic Plasticity After Environmental Enrichment." *Cell Reports* 23, no. 2 (Apr. 10, 2018): 546–54.

Benmerzouga, I., L. A. Checkley, M. T. Ferdig, G. Arrizabalaga, R. C. Wek, and W. J. Sullivan, Jr. "Guanabenz Repurposed as an Antiparasitic With Activity Against Acute and Latent Toxoplasmosis." *Antimicrobial Agents and Chemotherapy* 59, no. 11 (Nov. 2015): 6939–45.

Berger, T. W., R. E. Hampson, D. Song, A. Goonawardena, V. Z. Marmarelis, and S. A. Deadwyler. "A Cortical Neural Prosthesis for Restoring and Enhancing Memory." *Journal of Neural Engineering* 8, no. 4 (Aug. 2011): 046017.

Bieszczad, K. M., K. Bechay, J. R. Rusche, V. Jacques, S. Kudugunti, W. Miao, N. M. Weinberger, J. L. McGaugh, and M. A. Wood. "Histone Deacetylase Inhibition Via RGFP966 Releases the Brakes on Sensory Cortical Plasticity and the Specificity of Memory Formation." *Journal of Neuroscience* 35, no. 38 (Sep. 23, 2015): 13124–32.

Cavazzana-Calvo, M., S. Hacein-Bey, G. de Saint Basile, F. Gross, E. Yvon, P. Nusbaum, F. Selz, et al. "Gene Therapy of Human Severe Combined Immunodeficiency (SCID)-X1 Disease." *Science* 288, no. 5466 (Apr. 28, 2000): 669–72.

Chueh, A. C., J. W. Tse, L. Togel, and J. M. Mariadason. "Mechanisms of

Histone Deacetylase Inhibitor-Regulated Gene Expression in Cancer Cells." *Antioxidants & Redox Signaling* 23, no. 1 (July 1, 2015): 66–84.

Cott, Emma. "Prosthetic Limbs, Controlled by Thought." *New York Times*, www.nytimes.com/2015/05/21/technology/a-bionic-approach-to-prosthetics-controlled-by-thought.html.

Desbonnet, L., L. Garrett, G. Clarke, B. Kiely, J. F. Cryan, and T. G. Dinan. "Effects of the Probiotic *Bifidobacterium infantis* in the Maternal Separation Model of Depression." *Neuroscience* 170, no. 4 (Nov. 10, 2010): 1179–88.

Eichler, F., C. Duncan, P. L. Musolino, P. J. Orchard, S. De Oliveira, A. J. Thrasher, M. Armant, et al. "Hematopoietic Stem-Cell Gene Therapy for Cerebral Adrenoleukodystrophy." *New England Journal of Medicine* 377, no. 17 (Oct. 26, 2017): 1630–38.

Guan, J. S., S. J. Haggarty, E. Giacometti, J. H. Dannenberg, N. Joseph, J. Gao, T. J. Nieland, et al. "HDAC2 Negatively Regulates Memory Formation and Synaptic Plasticity." *Nature* 459, no. 7243 (May 7, 2009): 55–60.

Hemmings, S. M. J., S. Malan-Muller, L. L. van den Heuvel, B. A. Demmitt, M. A. Stanislawski, D. G. Smith, A. D. Bohr, et al. "The Microbiome in Posttraumatic Stress Disorder and Trauma-Exposed Controls: An Exploratory Study." *Psychosomatic Medicine* 79, no. 8 (Oct. 2017): 936–46.

Hochberg, L. R., M. D. Serruya, G. M. Friehs, J. A. Mukand, M. Saleh, A. H. Caplan, A. Branner, et al. "Neuronal Ensemble Control of Prosthetic Devices by a Human With Tetraplegia." *Nature* 442, no. 7099 (July 13, 2006): 164–71.

Hsiao, E. Y., S. W. McBride, S. Hsien, G. Sharon, E. R. Hyde, T. McCue, J. A. Codelli, et al. "Microbiota Modulate Behavioral and Physiological Abnormalities Associated With Neurodevelopmental Disorders." *Cell* 155, no. 7 (Dec. 19, 2013): 1451–63.

Jacka, F. N., A. O'Neil, R. Opie, C. Itsiopoulos, S. Cotton, M. Mohebbi, D. Castle, et al. "A Randomised Controlled Trial of Dietary Improvement for Adults With Major Depression (the 'Smiles' Trial)." *BMC Medicine* 15, no. 1 (Jan. 30, 2017): 23.

Kaliman, P., M. J. Alvarez-Lopez, M. Cosin-Tomas, M. A. Rosenkranz, A. Lutz, and R. J. Davidson. "Rapid Changes in Histone Deacetylases and Inflammatory Gene Expression in Expert Meditators." *Psychoneuroendocrinology* 40 (Feb. 2014): 96–107.

Kilgore, M., C. A. Miller, D. M. Fass, K. M. Hennig, S. J. Haggarty, J. D. Sweatt, and G. Rumbaugh. "Inhibitors of Class 1 Histone Deacetylases Reverse Contextual Memory Deficits in a Mouse Model of Alzheimer's Disease." *Neuropsychopharmacology* 35, no. 4 (Mar. 2010): 870–80.

Kindt M., M. Soeter, and B. Vervliet. "Beyond Extinction: Erasing Human Fear Responses and Preventing the Return of Fear." *Nature Neuroscience* 12, no. 3 (Mar. 2009): 256–58.

Liang, P., Y. Xu, X. Zhang, C. Ding, R. Huang, Z. Zhang, J. Lv, et al. "CRISPR/Cas9-Mediated Gene Editing in Human Tripronuclear Zygotes." *Protein Cell* 6, no. 5 (May 2015): 363–72.

Lindholm, M. E., S. Giacomello, B. Werne Solnestam, H. Fischer, M. Huss, S. Kjellqvist, and C. J. Sundberg. "The Impact of Endurance Training on Human Skeletal Muscle Memory, Global Isoform Expression and Novel Transcripts." *PLoS Genetics* 12, no. 9 (Sep. 2016): e1006294.

Messaoudi, M., R. Lalonde, N. Violle, H. Javelot, D. Desor, A. Nejdi, J. F. Bisson, et al. "Assessment of Psychotropic-Like Properties of a Probiotic Formulation (*Lactobacillus helveticus* R0052 and *Bifidobacterium longum* R0175) in Rats and Human Subjects." *British Journal of Nutrition* 105, no. 5 (Mar. 2011): 755–64.

Olds, D. L., J. Eckenrode, C. R. Henderson, Jr., H. Kitzman, J. Powers, R. Cole, K. Sidora, et al. "Long-Term Effects of Home Visitation on Maternal

Life Course and Child Abuse and Neglect. Fifteen-Year Follow-up of a Randomized Trial." *JAMA* 278, no. 8 (Aug. 27, 1997): 637–43.

Seckel, Scott. "Asu Researcher Creates System to Control Robots With the Brain." ASU Now, asunow.asu.edu/20160710-discoveries-asu-researcher-creates-system-control-robots-brain.

Silverman, L. R. "Targeting Hypomethylation of DNA to Achieve Cellular Differentiation in Myelodysplastic Syndromes (MDS)." *Oncologist* 6 Suppl. 5 (2001): 8–14.

Singh, R. K., H. W. Chang, D. Yan, K. M. Lee, D. Ucmak, K. Wong, M. Abrouk, et al. "Influence of Diet on the Gut Microbiome and Implications for Human Health." *Journal of Translational Medicine* 15, no. 1 (Apr. 8, 2017): 73.

Sleiman, S. F., J. Henry, R. Al-Haddad, L. El Hayek, E. Abou Haidar, T. Stringer, D. Ulja, et al. "Exercise Promotes the Expression of Brain Derived Neurotrophic Factor (BDNF) through the Action of the Ketone Body Beta-Hydroxybutyrate." *Elife* 5 (June 2, 2016).

Weaver, I. C., N. Cervoni, F. A. Champagne, A. C. D'Alessio, S. Sharma, J. R. Seckl, S. Dymov, M. Szyf, and M. J. Meaney. "Epigenetic Programming by Maternal Behavior." *Nature Neuroscience* 7, no. 8 (Aug. 2004): 847–54.